natürlich oekom!

Mit diesem Buch halten Sie ein echtes Stück Nachhaltigkeit in den Händen. Durch Ihren Kauf unterstützen Sie eine Produktion mit hohen ökologischen Ansprüchen:

- 100 % Recyclingpapier
- mineralölfreie Druckfarben
- Verzicht auf Plastikfolie
- Kompensation aller CO_2-Emissionen
- kurze Transportwege – in Deutschland gedruckt

Weitere Informationen unter www.natürlich-oekom.de und #natürlichoekom

Bibliografische Information der Deutschen Nationalbibliothek:
Die Deutsche Nationalbibliothek verzeichnet diese Publikation in der Deutschen Nationalbibliografie; detaillierte bibliografische Daten sind im Internet über www.dnb.de abrufbar.

oekom – Gesellschaft für ökologische Kommunikation mbH
Waltherstraße 29, 80337 München

Layout und Satz: Markus Miller
Lektorat: Katrin Mai
Korrektur: Christiane Geldmacher
Umschlaggestaltung: Mirjam Höschl, oekom verlag
Umschlagabbildung: © Lore Kutschera
Druck: CPI books GmbH, Leck

ISBN 978-3-96238-293-3

RECYCLED
Papier aus Recyclingmaterial
FSC® C083411
www.fsc.org

Klimaneutral Verlag
ClimatePartner.com/53585-1805-1001

Heide Inhetveen, Mathilde Schmitt, Ira Spieker

Passion und Profession

Pionierinnen des ökologischen Landbaus

Inhaltsverzeichnis

Vorwort

Wer die in diesem Band versammelten Porträts liest, wird an Gerda Lerners Worte erinnert, dass diejenigen, die sich der Welt der Vergangenheit mit »Neugier und Respekt« nähern, »reich belohnt« würden. (Lerner 2002a) Heide Inhetveen, Mathilde Schmitt und Ira Spieker nähern sich ihren Protagonistinnen nicht nur mit großer Neugier, sondern auch mit viel Respekt. Belohnt für dieses Vorgehen werden dabei auch wir Leserinnen und Leser, bringen die Autorinnen uns doch Welten näher, die vielen fremd geworden sind. Zugleich strahlen diese Welten aber eine Vertrautheit aus, setzten sich die porträtierten Frauen doch für eine Sache ein, die uns alle angeht: Die Ernährung von Menschen, Tieren und Pflanzen.

Die Texte rufen uns in Erinnerung, dass Frauen auf dem weiten Feld der Produktion von Nahrungsmitteln ausgesprochen vielfältige Funktionen einnahmen. Und zwar auch im 20. Jahrhundert. Wenn diese Akteurinnen in der Geschichtsschreibung trotzdem oft an die Ränder des Geschehens gedrängt oder sogar ganz übersehen werden, so hängt das weniger mit dem angeblichen Mangel an Quellen zusammen, als mit den an einer kapitalistisch-industriellen Welt modellierten Vorstellungen, mit der Historiker*innen die Geschichte der Agrikultur und der Landwirtschaft in der Regel zu analysieren und zu deuten versuchen. Mit einer am Konsum, nicht der Reproduktion orientierten Sprache, die die Sphären der Produktion und der Reproduktion, der Arbeit und des Kapitals sowie des Arbeitens und des Wohnens zu trennen versucht, sind die Eigenheiten und Ambivalenzen des Agrarischen jedoch ebenso wenig zu erfassen wie die vielfältigen weiblichen Lebenswelten mit einer »männerzentrierten« Begrifflichkeit (Lerner 2002b).

»Gender« ist deshalb, wie Joan W. Scott (2010) vor einigen Jahren festhielt, in der Tat »still a useful category of analysis«. Wer sich dabei, wie Scott, nicht nur für die den Frauen und Männern zugewiesenen Rollen interessiert, sondern auch für die Konstruktion der Geschlechterunterschiede selbst, wird feststellen, dass daran neben den historischen Akteur*innen auch die Historiker*innen selbst beteiligt waren. Klärungsbedürftig ist deshalb nicht nur die Frage, weshalb sich so viele Frauen im »ökologischen« oder »biologischen« Landbau engagiert haben, sondern auch, weshalb diese und viele andere bemerkenswerte Frauen in der Landwirtschaft von der Geschichtsschreibung und den Sozialwissenschaften bisher so konsequent vernachlässigt worden sind. Mit den in diesem Band versammelten Porträts machen uns die Autorinnen also nicht nur mit einer beeindruckenden Vielfalt an Akteurinnen bekannt, sondern tragen gleichzeitig auch viel dazu bei, dass eine seriöse Geschichtsschreibung zum Agrarischen das »andere Geschlecht« künftig nicht mehr ignorieren kann.

Peter Moser, Archiv für Agrargeschichte (AfA), Bern

DAS ANDERE DENKEN, DER ANDERE LANDBAU – UND »DAS ANDERE GESCHLECHT«

Landwirtschaft – eine Männerdomäne?

Seit im Juni 1992 auf der UN-Konferenz für Umwelt und Entwicklung in Rio de Janeiro das Konzept einer Entwicklung, das wirtschaftliche Effizienz, soziale Gerechtigkeit und ökologische Tragfähigkeit integriert, als Leitziel international anerkannt wurde, ist »Nachhaltigkeit« beinahe zu einem Modewort avanciert. Weniger Beachtung fand hingegen ein anderes Ergebnis von Rio: die Bestätigung, dass weltweit der größere Teil der praktischen Arbeit in der Landwirtschaft von Frauen verrichtet wird. Lag der Fokus damals wie auf späteren Konferenzen vor allem auf der Rolle von Frauen im Globalen Süden, so haben der landwirtschaftliche Strukturwandel und Bäuerinneninitiativen auch in Deutschland und weiteren Ländern des Nordens mittlerweile den Blick für ihren Beitrag zu einer zukunftsfähigen Landwirtschaft geschärft: »Frauen bewegen Landwirtschaft – Landwirtschaft bewegt Frauen«. (Grossenbacher 2019; http://www.frauen-landwirtschaft.de/) Selbst wenn, wie in Deutschland, nur jeder neunte Betrieb von einer Frau geleitet wird, kann von einer »Männerdomäne Landwirtschaft« schon lange keine Rede mehr sein – zumindest nicht im Hinblick auf die Arbeitsverhältnisse. (https://www.praxis-agrar.de/betrieb/betriebsfuehrung/frauen-in-der-landwirtschaft/)

Anders – zumindest auf den ersten Blick – erscheinen die Geschlechterverhältnisse in der Fortschrittsgeschichte der Landwirtschaft. Zwar wird, ebenfalls seit Rio, verstärkt auf das reiche Erfahrungswissen von Frauen in der landwirtschaftlichen Praxis hingewiesen, und auch der enorm gestiegene Frauenanteil an Studierenden der Agrarwissenschaften und anderen landwirtschaftlichen Bildungseinrichtungen findet mitunter in der Presse Erwähnung. Dennoch dominieren in der akademischen Öffentlichkeit, auf renommierten Professuren, Ehrendoktorfeiern und Festpodien noch immer vorwiegend Männerrunden.

Auch die Geschichtsschreibung der modernen Landwirtschaft erweckt den Eindruck, dass es sich vor allem um eine Erfolgsgeschichte »großer Männer«

handelt, angefangen bei einer Leuchtturm-Gestalt wie Albrecht Daniel Thaer, dem Begründer der »rationellen Landwirtschaft«, gefolgt von Justus von Liebig, dem Pionier der Mineraldüngung und damit der Agrochemie. (Klemm 1992) Ein Handbuch zur Geschichte des Pflanzenbaus weist unter den 669 verzeichneten Personen lediglich fünf Frauen auf. (Böhm 1997) Trifft also das Geschlechterstereotyp zu, demzufolge Frauen in der Landwirtschaft für das dezente Alltagsmanagement zuständig sind, für den spektakulären Agrarfortschritt hingegen die Männer, etwa so, wie es zu Beginn des 20. Jahrhunderts Gertrud Dyhrenfurth in ihrer Dissertation formuliert: »Was an Fortschritt in den Bauernhof dringt, das bringt der Mann«? (Dyhrenfurth 1916, S. 54)

Diese Aussage weckte das Forschungsinteresse einer Gruppe von Wissenschaftlerinnen und Studentinnen an der Fakultät für Agrarwissenschaften der Universität Göttingen. Wenn seit den 1970er-Jahren in der Musik, Mathematik oder den Naturwissenschaften vergessene Pionierinnen wiederentdeckt wurden, warum nicht auch in der Landwirtschaft und in den Agrarwissenschaften? Als Ergebnis erster Recherchen konnten in einem Kalender und dem schmalen Band *Pionierinnen des Landbaus* 15 Frauen vorgestellt werden, die seit der Frühen Neuzeit bis in die Gegenwart den landwirtschaftlichen Fortschritt mitgetragen haben. (Inhetveen/Schmitt 2000; Inhetveen/Kaak 2013) Schon in diesem Kontext fand sich eine erstaunliche Anzahl von Frauen, die an jenen Agrarreformen des 20. Jahrhunderts aktiv mitgewirkt hatten, die wir heute summarisch als »ökologischen Landbau« bezeichnen. Wenn wir die Geschichte der ökologischen Landwirtschaft – wie Georg Siebeneicher in einem frühen Beitrag in der Zeitschrift Ökologie & Landbau (Siebeneicher 1995) – mit Raoul Francé und Sir Albert Howard beginnen lassen, treten schon hier die ersten Ökopionierinnen in Gestalt ihrer Ehefrauen Annie Francé-Harrar und Gabrielle bzw. Louise Howard in unser Blickfeld. Doch betrachten wir die Geschichte etwas genauer.

Eine kurze Geschichte des ökologischen Landbaus und seiner Wegbereiterinnen

Die Zeit um 1900 war eine Zeit des tiefgreifenden gesellschaftlichen Wandels. Industrialisierung und Urbanisierung hatten zu einschneidenden gesellschaftlichen Veränderungen geführt. In den wachsenden Städten zeigten sich Arbeitslosigkeit, Wohnungsnot, Hunger, Alkoholismus und Umweltprobleme. Auf dem Land waren Verschuldung und Zwangsvollstreckung bäuerlicher

Betriebe an der Tagesordnung, Landstriche verödeten, und Klagen über mangelnde Saatgutqualität, Bodenmüdigkeit und die Zunahme industrialisierter Ernährungsgewohnheiten häuften sich. Vor dem Hintergrund dieser Transformationsprozesse entstanden im letzten Drittel des 19. Jahrhunderts sozialreformerische Ideen und Bewegungen, die unter dem Oberbegriff »Lebensreform« gefasst werden können (Buchholz et al. 2001): Ziel war eine »naturgemäße« Lebensweise mit gesunder Ernährung, einem Leben auf dem Land, d.h. mit Selbstversorgung auf eigenem Grund, die Anwendung von naturheilkundlichen Praktiken und ein neues, befreites Körperverständnis. Organisatorisch und ideell eng verknüpft mit diesen Ansätzen entwickelten sich die Jugendbewegung und Reformpädagogik. (Wedemeyer-Kolwe 2017, S. 25) Der Aufbruch in die Moderne vollzog sich auch auf der Ebene gesellschaftspolitischer Neuorientierungen: Vermeintlich naturgegebene Geschlechterrollen wurden verhandelt – den Nährboden hierfür hatte die Frauenbewegung in der zweiten Hälfte des 19. Jahrhunderts bereitet – und sozialutopische Vorstellungen zu Wirtschaftsformen (Bodenreform und Freigeldwirtschaft) entwickelt.

Die ideologischen Richtungen der Bewegungen changierten dabei zwischen progressivem und sozialreformerischem Gedankengut, das lebensfeindliche Bedingungen und tradierte Eigentumsstrukturen reformieren wollte, und nationalistisch ausgerichteten (Siedlungs-)Konzepten, deren Ideal vom »germanischen Seelenleben« dezidiert auf völkischer Blut-und-Boden-Ideologie basierte. (Wedemeyer-Kolwe 2017, S. 32 f., S. 131 ff.; Linse 2001, S. 195)

Diese gesellschaftlichen Reformbewegungen gaben entscheidende Impulse auch zum Aufkommen alternativer Konzepte der Landbewirtschaftung und des ländlichen Lebens. Die gegen Ende des 18. Jahrhunderts – noch unter Mitwirkung von Frauen – entwickelte moderne Form der »rationellen Landwirtschaft« war im 19. Jahrhundert auf dem Wege zu einer rasanten Professionalisierung, Akademisierung, Spezialisierung und Verwissenschaftlichung ihrer Grundlagen – nun freilich ohne Frauen, denen der Zutritt in die akademische Bildung offiziell noch verwehrt war und erst durch die sich formierende Frauenbewegung erkämpft werden musste.

Konkrete Ansätze zu einer »anderen Landwirtschaft« entwickelten sich in mehreren Wellen und an unterschiedlichen Orten. (Vogt 2000; Koepf/Plato 2001; Schaumann/Siebeneicher/Lünzer 2002; Conford 1999; Reed 2001; Gill 2010; Paull 2013, 2018 und 2019) Gunter Vogt zufolge beginnt eine Frühphase schon vor 1900 mit der Suche nach Alternativen zur Stickstoffdüngung, einem neuen biologischen Verständnis der Bodenfruchtbarkeit und naturgemäßen Lebensformen. (Vogt 2000, S. 62–67) Diese Anfänge mündeten in der Zeit zwischen den beiden Weltkriegen in drei sich teilweise überlappende Entwicklungsstränge alternativer Reformansätze – bezeichnet als *natürlicher Landbau, biologisch-dynamische Wirtschaftsweise* und *organisch-biologischer Landbau.* Schon bei einem ersten Blick in die Frühgeschichte des »ökologischen Landbaus« – eine Bezeichnung, die sich Ende des 20. Jahrhunderts als Sammelbegriff für den deutschsprachigen Raum etablierte – finden sich bei jeder der drei Richtungen an prominenter Stelle Frauen als Wegbereiterinnen und -begleiterinnen.

Der sogenannte *natürliche Landbau* wurde von Mina Hofstetter und Ewald Könemann begründet. Nichtwendende Bodenbearbeitung, eingeschränkte Tierhaltung oder viehlose Landwirtschaft sowie eine neue Humuswirtschaft zur Verbesserung der Böden und Erzeugung hochwertiger Lebensmittel waren die neuen Anliegen für die Landbewirtschaftung. Mit einer »naturgemäßen Lebensweise«, wie sie von der Lebensreformbewegung propagiert wurde – Leben und Arbeiten in der freien Natur, Vegetarismus und Freikörperkultur – wurde ebenso experimentiert wie mit den freiwirtschaftlichen Theorien von Silvio Gesell. (Gesell 1916) Könemann veröffentlichte 1925 in der Zeitschrift *TAO – Monatsblätter für Verinnerlichung und Selbstgestaltung* seinen programmatischen Aufsatz (in reformierter Rechtschreibung) *Fiehloser Landbau – naturgemäße Bodenbearbeitung.* Zeitgleich wurde die Zeitschrift *Bebauet die Erde* gegründet sowie kurz darauf die *Arbeitsgemeinschaft Natürlicher Landbau und Siedlung* (1927/28), die 1934 als *Arbeitsgemeinschaft Landreform* in die vom NS-Regime gleichgeschaltete *Deutsche Gesellschaft für Lebensreform* eingegliedert und Ende des Jahres 1939 aufgelöst wurde. (Krabbe 2001) Auf dem Hof von Mina Hofstetter wurde 1947 die *Genossenschaft Biologischer Landbau* (heute: *Bioterra*) gegründet, die auch privaten Gärtner*innen offenstand. Landbausysteme, die nach dem Zweiten Weltkrieg entstanden, knüpften an das Gedankengut und die Erkenntnisse des natürlichen Landbaus an, übernahmen aber auch aus den anderen beiden Richtungen Reformansätze. Vogt bezeichnet sie daher als »biologischen Landbau«. (Vogt 2000, S. 237–258)

Als Geburtsstunde der *biologisch-dynamischen Wirtschaftsweise* wird in der Fachliteratur zumeist der *Landwirtschaftliche Kursus* genannt, den Rudolf Steiner, Philosoph, Naturwissenschaftler und Begründer der Anthroposophie, auf Anfrage einiger Gutsbesitzer im Jahr 1924 auf Schloss Koberwitz in Schlesien gab. In acht Vorlesungen legte er »Geisteswissenschaftliche Grundlagen zum Gedeihen der Landwirtschaft« dar. (Steiner 1984, 7. Aufl.) Ein landwirtschaftliches Gut galt ihm als Organismus und lebendige Individualität. Erfolgreiche bäuerliche Tätigkeit setze das Zusammenwirken mit den Kräften und Rhythmen von Erde und Kosmos voraus. »Präparate«, für deren Zubereitung aus mineralischen, pflanzlichen und tierischen Substanzen Steiner knappe Hinweise gab, sollten die Wirkung kosmischer Kräfte steigern (»dynamisieren«) und zusammen mit anderen Maßnahmen zu einer Dauerfruchtbarkeit des Bodens führen. Tiere, insbesondere Rinder, gehörten zum »Gedeihen der Landwirtschaft« ebenso wie »die Geheimnisse des Düngens« (ebd., S. 11) und Landschaftsgestaltung (z. B. durch Anlage von Hecken oder die Regulierung des Waldes). Der enge Zusammenhang der Landwirtschaft mit dem »ganzen sozialen Leben« war ein weiterer Kerngedanke seiner Philosophie. (ebd., S. 215)

Frauen waren bereits bei den Gründungsereignissen dieser neuen Richtung erstaunlich präsent. Als Gastgeberin hieß Johanna Gräfin von Keyserlingk zusammen mit ihrem Ehemann Carl Wilhelm von Keyserlingk die über 100 Teilnehmer*innen, von denen etwa ein Drittel weiblich war, auf Schloss Koberwitz willkommen. Auch ein Viertel der Personen, die im Anschluss Mitschriften des *Landwirtschaftlichen Kursus* zusammen mit einer Geheimhaltungsverpflichtung erhielten, war Frauen. Nach Steiners Tod im Jahr 1925 wurden seine Ideen und Anregungen an verschiedenen Orten Europas, wie Dornach in der Schweiz, Loverendale in den Niederlanden, Stuttgart im Westen und auf Gutsbetrieben im Osten Deutschlands aufgegriffen, experimentell erprobt und in der landwirtschaftlichen Praxis umgesetzt. Auch hier finden sich überraschend viele Frauen in den neu gegründeten Forschungsgruppen, Arbeitsgemeinschaften und Beratungsstellen. Es wurde das Gütezeichen *Demeter* entwickelt. Ab 1930 erschien die gleichnamige Zeitschrift (später *Lebendige Erde*).

Im Nationalsozialismus erlebte die biodynamische Landwirtschaft zunächst eine Blütezeit, da hochrangige Nationalsozialisten und ihre Ehefrauen selbst dem biologisch-dynamischen Land- und Gartenbau zugeneigt waren und darin auch die Landwirtschaft der Zukunft sahen. In der *Aktion gegen Geheimlehren und sogenannte Geheimwissenschaften* vom 9. Juni 1941 wurde zwar der *Reichsverband für Biologisch-Dynamische Wirtschaftsweise* offiziell verboten, einzelne Mitglieder zeitweise inhaftiert und anthroposophische Literatur beschlagnahmt. Große Güter jedoch konnten ohne größere Eingriffe des NS-Regimes biodynamisch weiter wirtschaften und forschen. Mit unterschiedlichen Strategien reagierten Ökopionierinnen darauf: von offener Ablehnung, wie Marie Wundt sie zeigte, über ein Sich-Arrangieren, wie es Hella Glashoff oder Hilde Pfeiffer taten, um die biologisch-dynamische Wirtschaftsweise weiter zu befördern, bis hin zur aktiven Kooperation von Martha Künzel, die die Leitung des Versuchslabors im Konzentrationslager

Dachau übernahm. Auf Veranlassung von Reichsführer-SS Heinrich Himmler waren in einigen Konzentrationslagern Versuchsfelder angelegt und Laboratorien eingerichtet worden, um pflanzenbauliche Versuche durchzuführen.

In anderen europäischen Ländern entwickelten sich eigene Gesellschaften wie etwa die *Vereniging voor Biologisch-Dynamische Landbouw* in den Niederlanden, wo sich Mieneke de Boer und Willy Schilthuis einbrachten, oder die *Anthroposophical Agricultural Foundation* in England, für die Marna Pease viele Jahre als Schriftführerin arbeitete und die ersten englischen Ausgaben des Landwirtschaftlichen Kursus abtippte. Schon bald jedoch formierte sich in Großbritannien eine eigene Bewegung unter der Bezeichnung *Organic Movement* und gründete unter Mitwirkung von Frauen wie Lady Eve Balfour, Maye Bruce und Innes Pearse die *Soil Association.*

Als dritte Richtung alternativer Landbaukonzepte kann der *organisch-biologische Landbau* herausgestellt werden. In enger Beziehung zur Schweizerischen Bauern-Heimatbewegung und in Abgrenzung von der herkömmlichen konventionellen Landwirtschaft wurden die Grundlagen seit den 1930er-Jahren von dem Ehepaar Maria Müller und Dr. Hans Müller entwickelt und ab den 1950er-Jahren in Kooperation mit dem Arzt und Bodenkundler Dr. Hans Peter Rusch auf naturwissenschaftliche Grundlagen gestellt. Ganzheitliche Betrachtungsweisen kennzeichnen auch dieses Landbausystem. Unter dem Diktum *Gesunder Boden – gesunde Nahrung – gesunde Menschen* wurden neue Verfahren wie die Flächenkompostierung experimentell erprobt und über das 1932 auf dem Möschberg als *Bauernheimatschule* und *Hausmutterschule* errichtete Bildungszentrum in Tagungen und Kursen verbreitet. Bereits 1946 wurde die *Anbau- und Verwertungsgenossenschaft AVG* im Schweizerischen Galmiz gegründet. Hans Peter Rusch entwickelte den *Rusch-Test* zur Bestimmung der Bodenfruchtbarkeit und veröffentlichte 1968 den Bestseller *Bodenfruchtbarkeit – Eine Studie ökologischen Denkens.* (2004, 7. Aufl.) Innerhalb weniger Jahre stellten Hunderte bäuerlicher Betriebe auf »Bio-Landbau« um – empirischen Untersuchungen zufolge oft durch Krankheiten motiviert und von Frauen durchgesetzt. (Inhetveen 2005, S. 190 f.)

Hatten sich die neuen Landbaubewegungen oft skeptisch gegenüber den etablierten Wissenschaften gezeigt (Steiner 1984, S. 238 f.), so wurden sie umgekehrt viele Jahrzehnte weder in der wissenschaftlichen Community noch von der am »Wachsen oder Weichen« orientierten Agrarpolitik wahr- oder gar ernstgenommen. Erst die wachstumskritischen Kassandrarufe des *Club of Rome* über die *Grenzen des Wachstums* (Meadows et al. 1972) und die zunehmend sichtbaren Umweltschäden einer chemisch-technisch intensivierten Landwirtschaft ließen in den 1970er-Jahren eine Ökologiebewegung entstehen, die auch zu einer neuen Wahrnehmung und Bewertung alternativer Landbaukonzepte führte. Die Nachfrage nach ökologisch produzierten Nahrungsmitteln stieg und mit ihr die Zahl der »Bio-Betriebe«.

Neue Initiativen entstanden; auf nationaler wie internationaler Ebene bildeten sich Zusammenschlüsse ökologisch orientierter Gruppierungen. Schon 1972 war die *International Federation of Organic Agricultural Movement* (IFOAM) gegründet worden. Neben drei Männern – Kjell Arman, Vertreter der *Svenska Biodynamiska Föreningen*, Roland Chevriot, der den Anbauverband *Nature et Progrès* aus Frankreich vertrat, und Jerome Goldstein vom Verlag *Rodale Press*, USA – waren zwei Frauen als Gründungsmitglieder anwesend: Lady Eve Balfour, Vertreterin der *Soil Association* in Großbritannien, und Pauline Raphaely, Vertreterin der *Soil Association* in Südafrika. Über die Jahre ist die Zahl der in den Gremien aktiven Frauen hoch geblieben. Seit 2018 stehen an der Spitze der IFOAM zwei Frauen: Peggy Miars als Präsidentin und Louise Luttikholt als Geschäftsführerin.

Seit 1975 setzte sich in Deutschland die *Stiftung Ökologischer Landbau* (später *Stiftung Ökologie und Landbau*) für die Förderung der ökologischen Landwirtschaft ein – maßgeblich beeinflusst von Dagi Kieffer und ihrem Ehemann Karl Werner Kieffer. Anbau- und Vermarktungsverbände wurden gegründet. Die erste internationale Wissenschaftskonferenz wurde 1977 in der Schweiz organisiert und im Zwei-Jahres-Rhythmus etabliert. 1981 richtete die Universität Kassel-Witzenhausen die erste Professur für Ökologischen Landbau ein, 2004 eine Stiftungsprofessur für Biologisch-dynamische Landwirtschaft. Ab 1990 rückte der ökologische Landbau in das Zentrum gesellschaftlicher Aufmerksamkeit und genoss zum ersten Mal in seiner Geschichte Rechtsschutz, politische Anerkennung und Forschungsförderung auf nationaler und EU-Ebene. (Inhetveen 2005; Willer/Schmid 2016)

Auf Spurensuche

Nachdem im 19. Jahrhundert während der Etablierung der Agrarwissenschaften Frauen als Trägerinnen des landwirtschaftlichen Fortschritts in den Hintergrund verwiesen waren, überraschte ihre Präsenz in der Frühphase des ökologischen Landbaus. Sie ermutigte uns, nach weiteren Protagonistinnen und ihren Biografien zu forschen. Viele Fährten wurden verfolgt, unterschiedlichste Rechercheformen angewandt und Quellengattungen berücksichtigt. Wir suchten im familiären und kollegialen Umfeld der männlichen Pioniere des Öko-Landbaus und studierten ausgiebig Fußnoten und Nebensätze der von ihnen handelnden Literatur. Wir überprüften die sozialen Netzwerke von Pionierinnen. Schnell wurde deutlich, dass sich in den Einrichtungen und Organisationen, die um Rudolf Steiner entstanden waren, sehr viele Frauen fanden und erstaunlich viele von ihnen zu seinen Hinweisen im *Landwirtschaftlichen Kursus* forschten. Die ausgeprägte Neigung zum Dokumentieren und Archivieren in diesen Kreisen bot uns ein fruchtbares Terrain. Da sich Ökologinnen entsprechend ihrer Forschungsschwerpunkte auch in Publikationen zu Natur- und Technikwissenschaftlerinnen verbergen konnten, kam unserer Spurensuche die Vielzahl neuer Lexika und Literatur zu Frauen in den Wissenschaften entgegen. (Rossiter 1982; Strohmeier 1998; Koepf/Plato 2001; Brander 2003; Fischer 2009; Gill 2010; Bross–Burkardt 2011)

Um eine Frau als Pionierin des ökologischen Landbaus identifizieren zu können, versuchten wir als Erstes, ihre schriftlichen Beiträge ausfindig zu machen, seien sie als Bücher oder Artikel publiziert, als graue Literatur verteilt oder auch nur in Notizen und Arbeitsberichten, Gartentagebüchern und Briefwechseln fixiert worden. Diese Dokumente wurden teils exzerpiert, teils inhaltsanalytisch ausgewertet. So aufwendig sich oft die Suche nach Literatur aus den Frühphasen der Pionierinnengeschichte gestaltete, so sehr profitierten wir von der Tatsache, dass die heute zunehmende Aufmerksamkeit auf ökologisches Denken und Handeln auch zu Neuauflagen wichtiger Pionierinnenschriften des 20. Jahrhunderts geführt hatte, sei es in digitaler oder in Papierform.

Eine weitere wichtige Wissensquelle war der persönliche mündliche oder schriftliche Austausch mit Pionierinnen und/oder ihren Familienangehörigen, Kolleg*innen oder Zeitzeug*innen. Allgemeine Rahmungen zu den Lebensgeschichten der Pionierinnen boten agrar- und sozialgeschichtliche Werke sowie die neuere Frauen- und Geschlechterliteratur.

Die Suche nach Hinweisen, Literatur und Dokumenten war oft kompliziert und langwierig. Und sie war nicht immer von Erfolg gekrönt. Dennoch begleiteten wunderbare menschliche Begegnungen und überraschende Funde unsere Spurensuche und ließen fehlenden Erfolg von Recherchen vergessen. Ein über Jahrzehnte geführtes Gästebuch von Mina Hofstetter oder die Fotoserien zu Gartenbauversuchen aus den Jahren 1927 bis 1932 auf Loheland gehörten ebenso dazu wie der Bericht *Aus meinem Leben* im Nachlass von Marie Wundt oder der Empfang eines digitalisierten Fotoalbums der Familie Matthaei-Howard. Auch der Aufenthalt auf dem Möschberg vor grandioser Bergkulisse und inmitten der ebenso überwältigenden Mengen im Archiv der Bildungsstätte ist von bleibender Erinnerung.

Why so many? Der andere Landbau – das andere Geschlecht

Das Ergebnis unserer Spurensuche ist eine Namensliste von 126 Frauen, die sich in der einen oder anderen Weise für den ökologischen Landbau engagiert hatten. Stellte Catherine Hill (2010) im Hinblick auf Frauen in der Mathematik, den Natur- und Technikwissenschaften die enttäuschte Frage »Why so few?«, so waren wir nun erneut mit dem Thema konfrontiert: *Why so many?*

Eine erste Erklärung lag nahe: Alle sozialen Reformbewegungen wie die bürgerliche bzw. proletarische Frauenbewegung, die Jugend- und Lebensreformbewegung sowie die Reformpädagogik, die in die Frühphase des ökologischen Landbaus fielen, lenkten besonderes Augenmerk auf die gesellschaftliche Lage von Frauen und beförderten die Öffnung von Bildungs- und Berufszugängen, Teilhabe am öffentlichen Leben, Befreiung aus einschränkenden und benachteiligenden Konventionen, Lebensformen und Moralvorstellungen. Erste Institute, Colleges und Schulen für Frauenbildung wurden gegründet und schließlich wurde auch der allgemeine Zugang zu Universitäten erkämpft (Preußen 1908). Viele der Ökopionierinnen ergriffen diese Möglichkeiten sofort: Sie besuchten neu gegründete Gartenbauschulen und wurden professionelle Gärtnerinnen; einige nahmen ein Studium auf und erwarben sogar einen Doktortitel. Sie arbeiteten an Frauencolleges als Lehrerinnen oder gründeten selbst Schulen und Ausbildungsstätten wie die Frauensiedlungen Loheland (1919) und Schwarzerden (1923) in der Rhön. Der neu erschlossene Zugang zu Bildung und Wissen und die Öffnung von Tätigkeitsfeldern ermöglichte jungen Frauen nun auch in Europa, ihrer Forschungsleidenschaft nachzugehen.

Ein Zweites kam hinzu: Aus wissenschaftshistorischer Perspektive war der ökologische Landbau in seinen Anfängen mehr oder weniger *terra incognita*, ähnlich der experimentalökonomischen Phase der Agrarwissenschaften im 18. Jahrhundert. Er war wissenschaftliches Neuland, ohne deutliche Konturen, ohne festgelegte Terminologien, ausformulierte Grundprinzipien oder verlässliche Forschungsmethoden. Es gab viele Forschungsfragen, aber keinen verbindlichen Maßstab für die Herangehensweise. Der protowissenschaftliche und protoprofessionelle Zustand des jungen Forschungsgebietes kam den Frauen nicht nur entgegen, sie hatten gewissermaßen einen »Heimvorteil«. Viele der landwirtschaftlichen Forschungsfragen waren den Pionierinnen aus der weiblichen Subsistenzpraxis und ihren Sorgeaufgaben wohlbekannt: Wie lässt sich die Fruchtbarkeit des Gartenbodens verbessern? Wie kann die

Familie qualitätsvoll ernährt werden? Die für das Experimentieren notwendigen Forschungstugenden wie Fleiß, Ausdauer, Genauigkeit und Kreativität waren im Frauenalltag ohnehin immer benötigt und entsprechend trainiert. Das Arrangement des »Heimspiels« bot weiblicher Teilhabe an der Forschung geeignete Rahmenbedingungen: Forschungs- und Familienarbeit, Gärtnern und Unterrichten konnten zeitlich und räumlich miteinander verknüpft werden. Entstehende Kosten wurden durch Sparsamkeit und »bricolage«, die Umnutzung von Haushalts- zu Forschungsrequisiten, von Hausgärten zu Versuchsanlagen, von Wohnhäusern zu Schulungsgebäuden reduziert.

Doch der »häuslich-amateurhafte Kontext« (Orland/Rössler 1995, S. 21) ihrer Forschungsarbeit ohne Diplome, Titel oder Karrieredruck brachte auch Nachteile: Selbstausbeutung aus Passion, Zeitdruck, Fehlen einer finanziellen Honorierung der Arbeit und ständige Knappheit an Ressourcen. Einen Ausweg boten hier die ebenfalls häufig unter den frühen Pionierinnen anzutreffenden Sozialarrangements der »Paarproduktion«, zumeist als Ehepaarproduktion oder auch in Lebens- oder Wohngemeinschaften praktiziert. Frauen konnten so ihre Forschungsleidenschaft zwar ausleben, verschwanden aber als »mithelfende Angehörige« oft genug im Schatten ihrer Männer.

Eine dritte Antwort auf die Frage *Why so many?* könnte der damalige Außenseiterstatus des »anderen Landbaus« sein, galt er doch vielen nicht als Wissenschaft, sondern als Ideologie und Glaubenssystem. Er brachte seinen »Denkkollektiven« (Fleck 1994) – und damit auch deren weiblichen Mitgliedern – eine fragile öffentliche Aufmerksamkeit, schwankendes Prestige und oft genug auch heftige Ablehnung ein. Daher trafen Frauen hier seltener auf männliche Konkurrenz und Profilierungswünsche, eine Konstellation, die auch in anderen Natur- und Technikwissenschaften dem weiblichen Forschungsgeist Auftrieb gab. (Fölsing 1999) Als »doppelte Außenseiterinnen« (Schmitt 1997) – durch einen anderen Landbau und ein anderes Geschlecht – konnten sich Frauen in der frühen Phase des ökologischen Landbaus auf diese Weise dann doch als Pionierinnen positionieren und autorisieren.

Einundfünfzig Ökopionierinnen

So reizvoll und aufschlussreich es gewesen wäre, allen Spuren weiblicher Beiträge zum ökologischen Landbau nachzugehen, so sachlich notwendig war eine Eingrenzung auf eine »Teilmenge«. Die Auswahl der hier vorgestellten 51 Einzelbiografien gestaltete sich anfangs einfach: Zugehörigkeit zu den unterschiedlichen Richtungen des ökologischen Landbaus, Prominenz von Werken und Verfasserinnen, exemplarische Bedeutung der Forschungsschwerpunkte, Umfang und Dichte des vorhandenen Datenmaterials, vielleicht auch persönliche Bekanntschaft führten zu raschen Entscheidungen. Keine Abgrenzung nahmen wir vor bei den Frauen, deren Forschungsaktivitäten sich in erster Linie auf den Gartenbau bezogen: Auch in der Geschichte der konventionellen Landwirtschaft wurden Neuerungen zunächst in Gärten erprobt und dann auf den Landbau übertragen. Eine geografische Eingrenzung auf den europäischen Kontinent wurde notwendig, als sich unser Blick auf die internationale Situation der ökologischen Landwirtschaft und die Vielzahl der weltweit für eine alternative Landwirtschaft tätigen Frauen öffnete. Schwieriger zu entscheiden war die Aufnahme von Frauen, die zu ökologisch zentralen Themen forschten, ohne sich direkt der ökologischen Landwirtschaft zugehörig zu betrachten.

Mit den nun vorliegenden Porträts von 51 Frauen möchten wir einen Kernbereich von Pionierinnen des ökologischen Landbaus identifizieren, der wie jedes Netzwerk offene Ränder hat. Dementsprechend tauchen in den Biografien immer wieder auch Namen von Kolleginnen und Mitarbeiterinnen auf, zu denen keine eigene Biografie verfasst wurde. Wir erheben also keinen Anspruch auf Vollständigkeit, eher den Wunsch und die Hoffnung, mit dieser Auswahl ein Phänomen bezeichnet zu haben, das zu weiteren Nachforschungen anregt und vielleicht auch Hilfestellung gibt, etwa in dem Sinne, wie es Philip Conford über seine Studien zur Geschichte der Ökobewegung in England formulierte: »it exemplifies in an historical context Sir George Stapledon's ›law of operative ignorance‹ in that it opens up a range for further investigations«. (Conford 2001, S. 215)

PIONIERINNEN DES ÖKOLOGISCHEN LANDBAUS – EINE ZUSAMMENSCHAU

Soziale Verortung: Herkunft, Ausbildung, Familienstand

Aus einer langen Liste von 126 Namen werden in diesem Buch 51 Vertreterinnen ökologischen Denkens und Handelns porträtiert. Die tabellarische Darstellung auf S. 24/25 gibt einen ersten Überblick ihrer Zuordnung zu den Richtungen des ökologischen Landbaus sowie einige Sozialdaten.

Während Agrarpionierinnen früherer Jahrhunderte dem Adel oder der Gutsherrschaft entstammten (Schlude 2008; Inhetveen/Kaak 2013), nutzten um 1900 vor allem »höhere Tochter« aus Bürgertum und Adel die Öffnung von neuen Bildungswegen für Frauen. Etwa ein Drittel (18) der von uns porträtierten Ökopionierinnen absolvierte eine praktisch-handwerkliche Ausbildung als Gärtnerin oder in einem landwirtschaftsnahen Fach. Eine Absolventin der neu gegründeten Gartenbauschulen für Frauen konnte sich unter Umständen zur Inspektorin oder Lehrerin im ökologischen Land- und Gartenbau weiterbilden oder gar selbst eine Schule eröffnen. Weiteren 18 Frauen wurde von ihren Eltern ermöglicht, sich über ein Studium in naturwissenschaftlichen oder anderen Fächern zu qualifizieren. Frauen mit einem eher bäuerlich-ländlichen oder handwerklichen Familienhintergrund fanden nur vereinzelt und durch autodidaktische Studien Zugang zu ökologischem Wissen und Forschen.

Hinsichtlich des Familienstandes fällt der hohe Anteil an unverheirateten Frauen auf (21). Hier ist zu bedenken, dass Anfang des 20. Jahrhunderts die Ausübung einer beruflichen Tätigkeit zumeist ledigen Frauen vorbehalten war. Wiederum 18 der porträtierten Ökopionierinnen hatten Kinder; bei den verheirateten Frauen betrug dieser Anteil zwei Drittel. Fachliches oder berufliches Engagement war offenbar eher jenen Frauen möglich, die nur begrenzte familiäre Pflichten zu leisten hatten oder diese Aufgaben delegieren konnten. (vgl. Costas 2000) Auffallend viele der Pionierinnen erreichten ein ungewöhnlich hohes Lebensalter: 33 Frauen konnten ihren 80. und elf Frauen sogar ihren 90. Geburtstag feiern.

Übersicht 1 Einundfünfzig Ökopionierinnen

Name	Lebensdaten	Wirtschaftsweise	Lebensorte	Familienstand
Marna Pease	1867–1947	biologisch-dynamisch	UK	alleinstehend
Joanna Marie Tak van Poortvliet	1871–1936	biologisch-dynamisch	NL – CH	alleinstehend
Gabrielle Louise C. Howard	1876–1930	biologisch	UK – IN – D – CH	verheiratet
Maye E. Bruce	1879–1964	organisch-biologisch	UK	alleinstehend
Johanna Gräfin von Keyserlingk	1879–1966	biologisch-dynamisch	D	verheiratet
Louise E. Howard	1880–1969	organisch-biologisch	UK – CH – UK	verheiratet
Mina Hofstetter	1883–1967	natürlicher Landbau	CH	verheiratet
Annie Francé-Harrar	1886–1971	biologisch	D – A – HU – A – MX – A	verheiratet
Laurentia Dombrowski	1888–1979	biologisch	D – UK – D	alleinstehend
Lilly/Lili Kolisko	1889–1976	biologisch-dynamisch	A – D – CH – UK	verheiratet
Innes Pearse	1889–1978	organisch-biologisch	UK	verheiratet
Mabel Rayner	1890–1948	organisch-biologisch	UK	verheiratet
Frieda Bessenich	1892–1969	biologisch-dynamisch	D – CH	verheiratet
Huberta von Bronsart	1892–1978	biologisch	D	alleinstehend
Marie Wundt	1892–1972	biologisch-dynamisch	D – CH	verheiratet
Erika Riese	1893–1959	biologisch-dynamisch	D – CH	alleinstehend
Maria Müller-Bigler	1894–1969	organisch-biologisch	CH	verheiratet
Hedwig Müller	1895–1983	biologisch-dynamisch	CH	alleinstehend
Maria Lohrmann	–	biologisch-dynamisch	D	
Marie Zeidler	1895–1995	biologisch-dynamisch	D	alleinstehend
Erika/Erica Sabarth	1897–1981	biologisch-dynamisch	D – USA	alleinstehend
Lady Eve Balfour	1898–1990	organisch-biologisch	UK	alleinstehend
Brunhild Erika Windeck	1898–1979	biologisch-dynamisch	D	alleinstehend
Agnes Fyfe	1898–1986	biologisch-dynamisch	AU – UK – CH	alleinstehend
Martha Künzel	1900–1957	biologisch-dynamisch	D – NL – CZ – D	verheiratet

Name	Lebensdaten	Wirtschaftsweise	Lebensorte	Familienstand
Hella Glashoff	1901–1992	biologisch-dynamisch	D	alleinstehend
Elvira Heinze	1901–1990	biologisch-dynamisch	D - NL - D	verheiratet
Hemma Bartsch	1903–1988	biologisch-dynamisch	A - D - A	verheiratet
Luise Wurzer	1905–1992	biologisch-dynamisch	A	alleinstehend
Gertrud Neuenschwander	1907–2002	biologisch-dynamisch	CH	alleinstehend
Mieneke de Boer	1909–1982	biologisch-dynamisch	NL - D - NL - D - NL	verheiratet
Katherine Castelliz	1909–1997	biologisch-dynamisch	A - CH - UK	alleinstehend
Ilsabe Mutzenbecher	1912–1993	biologisch-dynamisch	D	alleinstehend
Ruth Pfisterer	1912–2001	biologisch-dynamisch	CH	alleinstehend
Alla Selawry	1913–1992	biologisch-dynamisch	SU - D - A - D	verheiratet
Hilde Pfeiffer	1914–2007	biologisch-dynamisch	D	alleinstehend
Magda Engqvist	1915–2008	biologisch-dynamisch	D - S	verheiratet
Lore Kutschera	1917–2008	biologisch	A	verheiratet
Willy Schilthuis	1920–2002	biologisch-dynamisch	NL - UK - NL	alleinstehend
Ruth Harrison	1920–2000	biologisch	UK	verheiratet
Ingeborg Haensel	1921–2014	biologisch-dynamisch	D	verheiratet
Margareth Sekera	1921–1985	biologisch	A	verheiratet
Maria Thun	1922–2012	biologisch-dynamisch	D	verheiratet
Helga Wagner	1924–2021	organisch-biologisch	A - D - CH - A	alleinstehend
Dagi Kieffer	1925–2021	organisch-biologisch	D	verheiratet
Uta Lübke	* 1939	biologisch	A	verheiratet
Brigitte von Wistinghausen	* 1939	biologisch-dynamisch	D	verheiratet
Heidi Flückiger	* 1940	biologisch-dynamisch	CH	verheiratet
Ingeborg Obermaier	1940–1999	biologisch-dynamisch	A - LY - MT - RW - D	verheiratet
Ursula Graf	* 1948	biologisch-dynamisch	CH - D - CH	verheiratet
Edith Lammerts van Bueren	* 1952	biologisch-dynamisch	NL - ID - VE - NL	verheiratet

Quelle: Eigene Recherchen

Einfühlen und Erproben: Forschungspraxis der frühen Ökopionierinnen

Passionierter Forschungsdrang, »Ringen ohne Ruh' und Unterlass« (Hofstetter 1942, S. 11), Experimentieren mit großer Neugier, Sorgfalt und Genauigkeit kennzeichnen die Arbeitsweise der Ökopionierinnen. »Fragen und Überdenken, Vergleichen, Abwägen, Stück für Stück in der Praxis probieren«, war Maria Müllers Strategie. (Remund Fink 1997, S. 13 f.) Vielen Frauen wurde eine besondere Beobachtungsgabe, der Blick fürs Detail und eine ausgeprägte Sensibilität im Umgang mit ihrem Forschungsgegenstand zugeschrieben. »Sie hatte ein Einfühlungsvermögen besonderer Art für das Ätherisch-Lebendige und ein zärtlich-mütterliches Verhältnis zu ihren Pflanzenzöglingen«, charakterisierte Günther Wachsmuth (1959) seine Kollegin Erika Riese. In der Wissenssoziologie gilt »Einfühlung« als ein wichtiger Aspekt des praktischen Wissens, da sich mit ihr »Einzelmerkmale jeweils zu einer kohärenten Entität integrieren« lassen. (Polanyi 1985, S. 24 f.) »Intuition« und »Einfühlung« sind Wissenspraktiken, mit denen je auf umweltbezogene Verhältnisse und spezifische Bedingungen reagiert wird. (Ingold 2018, S. 159) Dass Einfühlung nicht nur im ökologischen Garten- und Landbau, sondern auch in der technik- und naturwissenschaftlichen Laborpraxis ein essenzieller Teil von Forschungs- und Erkenntnisprozessen ist, haben wissenssoziologische Untersuchungen gezeigt. (Fox Keller 1983; Knorr-Cetina 1991; Latour 1996; Reichert et al. 2000)

Einige Pionierinnen waren schon in den Gärten ihrer Familien auf ihre spätere Forschung vorbereitet worden. Sie verfügten über Erfahrungswissen, d. h. durch Anschauung und Nachahmung, durch fortwährendes Ausprobieren und wiederholtes Üben im sinnlich-körperlichen Vollzug erworbenes Wissen und Können. (Koch/Warneken 2012) Solches »inkorporiertes Arbeitswissen« ergänzte kognitives Wissen und war für die spätere Forschungsarbeit unentbehrlich, beispielsweise um züchterische Erfolge im Pflanzenbau erzielen und bewerten zu können. (Grasseni 2004; Ingold 2013) Auch in den Gartenschulen, die Pionierinnen besuchten oder selbst gründeten, wurde auf die Vermittlung solcher nur im praktischen Vollzug erlernbaren impliziten Fähigkeiten (*tacit skills*) großer Wert gelegt.

Von Fleiß, unermüdlicher Ausdauer und Hingabe wird insbesondere über die Vertreterinnen der sogenannten bildschaffenden Methoden berichtet. So charakterisierte eine enge Mitarbeiterin von Lilly Kolisko deren ungezügelte Forschungsleidenschaft auch unter schwierigsten Lebensbedingungen: »Experiments in the morning, experiments in the evening, experiments in the night, two hours sleeping, this was her life«. (Husemann 1978, S. 53) Heidi Flückiger schilderte, wie ihre Vorgängerin Agnes Fyfe, Pionierin auf dem Gebiet der Planetenkonstellationsforschung, alltäglich dieselben Tätigkeiten verrichtete: Sammeln von zehn Gramm Misteln, Pressen des Safts und Herstellen von Steigbildern mit Gold bzw. Silber, 29 Jahre lang und mit dem Ergebnis von Zehntausenden von Bildern.

Forschungsorte: Das improvisierte Laboratorium

Die täglichen, manchmal stündlichen Wiederholungen von Versuchen über Jahre hinweg erinnern in ihrer Charakteristik an die reproduktiven Arbeiten von Frauen, wie überhaupt die Forschungspraxis der frühen Pionierinnen oftmals einer Verlängerung der Haus- und Familienarbeit gleicht. An Orten der Haus- und Subsistenzwirtschaft wurden die ersten Experimente zum ökologischen Landbau durchgeführt. (Etzkowitz/Kemelgor/Uzzi 2000, S. 18) Wie Maria Müller oder Marie Wundt forschten viele ihrer Kolleginnen im eigenen Hausgarten, andere Frauen wie Brunhild Erika Windeck oder Laurentia Dombrowski nutzten ihren Zugang zu gutswirtschaftlichen Anlagen oder Klostergärten. Auf dem Fensterbrett ihrer Küche platzierte Maye Bruce die Einmachgläser für ihre Versuche mit einem neuen Kompoststarter.

Die Kleindimensioniertheit und der eher improvisatorische Charakter der Versuchsanordnungen sowie die Nutzung der materiellen Ressourcen aus Haus und Garten hielten den Fortgang der Forschungsarbeit stets überschaubar und reduzierten den finanziellen Aufwand auf ein erschwingliches Maß. Dies war wichtig, denn für die frühe Forschung gab es in der Regel keine »Drittmittel«. Frauen ohne finanzielle Polster in der Familie mussten nicht nur ihre ökologischen Anliegen und deren Verbreitung, sondern auch ihren Lebensunterhalt selbst finanzieren. Armut war für Frauen dieser Generationen eine häufige Wegbegleiterin. Dies betraf vor allem alleinstehende und verwitwete Pionierinnen. So sicherte Lilly Kolisko nach ihrer Emigration nach England und dem frühen Tod ihres Ehemannes den Lebensunterhalt für sich und ihre Tochter sowie ihre Forschungstätigkeit mit Heimarbeit. Ihr umfangreiches Werk *Die Landwirtschaft der Zukunft* konnte nur mithilfe der Spenden eines Förderkreises veröffentlicht werden. Die Klosterfrau Laurentia Dombrowski hätte sich ihrer großzügigen Ratgeberin Erika Riese gegenüber gerne durch Gegengaben »erkenntlich zeigen« wollen, doch es fehlten ihr dazu »die Moneten«, wie sie in einem Brief lakonisch anmerkt. Zeitgeschichtliche Katastrophen wie Kriege, Inflation oder Wirtschaftskrisen erreichten auch Frauen aus wohlhabenderen Kreisen. Lady Eve Balfour und ihre Wohngemeinschaft überstanden die Weltwirtschaftskrise von 1930, indem sie Kriminalromane veröffentlichten, mit Tanzmusik auftraten und regelmäßig Beiträge für landwirtschaftliche Zeitschriften verfassten.

Forschungskonstellationen: Ehepaare, Arbeitspaare und »collegial cooperation«

Von den 30 verheirateten Ökopionierinnen waren 16 Frauen mit ihren Ehemännern als Arbeitspaare in den gleichen Projektzusammenhängen tätig oder kooperierten in einer »marital collaboration« eng miteinander. (Orland/Rössler 1995, S. 21)

Übersicht 2 Ökopionierinnen in Ehepaarproduktion

Hemma (1903–1988) und Erhard Bartsch (1895–1960)
Mieneke (1909–1982) und Klaas de Boer (1911–2002)
Heidi (* 1940) und Walter Flückiger (* 1942)
Ursula Graf (* 1948) und Fritz Michael Balzer (1940–2006)
Annie Francé-Harrar (1886–1971) und Raoul H. Francé (1874–1943)
Elvira (1901–1990) und Hans Heinze (1899–1997)
Gabrielle Louise (1876–1930) und Albert Howard (1873–1947)
Louise Ernestine (1880–1969) und Albert Howard (1873–1947)
Johanna Gräfin (1879–1966) und Carl Wilhelm Graf von Keyserlingk (1869–1928)
Lilly (1889–1976) und Eugen Kolisko (1893–1939)
Uta (* 1939) und Siegfried Lübke (1928–2014)
Maria (1894–1969) und Hans Müller (1891–1988)
Innes Hope Pearse (1889–1978) und George Scott Williamson (1884–1953)
Mabel M. C. Rayner (1890–1948) und William Neilson-Jones (1883–1974)
Margareth (1921–1985) und Franz Sekera (1899–1955)
Brigitte (* 1939) und Eckard von Wistinghausen (* 1937)

Quelle: eigene Recherchen

Bei neun Arbeitspaaren wiesen Frauen und Männer ähnliche Qualifikationsprofile auf. In sieben Fällen fand sich eher eine »klassische« Konstellation: Während die Männer ein Studium der Agrar- oder Naturwissenschaften absolviert hatten, waren ihre Frauen gärtnerisch-handwerklich ausgebildet. Was auf den ersten Blick wie eine durch Qualifikationsunterschiede potenzierte Geschlechterhierarchie wirkt, konnte in der Praxis durchaus zu einer produktiven Arbeitsteilung führen: Frauen verstanden sich auf hervorragende Versuchsanordnungen, experimentierten und dokumentierten, während sich ihre Partner als Sprachrohr für wissenschaftliche Resümees oder politische Folgerungen in der Öffentlichkeit profilierten (so bei den Ehepaaren Kolisko und Müller).

Wie in anderen geschlechtersensiblen Forschungen zur Geschichte der Naturwissenschaften zeigen sich auch bei den betroffenen Ökopionierinnen Nutzen und Risiken der »Paarproduktion«. (Fölsing 1999, S. 167 ff.) Frauen erleichtert sie unter Umständen, selbstständig zu arbeiten und von der wissenschaftlichen Ausbildung oder beruflichen Karriere des Mannes zu profitieren. So partizipierte Gabrielle Howard am gesellschaftlichen Aufstieg ihres Mannes in der *scientific community* und nahm sukzessive eine ähnlich hohe berufliche Position ein wie er – jedoch nicht im »Mutterland« England, sondern in Indien, damals britische Kronkolonie. (vgl. Spieker/Schmitt/Inhetveen 2005, S. 27) Allerdings profitierten damit beide von anderen Unterdrückungsmechanismen, nämlich den kolonialen Strukturen.

Bei Publikationen konnte die Nennung eines männlichen Co-Autors die Verbreitung von Forschungsergebnissen erleichtern, aber auch den Anteil des weiblichen Parts verschleiern – sei es strategisch-bewusst wie im Falle von E. Koliskos und L. Koliskos *Die Landwirtschaft der Zukunft* oder durch den Lauf der Geschichte, der die Beteiligung der Frauen in Vergessenheit geraten ließ. So wird heute auch von Fachleuten unter dem Etikett »Müller-Rusch-Verfahren« zumeist die Methode zweier Männer, nämlich Hans Müller und Hans Peter Rusch verstanden. Die tragende Rolle von Maria Müller ist dem »sozial strukturierten Vergessen« (Douglas 1991) anheimgefallen. Aus »Würdenträgerinnen« werden so »Beiträgerinnen«, trivialisiert und marginalisiert, wenn sie nicht gleich ganz verschwinden, »wie die Spuren eines Schiffes im Meer«. (Anna Maria van Schurman, zitiert nach Harding 1994, S. 321) Dies trifft auch für frühe Pionierinnen zu, die vorübergehend in gemischten »Forschungsduos« arbeiteten, wie Erika Riese mit Ehrenfried Pfeiffer, Brunhild Erika Windeck mit Ernst Stegemann bzw. Immanuel Voegele. Ähnlich der Ehepaarproduktion brachten solche »collegial cooperations« den Frauen

Vor- und Nachteile in Bezug auf selbstständiges Handeln oder Anerkennung, überließen sie zumeist jedoch schneller dem Vergessen als ihre männlichen Kollegen.

Organisierte Frauennetzwerke, wie sie heute existieren oder zur Karriereförderung von Wissenschaftlerinnen gefördert werden, bestanden in den Anfängen des Ökolandbaus noch nicht. Immerhin fanden sich unter den Pionierinnen des ökologischen Landbaus erste »Frauenkommunen«, d.h. Siedlungen, in denen nur Frauen miteinander lebten, arbeiteten und forschten, so die Frauensiedlungen Loheland und Schwarzerden in der Rhön oder auf der New Bells-Farm von Eve Balfour in England. In der Regel stellten Beziehungsgeflechte von Ökopionierinnen eher lose, passagere und über fachliche Themen geknüpfte Netzwerke dar. So arbeiteten seit Mitte der 1920er-Jahre einige junge Frauen in der biologisch-dynamischen Getreidezüchtung im Keller des Glashauses am Goetheanum. In der Geschichtsschreibung des ökologischen Landbaus werden sie in der Regel mit dem Etikett »unter Leitung von …« verzeichnet, gefolgt von Männernamen wie Ehrenfried Pfeiffer oder Günter Wachsmuth, auch wenn diese Kollegen zum jeweiligen Zeitpunkt an anderen Orten weilten. Über die Struktur dieser weiblichen Forschungsgruppe ist außer sporadischer »gegenseitiger Hilfe« bisher wenig bekannt. Im Sommer 1934 reiste Brunhild Erika Windeck in die Schweiz, »um in Dornach zu helfen«, wie sie in einem Brief mitteilte. Sie führte dann mit Marie Wundt eine Bestandsaufnahme der von Erika Riese im Dornacher Versuchsgarten und Marie Wundts Privatgarten gepflegten Wildgräser durch. In den 1930er- und 1940er-Jahren war es der in der Getreidezüchtung wichtige Orts- und Klimawechsel, der Erika Riese in Dornach, Brunhild Erika Windeck in Pilgramshain und Martha Künzel in Loverendale regelmäßig zusammenführte. Wie die Getreidekörner kursierten auch die Forscherinnen, wenn es nicht die politischen Zustände erschwerten oder unmöglich machten. Dann mussten Informationen und Befindlichkeiten über Briefe ausgetauscht werden. »Was macht Ihre Arbeit? Wie geht es Fräulein Küntzel? Wo steckt Fräulein Castellitz? Und von Marie Wundt hörte ich auch seit langem nichts mehr«. (Brief Windeck an Riese vom 3. Juni 1940)

Wissenstransfer: dokumentieren, publizieren, korrespondieren und reisen

Die frühen Pionierinnen des ökologischen Landbaus verband die Leidenschaft, Forschung nicht nur zu betreiben, sondern ihre Ergebnisse an Menschen aus Forschung und Praxis weiterzugeben. Dies geschah auf verschiedenen Wegen. Wie Mina Hofstetter, die frühzeitig kleine Artikel sowohl zu ihren Ansätzen der »natürlichen Landwirtschaft« als auch ihren sozialreformerischen Ideen verfasste und dann mehrere Bücher in kleinem Format folgen ließ, zunächst unter einem Pseudonym (Spieker 2004; Moser 2016), veröffentlichten viele Pionierinnen ihr Wissen in der »kleinen Form«: Broschüren, hausinternen Heften, Vortragsmanuskripten. Dabei kam ihnen die Neugründung von Verlagen für landwirtschaftliche und sozialreformerische Literatur entgegen. Schon bald zählten sie zu deren wichtigen Autorinnen (Balfour, Bronsart, Francé-Harrar). Heute sind manche Schriften oft nur schwer über Bibliotheken oder Archive oder gar nicht mehr zu beschaffen; damals lieferten sie das Grundlagenwissen für die landwirtschaftlich-gärtnerische Praxis und für Anschlussforschungen. Neben den Bestsellern von Eve Balfour *The Living Soil*, Annie Francé-Harrars *Die letzte Chance. Für eine Zukunft ohne Not* oder dem Werk *Agriculture of Tomorrow*, das Lilly Kolisko nach dem Tod ihres Mannes verfasste und unter beider Namen veröffentlichte, erstaunt die Anzahl der Werke, die Pionierinnen zugeordnet werden können, auch wenn die weibliche Identität manchmal hinter abgekürzten Vornamen nicht sofort zu erkennen ist. (Deimann 1987)

Ökopionierinnen waren vielfach an der Gründung von Zirkeln, Vereinen, Gesellschaften oder Organisationen beteiligt, in denen neues Wissen ausgetauscht und Versuche manchmal auch gefördert wurden, siehe das Haughley Experiment durch die *Soil Association.*

Eine weitere Möglichkeit zur Weitergabe, zum Austausch und Erwerb von Kenntnissen und Erkenntnissen waren Korrespondenzen. Die wenigen bisher ausgewerteten Briefe von Pionierinnen wie Erika Riese, Laurentia Dombrowski oder Gabrielle Howard zeigen, dass sie nicht nur ein wichtiges wissenschaftshistorisches Medium sind, sondern ebenso über Wohnorte und Lebenswege, Formen der Selbstvergewisserung und persönlichen Befindlichkeiten Auskunft geben. Briefe sind eine Quelle, die auf lebendige Weise auch weitverzweigte Beziehungsnetze erschließen lassen. (Schmitt 2006) Die Korrespondenzen zeugen von einer erstaunlichen Reichweite der Kontakte und einer großen sozialen Breite des Adressat*innenkreises. Es ist bedauerlich, dass die Geschichtsschreibung des ökologischen Landbaus den in den Archiven schlummernden Korrespondenzen bisher kaum systematische Aufmerksamkeit geschenkt hat. Sie sind ein Glücksfall für die Forschung, denn die Gefahr des unersetzbaren Verlustes ist der Briefform inhärent. Mina Hofstetters ausgedehnte Korrespondenzen, für deren Porto ein beachtlicher Teil des knappen Familienbudgets aufgewendet wurde, gingen in Flammen auf, als *Haus Seeblick* nach ihrem Tod anderen Eigentümer*innen übergeben wurde.

Über die schriftliche Vermittlung hinaus boten Pionierinnen Kurse an und gründeten eigene Institute, Schulen und Beratungsstellen. Ökologisches Denken und alternatives Wissen sollte »popularisiert« werden, d. h. in die gesellschaftliche Praxis einfließen und Veränderungen anstoßen, wie es die Gartenbaulehrerinnen aus Hünibach in ihrem Elternbrief formulierten. Freilich waren solche Gründungen zumeist nicht nur Ausdruck eines missionarischen Bewusstseins oder pädagogischen Impetus. Vielmehr waren sie auch Versuche, selbstständig und unabhängig zu agieren und darüber hinaus die Engpässe der Existenzsicherung und Forschungsfinanzierung zu meistern. Das gilt auch für Versuche von Pionierinnen wie Maye Bruce, Laurentia Dombrowski und anderen, durch Verlagsgründungen für gärtnerisch-landwirtschaftliche Literatur und den Vertrieb land- und gartenbaulicher Hilfsmittel wie Kompoststarter, die Verbreitung ökologischen Bewusstseins mit der Notwendigkeit des Gelderwerbs zu verknüpfen.

Übersicht 1 zeigt eine erstaunliche Mobilität und einen weiten Radius: Die Wegbereiterinnen des ökologischen Landbaus wechselten zum Teil mehrmals ihren Arbeits- und Lebensort, sei es heiratsbedingt, zur Sicherung ihrer eigenen oder der Familienexistenz, oder um auf neuem Land ihre Visionen von einer anderen Landwirtschaft und einem anderen Leben zu verwirklichen. Ist schon diese lebenszyklische Mobilität überraschend, frappierten auch die Häufigkeit und Reichweite von Forschungs- und Vortragsreisen, von denen Korrespondenzen oder publizierte Reiseberichte zeugen. In der Regel waren die Reisen mit Veranstaltungen und fachlichem Austausch verbunden. So berichtet Erika Riese im Brief vom 26. Oktober 1954 von ihrer England- und Schottlandreise:

> »Ich war 18 Tage unterwegs, davon gingen 4 × 24 Stunden auf Reisen drauf. Und alles, was ich an geschriebener Literatur in dieser Zeit lieferte, waren 3 Postkarten. Gesprochen habe ich umso mehr. Einen Vortrag gehalten an der Tagung, den ich dann noch zweimal erzählen

> musste vor Mitarbeitern von einem heilpädagogischen Institut und einer Heimschule. [...] Ausserdem ein einleitendes Referat mit Fragenbeantwortungen. Und da Fragen kürzer sind als Antworten, spricht man praktisch dann auch den ganzen Vormittag. Ausserdem allerlei Fachaussprachen an alte und neue Bekannte haufenweis.«

Auch Mina Hofstetter war als Rednerin zu internationalen Kongressen eingeladen, und von Maria Thun wird berichtet, dass sie regelmäßig in zahlreichen Ländern Einrichtungen besuchte, die mit ihrem jährlich erscheinenden Kalender *Aussaattage* arbeiteten. Lady Eve Balfour bereiste noch in hohem Alter andere Kontinente und hielt Vorträge, um für die ökologische Landwirtschaft und die von ihr mitgegründete *Soil Association* zu werben und damit wiederum die Reisekosten zu begleichen. So berichtet ihre Freundin und Begleiterin Mary Langman von der Amerikareise 1945:

> »She drove herself on a coast-to-coast tour, meeting a great numer of organic farmers and gardeners, directors of conservation projects and outstanding research scientists, and seeing something of their world. She was invited to lecture wherever she visited, and the fees earned met all the costs of the trip.« (Langman 1989, S. 19)

Eine andere Landwirtschaft, eine andere Gesellschaft: »Für eine Zukunft ohne Not«

Frauen, die Beiträge zum ökologischen Landbau leisteten, hatten in der Regel auch den gesellschaftlichen Wandel im Blick. Das Spektrum gesellschaftlicher Orientierungen war breit und umfasste progressiv-alternative, politisch konservative bis hin zu völkisch-nationalistischen Ausprägungen. Ein besonders bemerkenswertes Beispiel für neue Formen von sozialer Gemeinschaft bildet Loheland bei Fulda, wo 1919 Louise Langgaard und Hedwig von Rohden eine *Frauenschule für Körperkultur, Handwerk und Landbau* als Siedlung mit ganzheitlichem Bildungsanspruch gründeten. (Fischer/Köhn 2004; Christinck/Spieker 2010, 2012) Schnell entwickelte sich Loheland zu einem international bekannten Zentrum für Gymnastik und Ausdruckstanz. Auch die Werkstätten für Holz, Textilien und Fotografien arbeiteten höchst professionell; zu Selbstversorgungszwecken und als soziale Komponente der Ausbildung wurden Land- und Gartenbau betrieben. Auch Lady Eve Balfour verband ihr

Engagement für den organischen Landbau in spezifischer Weise mit sozialen Reformen. Mit ihrer Streitschrift *What is all this about Tithe* (1933) und durch öffentlichkeitswirksame Auftritte plädierte sie für die Abschaffung des Zehnten in England. Und in ihrem Bestseller *The Living Soil* kritisierte sie die fehlende Aufmerksamkeit für den engen Zusammenhang zwischen Gesundheit und Bodenfruchtbarkeit. (Balfour 1943, S. 10) Die Bodenbiologin Annie Francé-Harrar wollte auf politisch-organisatorischem Wege Reformen erreichen. Sie forderte in *Die letzte Chance – für eine Zukunft ohne Not* (Francé-Harrar 1950) eine »Weltorganisation für Humusproduktion«, um so der fortschreitenden Zerstörung der Bodenfruchtbarkeit Einhalt zu bieten. Das gesellschaftliche Engagement von Hans und Maria Müller stand in engem Zusammenhang mit der Schweizer Bauernheimatbewegung und der Antialkoholismus-Bewegung. Maria Müller trug ihr tradiertes konservatives Bildungskonzept über ihre Vorträge und Kurse für Landfrauen an der Hausmutterschule auf dem Möschberg direkt in die bäuerlichen Familien hinein.

Viele Ökopionierinnen erlebten den Nationalsozialismus hautnah. Auch hier zeigen sich sehr unterschiedliche Verhaltensweisen: von der (auch) politisch motivierten Emigration aus Deutschland, schriftlichen Stellungnahmen gegen das NS-Regime und Hilfsmaßnahmen für seine Opfer über die duldende und systemstützende »Pflichterfüllung« bis hin zu der Bereitschaft, mit Institutionen des NS-Regimes oder gar der SS zu zusammenzuarbeiten. Nicht immer wird deutlich, ob das Handeln aus politisch-ideologischer Überzeugung heraus geschah oder um dadurch den Fortbestand einer Einrichtung zu sichern und die eigenen Forschungsinteressen ungehindert verwirklichen zu können – die Motive überlagerten sich vielfach. (vgl. Treitel 2009) Etliche Ziele und Erkenntnisse der Forschungen zum ökologischen Landbau ließen sich ohne Weiteres in die nationalsozialistische Agrar-, Landschafts- und Siedlungspolitik einpassen. Die biologisch-dynamische Wirtschaftsweise wurde von einigen NS-Politikern als Landwirtschaft der Zukunft gesehen und die Gesunderhaltung des Bodens wurde als »nationale Aufgabe von größter Bedeutung« eingestuft, wie eine Rezension zur Schrift *Gesunder Boden* von Franz Sekera zeigt. (Völkischer Beobachter Nr. 56 vom 26. Februar 1944)

Zur ideellen Basis der Lebensreformbewegung gehörte das Streben nach einer religiös-ethischen Fundierung des Lebens und Handelns. Der als radikaler Umbruch wahrgenommene gesellschaftliche Wandel und die allerorts sichtbaren negativen Folgen von Industrialisierung und Urbanisierung verstärkten das Bedürfnis, das eigene Dasein einem tieferen Sinn zuzuordnen und sich selbst, den eigenen Körper und Geist durch eine entsprechende

Lebensweise zu reformieren. Dieses Streben macht sich in den Lebenskonzepten und Texten fast aller Pionierinnen bemerkbar. Immer wieder wird die Lektüre von Schriften zu neureligiösen Bewegungen erwähnt oder von besuchten Veranstaltungen verschiedener weltanschaulicher Gruppierungen berichtet.

Vor allem die Anthroposophie verfügte offenbar über eine große Anziehungskraft – nicht zuletzt aufgrund der charismatischen Führerfigur Rudolf Steiner. Dieser zeitgenössisch spezifische Personenkult trug ebenso zur Festigung der Bewegung bei wie religiöse Symbole und Handlungen und die angestrebte Neudefinition des Christentums. (Rißmann 2003, S. 82) Die Integration in eine überindividuelle Gemeinschaft versprach zudem soziale Geborgenheit. (Graf 2000, S. 225) Während andere Reformvorhaben durch den Ersten Weltkrieg jäh unterbrochen oder ganz gestoppt wurden, entwickeln sich die biologisch-dynamische Wirtschaftsweise und anthroposophische Einrichtungen zu einem Reformunternehmen mit großem Entfaltungspotenzial und Verbreitungstempo im internationalen Kontext bis heute. (Kugler 2001, S. 115)

Frühe Selbstautorisierung und später Nachruhm: Und sie bewegt sich doch!

Für Pionierinnen, die sich eigenständig forschend und experimentierend vorwagten, war es auch im beginnenden 20. Jahrhundert keineswegs selbstverständlich, ihre Erkenntnisse der Öffentlichkeit zu präsentieren. Erst mit der Herausbildung eines neuen Bewusstseins, dem Erwerb einer professionellen Ausbildung oder unter dem Schutz männlicher Autoritäten entwickelten Frauen Strategien einer Selbstautorisierung. Stellte eine Frau die Gruppengebote, die zumeist implizit von der männlichen *community of practice* erlassen worden waren, infrage, dann konnten Diskreditierung und Boykott die Folgen sein. Dies erlebte Maye Bruce, die mit Kenntnis der biodynamischen Präparate eigenständig ein Pulver zur Kompostbereitung entwickelt hatte und vertrieb. Als ihr daraufhin Plagiat, Missachtung der Geheimhaltungspflicht und des Steinerschen Erbes vorgehalten wurden, berief sie sich auf eine Eingebung im Traum und verwies darauf, dass Natur und Schöpfung schließlich allen Menschen zur Verfügung stünden. Sie stützte sich, wie es schon die Mystikerinnen früherer Jahrhunderte getan hatten, auf die göttlichen Quellen ihres Handelns. Zwar waren im Fall von Maye Bruce üble Nachrede und Boykott durch führende Persönlichkeiten der biodynamischen Bewegung die Folge, doch der nachhaltige Erfolg ihres Kompostpräparates ließ sich nicht aufhalten.

Seit dem Wiederaufleben der Ökologie- und Frauenbewegung in den 1970er-Jahren sowie der aufgekommenen Gender & Science-Debatte tauchen auch einige Protagonistinnen aus der Frühphase des ökologischen Landbaus im gesellschaftlichen Gedächtnis auf. Frühere Bestseller werden neu aufgelegt oder digital zugänglich gemacht; von Pionierinnen aufgestellte Thesen und Experimente werden in universitären Forschungsprojekten überprüft. Die *Soil Association* ehrt das Andenken an ihre Gründerin durch die *Lady Eve Balfour Lecture*; Aquarelle von Annie Francé-Harrar werden in Ausstellungen gezeigt, nach Lore Kutschera wurde in Wien eine Straße benannt, und einstige Wirkungsstätten von Pionierinnen haben sich zu touristischen Attraktionen entwickelt. Das ist eine erfreuliche, wenngleich späte Würdigung für herausragende Einzelpersönlichkeiten aus der Frühphase des ökologischen Landbaus.

Stillen Pionierinnen eine »nachhaltige« Stimme geben

Der vorliegende Band verfolgt über die würdigende Erinnerung an einzelne Vertreterinnen einer »anderen Landwirtschaft« hinaus weitere Ziele: Er soll zeigen, dass diese »großen Frauen« als Leuchtturm-Gestalten aus einem Kollektiv von Frauen herausragen, die auf krisenhafte Zustände von Landwirtschaft und Gesellschaft aufmerksam machten und in verschiedensten Bereichen an Lösungen arbeiteten. Auch den eher »stillen Pionierinnen« soll eine Stimme gegeben werden. Wir möchten zeigen, von welcher Aktualität das Denken und Handeln dieser Frauen, ihre Warnungen vor schon damals sichtbaren Umweltzerstörungen und ihr Einsatz für alternative Wege heute sein können. In den letzten Jahrzehnten hat der gesellschaftliche Umweltdiskurs deutlich an Fahrt aufgenommen. *Nachhaltigkeit*, seit der Rio-Konferenz zu einem beliebig zu füllenden »Plastikwort« geworden, hat eine neue Aktualität bekommen. Weltweit sind Nationen und Gesellschaften durch Klimawandel, desaströse Naturereignisse, Hungerkatastrophen und die sozioökonomischen Folgen der Globalisierung aufgeschreckt. Neue Bewegungen wie *Fridays for Future* geben dem Begriff neue und konkrete Inhalte: Nullwachstum, soziale Gerechtigkeit, ökologische Umorientierung. Die Biografien der Pionierinnen des ökologischen Landbaus führen in aller Deutlichkeit vor, dass viele der heutigen Forderungen keineswegs neu sind, sondern schon vor vielen Jahrzehnten gestellt wurden. Schwindende Bodenfruchtbarkeit, abnehmende Ernteerträge und die Verschlechterung der Nahrungsmittelqualität, rapider Schwund von Ressourcen durch zügellose Eingriffe in den Naturhaushalt und vieles andere mehr waren Schlüsselbegriffe der frühen ökologischen Diskurse. Wenn die Pionierinnen Reformen von Landbau und Gesellschaft im Einklang mit der Natur, den Erhalt der Bodenfruchtbarkeit und die Förderung natürlicher Kreisläufe nicht nur forderten, sondern dafür lebenslang forschten, schrieben und unterrichteten, dann deshalb, weil sie die Gesundheit und das Wohlbefinden auch der künftigen Generationen als einen hohen Wert betrachteten, der nur durch ein anderes, ein ganzheitliches Denken und Handeln zu realisieren ist. Diese Ziele wurden von den Ökopionierinnen durch das 20. Jahrhundert hindurch aufrechterhalten, manchmal um den Preis eines unbequemen Lebens als »doppelte Außenseiterin«. (Schmitt 1997, S. 118)

Auch in der Forschung lässt sich mittlerweile ein Perspektivenwechsel von einer ausschließlich natur- und technikwissenschaftlichen Fokussierung hin zu einer Betonung von Wechselwirkungen und Verflechtungen von Natur und Kultur feststellen. (Latour 2000; Haraway 2016; Sheldrake 2020) Unterschiedliche Disziplinen wie die Agrargeschichte, Ethnologie, Kulturanthropologie und Soziologie erproben neue Ansätze, die gesellschaftliche Prozesse in ihre naturräumlichen Bezugsrahmen einbetten und für deren Verknüpfungen und Vermischungen sensibilisieren. (Gesing et al. 2019) Forschungsperspektiven werden auf erweiterte soziale Entitäten hin entwickelt. Dadurch kann die Zentrierung auf das Humane als Bezugskategorie von Forschung relativiert werden; übergeordnete Beziehungsgeflechte treten in den Blick. Auch solche Ansätze scheinen in den frühen Arbeiten von Ökopionierinnen und -pionieren bisweilen bereits vorweggenommen.

Biografische Pionierinnenforschung weist auf viele bislang nicht ausgelotete Dimensionen hin. Sie spiegelt nicht nur die Beharrlichkeit dieser Frauen, ihren Elan und ihre Passion wider, sondern auch den Mut, ihre Visionen in die Tat umzusetzen. Zugleich zeigt sich hier der Preis, den sie für ihre Profession zu zahlen bereit waren, aber auch die Kreativität, mit der sie rollenspezifischen Verhinderungen und Gefährdungen begegneten. Noch heute sind Blockaden und Hindernisse nicht komplett aus Forscherinnenkarrieren verschwunden. Und so können die Biografien der frühen Pionierinnen auch Frauen der Gegenwart die Chancen und Risiken eines engagierten Lebens für eine gesunde Ernährung und eine Landwirtschaft, die den Bedürfnissen von Boden, Pflanzen, Tieren und Menschen gleichermaßen gerecht wird, nahebringen.

EINUNDFÜNFZIG

Evelyn Barbara Balfour, Lady Eve Balfour (1898–1990)

Diplomlandwirtin, Vorkämpferin des organischen Landbaus in England, Initiatorin des Haughley Experiments, Mitgründerin, Vorstandsmitglied und Schriftführerin der Soil Association, Mitbegründerin der IFOAM, Autorin, Publizistin, Weltreisende

»The health of soil, plant, animal and man is one and indivisible.«

Ein außergewöhnliches Frauenleben in einem Jahrhundert der Umwälzungen: Eve Balfour wurde eine der ersten diplomierten Landwirtinnen in Europa und Schlüsselfigur für die Entwicklung und Verbreitung des ökologischen Landbaus in England und weltweit.

Evelyn Barbara Balfour stammte aus einem schottischen Geschlecht, das sich über den Besitz von Kohlebergwerken durch eine geschickte Unternehmens- und Heiratspolitik zu einer großen, politisch einflussreichen und kulturell wie spirituell vielfältig engagierten Adelsfamilie entwickelte. Evelyn Barbara, genannt Eve, wurde am 16. Juli 1898 als vierte Tochter von Gerald William Balfour (1853–1945) und Lady Elizabeth Edith (Betty) geb. Lytton (1867–1942) in London geboren und wuchs mit ihren älteren Schwestern Ruth, Eleanor und Mary sowie den jüngeren Geschwistern Robert Arthur und Kathleen auf. Eves Vater war als konservatives Parlamentsmitglied 1895 zum Generalsekretär für Irland ernannt worden und machte eine politische Karriere. Seine Leidenschaft galt jedoch dem Spiritualismus. So setzte er sich als Präsident der *Society of Psychical Research* entschieden für den Nachweis ein, dass mit Telepathie, Trance-Medien und anderen Praktiken eine Kommunikation mit den Geistwesen Verstorbener möglich sei. Evelyns Mutter Betty war Tochter des zeitweiligen Vizekönigs von Indien Robert Bulwer-Lytton und Enkelin des Schriftstellers und Okkultisten Edward Bulwer-Lytton. Politische und spiritualistische Aktivitäten waren auch in der Balfour-Verwandtschaft üblich und verbanden sich mit einem vehementen Engagement für universitäre Bildungsmöglichkeiten und politische Rechte von Frauen. Eine Tante mütterlicherseits war die Suffragette Constance Lytton, die für ihre militanten Protestaktionen inhaftiert wurde. Lady Frances Balfour, eine Tante väterlicherseits, war Präsidentin der *Londoner Society for Women's Suffrage*. Eine andere Tante, Eleanor Mildred Balfour, war eine der ersten Studentinnen des *Newnham College*, dem ersten Frauencollege an der Universität von Cambridge. Sie wurde Physikerin, heiratete den Mitbegründer des *Newnham College* Henry Sidgwick, wurde stellvertretende Direktorin des Colleges und als praktizierende Spiritualistin 1908 zur Präsidentin der *Society of Psychical Research* gewählt. Sozialer Dreh- und Angelpunkt des Balfour-Clans und auch von Eves Familienleben war »Onkel Nunkie«, Geralds älterer Bruder Arthur James Balfour (1848–1930). Dieser war von 1902 bis 1905 englischer Premierminister und unterzeichnete als Außenminister 1917 die sog. Balfour-Deklaration, die Palästina dem jüdischen Volk als Heimstatt unter Wahrung der Rechte der ansässigen nicht-jüdischen Bevölkerung zusagte. Alice Blanche Balfour (1850–1936), eine der jüngeren Schwestern von Eves Vater, machte als Autodidaktin Karriere in der Entomologie und gilt als eine Pionierin der Genetik.

In diesem politisch, kulturell-wissenschaftlich wie esoterisch gesättigtem Milieu wuchs Eve auf, zunächst in der Obhut von Nannys und Gouvernanten, dann von privaten Lehrkräften. Sie hatte das musikalische Talent der Balfours geerbt und spielte bald sehr gut Flöte.

Alljährlich tauschte die Familie für die sieben Sommer- und Herbstmonate ihr Wohnhaus in Fisher's Hill House in Surrey südlich von London mit dem 400 Meilen entfernten Balfour'schen Stammsitz Whittingehame in den Lammermuir Hügeln von Ost-Lothian in Schottland. Spiel und Sport im Freien, Musizieren und eine ausgiebige Diskussionskultur im Kreise von Onkel und Tanten, Geschwistern, Cousins und Cousinen unter dem strengen Hausregiment von Tante Alice prägten Eves Kindheit und Jugend. Eve, die sich zeitlebens um ihre kränkliche ältere Schwester Mary kümmerte, schulte frühzeitig Gemeinschaftssinn und Selbstbewusstsein, Eloquenz und argumentatives Durchsetzungsvermögen auch für ungewöhnliche Vorhaben. Entsetzt über Prozeduren bei der Fasanenjagd beschloss Eve mit acht Jahren, Vegetarierin zu werden. Mit zwölf Jahren entschied sie sich dazu, Landwirtin zu werden. Selbst bei diesem für die Zeit, ihr Geschlecht und ihren Stand geradezu exzentrischen Berufswunsch wurde sie von ihrer Familie unterstützt. Ihr Großneffe und Biograf Michael Brander führt diese frühe Begeisterung Evelyns auf ihr wechselndes Erleben der beiden großen Gutsgärten mit dem Kontrast zwischen den Sandböden der Surreyschen Heide und der tiefroten Erde von Ost

Lothian, die ausgeprägte Gartenleidenschaft ihrer Mutter und Tante Alice wie auch ihre große Tierliebe zurück. (Brander 2003, S. 23)

Aufgeschlossen für eine universitäre Frauenbildung ließen ihre Eltern Eve durch private Tutoren auf die Aufnahmeprüfung für das Studium an der Hochschule Reading vorbereiten, damals in England das führende College für Agrarwissenschaften. Nach dem von der Universität Cambridge abgenommenem Examen (unter anderem in Deutsch, Französisch, Englischer Literatur und christlicher Bibelkunde) begann Eve Balfour als eine der ersten Frauen in Europa im Herbst 1915, also mitten im Ersten Weltkrieg, das zweijährige Agrarstudium in den Grundlagenwissenschaften und in moderner Betriebsführung, das dann durch ein Lehrjahr auf dem universitätsnahen Versuchsgut Manor Farm abgeschlossen wurde. Während ihrer Ferien praktizierte Eve auf einer Farm in East Anglia. Im Sommer 1918 erhielt sie nach bestandenem Diplom ihre erste Anstellung als Verwalterin eines 20 Hektar großen Betriebes bei Newport in Südwales, der vom *War Agricultural Executive Committee* in Zusammenarbeit mit der *Women's Land Army* zur Steigerung der Agrarproduktion in Kriegszeiten geleitet wurde. Da alle Gebäude der *Grove Farm* in schlechtem Zustand waren, das Komitee sich weigerte, moderne Anbautechniken wie den Einsatz anorganischer Düngemittel zu finanzieren, und die *Land Girls* nach Kriegsende wieder abwanderten, verließ Eve im Oktober 1919 die Farm, nachdem sie noch den Verkauf des Betriebes mit allem lebenden und toten Inventar organisiert hatte.

Schon Ende desselben Jahres kaufte Eve zusammen mit ihrer Schwester Mary, die künstlerisch wie handwerklich begabt war und auch in Reading einige Schnellkurse in Geflügelhaltung und Molkereiwesen absolviert hatte, die *New Bells Farm*: einen 63 Hektar großen, abgewirtschafteten Hof im Dorf Haughley im Herzen der Grafschaft Suffolk. Vater Gerald und Tante Eleanor Sidgwick waren Treuhänder*innen des gewagten Unternehmens. »We started it without any money.« Mary zimmerte neue Hühnerställe, Eve baute eine Milchviehherde auf. Beryl Hearnden (1897–1978), eine bekannte Journalistin, und Derry Hawker, ein angehender Landwirt, gesellten sich dazu. Die *Four Bells* verbrachten viele gemeinsame Jahre. Das Leben auf der Farm trug lebensreformerische Züge, es war unkonventionell, frei und sehr gesellig. Ab 1926 schloss sich Kathleen Carnley (1889–1976), genannt KC, der Gemeinschaft an, auch sie eine der ersten studierten Landwirtinnen Europas. Sie lebte bis zu ihrem Tod mit Eve Balfour zusammen.

In den 1920er-Jahren wirkten sich die britische Freihandelspolitik und die unbeschränkte Einfuhr von Agrarprodukten aus Übersee verheerend auf die englische Landwirtschaft aus. Trotz bescheidener Haushaltung und erfolgreicher Milchwirtschaft lagen auch die Finanzen der New Bells Farm sehr im Argen. Um zu überleben, nutzte die Gruppe die vielfältigen Talente ihrer Mitglieder zu originellen Einkommenskombinationen. Sie gründeten den Pickwick Tanzclub und traten mit Eve als Flötistin und Saxophonistin im nahegelegenen Städtchen Ipswich auf. Sie spielten Theaterstücke, die Mary verfasst hatte. Eve und Beryll schrieben unter dem Pseudonym Hearnden Balfour drei erfolgreiche Kriminalromane (Hearnden Balfour 1933) und begannen mit dem Schreiben von Artikeln für landwirtschaftliche Zeitschriften. Hin und wieder besannen sie sich auf ihre spiritistischen Neigungen, wobei sich Eves Schwester Mary bei den Seancen als Medium betätigte.

Anfang der 1930er-Jahre kämpfte Eve in der bäuerlichen Widerstandsbewegung gegen die jahrhundertealte Verordnung zum Zehnten-Zins, der an die Kirche von England abzugeben war. Ihre Streitschrift *What is all this about Tithe* (1933) und ihr öffentliches Auftreten im »Zehnten-Krieg« – eloquent, groß und mit Stentorstimme – brachten ihr nicht nur eine lange persönliche Huldigung im *Fighting Song of the Southern Farmers* ein, sondern trugen wesentlich zur Abschaffung des Zehnten in England bei.

Eve Balfour mit zwei Rindern Anfang der 1920er-Jahre

Die Jahre zwischen den beiden Weltkriegen bildeten laut dem Agrarhistoriker Philip Conford jene Zeit, in der Persönlichkeiten aus der englischen High Society – teilweise mit politisch rechtsorientierten Argumenten – die Vernachlässigung des ländlichen Raumes, die Chemisierung der Landwirtschaft, die schwindende Bodenfruchtbarkeit und die Bedrohung der Gesundheit in Wort und Schrift kritisierten und so den Rahmen für die als *organic movement* bezeichnete ökologische Bewegung in England nach dem Zweiten Weltkrieg vorbereiteten. Biologisch-dynamische Konzepte Rudolf Steiners wurden von Lord Northbourne (alias Walter James), Lord Lymington (alias Gerard Wallop), *Maye Bruce* und Laurence Easterbrook aufgegriffen und – um sich von anthroposophischen Anschauungen zu distanzieren – unter dem Namen *organic agriculture* verbreitet. Erste Organisationen und Zeitschriften wurden gegründet. Auch Eve Balfour entwickelte in diesem Umfeld ihre neuen Ansichten über die Zusammenhänge von organischem Landbau und Gesundheit. Mit Begeisterung las sie das 1938 erschienene Buch *Famine in England (Hungersnot in England)* von Viscount Lymington, das die Zerstörung der Bodenfruchtbarkeit durch mineralische Düngung und rationelle Formen der Landbewirtschaftung aufzeigte, und sah offenbar über die frauendiskriminierenden, antidemokratischen und antisemitischen Töne des Autors hinweg. Dieses Buch, die Gespräche mit Alice Debenham (1847–1940), einer in der Nachbarschaft lebenden Ärztin und Landwirtin, und die Forschungen von Albert und *Gabrielle Howard* inspirierten sie zu ihrer These, dass Mensch, Tier, Pflanze und Boden eine unauflösliche Einheit bilden und in steter Wechselwirkung stehen. Insbesondere vermutete sie enge Zusammenhänge zwischen der menschlichen Gesundheit und der Beschaffenheit des Bodens. Die Bodenfruchtbarkeit wiederum schien von der jeweiligen Bewirtschaftungsform abhängig zu sein.

Doch wie ließen sich so feine Zusammenhänge experimentell nachweisen? Pionierinnenarbeit hatte die mit der New Bell-Community befreundete Biologin und Mykorrhiza-Forscherin *Dr. Mabel C. Rayner* (1894–1948) geleistet, die die Bedeutung von Kompost für Bodenfruchtbarkeit und Pflanzenwachstum erforscht und dabei gezeigt hatte, dass für den experimentellen Nachweis solcher Zusammenhänge die gängige Laborforschung durch Freilandversuche ergänzt werden muss. Daher plante nun Eve Balfour zusammen mit Alice Debenham den weltweit ersten großen Langzeit-Feldversuch zum Einfluss verschiedener Bodenpflegemaßnahmen auf die Gesundheit von Pflanzen und Tieren. Vergleichend sollten die Felder einer Farm ausschließlich mit hofeigenem Dünger, die der zweiten mit Hofdünger und zugekauften Mineraldüngemitteln und die der dritten, viehlosen Farm nur mit Mineraldünger behandelt werden. (Zur Aktualität solcher Langzeit-Vergleiche vgl. Wittwer et al. 2021).

Um den Dauerversuch finanziell abzusichern, gründeten sie 1938 ein Treuhand-Unternehmen, den *Haughley Research Trust*, in den sie auch ihre eigenen Wirtschaftsflächen einbrachten. Namhafte Persönlichkeiten wie auch Verwandte waren bereit, treuhänderisch zu fungieren. 1940 konnte das berühmte *Haughley Experiment* auf 87 Hektar Land, teilweise im Besitz des Trusts und teilweise gepachtet, begonnen werden. (Gill 2010, S. 81 ff.) Eve Balfour erreichte, dass sie von der kriegsbedingten staatlichen Auflage, Mineraldünger zur Steigerung der Erträge einzusetzen, für ihre Versuchszwecke befreit wurde. Um ihren Forschungsansatz bekannt zu machen und weitere Unterstützung für das *Haughley-Experiment* zu finden, veröffentlichte sie 1940 ein Memorandum, das 1943 als ihr opus magnum *The Living Soil* vom renommierten Londoner Verlag Faber & Faber publiziert wurde. In diesem Werk, das zu einem vielfach aufgelegten Bestseller wurde, propagierte Eve eine »neue Weltordnung« für die Nachkriegszeit. Der Wiederaufbau der Landwirtschaft nach der Kriegskatastrophe müsse unter einer ganzheitlichen Perspektive erfolgen und die lebendige Beziehung zwischen Boden, Pflanze, Tier und Mensch erhalten und pflegen. Landwirtschaft dürfe nie zu einem Industriezweig werden, sondern müsse als Dienstleistung für die menschliche Gesundheit betrachtet und betrieben werden. Sie forderte staatliche Lebensmittelkontrollen, eine neue Bodenpolitik und Landwirtschaft als Schulfach. Immer wieder verglich sie die moderne Herrschaft des Menschen über die Natur mit der Herrschaft der Nazis über Europa; der einen wie der anderen müsse ein Ende bereitet werden.

Die New Bells-Gemeinschaft war über das Terror-Regime des Nationalsozialismus gut informiert. Seit Sommer 1939 war ein jüdischer Flüchtling aus Berlin vom *Claydon Refugee Camp* im nahegelegenen Barham auf der Farm interniert und blieb auch nach Aufhebung seines Residenzzwanges noch bis 1941 oder 1942 dort. Auf der benachbarten Walnut Tree Farm von Alice Debenham lebte ein jüdischer Flüchtling aus Wien. Der schottische Familienstammsitz Wittingehame hatte während des Krieges jugendliche jüdische Flüchtlinge aufgenommen. Ab Frühjahr 1941 wurde die New Bells Farm – vielleicht auch aus wirtschaftlichen Erwägungen heraus – an eine Organisation vermietet, die sich um jüdische Flüchtlingskinder kümmerte. Die Hofgemeinschaft wohnte währenddessen in anderen Unterkünften im Dorf. Sechs Mädchen und sieben Jungen im Alter von 16 Jahren waren nun eine Zeitlang auf der New Bells Farm untergebracht und wurden von Eve in die landwirtschaftliche Arbeit eingeführt, während sie gleichzeitig *The Living Soil* fertigstellte. Dieses Werk machte die Verfasserin und ihr Anliegen in vielen Ländern Europas, in Kanada, Australien und Südafrika bekannt und kann als ein zentraler Auftakt zu der Entwicklung des organischen Landbaus in England gesehen werden. Eve Balfours fachliches Netzwerk verdichtete sich. In den Rahmen des *Haughley Experiments* konnten nun auch kleinere Forschungsprojekte integriert werden, wie 1946 die wissenschaftliche Testung des Quick Return-Kompostpräparates von Maye Bruce.

Das Jahr 1946 wurde für den organischen Land- und Gartenbau in Großbritannien entscheidend. Im Mai wurde die *Soil Association* als Organisation der neuen Bewegung für gesunden Boden, nachhaltige Landwirtschaft und vitale Ernährung gegründet. Sie besteht noch heute und ist derzeit die wichtigste Bio-Organisation und Zertifizierungsstelle in Großbritannien. Lady Eve Balfour war Initiatorin und Mitbegründerin; sie wurde zunächst die erste Präsidentin, dann Vorstandsmitglied und Organisationssekretärin der *Soil Association* sowie Redakteurin der Vereinszeitschrift *Mother Earth*. Die Gründungsmitglieder der *Soil Association* repräsentierten sowohl die angesprochenen Fachgebiete wie Landwirtschaft, Gartenbau, Medizin, Bio- und Sozialwissenschaften, verarbeitendes Gewerbe und Handel wie auch unterschiedliche Konzepte innerhalb dieser Gruppen. Trotz des gezielten Fokus auf die Landwirtschaft handelte es sich nicht um eine landwirtschaftliche Organisation. Es war eine Art Club für Menschen mittleren Alters aus verschiedenen Ländern, die sich für den Zusammenhang zwischen Ernährung und menschlicher Gesundheit interessierten und mit der Frage befassten, warum und wie Landwirtschaft und Gartenbau in einer Weise betrieben werden sollten, die eine vitalitätsfördernde Ernährung garantierte. (Gill 2010, S. 113)

Das ausgeprägte Engagement von Eve Balfour für ökologische Ernährung und Landwirtschaft wird von ihrer Biografin Erin Gill auch auf ihre spezifische Religiosität zurückgeführt: »There is extensive evidence that she thought carefully about her religious beliefs, that they were unconventional, and that they had a bearing on how she interpreted events and came to decisions, not least events and decisions relating to the Soil Association.« (Gill 2010, S. 171) In ihrem religiösen Verständnis ging Eve Balfour weit über den in ihrer Familie praktizierten Spiritualismus hinaus: Sie ging von einer spirituellen Basis alles Seienden aus. »To me it means recognising the spiritual basis of everything that is.« (Gill 2010, S. 174) In den »kosmischen Plan« einer »höheren Intelligenz« – sie nennt diese auch »kreative Energie« oder »Liebe« – sind der Planet insgesamt und jedes einzelne Wesen einbezogen. Der materielle

Körper sei das vergängliche Vehikel unseres ewigen »spirituellen Selbst«, das zur Entfaltung des kosmischen Plans beitragen solle. Da alle Gedanken und Ideen auf der materiellen Ebene Macht und Einfluss auf das Geschehen haben, sei es wichtig, durch diszipliniertes und positives Denken kreative Energien zu vermitteln und an der Entwicklung des kosmischen Plans mitzuwirken. Auch Krankheiten seien von spiritueller Bedeutung; Gesundheit sei das letzte Ziel und das äußerste Zeichen einer spirituellen »Ganzheit«. Eves Spiritualität, die ihr Wirken in der Frühphase der *Soil Association* ebenso mitbestimmte wie ihre Kritik an deren späterer Entwicklung, mag durch die enge Beziehung ihrer Tante Emily Lutyens mit dem indischen Philosophen Krishnamurti beeinflusst worden sein und ähnelt manchen Vorstellungen der New Age Bewegung des späten 20. Jahrhunderts. (Gill 2010, S. 174 ff.) Auch andere Mitglieder der *Soil Association* in ihrer Frühphase gehörten religiösen Bewegungen wie dem Spiritualismus, der Christlichen Wissenschaft oder der Anthroposophie an.

Trotz des großen Engagements der Gründer*innen-Riege war der *Soil Association* in ihrer Frühphase nur wenig öffentlicher Erfolg beschieden. Eine große Enttäuschung für Eve Balfour und ihre Gleichgesinnten war 1947 die Einführung des *Agricultural Act*. In diesem Landwirtschaftsgesetz bekräftigte das Vereinigte Königreich sein Engagement für ein hochmechanisiertes, intensives Landwirtschaftssystem; eine Förderung ökologischer Produktionsmethoden war nicht vorgesehen. Für den relativ geringen Einfluss der frühen ökologischen Bewegung bis Ende der 1960er-Jahre werden von Historiker*innen viele Gründe genannt: der augenfällige Erfolg der chemiebasierten, intensiven Landwirtschaft, die politische Macht sowohl der konventionell orientierten Agrarlobby als auch der chemischen Industrie, ein mangelndes gesellschaftliches und politisches Interesse an Lebensmittelqualität und Ernährung, der Spott der akademischen Agrarwissenschaft über das Haughley-Forschungskonzept als »Mist und Mysterium« (»muck and mystery«). Auch die religiöse Orientierung einiger Gründungsmitglieder, unter ihnen Eve Balfour oder Maye Bruce, und das Interesse der britischen Rechten an biologischen Anbaukonzepten sollen sowohl zum Schattendasein der ökologischen Bewegung *(organic movement)* in der Öffentlichkeit als auch zu ihren organisationsinternen Auseinandersetzungen bis in die 1970er-Jahre hinein beigetragen haben.

Lady Eve Balfour suchte in den Nachkriegsjahren den Austausch mit Gleichgesinnten nicht nur im Rahmen der *Soil Association*, sondern auch bei der *Biodynamic Association* in England, wobei sie stets die Notwendigkeit weiterer empirischer Forschungen betonte. Vor allem aber entfaltete sie – stets mit ihrer Lebensgefährtin Kathleen Carnley (KC) an ihrer Seite – eine weltweite Reisetätigkeit, um auf die Probleme der zurückgehenden Bodenfruchtbarkeit und der Bodenerosion aufmerksam zu machen und für ihre Philosophie und die *Soil Association* mit ihrem Langzeitversuch zu werben. In den 1950er-Jahren reiste sie mehrfach in die USA, besuchte viele Orte und Persönlichkeiten, unter anderem auch das Forschungsinstitut des für seine Kupferchlorid-Kristallisationen bekannten Biodynamikers Dr. Ehrenfried Pfeiffer, und trug durch ihre Vorträge und Buchvorstellungen zur Verbreitung der ökologischen Bewegung bei. (Balfour 1954) Andere Reisen führten sie nach Australien, Neuseeland und Südafrika.

Eve Balfour und ihr Kater Ali um 1950

Ab 1961 lebte Lady Eve zusammen mit KC und vielen Katzen in Oxerfield Cottage in der Nähe der New Bells Farm. Sie schrieb zahlreiche Artikel und Memoranda, redigierte die Zeitschrift *Mother Earth* der *Soil Association* und pflegte eine ausgedehnte Korrespondenz. Nach dem Tod ihrer Freundin und Arbeitskollegin Dr. Mabel C. Rayner im Jahr 1948 scheint sie der Mikrobiologie des Bodens weniger Aufmerksamkeit gegeben zu haben. Dennoch kämpfte sie für die Fortführung des *Haughley-Experiments*, dessen Ergebnisse es der *Soil Association* ermöglichten, im Jahr 1967 erste ökologische Standards zu formulieren. 1969, nach 30 Jahren, musste der berühmte Langzeitversuch mangels Forschungsgeldern schließlich doch beendet werden. Ein Forschungsbericht zu diesem ersten Dauerversuch in der agrarwissenschaftlichen Geschichte wurde 1975 veröffentlicht. (Balfour 1975) Noch in den 1980er-Jahren sollen die Böden der drei Versuchsfarmen deutliche Unterschiede im Regenwurmbesatz, der Wurzeltiefe der angebauten Früchte, der Feuchtigkeit und Temperatur des Bodens sowie im Kohlenstoffgehalt gezeigt haben.

Als Repräsentantin der *Soil Association* gründete Lady Eve 1972 zusammen mit vier weiteren Vertreter*innen organisch-biologischer Verbände aus Frankreich, Schweden, Südafrika und den USA die Internationale Organisation des Organischen Landbaus IFOAM *(International Federation of Organic Agricultural Movements)*, die weltweite Dachorganisation des Ökologischen Landbaus.

Trotz ihres eigenwilligen Lebensstils und ihrer unkonventionellen Geisteshaltung ist es Lady Eve gelungen, in der Frühphase der *Soil Association,* als dies nicht in Mode war, die Vielfalt von Interessen und Anschauungen der Mitglieder dieser lockeren und dissidenten Gemeinschaft zu bündeln und auf ein Engagement für alternative Ernährung, Landwirtschaft und Forschung zu konzentrieren. Als sich ab den 1970er-Jahren eine neue Generation zu Wort meldete und Veränderungen in der Organisationsstruktur und -programmatik einforderte, um die Außenwirkung und den Erfolg der ökologischen Bewegung zu verbessern, argumentierte Eve Balfour lange Zeit für die Beibehaltung der althergebrachten Konzeption, wusste sich dann aber dem neuen Machtgefüge zu fügen. Auch nachdem sie sich mit 85 Jahren aus der aktiven Verbandsarbeit der *Soil Association* zurückgezogen hatte, blieb sie die charismatische Schlüsselfigur der Bewegung. Sie beeindruckte weiterhin mit ihrem enzyklopädischen Wissen über den ökologischen Landbau und wurde nicht müde, sich für eine umweltbewusste Landwirtschaft im Dienst einer gesunden Ernährung in der ganzen Welt zu engagieren und die staatliche Anerkennung alternativer Bewirtschaftungsmethoden zu fordern.

Von offizieller Seite erhielt sie erst sehr spät eine gebührende Würdigung: Am 30. Dezember 1989 wurde die Ehrung von Lady Eve Balfour mit dem OBE (Officer of the British Empire) bekannt gegeben. Zu diesem Zeitpunkt litt die 91-Jährige bereits seit einigen Monaten an den Folgen eines schweren Schlaganfalls. Die Entscheidung der britischen Regierung vom 16. Januar 1990, erstmals Subventionen an ökologisch arbeitende Betriebe zu zahlen, erlebte Eve Balfour nicht mehr. Sie starb am 12. Januar 1990 auf einem Familiensitz in Dunbar an der schottischen Atlantikküste und wurde auf dem kleinen Familienfriedhof der Balfours in Wittingehame unter einer mehrere Jahrhunderte alten Eibe bestattet. Die *Soil Association* gedenkt alljährlich ihrer Gründerin, Stifterin und Protagonistin durch eine *Lady Eve Memorial Lecture.*

Ausgewählte Werke

Balfour, Lady Eve (1943): The Living Soil: evidence of the importance to human health of soil vitality, with special reference to national planning. London: Faber & Faber.

Balfour, Lady Eve (1954): 9,600 Miles Through the U. S. A. In A Station Wagon London: The Soil Association

Balfour, Lady Eve (1975): The Living Soil and the Haughley Experiment. 2. Auflage London: Faber & Faber.

Balfour, Lady Eve (1977): Towards a Sustainable Agriculture – The Living Soil. Address given to the IFOAM conference in Switzerland. [https://www.soilandhealth.org/wp-content/uploads/01aglibrary/010116Balfourspeech.html], ebenso: [http://www.journeytoforever.org/farm_library/balfour_sustag.html]

Balfour, Hearnden (1933): Anything Might Happen. London: Hodder & Stoughton.

Literatur

Brander, Michael (2003): Eve Balfour. Founder of the Soil Association & The Voice of the Organic Movement. Haddington: The Gleneil Press.

Collis, Rose (1995:) Verschleierte Porträts. Göttingen: Daphne.

Conford, Philip (1999): The Origins of the Organic Movement. Edinburgh: Floris Books.

Gill, Erin (2010): Lady Eve Balfour and the British organic food and farming movement. PhD Thesis Aberystwyth University. [http://ladyevebalfour.org/down/Lady-Eve-Balfour-by-Erin-Gill.pdf] (dort zahlreiche weiterführende Literatur).

Müller, Christina/Inhetveen, Heide (2000): Lady Eve Balfour. In: Heide Inhetveen/Mathilde Schmitt (Hg.): Pionierinnen des Landbaus. Uetersen: Heydorn, S. 100–104.

N. N. (o. J.): Lady Evelyn Balfour O. B. E. Organic Farming Pioneer Founder of the Soil Association. Former Theberton resident. [http://thebertonandeastbridge.onesuffolk.net/history/history/lady-eve-balfour/]

Opitz, Donald L. (2004): Behind folding shutters in Whittingehame House: Alice Blanche Balfour (1850–1936) and amateur natural history. In: Archives of Natural History 31(2), S. 330–348.

Paull, John (2014): Lord Northbourne, the man who invented organic farming, a biography. In: Journal of Organic Systems 9(1), S. 31–53. [https://orgprints.org/id/eprint/26547/12/26547.pdf]

Wittwer, Raphaël A. et al. (2021): Organic and conservation agriculture promote ecosystem multifunctionality. In: Science Advances, 7:eabg6995.

Hemma Bartsch (1903–1988)

Bäuerin, landwirtschaftliche Betriebsleiterin und Hofbesitzerin, Verantwortliche für Küche, Gärtnerei und Besuchsgruppen auf Gut Marienhöhe

Hemma, 1903 geboren, wuchs als mittlere von drei Schwestern auf und trug den gleichen Vornamen wie ihre Mutter Hemma Wurzer, geb. Eisner (1875–1949). Sie war schon früh gefordert, selbstständig zu agieren und zu entscheiden. Mit neun Jahren begleitete sie ihren Vater Wolfgang Wurzer (1873–1956), um den 30 Kilometer vom Heimathof Hübl entfernten, 1912 von den Eltern erworbenen Hof in der Nähe von St. Veit an der Glan für die fünfköpfige Familie einzurichten. Offen für neue fortschrittliche Ideen und ausgestattet mit den nötigen finanziellen Mitteln ließen sie im Wohnhaus Zentralheizung und Wasserklosett einbauen. In der Landwirtschaft setzten sie bald Mineraldünger ein und bauten eine Herdbuch-Milchkuhherde sowie eine Traber-Zucht auf. Im sozialen Miteinander pflegte die Familie gemeinsam mit den Arbeitenden auf dem Hof zu singen und zu musizieren. Für Abwechslung sorgten zudem verschiedene Wanderhändlerinnen und -handwerker, welche Arbeiten in Haus und Hof wie das Nähen des »Jahrgewandes«, die Verarbeitung des gesponnenen Flachses, das Beschlagen der Pferde, die Instandhaltung von Geräten und Wägen und vieles andere mehr fachgerecht ausführten.

Neben diesem »Anschauungsunterricht« besuchten die drei Schwestern Maria, Hemma und Luise die Volks- und Bürgerschule, später eine Haushaltungs- und Meiereischule in Marienhof bei Klagenfurt. Hemma Wurzer, wissbegierig und ehrgeizig, wurde es bald zu eng im ländlichen Kärnten. Zusammen mit ihrer zwei Jahre jüngeren Schwester *Luise Wurzer* ging sie zur Fortbildung nach Stuttgart in das Hroswitha-Heim, eine private Haushaltungsschule, und danach in ein Pensionat für Fabrikanten- und Rittergutsbesitzer-Töchter nach Weimar. Die Stadt war bekannt für ihre Mädchenpensionate, die vor allem dazu dienten, deren Haushaltungs- und Pflegekenntnisse, gesellschaftliche Umgangsformen und musische Allgemeinbildung weiter zu entwickeln. Ein anerkannter Berufsabschluss, wie er Anfang des 20. Jahrhunderts von vielen Frauenorganisationen als Zeichen der Gleichberechtigung von Frauen gefordert wurde, war nur gelegentlich damit verbunden. In beiden Schulen fanden die »Alpenkinder« schnell Anschluss – auch durch ihre musische Veranlagung – und nutzten jede Gelegenheit zur Horizonterweiterung.

Zurück auf dem Hof in Kärnten suchten Hemma und Luise nach weiteren Möglichkeiten, das Leben und die Welt in ihren unterschiedlichsten Facetten kennenzulernen. 1924 nahmen sie an einer vierzehntägigen Studienreise nach Italien teil, 1925 reisten sie wiederum gemeinsam nach Deutschland und besuchten ehemalige Mitschülerinnen. Ihr Interesse an den Ideen der Anthroposophie, die sie durch ihre Gesangslehrerin in Weimar kennengelernt hatten, führte sie 1926 zum Sonnenhof nach Arlesheim in der Schweiz, einem Heim für Kinder mit Einschränkungen, wo sie sich mit den Ideen der anthroposophischen Heilpädagogik und Sozialtherapie vertraut machten und Praxiserfahrungen sammelten.

Durch die Vermittlung von Gräfin Berta Polzer-Hoditz (1879–1945) vom Schlossgut Tannbach in Oberösterreich bekamen Hemma und Luise Wurzer Kontakt zum *Versuchsring anthroposophischer Landwirte* und erhielten eine Nachschrift von Rudolf Steiners *Landwirtschaftlicher Kursus* ausgehändigt. Zurück in Kärnten experimentierten sie auf dem elterlichen Hof z. B. mit Roggenaussaaten und Salatpflanzungen zu verschiedenen Mondstellungen. Bemerkenswert war ihnen auch das unterschiedliche Blühverhalten von Blumen, die umgepflanzt wurden, als der Mond im Zeichen der Jungfrau oder der Waage stand. Ihre Beobachtungen teilten sie im Mai 1927 mit den Leser*innen der *Mitteilungen des Landwirtschaftlichen Versuchsringes der Anthroposophischen Gesellschaft*. Im Jahr 1928 berichteten sie von Dünge- und Behandlungsversuchen mit dem Präparat 508 (Ackerschachtelhalm) bei Kohlpflanzen, Sommerroggen und Sommerweizen.

Immer wieder wurden die beiden Schwestern von Mitgliedern des landwirtschaftlichen Versuchsrings besucht und beraten. Während Mutter Hemma die beiden Töchter »mit Überschau, Tatkraft und Können« unterstützte, war Vater Wolfgang zwar von einigen Erfolgen, weniger aber von dieser Art Landwirtschaft überzeugt. Mit großer Enttäuschung reagierte er, als sich Hemma zudem mit Dr. Erhard Bartsch (1895–1960), einem noch verheirateten Mann mit zwei Kindern, den sie 1927 bei der Landwirtschaftlichen Tagung in Dornach kennengelernt hatte, verband und 1930 beschloss, mit ihm nach Deutschland zu gehen. Ihr Vater, der als passende Partie den späteren Präsidenten der Kärntner Landwirtschaftskammer vorgesehen hatte, war ganz und gar nicht damit einverstanden, konnte seine Tochter aber nicht umstimmen. Erhard Bartsch war promovierter Landwirt und Geschäftsführer von Gut Marienhöhe bei Bad Saarow in Brandenburg, dem ersten landwirtschaftlichen Betrieb überhaupt, auf dem die Ausführungen des *Landwirtschaftlichen Kursus* zur biologisch-dynamischen Wirtschaftsweise und zum geschlossenen bäuerlichen Betriebsorganismus umgesetzt wurden. Der strategischen Überlegung folgend, diese Ideen im Rahmen des *Reichsverbands für biologisch-dynamische Wirtschaftsweise in Landwirtschaft und Gartenbau e. V.*, in dem etwa 1.000 landwirtschaftliche Betriebe organisiert waren, weiter verbreiten zu können, und um einem Verbot der biologisch-dynamischen Landwirtschaft entgegen zu wirken, suchte Erhard Bartsch die Kooperation mit dem Naziregime. Dessen an naturnahen Bewirtschaftungsmethoden interessierte Vertreter*innen waren gern gesehene Gäste auf Gut Marienhöhe. Hemma übernahm die Aufgaben des bäuerlichen Haushalts und der Gärtnerei und war verantwortlich für die vielen Gäste und Besuchsgruppen. Ihre gemeinsame Geschichte und Verbundenheit legen nahe, dass Hemma Erhards Weg unterstützt und seine Haltung geteilt hat. 1933 heirateten sie. In den folgenden Jahren gebar Hemma die drei Kinder Jürgen (* 1935), Friederike (1939–2015) und Johanna (* 1941).

Es bestand ein reger Austausch zwischen den Höfen Marienhöhe in Deutschland und dem Wurzerhof in Österreich, sowohl was Erfahrungen als auch Auszubildende anbelangte. Als Erhard Bartsch im Kontext der NS-Aktion gegen Geheimlehren und sogenannte Geheimwissenschaften 1941 einige Monate inhaftiert war, unterstützte Luise ihre Schwester in der Betriebsführung auf Marienhöhe und betätigte sich als Botin zwischen Hemma und deren Mann. Unter schwierigen Bedingungen gelang es Hemma Bartsch in den Nachkriegswirren, zusammen mit ihrem Mann und der Gärtnerin Eva-Maria Becker, den Hof im Osten Berlins in seinen wesentlichen Funktionen am Laufen zu halten. Die drei Kinder übersiedelten 1948 auf den Wurzerhof in Österreich. Nach dem Tod von Mutter Hemma Wurzer im Jahr 1949 folgte Erhard Bartsch den Kindern auf den Hof nach Kärnten und unterstützte seine Schwägerin Luise. Hier setzte er »seine Bemühungen um eine spirituell begründete, Kultur schaffende bäuerliche Lebensführung fort. Diese schloss auch die Bemühungen um Ausbildung jüngerer Menschen ein.« (Koepf/Plato 2001, S. 201) Seine besondere Sicht von der »Wesenhaftigkeit des Hoforganismus« führte wie bereits in früheren Zeiten zu starken Kontroversen und Distanzierungen innerhalb der sich nach 1945 formierenden biologisch-dynamischen Bewegung. Ausbildungs- und sozialtherapeutische Aktivitäten konnten auf dem Hof weiter ausgebaut werden. Impulse dafür lieferte die Begegnung mit Dr. Karl König (1902–1966), dem Begründer der Camphill-Bewegung, der im Frühjahr 1960 den Wurzerhof besuchte. Die Realisierung musste Erhard Bartsch anderen überlassen. Er starb am 5. September 1960.

Hemma Bartsch in Bad Saarow um 1950

Wir wissen nicht, welche Überlegungen oder Abmachungen Hemma Bartsch dazu veranlassten, auf Gut Marienhöhe zu bleiben und sich den politischen Herausforderungen für die landwirtschaftlichen Betriebe in der sowjetisch besetzten Zone bzw. in der 1949 gegründeten DDR zu stellen. Güter mit einer Fläche von mehr als 100 Hektar waren bereits 1945 bis 1948 im Zuge der sozialistischen Bodenreform entschädigungslos enteignet worden, ebenso solche von echten oder vermeintlichen Kollaborateur*innen des NS-Regimes. Unter welchen (Eigentums-)Bedingungen der Hof weiterbestehen konnte, ist bislang nicht geklärt. Vielleicht wurde das Gut als landwirtschaftliche Forschungseinrichtung bewertet und war aufgrund dessen von der Enteignung ausgenommen. (Koepf/Plato 2001, S. 199) Eine Rolle, den Besitz halten zu können, dürfte auch die österreichische Staatsbürgerschaft von Hemma Bartsch gespielt haben. Aufgrund der erlittenen Kriegsschäden war es zwar nicht möglich, die hohen jährlichen Ablieferungsquoten zu erfüllen, doch konnten diese durch Devisenzahlungen ausgeglichen werden. Neben Überweisungen der Familien Bartsch und Wurzer aus Kärnten spendeten Freunde und Freundinnen in Westdeutschland, insbesondere Familie Rexroth.

Mit ihrem starken Willen meisterte Hemma Bartsch diese angespannte Situation über viele Jahre. Anfang der 1960er-Jahre, als sie das Rentenalter erreicht hatte, entschied sie sich, zu ihrer Familie in Kärnten überzusiedeln. Gemeinsam mit ihrer Schwester Luise kümmerte sie sich fortan um den Wurzerhof, der ihnen beiden bereits Anfang der 1930er-Jahre von den Eltern vererbt worden war, und um die Jugendlichen mit Unterstützungsbedarf, die zur Ausbildung und zum Arbeiten auf den Hof kamen. 1964 heiratete Hemmas jüngste Tochter Johanna und übernahm die Betriebsführung gemeinsam mit ihrem Mann, dem Landwirt Raimund Remer (* 1938). Im Jahr 2016 wurde der Hof an ihren ältesten Sohn, Dr. Holger Remer (* 1965), übergeben. Hemma Bartsch und Luise Wurzer zogen sich langsam aus ihrer Verantwortung zurück.

Orientiert an den Grundsätzen anthroposophischen Wirtschaftsdenkens und dem Leitbild, Grund und Boden als Gemeineigentum zu halten und Menschen zur Verfügung zu stellen, die ihn nach biologisch-dynamischen Grundsätzen bewirtschaften, wird Gut Marienhöhe seit 1991, einem Jahr nach der Vereinigung der beiden deutschen Staaten, von dem damals neugegründeten Verein *Marienhöhe. Gemeinnütziger Verein für biologisch-dynamische Wirtschaftsweise, Kulturarbeit und Sozialtherapie auf dem Lande e. V.* betrieben.

Hemma Bartsch arbeitete bis zuletzt mit Freude im Garten. Sie genoss es, für ihre Enkelkinder in Kärnten und Paris Zeit zu haben. Für letztere fing sie noch im hohen Alter an, Französisch zu lernen. Kurz nach ihrem 85. Geburtstag starb sie am 15. Februar 1988 auf dem Wurzerhof.

Ausgewählte Werke

Wurzer, E. und L. (1927): Wirkungen des Mondes in verschiedenen Konstellationen. In: Mitteilungen des landwirtschaftlichen Versuchsringes der Anthroposophischen Gesellschaft 1(20), S. 12.

Wurzer, Hemma und Luise (1928): Erstjähriger Versuch mit biologischer Düngung. In: Mitteilungen des landwirtschaftlichen Versuchsringes der Anthroposophischen Gesellschaft 2(13), S. 5–6.

Wurzer, Hemma und Luise (1929): Bericht aus Scheifling, Veit a. d. Glan. In: Interner Rundbrief des landwirtschaftlichen Versuchsringes der Anthroposophischen Gesellschaft, Heft 3, S. 1–2.

Quellen

Korrespondenzen mit Johanna Bartsch und Rudolf Keilbinger-Bartsch sowie Jürgen Bartsch, 2020 und 2021 (Mathilde Schmitt).

Literatur

Böhm, Reinhard (1998): 1927 – Wurzerhof – 1997: Nachbild eines bemerkenswerten Festes aus »Seelenpflege in Heilpädagogik und Sozialtherapie«. In: Lebendige Erde 49 (2), S. 143–149.

Jurtschitsch, Aurelia (2010): Bio-Pioniere in Österreich. Vierundvierzig Leben im Dienste des biologischen Landbaus. Wien/Köln/Weimar: Böhlau. [Siehe auch https://www.vandenhoeck-ruprecht-verlage.com/downloads/productPreviewFiles/LP_978-3-205-78515-6.pdf]

Koepf, Herbert H./Plato, Bodo von (2001): Die biologisch-dynamische Wirtschaftsweise im 20. Jahrhundert. Dornach.

Lebensgemeinschaft Wurzerhof (Hg.) (2010): Festschrift 50 Jahre Sozialtherapie in Österreich. St. Veit an der Glan.

Wurzer, Luise (ohne Jahresangabe): Kindheits- und Lebenserinnerungen. Scheifling: Unveröffentlichtes Manuskript.

Für weitere Informationen siehe auch die Kurzbiografie von *Luise Wurzer*.

Dr. Frieda Bessenich (1892–1969)

Biologin, Pionierin der Kristallisationsmethode, langjährige Mitarbeiterin und Leiterin im Forschungslabor am Goetheanum

Frieda Schmitz wurde in Kettwig bei Essen am 9. Februar 1892 geboren. Im Anschluss an ihre Schulzeit ging sie nach Frankreich, um ihre Sprachkenntnisse zu vertiefen. Danach begann sie in München Biologie zu studieren, wechselte nach Bonn und promovierte dort 1922 mit einer Arbeit über Besonderheiten der Keimung bei Mais. Im selben Jahr heiratete sie ihren Studienkollegen Dr. Carl Jerome Bessenich (1893–1973), der sich neben der Botanik zeitlebens intensiv mit Philosophie und Malerei auseinandersetzte. Auch Frieda verband Wissenschaft und Kunst; sie liebte es, Klavier zu spielen und zu singen. 1923 kam Sohn Wolfgang zur Welt.

1927 wurde zunächst Carl Jerome, im Jahr darauf Frieda Mitglied der *Anthroposophischen Gesellschaft* in Bonn. Als Carl Jerome schwer erkrankte, zog die Familie aufs Land ins nahegelegene Siebengebirge. Mit großem Arbeitseinsatz und Organisationstalent übernahm Frieda Bessenich nicht nur alle Haushaltspflichten und Pflegearbeiten, sie sicherte für sich und ihre Familie auch den Lebensunterhalt, indem sie Biologie-Studierende auf deren Prüfungen vorbereitete.

Nach der nationalsozialistischen Machtergreifung übersiedelten Bessenichs 1934 nach Dornach in der Schweiz, dem Zentrum der Anthroposophischen Gesellschaft, da sie für sich und ihre Interessen in Deutschland keine Zukunft sahen. In beengten Verhältnissen führten sie ihr Leben fort. Damit sich Carl Jerome der Malerei widmen konnte, kümmerte sich Frieda Bessenich weiterhin um alle Alltagserfordernisse.

Naturwissenschaftlich hochqualifiziert, erhielt sie 1938 eine Stelle als wissenschaftliche Mitarbeiterin im Forschungslaboratorium der *Naturwissenschaftlichen Sektion* am Goetheanum, dem Sitz der *Freien Hochschule für Geisteswissenschaft* und der Anthroposophischen Gesellschaft. Als der Laborleiter Dr. Ehrenfried Pfeiffer (1899–1961) 1940 in die USA übersiedelte, wurde ihr die Leitung des Chemisch-Biologischen Forschungslabors übertragen. Ihre herzlich-aufgeschlossene Art ließ sie schnell zur »Seele des Labors« werden. Frieda Bessenich beschäftigte sich mit dem experimentellen Nachweis der Lebenskräfte von Pflanzen mithilfe bildschaffender Methoden, insbesondere der Kristallisationsmethode. Ihr Anliegen war es, diese in den Dienst der praktischen Arbeit zu stellen und etwa zu zeigen, wie sie in Abhängigkeit von Jahreszeiten, verwendeten Obstbaum-Unterlagen und Edelreisern variierten und damit als Informationsgeber benutzt werden konnten. Des Weiteren untersuchte sie mit bildgebenden Verfahren den Einfluss verschiedener Bewirtschaftungsmethoden auf den Gemüsebau nachzuweisen. Sie berichtete auf der Landwirtschaftlichen Tagung 1942 in Dornach über ihre Versuche, Unterschiede im Vitamin C-Gehalt von Gemüsen aus biologisch-dynamischem und herkömmlichem Anbau bildlich darzustellen.

Frieda Bessenich und Katherine Castelliz im Laboratorium in Dornach

Um die Arbeit des Forschungslabors während der Kriegsjahre und nach 1945 zu finanzieren, wurden Untersuchungen mit der Kristallisationsmethode von Mineralien, Kaffee und Blutproben als Auftragsforschung angeboten und durchgeführt. Frieda Bessenich arbeitete viele Assistent*innen in die experimentellen Verfahren zur Gewinnung von Kristallisationsbildern und vor allem deren Interpretation ein. Es sollen während ihrer langjährigen Laborarbeit über 25.000 Bilder hergestellt und interpretiert worden sein. So trug sie zu einer weiten Verbreitung dieser spezifischen Analysemethode in Landwirtschaft, Human- und Tiermedizin bei. Sogar Ehrenfried Pfeiffer, der selbst oft als Begründer der Kristallisationsmethode genannt wird, zeigte sich beeindruckt von den diagnostischen Möglichkeiten, die Frieda Bessenich entwickelt und aufgezeigt hatte. Ihre Absicht war nicht die Entwicklung eines neuen »medizinischen« Tests. Sie wollte deutlich machen, »dass durch diese Methode verborgene Wirkenskräfte des Organismus, speziell des menschlichen Blutes, in den Bereich sinnenfälliger Anschauung gebracht werden können« (Bessenich 1960, S. 11). Ihr war wichtig zu betonen, dass sich hier »äußere Erscheinung der Naturobjekte und anschauende Urteilskraft des Forschers« (ebd.) verbinden.

In den 1950er-Jahren entspannte sich die finanzielle Lage der Familie Bessenich, da Frieda und ihr Mann nun wieder über ihr Vermögen in Deutschland verfügen konnten, das die Nazis ihrem Zugriff entzogen hatten. Carl Jeromes Bilder fanden vermehrt Interesse und Absatz; er selbst wurde 1957 zum Leiter der Sektion der Bildenden Künste am Goetheanum berufen.

Am 21. Juli 1969 starb Frieda Bessenich mit 77 Jahren an einem Herzinfarkt in Dornach. Ihr ehemaliger Assistent Jochen Bockemühl (1928–2020) brachte ihr Lebenswerk auf den Punkt:

> »Frieda Bessenich hatte einen Blick für Zukünftiges, für Keimendes. Sie war ein Mensch, der andere, besonders junge Menschen, fördern konnte. Ohne ihr lebhaftes Interesse und ihre tatkräftige Unterstützung wären die neuen Forschungsansätze auf dem Gebiet der Biologie, die sich in den kommenden Jahrzehnten, auch nach ihrem Tode im Jahr 1969, entwickelten, nicht möglich gewesen.«

Ausgewählte Werke

Bessenich, Frieda (1922): Über die Endosperm-Entleerung bei Zea mays. Dissertation, Universität Bonn.

Bessenich, Frieda (1947): Légumes et vitamines. Übersetzt von M. Philippart. In: Mitteilungen des Vereins für biologisch-dynamische Landwirtschaftsmethode. Association pour la méthode bio-dynamique en agriculture 11(38), S. 89–92. Dornach.

Bessenich, Frieda (1949): Offenbare Geheimnisse in der Pflanzenwelt. In: Naturwissenschaftliche Sektion am Goetheanum (Hg.): Jahrbuch »Goethe in unserer Zeit«. Dornach.

Bessenich, Frieda (1951): Beiträge zur Erforschung der Bildekräfte durch empfindliche Kristallisationen. Schriftenreihe der Naturwissenschaftlichen Sektion am Goetheanum 1. Dornach.

Bessenich, Frieda (1959): Gedanken zur Krisis der Naturforschung. Ein Beitrag zu Ehrenfried Pfeiffers 60. Geburtstag. In: Das Goetheanum 7. Dornach.

Bessenich, Frieda (1960): Zur Methode der empfindlichen Kristallisation. Eine Monographie der Erfahrung. Dornach: Philosophisch-Anthroposophischer Verlag am Goetheanum.

Quellen

Archiv am Goetheanum: Bericht über die Landwirtschaftliche Tagung 1942. Dornach.

Literatur

Bockemühl, Jochen (o. J.): Frieda Bessenich-Schmitz. [biographien.kulturimpuls.org/detail.php?&id=1303]

Hackländer, Ilse (o. J.): Carl Jerome Bessenich. [biographien.kulturimpuls.org/detail.php?&id=67]

Podak, Christoph/Clerc, Stephan (1999): Zur Geschichte und Soziologie der anthroposophischen Forschungsinstitute in den 20er-Jahren. In: Der Europäer 3(9/10), S. 30–36.

Poppelbaum, Hermann (1969): Kremations-Ansprache für Frieda Bessenich. In: Elemente der Naturwissenschaft, S. 34.

Wistinghausen, Almar von (1982): Erinnerungen an den Anfang der Biologisch-Dynamischen Wirtschaftsweise. Darmstadt: Lebendige Erde, S. 118, 174, 178.

Mieneke de Boer (1909–1982)

Waldorflehrerin, Gärtnerin, Gartenbaulehrerin, Schulgründerin

Mieneke Rosenwald wurde 1909 in Rijswijk bei Den Haag in eine anthroposophische Familie geboren. Ihre Mutter kam aus einer angesehenen Familie aus Warmond; ihr Vater arbeitete im Ministerium für Verkehr und Wasserwirtschaft. Nach seiner Pensionierung zog die Familie in den Herkunftsort der Mutter und betrieb auf dem *Teylingerhof* einen Gärtnerhof und ein Kinderheim.

Mieneke machte zunächst eine Lehrerinnenausbildung in den Niederlanden und besuchte danach das Waldorf-Lehrerseminar in Stuttgart. Von 1933 bis 1935 arbeitete sie als Waldorf-Lehrerin in Amsterdam. Die Spaltung der anthroposophischen Gesellschaft und die Querelen zwischen den beiden entstandenen Zweigen ließen sie nach einer anderen Perspektive Ausschau halten. Sie absolvierte eine Gartenbauausbildung in der Nähe von Den Haag und den halbjährigen biologisch-dynamischen Kurs von Ingenieur Max Karl Schwarz (1895–1963) in der *Gartenbau- und Siedlerschule Worpswede* in Norddeutschland. In dieser Zeit dürfte sie nicht nur mit ihm zu tun gehabt haben, sondern auch mit *Hella Glashoff*, die biologisch-dynamische Versuche in der Gärtnerei betreute.

Mieneke de Boer

1938 kehrte Mieneke Rosenwald nach Warmond zurück und gründete eine Gärtnerei auf dem Hof ihrer Familie. Nach einigen Jahren begann sie, mit Klaas de Boer (1911–2002) zu kooperieren, der seit Dezember 1941 im selben Ort eine Gärtnerei auf dem *Gut Hagheweijde* der Familie Menten betrieb. Er hatte nach einem abgebrochenen Studium für Kolonialbeamte als Volksschullehrer gearbeitet und – nach einem Praktikum im Sommer 1938 im Garten von *Loverendale* – begeistert von der biologisch-dynamischen Wirtschaftsweise eine Gärtnerausbildung absolviert. 1943 heirateten Mieneke und Klaas, 1945 kam ihr erstes Kind zur Welt.

Als Anfang 1946 die *Vereniging voor Biologisch-Dynamische Landbouw* in den Niederlanden wieder belebt werden sollte, nahmen Klaas und Mieneke de Boer an den Treffen teil, die von Henny Erna Casparé geleitet wurden, der Leiterin der Gartenbauschule *Huis te Lande* in Rijswijk und einzigen Frau im dreizehnköpfigen Vorstand. Als besonders schwierig erwies sich in der Nachkriegszeit die Zustellung der erzeugten Produkte an die potenzielle Kundschaft. Außerdem musste ein neuer Markenname gefunden werden, weil das vormalige *Demeter* nun eine rechtlich geschützte Marke in Deutschland war. Die Gruppe einigte sich auf den Handelsnamen *Proserpina*, in der griechischen Mythologie Tochter der Fruchtbarkeitsgöttin *Demeter*. Anfänglich diente ein Lastenrad zum Warentransport. Später wurde mit Unterstützung aller Betriebe und Verbraucher*innen der *Proserpina-Stiftung* ein Auto angeschafft, mit dem das Gemüse eingesammelt und nach Amsterdam, Den Haag und Rotterdam transportiert werden konnte. Anbauvereinbarungen gewährleisteten, eine möglichst umfassende Palette an Gemüse anbieten zu können.

Um das biodynamische Wissen weiter zu verbreiten, entschlossen sich 1947 Mieneke und Klaas de Boer zusammen mit *Willy Schilthuis* (1920–2002), auf dem Teylingerhof eine Ausbildungsstätte für die biologisch-dynamische Wirtschaftsweise mit angeschlossenem Internat aufzubauen. Die erste Klasse dieser Landbauschule *Warmonderhof* bestand aus neun Schüler*innen, vier Jungen und fünf Mädchen. Jeder Tag der dreijährigen Ausbildung war in praktische Arbeit am Vormittag und Unterricht am Nachmittag gegliedert. Der Lehrplan umfasste neben fachlichen auch allgemeinbildende und künstlerische Inhalte. Freitagnachmittags standen Gesang und Unterhaltung auf dem Programm. Lehrkräfte und Auszubildende sangen in einem vierstimmigen Chor zum Tee, mit Mieneke am Flügel und Klaas als Dirigent. Auch das Essen wurde gemeinschaftlich organisiert; wie eine große Familie saßen alle zusammen am Tisch. Bald wurden Klaas und Mieneke *Pa und Ma de Boer* genannt. Als Mieneke wieder schwanger wurde, strickten die Mädchen Socken und Strampler für das Baby. 1948 konnte die Landwirtschaftsschule erweitert werden. Das in der Nachbarschaft lebende Ehepaar Menten stellte einen Seitenflügel von *Gut Hagheweijde* sowie die Orangerie mit Gewächshäusern, Nebengebäuden und Gartenland zu einem geringen Mietpreis zur Verfügung. Hier sollte nach der Renovierung fortan die erste Klasse untergebracht werden.

Durch diese Erweiterung wurde Warmonderhof allmählich zu einem Zentrum der biologisch-dynamischen Bewegung. Um staatliche Unterstützung erhalten zu können, wurden Anfang der 1950er-Jahre Weiterbildungsmaßnahmen für alle Lehr- und Leitungskräfte notwendig. 1960 wurde dem Warmonderhof schließlich der Sekundarschulstatus verliehen.

Kaum hatten sich die Schulverhältnisse geregelt, erlitten Mieneke und Klaas de Boer im Sommer 1963 einen schweren Verkehrsunfall. Nun war Willy Schilthuis gefordert, die Schule alleine weiterzuführen. Itty van Beuningen, eine wohlhabende Nachbarin, hatte sich entschlossen, ihren geerbten Hof *Thedingsweert* mit der Villa, dem Park, den Ställen und dem Land der Schule zu schenken und spendete darüber hinaus Geld zum Bau eines Internatsflügels und eines Schulgebäudes.

Mieneke de Boer mit Pferd Roswitha am Warmonderhof

Nach der Genesung des Ehepaars de Boer konnte Willy Schilthuis ihren lange gehegten Plan, sich selbstständig zu machen, umsetzen und ihren eigenen Gartenbaubetrieb *De Vier Jaargetijden* eröffnen. Mieneke und Klaas führten die Schule bis 1975 und übergaben die Leitung dann an Jan Diek van Mansfelt (* 1943). Sie selbst zogen nach Oost-Gelderland und wurden von Schüler*innen und Angestellten überschwänglich mit vielen Musik- und Kabarettstücken verabschiedet. Immer wieder erhielten sie Post aus allen Erdteilen, wo ihre ehemaligen Schüler und Schülerinnen die ihnen vermittelten Kenntnisse und Ideen umsetzten. Die Zahl der Studierenden auf dem Warmonderhof ist im Laufe der Jahrzehnte von 40 auf 200 angestiegen. Mittlerweile können drei Qualifikationsstufen absolviert werden.

1982 erkrankte Mieneke de Boer-Rosenwald und starb in Vorden in den Niederlanden. Klaas de Boer erlag 2002 ebenfalls in Vorden einem Herzleiden.

Ausgewählte Werke

Boer, Mieneke de (1970): Enige beginselen van de biologisch-dynamische landbouwmethode. In: Vruchtbare Aarde, Zeist.

Literatur

Koepf, Herbert H./Plato, Bodo von (2001): Die biologisch-dynamische Wirtschaftsweise im 20. Jahrhundert. Dornach: Verlag am Goetheanum.

Schilthuis, Willy (2003): Mieneke de Boer und Klaas de Boer. In: Bodo von Plato (Hg.): Anthroposophie im 20. Jahrhundert. Ein Kulturimpuls in biografischen Porträts. Dornach: Verlag am Goetheanum, S. 100–102. [biographien.kulturimpuls.org/detail.php?&id=1309]

Winkel, Ellen (2012): De Aarde zal weer vruchtbaar zijn. Verhalen van Landbouwpioniers. Utrecht: Uitgeverij AnkhHermes.

Dr. Huberta Bronsart von Schellendorff (1892–1978)

Biologin, Astronomin, Autorin, Journalistin

> »[…] viel gereist und gewohnt, sich unter den verschiedenartigsten Verhältnissen zurecht zu finden. Sie beherrscht neben Deutsch Französisch, Englisch und versteht auch etwas Italienisch. Sie ist körperlich abgehärtet und gewohnt, auf ihrem Motorrad grosse Strecken auch auf schlechten Wegen zurückzulegen.« (Margarete von Wrangell über Huberta Bronsart in ihrem Empfehlungsschreiben vom 07.08.1930)

Harriet Helene Veronika Xenia Huberta Bronsart von Schellendorff stammte aus einer preußischen Adels- und Offiziersfamilie. Sie wurde am 9. Oktober 1892 auf dem großväterlichen Gut Marienhof in Bellin (Mecklenburg) als zweite Tochter von Friedrich Bronsart von Schellendorff (1864–1950) und seiner Ehefrau und Cousine Veronica (1867–1968) geboren.

Sie wuchs inmitten von Seen, Wäldern, Wiesen und Feldern auf und liebte seit ihrer Kindheit die Natur. Vielseitig begabt und finanziell abgesichert gehörte Huberta Bronsart zu jenen jungen Frauen, welche die von der ersten deutschen Frauenbewegung erkämpften Möglichkeiten einer akademischen Qualifizierung für das weibliche Geschlecht sofort ergreifen konnten. Im März 1913 bestand sie am Kaiser-Wilhelm-Realgymnasium zu Berlin, einem der führenden humanistischen Gymnasien Preußens, als Externe das Abitur und begann ab Ostern 1913 das Studium der Naturwissenschaften an der Technischen Hochschule in Stuttgart (damals: Königlich Württembergische Baugewerkeschule Stuttgart). Diese war nicht nur die größte von 67 Baugewerkeschulen in Deutschland, sondern besaß seit 1900 das Promotionsrecht auch für Naturwissenschaften und ließ seit 1905 offiziell Frauen als Studierende zu. Sicherlich sprach für die Wahl des Studienortes auch, dass Hubertas Vater seit Oktober 1912 als Kommandeur des Grenadier-Regiments »Königin Olga« nach Stuttgart abgeordnet war und die Familie nachzog. Friedrich Bronsart verließ die Stadt im Dezember 1913 im Dienst für die deutsche Militärmission im Osmanischen Reich und beteiligte sich als Generalstabschef im osmanischen Heer am Genozid an der armenischen Bevölkerung.

Auch in Hubertas Leben gab es eine Zäsur: Sie brach ihr Studium im Herbst 1914 ab. Zwischen April 1914 und September 1915 arbeitete sie zunächst als sogenannte wissenschaftliche Hilfsarbeiterin in der Bakteriologie am medizinisch-hygienischen Laboratorium des Königlichen Medizinalkollegiums in Stuttgart, dann als zweite Assistentin im bakteriologischen Laboratorium der dortigen Stadtarztstelle. Damit qualifizierte sie sich nicht nur fachlich-praktisch weiter, sondern erbrachte – wie sie es formulierte – auch die von Frauen »an der Heimatfront« geforderte Kriegsdienstleistung. Vom Wintersemester 1915/16 bis zum Sommersemester 1918 setzte sie ihr Studium fort, nun an der Universität Heidelberg, Hochburg der Naturwissenschaften und bekannt für die frühe Zulassung von Frauen als regulär Studierende. Breit gefächert war ihr Studienplan: Neben Vorlesungen in Chemie, Physik, Botanik, Zoologie, Geologie, Geschichte und Philosophie belegte sie auch Veranstaltungen bei Max Wolf (1863–1932), dem Pionier der Astrophysik und Astrofotografie sowie Initiator einer privaten Sternwarte in Heidelberg und der Badischen Sternwarte auf dem Königstuhl.

Huberta war eine der ersten Frauen in Deutschland, die astronomische Vorlesungen besuchten. Sterne und Sternkarten waren ihre Leidenschaft seit Kindertagen. Vermutlich hatte sie auch von den preisgekrönten Astronominnen in den USA gehört, die am Harvard-Observatorium seit Ende des 19. Jahrhunderts Klassifikationssysteme für Sterne entwickelten, Sternkataloge verfassten und neue Nebel, Sterne oder Novae entdeckten. Ihr Plan, nach dem Studium dorthin auszuwandern, scheiterte freilich am Ausbruch des Ersten Weltkriegs. Da eine Frau als Astronomin in Deutschland keinerlei Berufsaussichten hatte – und zumeist nicht einmal Zutritt zu Observatorien –, schrieb Huberta Bronsart ihre Doktorarbeit bei dem Botaniker Georg Albrecht Klebs (1857–1918). Klebs gilt als Begründer der botanischen Entwicklungsphysiologie; er forschte mit seinem Team zum Einfluss äußerer Faktoren auf die Entwicklung von Pflanzen. Mit 26 Jahren promovierte Huberta Bronsart am 24. Juli 1918 im Hauptfach Botanik und in den Nebenfächern Zoologie und Chemie. In ihrer Dissertation untersuchte sie Schlauchpilze, eine Abteilung der Pilze, die in vielen Ökosystemen bedeutsam sind. Die vielen unterschiedlichen Fachgebiete, in die sie sich im Studium vertieft hatte, sollten für ihre berufliche Laufbahn eine prägende Rolle spielen.

Im Herbst 1919 wurde Huberta Bronsart Assistentin am Botanischen Institut der *Landwirtschaftlichen Hochschule in Hohenheim*. Nebenher unterrichtete sie an der angegliederten *Staatlich-Württembergischen Gartenbauschule*. Hier lernte Huberta Bronsart vermutlich auch die Agrikulturchemikerin Margarete von Wrangell (1876–1932) kennen, die – 1909 promoviert und beruflich höchst erfolgreich trotz vieler Anfeindungen – seit 1918 an der *Landwirtschaftlichen Versuchsstation Hohenheim* forschte, lehrte und ihre nächsten Karriereschritte vorbereitete. (Andronikow 1935) Margarete von Wrangell wurde Huberta Bronsarts Mentorin und Unterstützerin.

Huberta von Bronsart beim Mikroskopieren

Nach wie vor auch leidenschaftliche Astronomin, engagierte sich Bronsart 1922/23 bei der Gründung der Stuttgarter Volkssternwarte. Sie gab Sternführungen und übernahm Funktionen im »Bund der Sternfreunde«. (Dick 2017, S. 268) Ihre universitäre Laufbahn erhielt jedoch den ersten Knick: Obwohl sich ihr Vorgesetzter Georg Tischler (1878–1955), Professor für Botanik in Hohenheim, vor seinem Weggang an die Universität Kiel im Jahr 1922 noch für sie einsetzte und ihr wissenschaftliche Effizienz, praktische Geschicklichkeit und gute Arbeitsorganisation attestierte, wurde ihre Stelle 1924 nicht verlängert.

Das Jahr 1924 wurde zu einem Wendejahr. Sie wurde arbeitslos. Gleichzeitig erschienen ihre ersten zwei Bücher. (Bronsart 1924a und 1924b) Der Verlag Walter Seifert publizierte ihr erstes größeres Werk *Die Lebenslehre der Gegenwart: Eine Einführung in die Objektive Philosophie*. Es handelt sich um eine mit geistes- und kulturgeschichtlichem Wissen angereicherte Streitschrift für die Philosophie des damals bekannten und inzwischen längst wiederentdeckten Bodenbiologen Dr. Raoul Heinrich Francé (1874–1943). Mit unverblümten und bisweilen bissigen Bemerkungen kritisierte Bronsart die Entwicklung des Geisteslebens der damaligen Gegenwart und die Zersplitterung in Einzelwissenschaften. Eine Rettung aus der »chaotischen Verzweiflung« des modernen Deutschen böte eine einheitliche Denkmethode, wie sie Raoul Francé entwickelt habe, theoretisch mit seiner »Biozentrik« und lebenspraktisch mit der »Biozönotik« als der Lehre von den Notwendigkeiten, in die alle Menschen eingeordnet seien. (Bronsart 1924, S. 166) Die von ihm postulierte »Plasmaidentität aller Lebewesen« (Bronsart 1924, S. 74) weise den Menschen von seinem »Herrschersitz« zurück und »reiht ihn ein unter die Tiere und Pflanzen, die ihm Brüder und Schwestern sind.« (Bronsart 1924, S. 75)

Bronsart führte den Grundgedanken der Francéschen Biozönotik, dass jeder Organismus Teil einer Ganzheit sei, in die er unlösbar eingespannt sei und nach deren Gesetze er leben müsse, fort und konkretisierte diese Ganzheit als »Lebensraum«. Unterschiedliche Lebensräume kreieren nach Bronsart unterschiedliche Kulturen und unterschiedliche Ethiken, die zwar gleichwertig, aber einander fremd seien und daher nicht vermischt werden dürften. Aus dieser Perspektive kritisiert Bronsart einerseits den Kolonialismus, weil er indigenen Völkern europäische Kultur aufzwingen wolle. Andererseits leitet sie daraus Folgerungen ab, die antisemitisch und fremdenfeindlich argumentieren: »Eine jede Kultur ist nur verständlich aus dem Lebensraum heraus, in dem sie entstand. Eine stilgerecht aufgebaute Synagoge zeigt ihre Fremdbürtigkeit unter deutschem Himmel genau so wie Kultur und Religion und Lebensauffassung des Judentums dem Germanen im Tiefsten fremd sind.« (Bronsart 1924, S. 82)

Bronsarts genaue Kenntnis der philosophischen Gedankengänge Francés sowie einiger seiner publizistischen und organisatorischen Zukunftspläne (Bronsart 1924, S. 185 ff.) legen nahe, dass die beiden sich auch persönlich kannten und Bronsart sich bei Francé in der Bodenbiologie weiterbilden ließ. (Hosseinzadeh 1998, S. 225) Nach dem vorläufigen Ende ihrer akademischen Laufbahn übernahm Huberta 1924 in Heilbronn die Redaktion der von Raoul Francé im Walter Seifert Verlag herausgegebenen Zeitschrift *Telos – Halbmonatsschrift für Arbeit und Erfolg*. Doch 1926 endete aus bislang unbekannten Gründen auch diese Anstellung.

Nach wie vor hielt Huberta Bronsart Kontakt zu Margarete von Wrangell, die nach ihrer Habilitation 1920 die erste Ordinaria in Deutschland geworden war und ein eigenes Institut für Pflanzenernährung in Hohenheim erhalten hatte. Wrangell bemühte sich um die Finanzierung einer neuen Stelle für Huberta Bronsart (siehe das Eingangszitat), empfahl ihr aber, sich durch eine Bewerbung am *Institut für Landwirtschaftliche Bakteriologie und Bodenkunde* in Leipzig vorzubereiten. »Der Gedanke nach jahrelanger Entgleisung doch wieder in meinen Beruf zu kommen, sitzt wie mit Widerhaken in mir fest.« (zit. nach Hosseinzadeh 1998, S. 226) Nach einigen Monaten Assistenz bei dem Agrarbakteriologen Felix Löhnis (1874–1930) konnte Bronsart im Jahr 1927 erneut an die Universität Hohenheim zurückkehren und eine drittmittelfinanzierte, befristete Assistentinnenstelle für bodenbakteriologische Untersuchungen am Wrangellschen Institut für Pflanzenernährung antreten. Sie veröffentlichte einen Beitrag zur Bakteriologie und zusammen mit ihrer Chefin einen Artikel zur Pflanzenernährung (Bronsart 1928, Wrangell/Bronsart 1928).

Huberta von Bronsart bei Pflanzenversuchen

Während ihrer Anstellung am Wrangellschen Institut verfasste Huberta Bronsart auch Artikel zur sogenannten Frauenfrage. 1929 erschien aus ihrer Feder ein flammender Appell an den »weiblichen Jungadel« und die »Gutstöchter«, sich in der Jugendbewegung und ihren Bünden zu engagieren, durch Wandern, Sport und umfassende Geistesbildung zu starken und naturverbundenen Frauen zu werden und gemeinschaftlich zur Gesundung des deutschen Volkes beizutragen. Der Artikel *Die Studentin von heute* (1931b) war eine Hommage an die Frauenbewegung. Wenn die Universitäten heute Frauen offen stünden, die nun das »besondere Glücksgut« der studentischen Freiheit genießen könnten, so sei das den Vorkämpferinnen der Frauenbewegung verdankt, die »gegen eine ganze Welt von Vorurteilen, gegen Spott, Verachtung, Ungerechtigkeiten und Schikanen aller Art, unermüdlich für [...] die Bildungs- und Aufstiegsmöglichkeiten ihrer Mitschwestern« gekämpft hätten. Noch immer seien Studentinnen benachteiligt: Wohnten sie zuhause, würde ihnen – anders als ihren studierenden Brüdern – noch ein »gerüttelt Maß an Hausarbeit« aufgebürdet; wohnten sie nicht zuhause, müssten sie oft als Werkstudentinnen ihren schmalen Monatswechsel aufbessern. Doch es gebe Einrichtungen, die unbemittelte und begabte Studentinnen förderten, wie der Hildegardisverein oder Studentinnenverbindungen an den Universitäten, die wirtschaftlich und rechtlich die Interessen der studierenden Frauen verträten und sich auch für das spätere Berufsleben als hilfreich erweisen könnten. Bronsarts Hinweis auf den Deutschen Akademikerinnenbund (DAB) als übergeordnete Organisation lässt vermuten, dass dieser Artikel auch durch Gespräche mit ihrer Vorgesetzten über die Lage der Studentinnen inspiriert war: Margarete von Wrangell war Vorstandsmitglied des DAB. Als im November 1930 das erste Tübinger Studentinnenheim eröffnet wurde, hielt sie einen schwungvollen Festvortrag, in dem auch viele Gedanken des Bronsartschen Artikels von 1931 anklangen. (Andronikow 1935, S. 347–350)

Die Zeit der Weltwirtschaftskrise Anfang der 1930er-Jahre stand auch für Huberta Bronsart unter einem schlechten Stern: Die Drittmittel für Bronsarts Anstellung waren erschöpft, die Stelle lief aus. Zudem erkrankte Margarete von Wrangell schwer und verstarb im März 1932. Für kurze Zeit konnte Huberta Bronsart noch als Leiterin von Düngungs- und Bodenbearbeitungsversuchen an der Gartenbauschule Hohenheim weiterarbeiten, doch dann brach ihre akademische Laufbahn endgültig ab. Ihre frei und unverblümt vorgetragene kritische Haltung gegenüber der NSDAP machte sie in Hohenheim, wo sich schon vor 1933 nationalsozialistische Tendenzen etablierten, zu einer politisch unliebsamen Person. (Waller 2018, S. 103)

Eine neue Zeit der »Entgleisung« begann für Huberta Bronsart während des NS-Regimes. Anfangs arbeitete sie noch als Gartenberaterin für die Stuttgarter Stadtrandsiedlungen. Doch als sie im März 1934 wegen staatsfeindlicher Äußerungen inhaftiert wurde, verlor sie diese Anstellung wieder. Sie schlug sich nun eine Zeitlang mit Fabrikarbeit durch. Ab 1937 wurde sie in der chemisch-physikalischen Versuchsabteilung der Robert Bosch GmbH angestellt. Drei Jahre später, im April 1940, wurde sie ein zweites Mal wegen »staatsgefährdender Äußerungen« in Haft genommen. Während des dreimonatigen Gefängnisaufenthalts verfasste sie ein neues Buch, das im Frühjahr 1941 mit dem Titel *Biologisches Düngen* erschien, auch betitelt als *Neuzeitliches Düngen*: Denn nach dem Englandflug des NS-Politikers Rudolf Hess, einem der Befürworter der biologisch-dynamischen Landwirtschaft, und der anschließenden Razzia gegen Einrichtungen und Personen aus dem biologisch-dynamischen Umfeld, war offenbar auch der Begriff »biologisch« verpönt.

In diesem Buch ging Bronsart der Frage nach, »in wie weit die Vorwürfe aus Publikum und Ärzteschaft gegen die ›künstliche‹ Düngung berechtigt sind.« Sie dokumentierte den Stand der Forschung zur mineralischen Düngung, zur organischen Düngung mit Humus und zu den Spurenelementen, die den pflanzlichen Stoffwechsel regeln. Vom Idealzustand einer »biologischen Düngung«, bei der die Pflanze sich ihr Nahrungsoptimum ohne Zugabe leichtlöslicher Nährstoffe selbsttätig aus dem Boden holt, sei die Landwirtschaft derzeit weit entfernt. Eine »harmonische, mäßige Mineraldüngung« rufe keine mit den jetzigen Methoden nachweisbare Schädigung hervor und sei daher angesichts der volkswirtschaftlich notwendigen Massenproduktion von Nahrungsmitteln vertretbar. »[...] die wirklich ›biologische‹ Düngung als allgemeine Kulturmaßnahme des Pflanzenbaues [wird] wohl noch eine Weile ein Wunschbild bleiben müssen.« (Bronsart 1941, S. 109) Und wer schon jetzt im Garten oder auf dem Acker biologisch dünge, sei »Wegbereiter für eine biologische Zukunft.«

Die benötigte Literatur, darunter Neuerscheinungen des Botanikers Friedrich Boas (1886–1960), beschaffte ihr Arbeitgeber, der Unternehmer Robert Bosch (1861–1942), aus der Reichszentrale für wissenschaftliche Berichterstattung in Berlin. Robert Bosch war bekannt für sein soziales Engagement und die Bildungsförderung der Belegschaft. Seine Unterstützung des »Schutzhäftlings« Huberta Bronsart war vermutlich durch sein großes Interesse für Landwirtschaft und Homöopathie einerseits veranlasst und durch seine Nähe zum NS-Regime (Rüstungsproduktion; Zwangsarbeit) andererseits möglich geworden. Ihm widmete Huberta Bronsart dann auch ihr neues Buch.

Nach ihrer Entlassung fand sie im Frühjahr 1941 eine Anstellung in der *Bruchsaler Farbenfabrik*, die seit der Jahrhundertwende anorganische Pigmente für die Industrie produzierte. Der Aufbau einer Düngemittelfabrik, mit dem sie hier beauftragt wurde, kam über die Planung nicht hinaus. Im Januar 1943 erhielt Huberta Bronsart an der *Biologischen Reichsanstalt für Land- und Forstwirtschaft* in Heidelberg-Wiesloch einen Forschungsauftrag zum Problem der Bodenmüdigkeit. Ihre 1931 veröffentlichte Schrift *Bodenmüdigkeit, ihre Ursachen und Bekämpfung* hatte sie offenbar als Bodenexpertin ausgewiesen. Bei Kriegsende war jedoch auch diese Anstellung beendet.

Huberta Bronsart hoffte nun, als Verfolgte des Regimes im Rahmen der Entnazifizierungsverfahren wieder als Wissenschaftlerin an die Hochschule

Hohenheim zurückkehren zu können. Doch ihre beharrlichen Bewerbungen um den Lehrstuhl für Pflanzenernährungslehre und ebenfalls um einen Lehrstuhl für Botanik (»Auch lässt sich meine Arbeit über die Bodenmüdigkeit als botanische Habilitationsschrift verwenden«, zit. nach Hosseinzadeh 1998, S. 228) wurden von der Hohenheimer Universitätsleitung kühl und entschieden abgelehnt oder schlicht übergangen.

Huberta Bronsart musste nun endgültig Abschied von einer akademischen Karriere nehmen und mit über 50 Jahren eine berufliche Umorientierung meistern. »Ich bin Botanikerin und mit Büchern und Artikeln über Gartenbau und Botanik verdiene ich mir meinen Lebensunterhalt«, erzählte sie einer Journalistin der Stuttgarter Nachrichten, die sie im Januar 1957 in ihrer winzigen Dachwohnung in der Heubergstraße unterhalb der Sternwarte und oberhalb des Neckartals besuchte. Trotz ihrer prekären Lebensverhältnisse blieb ihre große Leidenschaft für die Astronomie. Ihre astrofotografischen Arbeiten, insbesondere ihre Sonnenaufnahmen, sollen von faszinierender Schönheit gewesen sein und Anerkennung in der Fachwelt gefunden haben. Geblieben war ihr auch die Fähigkeit und Leidenschaft, wissenschaftliche Erkenntnisse für ein Laienpublikum aufzubereiten. Durch ihre Mitgliedschaft in der Astronomischen Gesellschaft und ihre rege Publikationstätigkeit für Kinder, Jugendliche und Erwachsene war sie über Stuttgart hinaus bekannt. Noch heute gilt sie als Pionierin der Popularisierung der Astronomie.

Neben ihren astronomischen Veröffentlichungen verfasste Bronsart – der wirtschaftlichen Not der Nachkriegsjahre entsprechend – weiterhin Schriften zum Gartenbau in preiswerten Formaten für ein nichtakademisches Publikum, ähnlich wie sie es in den 1920er-Jahren mit ihren pflanzenphysiologischen Publikationen getan hatte. 1946 erschien ihr 150 Seiten starkes Kosmos-Bändchen *Mein eigener Gemüsegarten;* 1947 veröffentlichten zwei renommierte Verlage weitere land- und gartenbauliche Bücher. (Bronsart 1947a, 1947b) Eine dieser Neuerscheinungen trug den Titel *Zwei Ar Gartenland* und war, wie Bronsart im Vorwort der zweiten Auflage von 1958 mitteilte, »für die vielen Tausenden von Ausgebombten, Evakuierten, Flüchtlinge geschrieben, denen von Stadt- und Landgemeinden ein Stückchen Gartenland zur Verfügung gestellt wurde, als Grundstock für die Neuordnung ihres Lebens, das sie nach der Katastrophe des Dritten Reiches ganz neu aufbauen mußten.« Ab 1949 erschienen das Buch *Grüne Theorie. Eine Pflanzenkunde für Gartenfreunde*, eine erweiterte Fassung des Buches *Neuzeitliches Düngen* und der *Almanach der Pflanzen*. Das Gartenbuch *Es wächst und blüht für Dich* von 1959 erlebte unter dem Titel *Herders Gartenbuch* zahlreiche Auflagen.

Huberta Bronsart hatte sich mit zahlreichen Werken als Fachfrau und Journalistin für Gartenbau und Astronomie etabliert. In den Stuttgarter Nachrichten erschienen regelmäßig Berichte über sie und von ihr. Über ihre sozialen oder freundschaftlichen Beziehungen ist jedoch wenig bekannt. Sie blieb zeitlebens unverheiratet, hatte keine Kinder, ließ sich gerne am Schreibtisch abbilden, lebte bescheiden. Vielleicht anknüpfend an ihre Zeit als Redakteurin der Zeitschrift *Telos* schrieb sie 1951 einen höflich-ehrerbietigen Brief an *Annie Francé-Harrar*, bewunderte deren neues Buch *Die letzte Chance* und kündigte eine Besprechung in der Stuttgarter Zeitung an. »[…] das hatte ich mir immer einmal gewünscht: eine richtige Geschichte der Düngung, d.h. der Bodenbehandlung in engster Beziehung zur Kultur- und Geistesgeschichte der Menschheit.« Begegneten sich die beiden Frauen aber tatsächlich im Alter persönlich, wie Hubertas Laudatio auf die 80-jährige Annie Francé-Harrar in den Stuttgarter Nachrichten von 1965 vermuten lässt? Wenig bekannt ist auch über ihren Kontakt zu Gertrud Franck, die als Vorkämpferin der Mischkultur im Garten gilt. Huberta soll häufiger Gast bei den Francks gewesen sein und in deren ökologischem Gartenbaubetrieb Vorträge für die Lehrlinge und Angestellten gehalten haben. Gut denkbar, dass das Mischkultur-Konzept auch durch sie inspiriert wurde, wie Gertrud Francks Biografin Brunhilde Bross-Burkardt vermutet.

1972 erschien im Verlag Katholisches Bibelwerk ein letztes Bändchen von Huberta Bronsart *… und du wirst mich finden: Meditationen über unbekannte Jesusworte*, das in manchen Formulierungen einen engen Bezug der Autorin zur katholischen Kirche vermuten lässt. Auf dem Hintergrund von Bronsarts äußerst kritischen früheren Sätzen über das Christentum als dem »germanischen Herrenvolk« aufgezwungene »Fremdreligion« (Bronsart 1924, S. 83) und ihrem Ideal einer »harmonischen Religion als Verhaltenslehre vom Ich zum All« in den 1920er-Jahren erstaunt dies. Ursprünglich protestantisch getauft, schien sie sich zunächst vom christlichen Glauben weit entfernt zu haben. Doch als sie in den 1950er-Jahren ein Verfahren zur Wiedergutmachung des Schadens im beruflichen Fortkommen durch den Nationalsozialismus anstrengte, war es der befreundete katholische Pfarrer Eugen Schneider, der ihre entschiedene Gegnerschaft zum Nazi-Regime bezeugte und ihre charakterliche Stärke und religiöse Einstellung hervorhob. (Waller 2018, S. 103)

Huberta Bronsart verstarb am 18. Juli 1978 im Altersheim St. Elisabeth in Rottweil, wo sie ab 1962 mit Wohnadresse angegeben war. Die Sterbeurkunde gibt als Religionszugehörigkeit »katholisch« und als Beruf »Journalistin« an. Sie hinterließ ein umfangreiches und heute antiquarisch erhaltenes Werk,

Bücher und (populär-)wissenschaftliche Aufsätze zum Gartenbau, zur Botanik, Bodenbiologie, Landwirtschaft, Astronomie, Philosophie, Theologie und zur damals sogenannten Frauenfrage.

Dr. Huberta Bronsart von Schellendorff zählt auf den ersten Blick nicht zu den Protagonistinnen des ökologischen Landbaus. Wäre ihr akademischer Weg so verlaufen, wie es für einen männlichen Kollegen die Norm war, hätte sie sicherlich eine Universitätsprofessur in der Pflanzenphysiologie oder Botanik erhalten und ihr Konzept von Wissenschaft in enger Verbindung mit gesellschaftlicher Praxis – wie es stets ihr Anliegen war – umsetzen können. Ihr unerschrockenes Auftreten, ihre politische Einstellung und schließlich das Berufsverbot haben diesen Weg verbaut und sie gezwungen, ihr Leben außerhalb einer alma mater aufzubauen.

Dabei kam ihr zu Hilfe, dass schon gegen Ende des 19. Jahrhunderts die Popularisierung der Wissenschaften über Bücher und Zeitschriften enorm zugenommen hatte: Angesichts der rasanten Entwicklung und Spezialisierung in den Naturwissenschaften einerseits und einem wachsenden Bedürfnis breiter Bevölkerungsschichten nach Wissen andererseits wurde eine sprachlich vereinfachte und anschaulich präsentierte, aber nicht simplifizierende Vermittlung naturwissenschaftlicher Erkenntnisse immer dringlicher. Verlage wie die Franckh'sche Verlagshandlung, in der mehrere der Bronsart'schen Werke veröffentlicht wurden, hatten das erkannt. Reclam bestückte vor dem Ersten Weltkrieg seine 1600 Bahnhofs-Bücherautomaten mit seinen *Büchern der Naturwissenschaften*. Diese Konstellation ermöglichte Hubert Bronsart, ihre ökonomische Existenz als Wissenschaftsjournalistin zu sichern und zugleich ihre vielseitigen Begabungen und fachlichen Leidenschaften zu verwirklichen. Mit dem bunten Spektrum und den hohen Auflagen ihrer Arbeiten bot Huberta Bronsart dann auch den Frauen, die sich für den Aufbau des alternativen Land- und Gartenbaus engagierten, aber ohne naturwissenschaftliche Vorbildung hauptsächlich auf ihr Erfahrungswissen angewiesen waren, solide wissenschaftliche Informationsquellen. Ihre Kontakte zu den Francés oder Gertrud Franck sind bekannt, und vermutlich werden auch andere Ökopionierinnen ihre Veröffentlichungen zur Kenntnis genommen haben. Wir wissen nicht, welche Bücher es waren, die Ökopionierinnen wie *Maria Müller* bei ihren autodidaktischen Studien lasen, würden uns aber nicht wundern, wenn *Biologisches Düngen*, *Grüne Theorie* oder *Mein eigener Gemüsegarten* im Regal standen. Insofern kann Huberta Bronsart von Schellendorff durchaus als Wegbereiterin neuer alternativer Land- und Gartenbaumethoden gelten.

Ausgewählte Werke

Bronsart, Huberta von (1919): Vergleichende Untersuchung über drei Xylaria-Arten. Sonderabdruck in: Centralblatt für Bakteriologie, Parasitenkunde und Infektionskrankheiten 49(1/4). Jena: Fischer.

Bronsart, Huberta von (1924a): Die Lebenslehre der Gegenwart. Einführung in die objektive Philosophie. Stuttgart-Heilbronn: Walter Seifert Verlag.

Bronsart, Huberta von (1924b): Zeugungswunder. Dresden: Carl Reissner.

Bronsart, Huberta von (1927): Wachsen und Wandern der Pflanze. Eine Pflanzenphysiologie. Berlin: Ullstein.

Bronsart, Huberta von (1928): Neues von den Bakterien. Die Umschau. Forschung, Entwicklung, Technologie 32(24).

Bronsart, Huberta von (1929): Das Mädchen und die Jugendbewegung. Deutsches Adelsblatt 47 (30), S. 446–447.

Bronsart, Huberta von (1931a): Bodenmüdigkeit. Ihre Ursachen und Bekämpfung. Neudamm: J. Neumann (= Wissenschaft und Technik des Gartenbaues 1).

Bronsart, Huberta von (1931b): Die Studentin von heute. In: Ins Leben hinaus. Stuttgart: Union Deutsche Verlags-Gesellschaft, S. 110–115.

Bronsart, Huberta von (1941): Biologisches Düngen. Stuttgart: Franckh'sche Verlagshandlung. (1941 auch unter dem Titel Neuzeitliches Düngen erschienen)

Bronsart, Huberta von (1946): Mein eigener Gemüsegarten. Stuttgart: Franckh'sche Verlagshandlung.

Bronsart, Huberta von (1947a): Weizen oder Spinat. Der deutsche Landwirt am Scheidewege. Stuttgart: Deutsche Verlags-Anstalt.

Bronsart, Huberta von (1947b): Zwei Ar Gartenland, Ratschläge für die Anlage und Bewirtschaftung auch größerer Haus- und Wochenendgärten. Stuttgart: Verlag Ulmer. 2. völlig neu bearbeitete Auflage 1958.

Bronsart, Huberta von (1949): Grüne Theorie. Eine Pflanzenkunde für Gartenfreunde. Stuttgart: Franckh'sche Verlagshandlung.

Bronsart, Huberta von (1959): Es wächst und blüht für Dich. Ein Gartenbuch. Freiburg: Herder; erschien ab 1960 als Herders Gartenbuch. 6. Auflage 1969.

Bronsart, Huberta von (1963): Kleine Lebensbeschreibung der Sternbilder. Stuttgart: Franckh'sche Verlagshandlung.

Bronsart, Huberta von (1965): »Ein ganzes Leben für die Forschung. Annie Francé-Harrars unzerstörbare Vitalität und scharfgeschliffener Geist«. Stuttgarter Nachrichten vom 2. Oktober 1965, S. 40.

Bronsart, Dr. Huberta von (1972): … und du wirst mich finden: Meditationen über unbekannte Jesusworte. Stuttgart: Verlag Katholisches Bibelwerk.

Wrangell, Margarete von/Bronsart, Huberta von (1928): Blütenfärbung und Stickstoffdüngung. Die Naturwissenschaften 16, S. 169–172.

Quellen

Bross–Burkardt, Brunhilde (2015): Mischkultursystem von Gertrud Franck. [http://navigatorin.blogspot.com/2015/04/mischkultursystem-von-gertrud-franck.html]

Gespräch und Korrespondenz mit Dr. Erna Aescht, 2020 und 2021 (Heide Inhetveen).

Huberta von Bronsart. [https://de.wikipedia.org/wiki/Huberta_von_Bronsart]

Korrespondenz mit Michael Lieb, 2020 (Heide Inhetveen).

Korrespondenz mit Agathe Lukassek, 2020 (Heide Inhetveen).

Landesarchiv Baden-Württemberg, Hauptstaatsarchiv Stuttgart: Q2-13 Bue 5[2]: Foto Huberta Bronsart von Schellendorff; Q2-13 Bue 5[1]: Foto Huberta Bronsart von Schellendorff.

Oberösterreichisches Landesmuseum Linz: Nachlass Raoul Francé und Annie Francé-Harrar, Box FA3: Brief Dr. H. von Bronsart an Annie Francé–Harrar vom 05.01.1951.

Stadtarchiv Rottweil: Adressbücher Rottweil 1962, 1970, 1976; P 4/1978: Sterbeurkunde Dr. Huberta von Bronsart.

Literatur

Andronikow, Wladimir (1935): Margarethe von Wrangell. Das Leben einer Frau 1876–1932. München: Albert Langen/Georg Müller Verlag.

Dick, Wolfgang R. (2017): Huberta von Bronsart (1892–1978). Eine Biologin als Popularisatorin der Astronomie. In: Gudrun Wolfschmidt (Hg.): Popularisierung der Astronomie. Proceedings der Tagung des Arbeitskreises Astronomiegeschichte in der Astronomischen Gesellschaft in Bochum 2016. Hamburg: tredition, S. 262–269.

Franck, Gertrud/Bross-Burkardt, Brunhilde (2019): Gesunder Garten durch Mischkultur, Gemüse, Blumen, Kräuter, Obst. Altes Gartenwissen neu entdeckt. München: oekom.

Hosseinzadeh, Sonja (1998): Huberta Bronsart von Schellendorff. In: Ulrich Fellmeth (Hg.): Margarete von Wrangell und andere Pionierinnen. Die ersten Frauen an den Hochschulen in Baden und Württemberg. Begleitbuch zur Ausstellung. St. Katharinen: Scripta Mercaturae, S. 225–228.

N. N. (1957): Ihr Spezialgebet ist die Sonne. Dr. Huberta von Bronsart, eine Wissenschaftlerin aus Leidenschaft – In einer Dachkammer zu Hause. In: Stuttgarter Nachrichten vom 5. Januar 1957.

N. N. (1962): Übersetzerin aus der Natur. Dr. Huberta von Bronsart 70 Jahre alt. In: Stuttgarter Zeitung vom 8. Oktober 1962.

N. N.: (1967): Eine bekannte Autorin. In: Stuttgarter Nachrichten vom 7. Oktober 1967.

Waller, Anja (2018): Erschreckend einwandfrei. Stuttgart-Hohenheim: Ulmer, S. 101–104.

Maye Emily Bruce (1879–1964)

Klinikverwalterin, Autorin, Kompostspezialistin, Aktivistin der Soil Association

»The divinity within the flower is sufficient of itself.«

»Miss Bruce«, wie Maye Emily Bruce zumeist genannt wurde, ist am 3. Mai 1879 in Springfort, County Cork geboren und am 27. Mai 1879 in der St. Stephen Kirche in Dublin getauft worden. Sie war das erste von neun Kindern. Ihr Vater Samuel Bruce (1838–1922) stammte aus einer reichen und mächtigen Familie, deren Vorfahren dem schottischen Kirchen- und Gelehrtenadel angehörten und um 1600 nach Irland ausgewandert waren. In Irland gehörten sie einer liberalen Abspaltung der Presbyterianischen Kirche von Irland an und stellten über Generationen hinweg die Geistlichen dieser Kirche. Mayes Mutter Louisa Mary Julia kam aus der Familie Colthurst, Notabeln, die einen riesigen Landbesitz und das heute vielbesuchte Schloss Blarney bei Cork in Südirland besaßen. Berühmtheiten wie Sir William Petty, Mitbegründer der Royal Society, zählten zu ihren Vorfahren.

Durch den Kauf und Betrieb einer weltweit agierenden Whiskey-Destillerie in Comber im Jahr 1871/72 schuf Samuel Bruce ein großes Vermögen für sich und seine Familie. Mit dem Widerspruch, dass sich seine presbyterianischen Vorfahren stets vehement gegen Alkoholgenuss engagiert hatten, konnten er wie auch sein älterer Bruder James Bruce (1835–1917) offenbar gut leben. Auch dieser hatte sich in Belfast ein Whiskey-Imperium aufgebaut, 1877 ein prachtvolles Herrenhaus in Benburb, County Tyrone erworben und nach dem Einzug 1886 eine mächtige ländliche Gutsherrschaft etabliert. Die Whiskey-Dynastien »SB« und »JB« standen in Konkurrenz zueinander, möglicherweise auch ihre beiden Protagonisten. Dem Historiker Richard Graham zufolge könnte die Rivalität zwischen den Brüdern Mayes Vater bewogen haben, zwar weiterhin die Comber Destillerien mit ihren jährlich zigtausenden Gallonen des »pot still whiskey« zu führen und auch das große Stadthaus Cuan (später Carnesure) in Comber als späteren Wohnsitz für seinen Sohn, den Firmenerben, beizubehalten, aber mit seiner jungen Familie Nordirland zu verlassen und nach Gloucestershire in England zu ziehen.

Maye war fünf Jahre, ihr Bruder George James vier Jahre alt, als die Familie 1884 das Anwesen Norton Hall, Mickleton, inmitten der schönen Landschaft von Cotswold, nahe der Stadt Chipping Campden erwarb. Ein erstaunlicher

Schritt, dessen Hintergründe letztlich aber ein Geheimnis bleiben werden (Richard Graham), ebenso wie der Wegzug von Samuel und Julia Bruce im Jahre 1912 nach London. Dort hatten sie eine Stadtresidenz in der Cromwell Street in Chelsea and Kensington, Londons reichstem Viertel, gekauft, wo Julia Bruce zu musikalischen Soireen einlud. Als der Firmenerbe George, der sich mit den Genossen der UVF (Ulster Volunteer Force) bei Ausbruch des Ersten Weltkrieges freiwillig zur Armee gemeldet hatte, kurz vor Kriegsende als später hochdekorierter Captain starb, verkaufte Samuel Bruce seine Unternehmen in Irland. Er verstarb 1922 in seiner Londoner Residenz.

Maye Bruce und ihre Geschwister wuchsen also in äußerst wohlhabenden, sozial privilegierten und kulturell ambitionierten Verhältnissen auf. Ihre Brüder besuchten Eliteschulen wie Winchester, Maye und ihre jüngeren Schwestern erhielten Privatunterricht zuhause und wurden von Gouvernanten erzogen. So lebte im Jahr 1891 auch eine deutsche Gouvernante, Julia Jaffé, in der Familie Bruce (Davenport: Census 1891). Nur wenig wissen wir über Mayes Kindheit und Jugend: Sie liebte die Natur, sammelte wildwachsende Pflanzen und Schmetterlinge. Sie war künstlerisch begabt, fotografierte, malte und zeichnete gerne. Wandern, Bergsteigen, Reisen, standesgemäß auch die Jagd gehörten zu ihren Lieblingsbeschäftigungen. Bücher zu diesen Themen füllten Regale in ihrer Bibliothek. Sie war intelligent, und was sie interessierte, verfolgte sie mit Leidenschaft.

Für das Jahr 1911 gibt uns der Census of England and Wales, ausgefüllt von Samuel Bruce, einen kleinen Einblick in die Verhältnisse der Familie Bruce auf Norton Hall. Die 31-jährige Maye Emily lebte mit ihrem nun pensionierten 72-jährigen Vater Samuel und ihren zwei unverheirateten 27-jährigen Zwillingsschwestern Norah Alice und Annette Edith in insgesamt 41 Räumen, umsorgt und bedient von sechs Dienstboten. Die anderen Brüder und Schwestern wohnten nicht im Haus, auch Mayes Mutter wurde nicht aufgeführt. Offenbar lebte sie schon in der vornehmen Londoner Stadtresidenz, in die im Folgejahr Vater Samuel nachzog.

Das Schwesterntrio blieb weiterhin in Norton Hall. Als nach Ausbruch des Ersten Weltkriegs die vorhandenen Krankenhäuser rasch von verwundeten und kranken Soldaten überfüllt waren, suchte das Rote Kreuz dringend nach provisorischen Reha-Einrichtungen. Das Pflegepersonal – in der Regel ehrenamtlich engagierte Frauen aus der Region – wurde von der freiwilligen Hilfsorganisation VAD (Voluntary Aid Detachment) organisiert. Familie Bruce stellte sofort Norton Hall als Klinik zur Verfügung, Maye Bruce übernahm die Leitung, ihre Schwester Norah Alice assistierte einige Jahre. Vom

November 1914 bis März 1919 wurden über 2000 Soldaten betreut. Schon im Januar 1918 war Maye Bruce für ihre Verdienste mit dem M. B. E. (Member of the British Empire) des im Jahr 1917 gegründeten britischen Ritterordens ausgezeichnet worden. Aus dieser Zeit gibt es das erste Foto von Maye Bruce in Schwesterntracht und einen Bericht von ihr über das Norton Hall (Campden) VAD Hospital. Sie engagierte sich auch in der um 1910 gegründeten Pfadfinderinnen-Bewegung und war 17 Jahre lang Leiterin dieser Organisation in der Grafschaft Gloucestershire.

Anfang der 1920er-Jahre wurde Norton Hall verkauft. Maye Bruce und ihre Zwillingsschwestern suchten ein neues Domizil. Mit dem Kauf des 60 Hektar großen, heruntergekommenen Gutes Hillhouse in Sapperton, einem kleinen Dorf in den Cotswolds, etwa eine Fahrstunde von Norton Hall entfernt, begann ein neuer Lebensabschnitt. In dieser schönen Hügellandschaft auf jurassischem Oolith-Kalkstein begann ihre Entwicklung zu einer Pionierin der ökologischen Kompostwirtschaft und bekannten Umweltaktivistin.

»It all started with the garden, a derelict garden, but with beautiful bones« (Bruce 1967, S. 22), beschreibt Bruce den Anfang ihrer Kompostforschung. Die Bodenkrume des aufgegebenen Gartenlandes reichte gerade mal fünf Zentimeter tief, darunter begann das Cotswold-Gestein, das fast einen Meter tief herausgehackt werden musste. Die Gartenerde war steinig, flachgründig, karg und sehr ausgehungert. Eine Zeitlang reichte der abgelagerte Mist auf dem Hof für den Anbau von Gemüse und Blumen, doch dann ging er zur Neige. Da sie gegen chemische Düngemittel eine instinktive Abneigung hatte, lauschte sie aufmerksam einem Freund, vermutlich Laurence F. Easterbrook (1897–1965), dem Agrarjournalisten der News Chronicle, der 1930 von den ungewöhnlichen landwirtschaftlichen Theorien und Forschungsprogrammen des Dr. Rudolf Steiner (1861–1925) gehört hatte. Er wies sie auch auf die Ende 1928 in London gegründete *Anthroposophical Agricultural Foundation* (AAF) hin, die mit Experimenten zu den Steinerschen Vorgaben begonnen hatte. Maye Bruce fand das hochinteressant und trat selbst in die AAF ein.

Am 18. Juli 1932 wurde sie in das Verzeichnis der Besitzer*innen des *Landwirtschaftlichen Kursus* aufgenommen, erhielt das englische Exemplar Nr. 38 und unterzeichnete 14 Tage später die geforderte Verschwiegenheitsverpflichtung (Paull 2019, S. 141). Nun machte sie ihre ersten Erfahrungen mit dem Kompostieren und erfuhr von den aus Heilpflanzen hergestellten »Präparaten«. Ein Besuch in Holland auf den unter Anleitung von Ehrenfried Pfeiffer umgestellten und nun auch von *Martha Künzel* biologisch-dynamisch bewirtschafteten Höfen von Loverendale überzeugte sie von den hervorragenden Wirkungen der Steinerschen Präparate auf die Kompostierungsvorgänge.

Dennoch war sie unschlüssig: Die Präparate selbst herzustellen, schien ihr äußerst kompliziert und ziemlich mysteriös. Ihren eigenen Bedarf konnte sie sich als Mitglied der *Anthroposophical Agricultural Association* (AAA) leicht beschaffen. Wie aber sah es mit den Millionen Kleinbauern und Gärtner*innen in der Welt aus, deren Böden angesichts des herrschenden Mangels an Stallmist erschöpft waren und die dringend neue preiswerte Düngemittel benötigten? Sie hatten keinen Zugang zu diesen Präparaten, wurden vom Wissen darüber ferngehalten und wären über die seltsamen Herstellungsverfahren ohnehin eher irritiert. Maye Bruce schwankte zwischen ihrem gegebenen Versprechen zur Geheimhaltung der erhaltenen Informationen und ihrem tiefen Empfinden für gesellschaftliche Verantwortung. Gab es nicht einfachere, schnellere und preiswertere Wege, wirksame »Präparate für alle« herzustellen? Maye Bruce, nun über 50, selbstsicher und unerschrocken, trat aus der AAA wieder aus und gab das englische Schreibmaschinenexemplar des *Landwirtschaftlichen Kursus* zurück. Sie fühlte sich nicht länger an die Schweigepflicht gebunden, wohl aber dazu berechtigt, mit dem erworbenen Wissen weiter zu forschen. Auf die Empörung in anthroposophischen Kreisen erwiderte sie, es sei schließlich nicht Dr. Steiner gewesen, der den Löwenzahn und die Brennnessel und all die anderen Ingredienzen der Präparate in die Welt gebracht habe. Darauf habe man gelacht, sich beruhigt und sich gegenseitig viel Glück wünschend in bestem Einvernehmen getrennt, kommentierte sie die Trennung von der AAA etwas beschönigend.

Aber wie sollte sie nun alleine weitermachen? »I felt very lost, completely blank.« Doch schließlich gelangte sie zu der Erkenntnis: »The divinity within the flower is sufficient of itself.« Sie folgerte: »Es ist der Saft, aus dem die Pflanze ihre Lebenskraft und Vitalität bezieht« (Bruce 1967, S. 24) – eine der Tochter eines Whiskey-Fabrikanten vielleicht auch naheliegende Erkenntnis!

Ohne weitere Skrupel ging Maye Bruce nun genau von den Steinerschen Heillkräutern aus: Löwenzahn, Brennnessel, Kamille, Baldrian, Schafgarbe und Eichenrinde. Sie extrahierte Saft aus den frischen Pflanzen und stellte einen Aufguss aus Eichenrinde her. Sie befüllte einige Einmachgläser mit Rasenschnitt, zerkleinertem Unkraut, Brennnesseln sowie sonstigem pflanzlichen Material und behandelte sie mit den Pflanzenlösungen in unterschiedlichen homöopathischen Verdünnungen. Zwei Kontrollgruppen ergänzten ihr Experiment. Die »Kompostierung« begann. Nach zehn Tagen wurde der Fortschritt der Zersetzung überprüft und als optimale Verdünnung die Relation 1:10.000 festgestellt. Ein anerkannter Bodenkundler, den sie zum Vergleich der anthroposophischen Präparate bzw. der Bruce'schen Lösungen bei der Verrottung aufgeschichteter Haufen heranzog, bestätigte die Übereinstimmung der Dungwerte. Im Unterschied zu den biologisch-dynamisch präparierten Komposten waren die Komposte von Miss Bruce je nach Jahreszeit nach nur vier bis zwölf Wochen »reif«. Maye Bruce nannte ihr Kompostierungsverfahren daher »Quick Return«, kurz »Q. R.«.

Maye Emily Bruce an ihrem Schreibtisch

Immer mehr Besucher und Besucherinnen kamen in ihren Garten, um das neue Verfahren kennenzulernen und im Garten oder Landbau anzuwenden. Maye Bruce beschloss, das Herstellungsverfahren nochmals zu vereinfachen. Die sechs Lösungen in getrennten Flaschen wurden in einer Flasche zusammengeschüttet und bei der Ausbringung mit Honig, ebenfalls 1:10.000, versetzt. Das funktionierte durchaus, doch die Frage blieb, warum die verwendete Mischung den Verrottungsvorgang derart beschleunigen konnte. Maye Bruce, die sich bisher vor allem auf Erfahrung verlassen hatte, beschloss, sich nun auch wissenschaftliche Kenntnisse anzueignen. Durch Gespräche mit Fachleuten, auch ihren Kritikern, durch die Lektüre von Kräuterbüchern und Literaturstudien in der Bibliothek des Britischen Museums, kam sie zu der Überzeugung, dass in den von ihr zubereiteten Substanzen genau jene chemischen Elemente und Verbindungen vorhanden waren, die auch in der Fachwelt als Grundlage der Pflanzenernährung galten.

Viele Jahre experimentierte Maye Bruce mit der Wirkung von Volumen und Einfassungen, Zusammensetzungen und Schichtdicken des aufgehäuften Materials auf die Rottedauer. Dabei war, wie sie im Rückblick feststellte, der Komposthaufen selbst ihr bester Lehrer: »From then, it was the heaps that taught me the most valuable lessons.« (Bruce 1967, S. 25)

1938 wurden das Kompostierungsverfahren von Maye Bruce erstmals einer größeren Öffentlichkeit vorgestellt. Der Agrarjournalist Laurence F. Easterbrook, inzwischen selbst überzeugter Anhänger der Q. R.-Methode, widmete dem Bruce'schen Verfahren erstmals einen ausführlichen Artikel in der Zeitschrift News Chronicle, der eine Flut von Zuschriften, Anfragen, Besichtigungswünschen hervorrief. Am 12. August 1939 erschien in der englischsprachigen interdisziplinären Fachzeitschrift *Nature* ein aufsehenerregender Artikel unter dem plakativen Titel *Modification of the Steiner Composting Process.* Laut einer Veröffentlichung des Landwirtschaftsministeriums aus dem Jahr 1939 hatte sie eine Methode der Schnellkompostierung und Umwandlung von Abfallmaterial in wertvollen Humus erfunden. »Further information as to how to make and use these essences can be obtained from Miss Bruce, who is also willing to forward them at a nominal charge to cover packing and postage.«

Noch konnten Miss Bruce und ihr Team die Arbeit bewältigen. Einer amtlichen Erhebung von 1939 zufolge lebte das Schwesterntrio mit zwei unverheirateten weiblichen Bediensteten im Haupthaus des Bruceschen Gutes, dem sog. »Hillhouse«. Ein Chauffeur, der auch zum Rasenmähen herangezogen wurde, und zwei Gärtner betreuten den 30 Ar großen Gemüsegarten und zwei Treibhäuser und kümmerten sich um die langen Mauern aus Cotswold-Steinen. Die Ehefrauen der Gärtner arbeiteten als unbezahlte Bedienstete mit. Detailliert wurden die Beschäftigungen der Bruce-Schwestern angegeben: landwirtschaftliche Arbeit bei Maye Bruce, präzisiert als »quick return compost«; »Herausgeberin einer religiösen Monatsschrift« bei Norah Alice und »Sekretariatsarbeit« bei Annette Edith; »not for a living« heißt es bei allen dreien, d. h. dass sie von ihrem Vermögen leben und auch die Arbeitskräfte finanzieren konnten. Der Krieg warf seine Schatten voraus. Maye Bruce wurde zur Beauftragten für Maßnahmen bei Luftangriffen (Air Warden) und zwei ihrer Arbeiter als Spezialkräfte bei der Polizei (Special Constable) ernannt.

Miss Bruce bearbeitete in den 1930er-Jahren zunächst nur den Blumengarten, der sich dank der Behandlung mit Quick Return Komposten zu besonderer Schönheit entwickelte. Ihre Gemüse- und Obstgärten waren den Gärtnern überlassen. Doch als 1940 ihre Arbeiter in den Kriegsdienst eingezogen wurden, übernahm Maye Bruce auch den Gemüsegarten und erprobte dort ihr neues Verfahren.

Inzwischen war in England das Interesse an alternativen Anbaumethoden sehr hoch. 1938 war Ehrenfried Pfeiffers Werk *Die Fruchtbarkeit der Erde, ihre Erhaltung und Erneuerung. Das biologisch-dynamische Prinzip in der Natur* in einer englischen Ausgabe vom renommierten Fachverlag Faber & Faber publiziert worden, ein Meilenstein in der Geschichte der Biodynamik: »Here was a popular book, readable, readily available, practical, and although philosophical, neither mystical nor mystifying.« (Paull 2011, S. 37) In diese öffentliche Aufmerksamkeit hinein wirkte im gleichen Jahr ein Artikel von Easterbrook zu den neuen Q. R.-Forschungen von Miss Bruce im News Chronicle wie ein Zündfunke. Tausende von Anfragen nach Details liefen in den folgenden Wochen ein. Lord Northbourne (1896–1982), ein biodynamischer Landwirt, lud Ehrenfried Pfeiffer und andere Protagonisten für eine folgenreiche Sommerschule in Kent ein. Als nach dem Ausbruch des Zweiten Weltkrieges die Verwendung deutscher Begriffe nicht mehr opportun war, kreierte er den Begriff »organic farming« für das Steinersche Konzept und machte den »organischen Landbau« als Gegenpol zum »chemischen Landbau« durch sein wiederum bei Faber & Faber erschienenes Werk *Look to the Land* weithin bekannt. Das war 1940. Der Boden war bereitet.

Und als Maye Bruce 1941 ihre Philosophie, ihre langjährigen Experimente, praktischen Erfahrungen und Erfolge bei der Umwandlung von Gemüseabfall zu fruchtbarem Boden in ihrer Schrift *From Vegetable Waste to Fertile Soil* bei Faber & Faber veröffentlichte, war das kleine Werk unter Englands Gärtnern und Gärtnerinnen so schnell vergriffen, dass es heute auch im antiquarischen Buchhandel nicht mehr auffindbar ist.

Als in den Jahren 1943/44 die Nachfrage nach dem neuen Wundermittel Q. R. noch immer groß war, die Zahl der verfügbaren Arbeitskräfte kriegsbedingt jedoch immer mehr abnahm, beschloss Maye Bruce, das Herstellungsverfahren des Kompostaktivators nochmals grundlegend zu verändern. Er sollte preiswert, leicht zu beschaffen und bei sorgfältiger Handhabung von allen herstellbar sein. Bruce ging davon aus, dass die wirksamen Substanzen einer Pflanze beim Trocknen ebenso erhalten blieben wie in wässrigen Auszügen. Daher sollten die verwendeten Heilpflanzen nun jede für sich sorgsam getrocknet, mehrstufig von Hand und dann im Porzellanmörser zerrieben und dann gesiebt werden. Eichenrinde sollte desinfiziert und gemörsert, Honig in Milchzucker eingerührt werden, jeweils gleiche Teile der sieben Pflanzen sorgfältig miteinander vermischt und in Schraubgläsern trocken aufbewahrt werden. In Wasser kräftig geschüttelt, konnte Q. R. nach 24 Stunden in den Materialhaufen eingebracht werden. Dieses Verfahren wurde später von der Nonne *Laurentia Dombrowski* im Benediktinerinnenkloster Fulda übernommen und wird von dort bis heute unter der Bezeichnung *Humofix* vertrieben.

Die Nachkriegszeit war auch für das siegreiche England ausgesprochen hart. »Zeitalter der Sparmaßnahmen« wurde die Phase von 1945 bis 1951 genannt. Lebensmittel waren rationiert, die Böden durch Krieg und fehlende Düngemittel völlig verarmt. Als Maye Bruce im Jahr 1946 ihr Buch *Common-sense compost making* im Verlag Faber & Faber veröffentlichte, wurde es zum Hoffnungsträger für die hungernde Bevölkerung. Schon im Februar 1946 musste eine neue Auflage gedruckt werden; im Mai 1957 erschien bereits die siebte Auflage der englischen Ausgabe. 1955 war die deutsche Übersetzung von Laurentia Dombrowski erschienen. 1967, nach dem Tod der Verfasserin, erschien das Büchlein in einer neuen, von *Lady Eve Balfour* revidierten Fassung, die weitere Auflagen erlebte und schließlich in ein Buch der Abtei Fulda einging (https://www.abtei-fulda.de/gartenbau/humofix.html).

In diesem nur knapp 100 Seiten umfassenden Bestseller beschrieb Maye Bruce ausführlich die Entwicklung der Q. R. Methode, erläuterte Beschaffenheit und Zweck des Komposts sowie dessen positive Wirkungen im Garten und für die Ernährung und Gesundheit der Menschen. Ohne Scheu vor Plagiaten beschrieb sie Herstellung und Wirkung des Q. R.-Aktivators ausführlich bis hin zur Mechanisierung des Pulvers und den Bezugsquellen, denn seine Anwendung, ob selbst hergestellt oder käuflich erworben, war ihr ureigenstes Anliegen. In einer Fußnote grenzte sie den Bruce'schen Aktivator explizit von den biologisch-dynamischen Präparaten ab. »Der in der Quick Return-Methode gebrauchte Aktivator ist gänzlich verschieden von den geheimen und privaten Zubereitungen, die von den mit Dr. Rudolf Steiners Namen verbundenen Kreisen hergestellt und angewandt werden.«

Unzählige Exemplare des Buches machten Verfasserin und Methode in vielen Ländern Europas, in Kanada, Australien und Südafrika bekannt. Es kann auch als Auftakt zu der rasanten Entwicklung des organischen Landbaus in England gesehen werden. Eve Balfour fragte kurz nach Erscheinen des kleinen Buches Miss Bruce brieflich an, ob sie mit einer wissenschaftlichen Prüfung des Q. R.-Aktivators auf der von ihr geleiteten Haughley Research Farm einverstanden sei. Dieses Angebot bedeutete für Maye Bruce »die Erfüllung eines jahrelangen Wunsches« (Bruce 1967, S. 89), da sie sich selbst eher als agrarwissenschaftliche Dilettantin sah. Ab Juli 1946 begannen – genauestens dokumentiert – die Versuche. Als Ergebnis wurde die Herstellung des Kräuter-Präparats weiter verbessert.

Das Jahr 1946 war noch in anderer Hinsicht für den organischen Land- und Gartenbau in Großbritannien bedeutungsvoll: Im Mai desselben Jahres wurde die *Soil Association* als Organisation einer neuen Bewegung für gesunden Boden, nachhaltige Landwirtschaft und vitale Ernährung gegründet. Sie besteht noch heute und ist die wichtigste Bio-Organisation und Zertifizierungsstelle in Großbritannien. Es überrascht kaum, dass Maye Bruce zu ihren Gründungsmitgliedern gehörte. Lady Eve Balfour, deren Buch *The Living Soil* (1943) zum Grundlagentext der neuen Bewegung wurde, gehörte ebenfalls zur Gründungsriege. Sie wurde Vorstandsmitglied und Organisationssekretärin der *Soil Association.* Maye Bruce und ihre Schwestern waren mit der zehn Jahre jüngeren diplomierten Agrarwissenschaftlerin aus der britischen Nobilität inzwischen befreundet. Die beiden Frauen besuchten gemeinsam Agrarmessen, warben für alternative Ernährung und Landwirtschaft und präsentierten die Q. R.-Methode mit Kompostproben und Faltblättern.

In den Folgejahren arbeitete Miss Bruce an der Vereinfachung der Kompostaktivierung weiter. 1948 empfahl sie horizontales statt vertikales Aktivieren des Komposthaufens, sinnierte über die Wirkungsweise des Aktivators, gab detaillierte technische Hinweise, wie den Schutz des Komposthaufens mit alten Getreidesäcken, die sonst in den Lumpenkasten wandern würden. In den genauen Handreichungen für ihre Leserschaft spiegelt sich immer wieder die experimentierende Hauswirtin: Einmachgläser spielten bei den Kompostversuchen ebenso eine Rolle wie »Spritzkorken, so wie er von den Frauen zum Wäscheeinsprengen benutzt wird« (Bruce 1955, S. 100), Kaffeelöffel, 5-Liter-Gießkannen mit einer feinen Brause. Mit großem Interesse ging sie den »Gründen für die Wirksamkeit des Pflanzenpulvers« nach, stellte dazu Theorien von fachlich versierten Briefpartner*innen vor und philosophierte auch gerne selbst über Leben und Vitalität: Jedes Wachstum sei Folge des Zusammenspiels von Lebenskräften, nicht Ergebnis automatischer chemischer Vorgänge. Durch schnelle und kontrollierte Zersetzung der Pflanzen wirken diese Lebenskräfte im Komposthaufen, arbeiten mit Pilzen, Bakterien, Würmern und anderen Bodenarbeitern zusammen und kehren – verstärkt durch Kräuteressenzen – in die Erde zurück, um von neuem Pflanzen zu ernähren. Leben sei in allen »vier Königreichen«, in Steinen, Pflanzen, Tieren, Menschen, doch in je spezifischen Anteilen und Rhythmen. Und was ist »Leben«? Maye Bruce zitiert dazu eine östliche Weisheit: »The Divinity that sleeps in the stones, stirs in the plants, wakes in the animals, is conscious alone in man.« Und die Nachfahrin vieler Generationen Bruce'scher Geistlichkeit folgert abschließend: »The breath of God in all that is. *That* is Life.« (Bruce 1967, S. 76)

Ende der 1940er-Jahre übertrug Maye Bruce die Rechte für Produktion und Vertrieb des Q. R.-Aktivators an Jocelyn L. H. Chase, den sie als junges Gründungsmitglied der Soil Association kannte. Er hatte von seinem Vater, dem Erfinder der Schutzglocken für Pflanzen (Cloches), ein blühendes Gartenunternehmen übernommen, mit Q. R. in seinen Gärten experimentiert und schnell erkannt, wie gewinnbringend eine Großproduktion dieses Kompostaktivators sein würde (7.000 Tonnen Kompost pro Jahr). Miss Bruce, die lange Ausschau gehalten hatte nach einem Unternehmen, das ihre Erfindung in alle Welt bringen würde, war von seiner Persönlichkeit und seinen Ideen begeistert und vertraute ihm alle Rechte an.

Maye Bruce konnte den Erfolg ihrer Arbeit genießen: In England und vielen Ländern der Welt wurde mit ihrer Methode Komposterde erzeugt, der Handel mit dem Q. R.-Aktivator blühte. Faber & Faber druckte in regelmäßigen Abständen neue Auflagen ihres Buches. Sie widmete sich nun vornehmlich ihren Freunden und Freundinnen und ihrer Korrespondenz. Sie pflegte eine lange Brieffreundschaft mit Laurentia Dombrowski, der sie nicht nur die Übersetzungsrechte ihres *Common Sense*-Buches ins Deutsche übertrug, sondern auch bewirkte, dass Jocelyn Chase der Abtei Fulda die Lizenzen für Herstellung und Vermarktung des Kompoststarters unter der Bezeichnung »Humofix« übergab. In ihren letzten Lebensjahren wurde Maye Bruce zunehmend schwach und gebrechlich. An »Dame Laurentia« richtete sie am 7. Juni 1959 einen ihrer vermutlich letzten und bereits mit sehr zittriger Hand geschriebenen Briefe, der die Liebenswürdigkeit und Bescheidenheit dieser Boden-Pionierin aufs Feinste zum Ausdruck bringt:

> »*Hillhouse Sapperton Cirencester, June 7th, 59*
>
> *My dear Dame Laurentia,*
> *I think your letter was the nicest I have ever had. Thank you so much – for your good wishes + your love. It is so enspiriting to realize that the world outsides one's own personal surroundings are using + appreciating the chief work + effort of one's life + the chief joy of one's activities. All soil lovers have a bond of thought + feeling – one knows it – but it is a great joy to be made aware*

of it, as you have done in your letter. I am getting several applications from Germany + I advise them all to get their supplies from Fulda. You have all my good wishes, all my gratitude for the love + care you put into your words. It is lovely to have such partners with such understanding.

Thank you too for the photographs of Fulda + your marked room. I am so glad you overlook the garden. With many thanks, + my love + best wishes.

Yours affectionately Maye E. Bruce«.

Maye Emily Bruce verstarb am 25. November 1964 im Alter von 85 Jahren in Hillhouse, Sapperton, Cirencester, Gloucestershire. Lady Eve Balfour, ihre Freundin und Agrarkollegin, rühmt sie in dem von ihr überarbeiteten und posthum 1967 herausgegebenen *Common Sense Compost Making*-Buch als eine der zentralen Persönlichkeiten, die einer breiten Öffentlichkeit den engen Zusammenhang von Boden, Ernährung und Gesundheit bewusst gemacht habe:

> »Miss Bruce's prophetic voice; her enthusiasm, and her selfless giving of her inspiring personality, and the benefit of her personal experience, were potent factors during her lifetime in helping to awaken this awareness. The time is exactly right for her voice to be heard again.«

Ausgewählte Werke

Bruce, Maye Emily (1935): From Vegetable Waste to Fertile Soil. London: Faber & Faber.

Bruce, Maye Emily (1946): Common-Sense Compost Making by the Quick Return Method. With a foreword by L. F. Easterbrook. London: Faber & Faber (revidierte Neuauflage 1967 mit weiterem Vorwort von Eve Balfour). [https://permies.com/t/25804/Common-Sense-Compost-Making-Quick]

Bruce, Maye E. (1955): Gartenglück durch Schnellkompost. Übertragung der englischen Originalausgabe Common Sense Compost Making durch Laurentia Dombrowski. Mannheim: Waerland-Verlagsgenossenschaft.

Quellen

Abtei Fulda (2017): Gold im Biogarten. Fulda: Benediktinerinnenabtei Fulda.

Archiv Abtei Fulda: Brief Laurentia Dombrowski an Ann Medley vom 25.02.1965.

Chipping Campden History Society (1911; 1939): Census of England and Wales, Register Maye Bruce.

Literatur

Billington, F.H. (1943): Compost for Garden Plot or Thousand-Acre Farm: a Practical Guide to Modern Methods. London: Faber & Faber.

Davenport, Andrew E. (2008): Quick Return Compost Making – The Essence of the Sustainable Organic Garden, QR Composting Solutions. [https://www.organiccollege.com/2009/04/07/quick-return-composting/]

Davenport, Andrew E. (2008): Maye E. Bruce, Innovator of the Quick Return Composting Method and one of the Founder Members of the Soil Association. In: Chipping Campden History Society: Notes & Queries, 6(1) Autumn 2008, S. 3–5. [https://www.chippingcampdenhistory.org.uk/wp-content/uploads/cms/N_Q_V1_No_1.pdf]

Fairholm, Rebsie (o.J.): Norton Hall V.A. Hospital, Chipping Campden. [http://www.angelfire.com/az/garethknight/redcross/nortonhall.html]

Graham, Richard (2008): Bruce in Ireland. Ref 08/054 Richard Graham Correspondence in 2008 with Chipping Campden History Society.

Kiyak, Mely (2011): »Ein Garten liegt verschwiegen …« Von Nonnen und Beeten, Natur und Klausur. 2. Auflage Hamburg: Hoffmann und Campe.

N.N. (o.J.): Maye Emily Bruce. [https://www.geni.com/people/Maye-Emily-Bruce/6000000001609996994]

Paull, John (2014): Lord Northbourne, the man who invented organic farming, a biography. Journal of Organic Systems, 9 (1), S. 31–53.

Katherine Castelliz (1909–1997)

Landwirtin, biologisch-dynamische Grundlagenforscherin, Lehrerin und Betriebsgründerin

Katharina wurde am 24. November 1909 als Tochter von Mathilde (1885–1963) und dem vielfach preisgekrönten Architekten und Hochschulprofessor Alfred Castelliz (1870–1940) geboren. Zusammen mit ihren Geschwistern Johannes und Ilse wuchs sie in der ländlichen Umgebung Wiens und der angrenzenden Bergwelt auf, wo ihr Vater während des Ersten Weltkrieges für die Wiener Wasserversorgung verantwortlich war. Ihre Eltern pflegten seit einer Reise nach Dornach im Jahr 1921 Kontakt mit Rudolf Steiner. Alfred Castelliz wurde beauftragt, Entwürfe für eine Akademie in Dornach und für Schulbauten nach anthroposophischen Vorstellungen zu machen, die jedoch ohne Folgeauftrag blieben, sodass er sich Ende der 1920er-Jahre am Wohnungsbauprogramm des *Roten Wien* beteiligte.

Angeregt von ihrer Mutter, die eine begeisterte und bekannte Gärtnerin war, besuchte Katharina Mitte der 1920er-Jahre zunächst eine Gartenbauschule und wechselte dann auf eine Landwirtschaftsschule im Wiener Umland. Nach ihrer Ausbildung sammelte sie Erfahrungen auf verschiedenen landwirtschaftlichen Betrieben. Durch die Verbindungen ihrer Familie mit der Anthroposophie war sie schon in jungen Jahren auf die biologisch-dynamische Wirtschaftsweise aufmerksam geworden. Im Jahr 1938 – und möglicherweise aufgrund des sogenannten Anschlusses Österreichs an das nationalsozialistische Deutschland –, ging Katharina an das Forschungslaboratorium der *Naturwissenschaftlichen Sektion am Goetheanum* in Dornach in der Schweiz. In der Zusammenarbeit mit *Dr. Frieda Bessenich*, *Erika Riese*, *Brunhild Erika Windeck* und *Marie Wundt* und unter Leitung von Dr. Ehrenfried Pfeiffer sammelte sie Erfahrungen in der Kristallisationsforschung und der Getreidezüchtung. Schon 1939 wurde sie in den *Allgemeinen Versuchsring Anthroposophischer Landwirte und Gärtner* aufgenommen und erhielt ein Exemplar des *Landwirtschaftlichen Kursus*. Auf der Landwirtschaftlichen Tagung 1942 in Dornach referierte sie über die Folgen einer »gestörten Natur«, die sich ergeben, wenn Menschen Land in Kultur nehmen, ohne naturgesetzliche Wirkungszusammenhänge zu beachten.

1948 verlegte sie ihren Wohnsitz nach England und nannte sich fortan Katherine. Bis zu ihrem Lebensende wirkte Katherine Castelliz an verschiedenen Orten und in verschiedenen Projekten: In *Camphill-Lebensgemeinschaften* unterstützte sie deren Leiter Karl König (1902–1966) mit Kristallisationsarbeiten bei der Lösung medizinischer Probleme. In Niederlassungen des schweizerischen *Weleda*-Unternehmens regte sie Forschungsarbeiten zu veterinärmedizinischen Entwicklungen an. Nach dem Aufbau der biologisch-dynamischen Conford Farm bei Tunbridge Wells (Sussex) wurde sie von Francis Edmunds, dem Gründer des *Emerson College* in Forest Row (Sussex), gebeten, die Umstellung und Entwicklung der *Tablehurst Farm* zum biologisch-dynamischen Ausbildungsbetrieb zu leiten.

Jahrzehntelang lehrte sie am *Emerson College*, war im Vorstand der *Bio-dynamic Agricultural Association* und des *Experimental Circle* tätig. Sie gab dessen *Notes and Correspondence* heraus und vertrat die biodynamisch arbeitenden Landwirt*innen in Dornach.

Mit 70 Jahren zog Katherine zusammen mit Barbara Saunders-Davis nach Wales, um einen weiteren Bauernhof für eine Camphill-Gemeinschaft zu gründen und 1980 zusammen mit Keith Skipper noch eine Farm zur biologisch-dynamischen Ausbildung aufzubauen. Immer wieder von Freund*innen gebeten, ihr umfassendes Erfahrungswissen auch schriftlich weiterzugeben, veröffentlichte sie 1980 die *Guidelines to Bio-Dynamic Husbandry* unter dem Titel *Life to the Land* und widmete die Publikation »To all those who have helped me develop, put into practice and pass on my experiences«.

Am 20. April 1997 verstarb Katherine Castelliz in Clynderwen in Wales.

Ausgewählte Werke

Castelliz, Katherine (1972): Vom Werdegang der Emerson College Farm. In: Lebendige Erde 23(2), S. 46–47.

Castelliz, Katherine (1978): Hühner. In: Lebendige Erde 29(2), S. 50–52.

Castelliz, Katherine (1979): Die Ziege, ihre Haltung und Pflege. In: Lebendige Erde 30. Wiederabdruck des 1942 in den Mitteilungen des Vereins für biologisch-dynamische Landwirtschaftsmethode in der Schweiz 6(21) erschienenen Artikels.

Castelliz, Katherine (1980): Life to the Land. Guidelines to Bio-Dynamic Husbandry. Peredur, East Grinstead: The Lanthorn Press. Nachdruck 1991.

Castelliz, Katherine (1981): Das Kalb und die Möhre. In: Lebendige Erde 32(3), S. 106–107.

Castelliz, Katherine (1983): Gedanken zur Düngerpflege. In: Lebendige Erde 34(3), S. 10–11. Ebd.: Ameisensäure, S. 99–101.

Quellen

Archiv am Goetheanum: N. N.: Brief an Fräulein Castelliz vom 4. Januar 1939.

Archiv am Goetheanum: Bericht über die Landwirtschaftliche Tagung 1942.

Literatur

Brockman, Alan (2003): Castelliz, Katharina. In: Bodo von Plato (Hg.): Anthroposophie im 20. Jahrhundert. Ein Kulturimpuls in biografischen Porträts. Dornach: Verlag am Goetheanum, S. 126–127. [biographien.kulturimpuls.org/detail.php?&id=904]

Koepf, Herbert H. (1997): Zum Gedenken an Katharina Castelliz. In: Lebendige Erde 48(6), S. 519–520.

Koepf, Herbert H./Plato, Bodo von (2001): Die biologisch-dynamische Wirtschaftsweise im 20. Jahrhundert. Dornach: Verlag am Goetheanum.

Kurdiovsky, Richard/Scheidl, Inge (2020 (2005)): Alfred Castelliz. In: Architektenlexikon Wien 1770–1945. [https://www.architektenlexikon.at/de/73.htm]

Laurentia Elisabeth Dombrowski OSB (1888–1979)

Lehrerin, Ordensschwester, Übersetzerin, Gartenautorin, Netzwerkerin, Protagonistin des »Humofix«-Projekts

»Man ist am glücklichsten, wenn man sich nach dem Möglichen richtet & alles, was darüber hinausweist, in Gelassenheit fahren läßt.«

Elisabeth Dombrowski, bekannt unter ihrem benediktinischen Ordensnamen Schwester Laurentia, lebte drei Leben. Erst in den letzten 30 Jahren ihres langen Daseins wurde sie zu einer international bekannten Ökopionierin.

Älteste Tochter mit Mutterpflichten

Elisabeth Dombrowskis Vorfahren – aus dem Ermland bzw. dem böhmischen Reichenberg – waren Kürschner- und Tuchmacherfamilien. Ihr Vater Josef Dombrowski (* 1853 in Bischofsburg, poln. Biskupiec), wohl der erste Akademiker seiner Familie, studierte Altphilologie und wurde Privatlehrer. Im Februar 1887 registrierte er sich im böhmischen Reichenberg (tschech. Liberec). Am 17. Juli 1888 heiratete er in Wekelsdorf (tschech. Teplice nad Metují) die Reichenbergerin Anna Siegmund (1861–1908), die bereits hochschwanger war – im streng katholischen Milieu sicherlich ein Fauxpas. Vermutlich deshalb wurde ihre erste Tochter Elisabeth am 12. August 1888 im schlesischen Dittersbach bei Waldenburg (poln. Dzietrzychów) geboren und erst 1897 in Reichenberg angemeldet. In den Jahren 1893 bis 1902 kamen ihre Geschwister Angelika, Josef, Theodor, Johannes, Adaline, Anna Maria und Maria Luise zur Welt, sechs von ihnen in Reichenberg. Fromm-katholisch geprägt und kinderreich, bildungsbeflissen, musikliebend und -pflegend – so tritt uns die Familie entgegen, in der Elisabeth als Älteste ihrer Geschwisterschar aufwächst.

Der Reichenberger Meldebogen der Familie Dombrowski (früher Dabrovsky) weist eine erstaunliche Zahl von An- und Abmeldungen sowie zahlreiche Wohnungswechsel innerhalb von Reichenberg auf. Das könnte mit dem Beruf des Vaters zusammenhängen, der in den Akten als Erzieher, Privatlehrer oder Hofmeister geführt wird. Sein erster Wohnsitz in Reichenberg deutet auf eine Hauslehrertätigkeit bei der Freiherrenfamilie von Liebieg hin, die Residenzen und Textilunternehmen in Reichenberg und Gondorf an der Mosel hatten. Elisabeths Bruder Theodor wurde in Kobern-Gondorf, sein älterer Bruder Josef, in Reichenberg geboren, verstarb aber in Kobern. Unter den Taufbeiständen und Namensgebern einiger Kinder finden sich Mitglieder der Liebieg-Familie. So ist zu vermuten, dass Josef Dombrowski Mitte der 1890er-Jahre Liebiegscher Hauslehrer in Kobern-Gondorf war und auch seine Familie dort lebte.

Nach Grundschule und Lyzeum – einem Bleistifteintrag im Meldebogen zufolge in der oberschlesischen Stadt Neisse (tschech. Nysa) – besuchte Elisabeth eine der sieben Lehrerinnenbildungsanstalten in Böhmen und schloss mit dem Examen in Germanistik und Anglistik ab. Sie war 19 Jahre alt und ihr Traum war es, nach England zu gehen. 1907 in London angekommen, bildete sie sich an einer Sprachenschule weiter.

Doch der englische Traum währte nicht lange. Am 31. Oktober 1908 verstarb ihre Mutter mit 47 Jahren an Typhus. Wie es damals von einer ältesten Tochter erwartet wurde, kehrte sie nach Reichenberg zurück und kümmerte sich um ihren verwitweten Vater und die jüngeren Geschwister im Haus Nr. 685/4. Elisabeths 15-jährige Schwester Angelika Theodora Riza war zu diesem Zeitpunkt vermutlich schon Schülerin bei den Ursulinerinnen in Breslau (poln. Wrocław). Im Mai 1920 legte sie im dortigen Ursulinenkloster als Sr. Maria Annunziata von der göttlichen Liebe die feierliche Ordensprofess ab. (Kirchenbuch Reichenberg Nr. 49, L84/53, fol. 386) Der 13-jährige Theodor und sein zwölf Jahre alter Bruder Johannes – in den Meldebögen bereits als »Studenten« bezeichnet – waren Gymnasiasten in Görlitz. Auch Adaline verließ Reichenberg elfjährig im Mai 1910 und ging auf ein Gymnasium. Nach dem Abitur studierte sie Schulmusik an der Universität Breslau und wurde Musiklehrerin in Neisse (poln. Nysa) in Oberschlesien. Anna Maria wurde als 15Jährige von Reichenberg mit Zielort Ziegenhals bei Neisse abgemeldet. Die Akten vermerken für sie einen kurzen Aufenthalt in Reichenberg im September 1927 und dann ihre Abreise in ein »Mädchenheim« in Baden.

Elisabeth kam also von England zurück, als die meisten Geschwister allmählich das Haus verließen, um Schulen an anderen Orten zu besuchen. 1915 war nur noch die 13-jährige Marie Luise zuhause.

Undenkbar, dass die rührige und weltzugewandte Elisabeth in den Jahren vor 1924 nur Hausfrau und Mutter für die anwesenden Geschwister war. Im Reichenberger Meldebogen der Familie nennt ein Bleistifteintrag als Aufenthaltsort von Elisabeth Neisse. Dort lebte nicht nur die Schwestern Adaline und – in einer Nachbarstadt – Anna Maria, der Ort war auch die Wiege der katholischen Quickbornbewegung. Einer ihrer Gründerväter, der katholische Geistliche Klemens Neumann, wirkte seit 1903 als Lehrer am städtischen Realgymnasium von Neisse und brachte 1914 das auflagenhohe Liederbuch *Der Spielmann* heraus. (Maier 1999) Seine engste Mitarbeiterin in den 1920er-Jahren war Elisabeths Schwester Adaline/Nini Dombrowski (1899–1960), Musiklehrerin am Neisser Oberlyceum Hedwigsschule. Für Elisabeths enge Beziehung zur Quickbornbewegung spricht eine Anmerkung in einem ihrer Nachrufe: »Jahre später findet man Elisabeth Dombrowski in der Fürsorgetätigkeit in Dortmund und in der Quickbornbewegung um Romano Guardini.« (Winke 1980, S. 25)

Chorschwester Frau Laurentia Dombrowski

Das zweite Leben der Elisabeth Dombrowski begann, so ihr Nekrolog, 1922: Mit 34 Jahren trat sie in die Benediktinerinnenabtei zur Heiligen Maria in Fulda, kurz: Abtei Fulda, ein. Eine nachvollziehbare Entscheidung. Zwar hatte sie ihr Berufsziel einer Lehrerin für die Englische Sprache verwirklichen können, doch mit welchen Einschränkungen und Diskriminierungen hatten die jungen Lehrerinnen damals umzugehen? Ein »Fräulein Lehrerin« war im Deutschen Reich seit 1880 gesetzlich zum Zölibat verpflichtet und wurde als unverheiratete, berufstätige Frau immer wieder zahlreichen Vorschriften wie Kleiderordnungen oder Ausgangsbestimmungen unterworfen. Sie war schlecht bezahlt; Liederlichkeit und Neurasthenie waren häufige Zuschreibungen. Die Weimarer Verfassung hatte alle Ausnahmeregelungen für weibliche Beamte einschließlich Zölibatsvorschrift aufgehoben, aber 1923 wieder eingesetzt, um in der Wirtschaftskrise Arbeitsstellen für die männlichen Lehrer vorzuhalten. Bei Heirat musste der Beruf aufgegeben werden. Elisabeths Schwester Angelika führte seit 1920 als Chorschwester im Schul- und Bildungsorden der Ursulinen in Breslau ein respektables Leben, durfte sich »Frau« und mit vollem Namen nennen. Daher schien das Klosterleben eine geeignete Zukunftsperspektive für eine fromme, musikalische und akademisch qualifizierte Frau zu sein.

So entschied sich Elisabeth für das Leben einer Benediktinerin in der Abtei Fulda, damals unter Äbtissin Scholastika. Sie wurde seither mit ihrem Ordensnamen als »Frau Laurentia« angesprochen. Später erläuterte sie ihrer Dornacher Briefpartnerin *Erika Riese*:

> *»Wir Benediktinerinnen – auch noch ein paar wenige andre alte Orden – haben den Usus, die Chorfrauen mit ›Frau‹ anzureden, unter sich & auch von anderen. Freilich wissen das oft Katholiken nicht einmal & sagen ›Schwester‹ & wir hören selbstverständlich auch darauf.«*

Was sie nicht hinzufügte: Als Chorfrau oder Mater bei den Benediktinerinnen war sie verpflichtet, das Chorgebet in lateinischer Sprache zu verrichten – in Laurentias Fall vermutlich gesungen – und als Lehrerin oder Wissenschaftlerin tätig zu sein. Das unterschied sie von den Laienschwestern, die in der Regel eher körperlich anspruchsvolle Haus- und Gartenarbeiten verrichteten.

Laurentia Dombrowski erlebte die Weltgeschichte der 1920er- und 1930er-Jahre zunächst abgeschirmt hinter Klostermauern. 1936 gesellte sich Sr. Agatha (1916–2013) zu den Benediktinerinnen. Sie war die »Gärtnerin der ersten Stunde«, wurde Gartenchefin und engste Mitarbeiterin von Laurentia. (Kiyak 2011, S. 25 f.) 1939 wurde die promovierte Juristin Maura Lilia Äbtissin des Klosters. Sie förderte nicht nur die Aktivitäten ihrer ideenreichen Schwestern, sondern führte die Abtei mit Klugheit, Finesse und Tatkraft durch die Klosterstürmereien des NS-Staates und die Zerstörungen am Ende des Krieges. (Kiyak 2011, S. 14–16) In der Nachkriegszeit verschärften sich die Ernährungs- und Finanzprobleme des Klosters enorm. Flüchtlinge und Vertriebene, viele aus Schlesien, suchten im Kloster Zuflucht. Auch Laurentias Schwester Adaline, genannt »Nini«, und ihr Bruder Theodor (1896–1967) flüchteten zunächst nach Fulda in die Nähe ihrer Klosterschwester Laurentia. Nini erhielt bald eine Stelle als Musikdozentin an der Pädagogischen Hochschule in Gengenbach, Theodor war von 1946 bis 1963 Studienrat für Naturwissenschaften an der Rabanus-Maurus-Schule – Domgymnasium in Fulda und später Laurentias Nachhilfelehrer für die biochemischen Grundlagen des Gartenbaus.

Zukunftsweisend für das Kloster wurde die folgende Entscheidung: Der halbe Hektar Ackerland, der vom einstigen Landbesitz übrig geblieben war, sollte künftig mit Gemüse und Heilkräutern bebaut werden, um den Hunger der vielen Menschen zu stillen und durch den Verkauf von Heilkräutern etwas Geld in die leeren Kassen einzubringen. (Kiyak 2011, S. 20) Freilich, das Gärtnern auf den ausgelaugten Böden, ohne Fachkräfte und ohne geeignete Gerätschaften, war zunächst äußerst mühselig und nicht sehr ergiebig.

Der Natur auf der Spur – Protagonistin der Bodenfruchtbarkeit

Es muss im Jahr 1949 gewesen sein, als Frau Laurentia eine folgenreiche Entdeckung machte. Bis dahin hatte sie schon in vielen Klosterbereichen gearbeitet: in der Küche, auf der Krankenstation, in der Gästebetreuung, als Priorin. Es lag nahe, dass sie als Anglistin auch die englische Korrespondenz übersetzte. Dazu gehörte der jährliche Rundbrief des Benediktinerinnenklosters Stanbrook (damals in Worcestershire, heute in North Yorkshire) mit seiner Äbtissin Dame Laurentia McLachlan (1866–1953).

Eine Passage im 1948er-Rundbrief aus Stanbrook elektrisierte Laurentia: Jede Generation müsse den Boden »in denkbar bestem Zustand der Nachwelt übergeben«. (Kiyak 2011, S. 11) Was ihm entnommen werde, müsse mit pflanzlichen Mitteln zurückgegeben werden. Die Stanbrooker Chronistin referierte mehr oder weniger die Geschichte von *Maye Emily Bruce* und ihrer neuen Methode, mit sorgfältig aktiviertem Kompost die Bodenfruchtbarkeit enorm zu verbessern: Q(uick) R(eturn) hieß das Zaubermittel der Bruce'schen Methode.

War das nicht das Gebot der Stunde und die Rettung auch für die Abtei Fulda? Die Äbtissin erlaubte Laurentia die Kontaktaufnahme mit den Stanbrooker Klosterfrauen. Bald traf eine Probe des Pulvers ein, und unter Laurentias theoretischer Anleitung und Schwester Agathas praktischer Ausführung entstand am Freitag, dem 25. Mai 1951, der erste mit Q. R. geimpfte Komposthaufen der Abtei Fulda. »Ein altes Einmachthermometer wurde in das Erstlingswerk gesteckt, es trug wie eine kleine Fahne ein Kartonschild mit dem Datum der Aktivierung.« (Winke 1980, S. 26)

Als nach fünf Wochen die Abdeckung gelüftet wurde und feinkrümelige, duftende Humuserde zum Vorschein kam, zeichnete sich ein neuer Weg in die Zukunft ab. Zunächst musste fundiertes Wissen erworben werden. Als das von den Stanbrooker Kolleginnen erbetene Büchlein von Miss Bruce *Common-Sense-Compost-Making* eintraf, das zu diesem Zeitpunkt schon in der 5. Auflage erschienen war, begann Sr. Laurentia sofort mit einer Übersetzung ins Deutsche. Sie eröffnete zudem eine lange Jahre fortgesetzte Korrespondenz mit der Autorin und Kompostspezialistin Maye Bruce, voller Bewunderung und Fragen und schließlich auch mit der Bitte, zu *Common-Sense Compost-Making* eine offizielle Übersetzung ins Deutsche zu erarbeiten.

Da Miss Bruce schon Ende der 1940er-Jahre die Rechte an der Q. R.-Methode und derer Bezeichnung dem bekannten Gartenunternehmer und Produzenten von Pflanzenschutzglocken Mr. Chase übergeben hatte (Bruce 1955, S. 89), mussten die Lizenzen für Herstellung und Vertrieb von ihm erworben werden, was erst nach langwierigen Verhandlungen und durch die Unterstützung von Maye Bruce zum Erfolg führte. Äbtissin Maura, nun von der Unternehmensidee von Schwester Laurentia überzeugt, beschloss, »den Chemieweg« (Dombrowski) zu verlassen. Sie gab der Apothekenschwester Syntyche den Auftrag, mit einer klostereigenen Herstellung des Bruce'schen Kräuterpulvers zu beginnen.

Wie manche Mitschwester war auch die approbierte Pharmazeutin weniger von einem homöopathischen Kompostaktivator, wohl aber von der Heilkraft der Kräuter überzeugt. Zeitgleich mit den Arbeiten für den eigenen Kompostaktivator baute sie daher eine klostereigene Kräuterlikörproduktion auf. Kräuter wurden in den eigenen Gärten angebaut, das Startkapital unermüdlich und erfindungsreich durch Schwester Syntyche eingeworben, Bezugsscheine für Branntwein und Zucker von Äbtissin Maura besorgt, Likörfass und Flaschen bestellt. Am 15. September 1951, also wenige Monate nach dem ersten gelungenen Kompost, wurde der Geburtstag eines Kräuterlikörs der Abtei Fulda gefeiert.

1951 – das Jahr der Start-ups

Die Klosterfrauen schwärmten aus, um Kamille, Löwenzahn, Baldrian, Schafgarbe und Brennnesseln zu sammeln, Eichenrinde, Honig und Milchzucker wurden besorgt. Das Trocknen, Mörsern und Abfüllen in Tütchen begann. Damit konnten nun beliebig viele Komposte à la Miss Bruce aufgeschichtet werden und die Gärten der Abtei Fulda beleben, doch der Vertrieb des Kompostpulvers war ein ebenso wichtiges Ziel. Also verfasste Laurentia Werbetexte, die alle benediktinischen Klöster über die Kunst des Kompostierens aufklären und zum Kauf des Aktivators anregen sollten. Doch der Erfolg blieb aus. Nur ein Bruder reagierte im Dezember 1951: Pater Augustin aus der Abtei St. Joseph in Gerleve hatte während seiner Inhaftierung im KZ Dachau auf der »Plantage« gearbeitet und dort (bei Franz Lippert und *Martha Künzel*) die biologisch-dynamische Kompost- und Bodenpflege kennengelernt. Schon im Januar 1952 suchten Äbtissin Maura und Gartenoffizialin Laurentia Pater Augustin auf. Laurentia erklärte ihm die Methode von Maye Bruce und übersetzte ihm wichtige Passagen aus der US-amerikanischen Gartenliteratur. Pater Augustin hingegen unterrichtete Laurentia über die Bedeutung der Regenwürmer für die Bodenfruchtbarkeit und erläuterte ihr das Darwinsche Standardwerk. Eine neue Übersetzungsaufgabe für Schwester Laurentia, als deren Folge etwas abenteuerliche Regenwurmexperimente gestartet und einige Textbeiträge verfasst wurden.

In einem längeren Prozess kreativen Brainstormings entwickelten die Klosterfrauen einen zugkräftigen Namen für ihren Kompoststarter: Am 6. September 1952 wurde »Humofix« unter der Patentnummer 645 364 für zehn Jahre vor der Nachahmung geschützt. Im Bonifatius-Kalender für die Katholiken für 1953 erschien Sr. Laurentias erster Artikel über das neue Klosterprodukt. Noch lief der Verkauf recht schleppend, doch allmählich wurden Produktion und Vertrieb von Klosterlikören und Humofix neue Standbeine und erfreuliche Geldquellen für das Kloster. Ein Hofgut mit Rinder- und

Schweinehaltung wurde gekauft, und junge Frauen interessierten sich zunehmend für ein Leben als Benediktinerin in der rührigen Abtei.

Schwester Laurentia begann nun damit, ihre fachlichen Netzwerke auszubauen und durch unaufhörliches Nachfragen »bei Kennern & Könnern« ihre fehlende gärtnerische Vorbildung auszugleichen. (Brief an Riese vom 07.07.1954 Bl. 12) Das Herdersche Motto für die Schrift zu Laurentias 85. Geburtstag bringt es auf den Punkt: »Sag, o Weiser, wodurch du zu solchem Wissen gelangtest? Dadurch, daß ich mich nie andere zu fragen geschämt.« Am 13.07.1953 schrieb Laurentia Dombrowski ihren ersten Brief an die Leiterin der biologisch-dynamischen Auskunftsstelle am Goethanum in Dornach (Schweiz), die Gartenchefin und Autorin Erika Riese, von der sie auch durch die Stanbrooker Rundbriefe erfahren hatte. Sie bat um ein Exemplar des vergriffenen *Erfreulichen Pflanzgartens*, das ihr die befreundete Gartenexpertin Hedwig Stellwag geliehen habe, und vor allem um fachliche Hinweise und Ratschläge: »So Neulinge wie ich, brauchen überall immer Belehrung.« Die intensive Korrespondenz wurde bis Mai 1958, ein Jahr vor Rieses Tod, fortgesetzt. (vgl. Schmitt 2006) Fortan las Frau Laurentia auch regelmäßig und hochinteressiert die *Lebendige Erde,* das 1950 neu gegründete Organ des biologisch-dynamischen Landbaus. Aus innerfachlichen Auseinandersetzungen hielt sich die lebenserfahrene Nonne fern und versuchte eher zu vermitteln.

Als sie im Juli 1954 zum ersten Mal Maye Bruce erwähnte, die Farnkraut als wirksames Insektenmittel verwende, und Erika Riese diese in ihrem Antwortbrief als »ein wandelndes Plagiat« der Steiner'schen Präparate bezeichnete, antwortete Laurentia diplomatisch und feinsinnig. Auch sie sei überzeugt von der biologisch-dynamischen Methode, verstehe daher »natürlich« auch Rieses Denkweise. Dennoch sehe sie »die Bruce'sche Sache« nicht so schwarz. Sie erinnerte an eine Stelle aus den Briefen des Apostels Paulus, der seinen Schülern empfiehlt, das Predigen über Christus auch nicht-autorisierten Menschen zuzugestehen. »So ähnlich empfinde ich. Wenn nur die biologische Wirtschaftsweise gehandhabt wird!« Weitere Kritik an Miss Bruce überging Laurentia und schrieb später nach Erika Rieses Tod an das Ehepaar Hitschfeld: »Frl. Riese war auf Miss Bruce sehr schlecht zu sprechen. Sie wußte von unserer [Zusammen]Arbeit, sie war aber der feine Mensch, der Sachliches + Persönliches zu trennen wußte. […] Ich traure ihr nach.« (17.04.1961)

Durch ihre Übersetzung des Bruce'schen *Common-Sense*-Buches hatte Schwester Laurentia von der 1946 in London gegründeten Organisation *Soil Association* erfahren, die sich für einen alternativen Umgang mit dem Boden einsetzte und in einem ackerbaulichen Dauerversuch verschiedene Düngungsformen, u. a. mit Q. R.-Humus, verglich. Sie bewegte die Abtei Fulda im Januar 1953 zur Mitgliedschaft, und fortan wurden dort die Vereinsperiodika *Mother Earth* und *Advisory Service* gründlich studiert.

Am 15. Dezember 1953 begann Laurentia ihre Korrespondenz mit *Lady Eve Balfour*, der diplomierten Landwirtin, Mitgründerin und stellvertretenden Vorsitzenden der Soil Association. Sie gratulierte ihr zur erfolgreichen Weiterfinanzierung des *Haughley-Experiments*, in welchem ökologischer und konventioneller Anbau miteinander verglichen werden sollten, und äußerte sich begeistert über Balfours Vorträge zur Bodenerosion auf einer USA-Reise. Im nächsten Brief berichtete sie über erstaunliche Vogel- und Insektenschutzmaßnahmen auf einem Gut bei München, die Eve Balfour in ihrem Antwortschreiben an »Dear Dame Laurentia« in der *Mother Earth* abzudrucken ankündigte. Laurentia nannte befreundete Personen, die sich mit der Soil Association vernetzen wollten, und wunderte sich darüber, dass in *Mother Earth* stets nur auf deutsche, nicht aber auf englische biologisch-dynamische Betriebe hingewiesen werde. »Dear Lady Eve« schrieb stets kurz, freundlich und sachlich zurück, immer wieder auf große finanzielle Probleme der Soil Association hinweisend. Später verlagerte sich Laurentias Korrespondenz zu Miss Ann Medley, der Sekretärin von Eve Balfour, und wurde auf Deutsch geführt.

Laurentia hatte Mitte der 1950er-Jahre die Übersetzung des *Common-Sense*–Buches beendet und vom englischen Verlag Faber & Faber die Lizenz für die Veröffentlichung in einem deutschen Verlag erhalten. Im September 1955 brachte die Verlagsgenossenschaft der Waerland-Bewegung die 108 Seiten starke Schrift *Gartenglück durch Schnellkompost. Übertragung der englischen Originalausgabe M. E. Bruce* Common Sense Compost Making *durch Laurentia Dombrowski* heraus: 5000 kartonierte Exemplare und einige Edelausgaben, vermutlich als Geschenke für Ehrengäste oder Korrespondenzpartner*innen gedacht. Die Verkaufszahlen von Humofix schnellten in die Höhe. Binnen Jahresfrist waren die erste Auflage des Buches und einige Tausend Tütchen des Präparats verkauft. Im neuen Humofix-Büro arbeiteten unter Laurentias Leitung zwei Schwestern, welche die wachsende Büroarbeit erledigten. Schwester Laurentias Leidenschaft blieben das Lesen und das Schreiben. An Fachliteratur studierte sie, was ihr befreundete »Kenner und Könner« an Büchern empfahlen, ausliehen oder schenkten. Zeitschriften wie *Lebendige Erde, Demeter, Neuer Landbau, Waerland-Monatsblätter, Jahresberichte, Kalendarien oder Reader's Digest* sowie englischsprachige Publikationen wie *Mother Earth* oder die 1942 gegründete amerikanische Zeitschrift *Organic Farming and Gardening*, gehörten zu ihrem periodischen Lesepensum. Was

Laurentia gelesen und für wichtig befunden hatte, wollte sie stets in einer allgemein verständlichen Form weitergeben.

Sie veröffentlichte regelmäßig Beiträge für die seit 1950 erscheinenden *Waerland Monatshefte*, in der 1958 von Georg E. Siebeneicher (1914–2009) gegründeten Zeitschrift *Organischer Landbau. Internationale Fachzeitschrift für gesunde Landwirtschaft und gesunden Gartenbau*, in *Naturgemäßer Land- und Gartenbau* und *Boden und Gesundheit*. (Vogt 2000, S. 89) Ihre Handschrift tragen auch die zahlreichen gartenbezogenen Kleinschriften, die von der Fuldaer Druckerei Parzeller gedruckt unter dem Namen *Abtei Fulda* erschienen und reißenden Absatz fanden. Ab 1961 gab die Abtei ein neues Periodikum heraus, gestaltet von Schwester Laurentia mit vielen Zuschriften der Leser*innen. Die *Winke für den Biogärtner* erschienen dreimal jährlich und hatten binnen Kurzem über 1000 Abonnent*innen. Allein in den 1960er-Jahren soll die Gesamtzahl der Publikationen der Abtei Fulda 35.000 Exemplare betragen haben. (Kiyak 2011, S. 85)

Daneben aber pflegte Schwester Laurentia weiterhin mit großer Hingabe ihre umfangreiche Korrespondenz. Menschen aus allen gesellschaftlichen Schichten, aus vielen Ländern und Kontinenten und »selbst der deutsche Hochadel« seien im Reigen ihrer Briefpartner*innen vertreten, schreibt Mely Kiyak, die sich durch Tausende Briefseiten gelesen hat. (Kiyak 2011, S. 65) In dieser Korrespondenz blieb Schwester Laurentia Fragende und Ratgebende zugleich in Sachen Pflanzenbau und Bodenfruchtbarkeit, obwohl sie nie einen Spaten angefasst haben soll – für die Praxis war ihre »Meistergärtnerin« Schwester Agatha zuständig. Sie war die Sammlerin und Vermittlerin von Wissen, Managerin, Korrespondentin und Netzwerkerin. Bezeichnete sie sich in ihren Briefen an Eve Balfour bzw. Erika Riese als »enclosured nun«, der »die Moneten« fehlten, um für Geschenke Gegengaben zu machen, so war es ihr nun auch möglich, ihre Großzügigkeit zu leben und Humofix-Tütchen, eigene Artikel oder Bücher der Abtei Fulda zu verschenken. Für neue Begegnungen und neues Wissen war sie stets offen. Gertrud Franck wurde zum Vortrag eingeladen, ihre neue Mischkulturtechnik in die eigene Gartenpraxis übernommen und weiterempfohlen. *Maria Thuns* jährlich erscheinende *Aussaattage* wurden studiert, wenngleich nicht regelmäßig angewendet.

Mit den Jahren verspürte Laurentia Dombrowski zunehmend auch Arbeitslast und Zeitdruck:

»Ich bin sehr von Arbeit überladen, daß ich die 14 Zeitschriften, die monatlich, zwei- oder dreimonatlich einlaufen, nicht mehr lesen kann. Ich blätter sie durch.« (Brief an Ann Medley vom 25.2.1965)

1968 feierte sie ihren 80. Geburtstag. Äbtissin Maura Lilia († 1977) erfüllte der Weggefährtin und Gartenoffizialin ihren innigsten Wunsch: ein mehrwöchiges Wiedersehen mit ihrem alten Traum England und all den Menschen, die neu als Briefpartner*innen in ihr Leben getreten waren. Betreut von einer Mitschwester nahm Laurentia an einer von Georg Siebeneicher veranstalteten und geführten Exkursion teil. Erste Station war die berühmte *Haughley-Farm* der Soil Association, auf der Lady Eve Balfour zusammen mit Maye Bruce die Q. R.-Düngekraft getestet hatte. Laurentia lernte jetzt ihre langjährige Briefpartnerin persönlich kennen. Nach einer Trennung von der Reisegruppe bereisten die beiden anglophilen Schwestern die Shakespeare-Geburtsstadt und dann den Ort, der für Laurentias drittes Leben und das Bio-Gartenbau-Unternehmen der Abtei Fulda weichenstellend war: die berühmte Benediktinerinnen-Abtei Stanbrook. Eine Woche lang genossen die Klosterfrauen aus Fulda Gespräche und Gastfreundschaft ihrer englischen Mitschwestern. Sie reisten weiter nach London, wo Schwester Laurentia Erinnerungsstätten ihrer Anglistikstudien aufsuchte.

Schwester Laurentia und Bruder Goar im Garten der Abtei Fulda

Ein Besuch bei dem von ihr verehrten, gerne gelesenen Gartenschriftsteller und Comfrey-Spezialisten Lawrence D. Hills (1911–1990) war der letzte Höhepunkt der Reise. Durch seine Veröffentlichungen hatte sich Schwester Laurentia mit Rohkost-Ernährung beschäftigt; er hatte zudem ihre Leidenschaft für die bis dahin wenig bekannte Beinwell-Pflanze geweckt. 1971 erschien ihr eigenes Büchlein *Comfrey, was ist das?* Es wurde in Zigtausenden Exemplaren verkauft und machte die Pflanze und ihre Anwendungen in Deutschland bekannt. Bruder Goar, Gärtnermönch im Missionshaus Maria Hilf in Steinhausen (Schweiz), teilte ihre Leidenschaft, besuchte sie in Fulda und übernahm den Vertrieb des Büchleins in der Schweiz. Auch er verfasste ein Buch zum Beinwell – natürlich mit einem Vorwort von Laurentia Dombrowski.

Laurentia, Waerland- und Rohköstlerin, die die Qualität ihres Essens und ihres Wohnraums manchmal mit Pendel oder Rute testete, hielt zwar auch mit über 80 Jahren noch Vorträge, zog sich aber ab 1972 allmählich aus dem Humofix-Büro zurück; sie wirkte weiterhin als Ratgeberin im Sprechzimmer der Abtei und widmete sich ihrer »riesengroßen Korrespondenz«. Zu ihrem 85. Geburtstag wurde sie von ihren Klosterschwestern durch die Herausgabe der Schrift *Der Natur auf der Spur. Allerlei Biologisches* gewürdigt, die frühere Texte von ihr unter einem Titel vereinte.

Hochbetagt und lebenssatt nahm Laurentia in den ersten Frühlingswochen des Jahres 1979 Abschied von ihren Schwestern und treuen Mitarbeiterinnen bei der Umsetzung ihrer Visionen von der Heilung des Bodens und im Gefolge der Pflanzen, der Tiere und des Menschen. Sie war sehr glücklich, dass schließlich auch ihr früherer Seufzer »Ach, daß wir keine ausgebildete Gärtnerin haben, ich meine im Biologischen!« (Brief an Erika Riese vom 01.05.1957) erhört wurde. Die junge Benediktinerin Christa Weinrich war vom Kloster zum Studium des Garten- und Landschaftsbaus abgesandt worden und sollte das begonnene Werk nun professionell qualifiziert fortsetzen.

Am 8. April 1979 verstarb im Alter von 90 Jahren Frau Laurentia Elisabeth Dombrowski OSB, die von sich selbst sagte: »Gärtnerin wurde ich nie, weil ich nichts davon verstand.«

Ausgewählte Werke

Bruce, Maye E. (1955): Gartenglück durch Schnellkompost. Übertragung der englischen Originalausgabe Common Sense Compost Making durch Laurentia Dombrowski. Mannheim: Waerland-Verlagsgenossenschaft.

Abtei Fulda (1976): Der Natur auf der Spur. Allerlei Biologisches. Laurentia Dombrowski OSB zum 85. Geburtstag im August 1973. 2. Auflage Fulda: Parzeller & Co.

Abtei Fulda (o. J.): Wildbeeren auch im Garten. Fulda.

Abtei Fulda (o. J.): Heil- und Würzkräuter in naturgemäßem Anbau. Fulda.

Abtei Fulda (o. J.): Gemüsebau auf naturgemäßer Grundlage. 3. Auflage Fulda.

Abtei Fulda (1974): Für den Garten dies und das – über, auf und unter der Erde. Fulda.

Abtei Fulda (1976): Beerenobst im naturgemäßen Anbau. Fulda.

Abtei Fulda (2000 (1971)): Comfrey – was ist das? 9. Auflage Fulda.

Quellen

Adressbücher der Stadt Reichenberg 1887; 1895; 1907; 1908.

Archiv Abtei Fulda:

- Briefwechsel Laurentia Dombrowski und Lady Eve Balfour (eingesehen 12 Briefe vom 15.12.1953 bis 14.01.1969).
- Brief Laurentia Dombrowski an Maye E. Bruce (07.06.1959).
- Brief Laurentia Dombrowski an Familie Hitschfeld (17.04.1961).
- Brief Laurentia Dombrowski an Ann Medley (25.02.1965).

Archiv am Goetheanum: Briefwechsel Laurentia Dombrowski und Erika Riese (eingesehen 16 Briefe vom 13.07.1953 bis 28.05.1958).

Staatliches Gebietsarchiv Litomerice/Leitmeritz:

- Personenstandsregister Einwohnermeldeamt Reichenberg: Familie Josef Dombrowski.
- Kirchenbuch Reichenberg L84/53, fol. 386; L84/54, fol. 153; L84/55, fol. 183; 84/56, fol. 26; 84/56, fol. 255; L84/190, fol. 131; L84/181 pag. 30/16.
- Meldebogen Familie Dombrowski

Staatliches Kreisarchiv Liberec/Reichenberg:

- Adreß-Buch – Wohnungs-Anzeiger Stadt Reichenberg 1887; 1895; 1907; 1908.
- Volkszählungsbogen 1910 Dombrowski. [http://vademecum.soalitomerice.cz/vademecum/permalink?xid=f81b63b2c27049eba388891515a2597d&scan=176ffc27166040b58903277ac29a5e42]

Gespräche und Korrespondenz mit Christa Schlör (Familiengeschichtsforschung in Nordböhmen), 2021 (Heide Inhetveen).

Gespräche und Korrespondenz mit Christa Weinrich, OSB (Abtei Fulda), 2021 (Heide Inhetveen).

Literatur

Abtei Fulda (1979): Nekrolog für Frau Laurentia Elisabeth Dombrowski. In: Winke 19, S. 235–240. Wiederabdruck in: Abtei Fulda (1980) Winke 1979 – Neudruck. Fulda: Parzeller & Co., S. 25–27. Rabanus-Maurus-Schule Domgymnasium Fulda (1968): Festschrift zur Einweihung des Neubaues. Hg. von Dr. Walter Neubauer. Fulda: Parzeller & Co., S. 31, 145, 153.

Kiyak, Mely (2011): »Ein Garten liegt verschwiegen …« Von Nonnen und Beeten, Natur und Klausur. 2. Auflage Hamburg: Hoffmann und Campe.

Maier, Hans (1999): Neumann, Klemens Andreas. In: Neue Deutsche Biographie (NDB). Bd. 19. Berlin: Duncker & Humblot, S. 157 f.

Schmitt, Mathilde (2006): Fertile Minds and Friendly Pens: Early Women Pioneers in Western Europe. In: Georgina Holt/Matthew Reed (Hg.): A Post-organic Future? Assessing and Understanding the Role of the Global Organic Movement. Wallingford: CABI, S. 56–69. [http://www.cabi.org/cabebooks/ebook/20063139876]

Waerland Monatshefte (1979) Zeitschrift für Waerland-Lebensführung und Gesundheits-Vorsorge.

Magda Engqvist (1915–2008)

Krankenschwester, Forscherin bildschaffender Methoden, Lehrerin, Autorin und Übersetzerin

Magda Heinzele wurde am 13. März 1915 als zweite Tochter einer wohlhabenden Familie in Stuttgart geboren. Sie war zart und kränklich, konnte aber eine Höhere Schule besuchen. Magda machte Abitur mit ausgezeichneten Noten, schloss eine Ausbildung zur Krankenschwester ab und ging anschließend zum Medizinstudium nach Berlin. Als es für sie und ihren anthroposophischen Freundeskreis nach dem Verbot der *Anthroposophischen Gesellschaft* im Jahr 1935 immer schwieriger wurde, ihrer Weltanschauung gemäß zu leben, brach sie ihr Studium ab und kehrte nach Stuttgart zurück. Mit einer guten Freundin fuhr Magda anlässlich einer Taufe nach Finnland, wo sie ihren zukünftigen Mann Karl Engqvist (1907–1990) aus Schweden kennenlernte. Er war Priester der Christengemeinschaft, einer der Anthroposophie nahestehenden »Bewegung zur religiösen Erneuerung«. Nach ihrer Rückkehr nach Deutschland begann ein intensiver Briefaustausch.

1940 kam Karl nach Stuttgart: Das Paar hatte beschlossen zu heiraten und in Schweden zu leben. Beim Verlassen des Landes durfte Magda Engqvist lediglich 250 Mark ihres durch eine Erbschaft großen Geldvermögens sowie zwei Güterwaggons mit Mobiliar und Hausrat mitnehmen. Zwar konnte sie den vom NS-Regime erwünschten Ahnenpass vorlegen, erlebte aber möglicherweise aufgrund ihrer Zugehörigkeit zur Christengemeinschaft derartige Restriktionen.

Die Anfangsjahre in Schweden waren denkbar schwierig. Das Ehepaar bezog eine Einzimmerwohnung in Stockholm und hatte wenig Geld zur Verfügung. Die finanzschwache Christengemeinschaft konnte ihre Priester kaum ausreichend versorgen, und Magda hatte große Schwierigkeiten, in ihrem Beruf als Krankenschwester weiterzuarbeiten. So waren die Kriegs- und Nachkriegsjahre für das junge Paar geprägt von Armut und Krankheit.

Erst in den 1950er-Jahren verbesserte sich die Lage der Engqvists. Magda konnte 1956 ein Mehrfamilienhaus, welches aus ihrem Vermögen in Deutschland noch geblieben war, verkaufen und in Järna die ehemalige Mühle Saltå Kvarn (Salzmühle) erwerben. Dort wohnte die inzwischen vierköpfige Familie – ein Kind war 1942, ein zweites 1950 geboren – und Magda arbeitete als Lehrerin auf der reformpädagogisch orientierten Saltå Arbetsskola (Salz-Arbeitsschule). Sie trat mit früheren Kolleg*innen in Kontakt und schloss neue Freundschaften, unter anderem mit Hans Glaser (1903–1990), einem Vorkämpfer des biologisch-dynamischen Land- und Gartenbaus und der heilpädagogischen Arbeit in Schweden. Auf seinen Vorschlag hin erlernte Magda bei *Alla Selawry* (1913–1992) in Stuttgart die Kristallisations- und die Steigbildmethode, um sie als Alternativen bei ihren biodynamischen Untersuchungen anzuwenden.

Zurück in Järna arbeitete sie über den Einfluss von Düngungsvarianten und Lichtverhältnissen auf das Pflanzenwachstum. Sie fand heraus, dass sich Keimfreudigkeit und Wachstumsintensität der für den Kristallisationsversuch aufbereiteten Pflanzen in der Anzahl von Kristallnadelverzweigungen in den Bildern spiegelten. Auch das unterschiedliche Wachstum von Pflanzen im Sonnenlicht bzw. im Schatten zeigte sich anhand verschiedener Ausprägungen der Kristallnadeln. Im Austausch mit Hans Glaser und Bo D. Pettersson (1921–1992), einem weiteren Pionier der biologisch-dynamischen Landwirtschaft in Schweden, engagierte sie sich für die Anerkennung bildschaffender Methoden in der Qualitätsforschung in Landwirtschaft und Ernährung. So nahm die Verbreitung der bildschaffenden Methoden in den nordischen Ländern ihren Ausgangspunkt bei Magda Engqvist.

Magda Engqvist und Hans Glaser analysieren Kristallisationsbilder

Neben ihrer praktischen Arbeit auf den Versuchsfeldern und in ihrem Labor übersetzte Magda Engqvist mehrere Bücher und Schriften ins Schwedische, unter anderen den *Landwirtschaftlichen Kursus* von Rudolf Steiner. Im Rahmen ihrer Mitgliedschaft in der Christengemeinschaft führte sie ein offenes Haus und kümmerte sich um Menschen, die praktische oder seelsorgerische Hilfe benötigten. Auch den Bau einer Kapelle in Järna machte sie zu ihrem Anliegen und überwachte die Arbeiten bis zur Fertigstellung 1959/60. Für weitere Belange der Christengemeinschaft und der Heilpädagogik setzten sich ihr Mann und sie an verschiedenen Orten in Norwegen und Schweden ein.

1964 erlitt Magda einen schweren Autounfall, der sie für lange Zeit in ihrem alltäglichen Tun einschränkte. Sie nutzte diesen Umstand, um ihre Forschungen und Erfahrungen mit der Kristallisations- und der Steigbildmethode zu veröffentlichen: Fünf Bücher entstanden zu Pflanzen und der Kupferchlorid-Kristallisationsmethode. In den 1970er-Jahren redigierte Magda Engqvist außerdem zusammen mit der Schriftstellerin und Übersetzerin Marit Laurin (1904–1988) *Das Leben nach dem Tod*, eine Zusammenstellung von Schriften Rudolf Steiners.

Im Jahr 1980 starb der ältere Sohn, danach wurde ihr Ehemann schwer krank. Bis zu seinem Tod 1990 besuchte ihn Magda Engqvist täglich im Pflegeheim auf Enagården in Järna. Auch in diesen schweren Zeiten setzte sie ihre Arbeit mit den bildschaffenden Methoden fort, gab ihr Wissen weiter und blieb im Austausch mit anderen Forscher*innen, unter anderem bei der Weleda AG in den nordischen Ländern.

Im Alter von 82 Jahren verschenkte Magda Engqvist ihren Besitz bis auf wenige Bilder und Bücher und zog in ein Heim für Betreutes Wohnen in Järna. Nach einigen Jahren erkrankte sie an Demenz und kam schließlich in ein Pflegeheim in Lundbacken in Schweden. Dort verstarb sie am 24. Oktober 2008 im Alter von 93 Jahren.

Leben und Werk von Magda Engqvist werden bis heute selbst in anthroposophischen Kreisen wenig wahrgenommen. Auch die Stiftung Kulturimpuls hat bisher nur zu ihrem Ehemann Karl Engqvist eine Biografie erstellt. Die »Frau an seiner Seite« harrte bislang einer Würdigung.

Ausgewählte Werke

Engqvist, Magda (1961): Strukturveränderungen im Kupferchlorid-Kristallisationsbild von Pflanzensubstanzen durch Alterung und Düngung. In: Lebendige Erde 12(3), S. 112–123.

Engqvist, Magda (1962): Structural Changes in the Crystallization Pictures of Plant Substances due to Aging and Fertilizing. In: Biodynamics 63, S. 9–20.

Engqvist, Magda (1963): Pflanzenwachstum in Licht und Schatten. In: Lebendige Erde 14(2), S. 51–60.

Engqvist, Magda (1970): Gestaltkräfte des Lebendigen. Die Kupferchlorid-Kristallisation, eine Methode zur Erfassung biologischer Veränderungen pflanzlicher Substanzen. Frankfurt/Main: Vittorio Klostermann.

Engqvist, Magda (1970): Welche Konservierungsmethode sollen wir wählen? In: Lebendige Erde 21(1), S. 13–19.

Engqvist, Magda (1972): Versuche mit dem Hornmist-Präparat 500. In: Lebendige Erde, 23(1), S. 8–15 und 23(2), S. 60–67.

Engqvist, Magda (1975): Physische und lebensbildende Kräfte in der Pflanze. Frankfurt/Main: Vittorio Klostermann.

Engqvist; Magda (1977): Die Steigbildmethode. Frankfurt/Main: Vittorio Klostermann.

Engqvist, Magda (1978): Steigbild-Untersuchungen am Hornmist-Präparat 500. In: Lebendige Erde 29(2), S. 55–62.

Engqvist, Magda (1979): Kiesel und Kalk. Darmstadt: Forschungsring für biologisch-dynamische Wirtschaftsweise.

Engqvist, Magda (1989): Qualitätsprüfung an Gemüse durch die Kupferchlorid-Kristallisationsmethode. Järna: Eigener Verlag.

Literatur

Granstedt, Artur (2009): Magda Engqvist utvecklade en metod att påvisa de formbildande krafterna i allt levande. Forum för Antroposofi 1(09), S. 44–45.
Artikel ins Deutsche übersetzt und zusammengefasst von Ines Bömer-Schulte.

Koepf, Herbert H./Plato, Bodo von (2001): Die biologisch-dynamische Wirtschaftsweise im 20. Jahrhundert. Dornach: Verlag am Goetheanum.

Lundström, Agnete (2009): Magda Engqvist. Forum för Antroposofi 1(09), S. 42–43.
Artikel ins Deutsche übersetzt und zusammengefasst von Ines Bömer-Schulte.

Dr. Heidi Flückiger (* 1940)

Pflanzenphysiologin, anthroposophische Grundlagenforscherin, Gärtnerin

Geboren als jüngstes von drei Kindern in Zürich besuchte Heidi Keller ab dem vierten Schuljahr die *Rudolf Steiner Schule*, wo die lebensphilosophische Grundlage für ihre weitere Entwicklung gelegt wurde. Nach der Schule trat sie zunächst eine Stelle als Technische Zeichnerin an und bereitete sich daneben am Abendgymnasium auf die Maturitätsprüfung vor. Nach dem bestandenen Examen studierte sie an der Universität Basel Biologie mit dem Schwerpunkt Pflanzenphysiologie.

Auf der Universität lernte sie auch ihren späteren Ehemann Walter Flückiger kennen; beide konnten schon früh in Lehre und Forschung am *Botanischen Institut* als Assistent*in tätig sein. Im Zentrum ihres Interesses standen Umweltfragen, die sie dann im Rahmen ihrer Dissertationen bearbeiteten. Heidi Keller legte eine Arbeit über *Histologische und physiologische Untersuchungen an Forstpflanzen in einem Fluorschadensgebiet* vor. Zusammen mit Dr. Sabine Braun, einer befreundeten Botanikerin, gründeten sie 1980 als Antwort auf die Herausforderungen des Waldsterbens das private *Institut für angewandte Pflanzenbiologie (*IAP*)*, ein pflanzenphysiologisches Labor für Waldschadensangelegenheiten, in Schönenbuch bei Arlesheim in der Schweiz. Über drei Jahrzehnte brachte Heidi Flückiger fortan hier ihre Arbeitskraft bei den Erhebungen und ihr professionelles Wissen bei den Analysen und Interpretationen mit ein. Dokumentiert in regelmäßigen Zwischenberichten werden die Dauerbeobachtungen der landesweiten Schweizer Studie *Wie geht es unserem Wald? Ergebnisse aus Dauerbeobachtungsflächen* bis heute vom IAP weitergeführt.

Parallel dazu ging Heidi Flückiger ihren anthroposophisch inspirierten Interessen nach und besuchte regelmäßig Tagungen der *Naturwissenschaftlichen Sektion am Goetheanum* in Dornach bei Basel, Eurythmie- und Bildhauerkurse. In diesen Zusammenhängen erfuhr sie erstmals von den bildschaffenden Methoden und machte sich mit ihnen im Rahmen verschiedener Praktika vertraut. Dies legte die Basis dafür, dass sie 1980 mit 40 Jahren bei *Hiscia*, dem Verein für Krebsforschung, in Arlesheim eine Forschungsstelle zur Untersuchung der Mistel und Mistelpräparate antrat. Die Kombination ihrer Kenntnisse der pflanzenphysiologischen Analysen als auch der bildschaffenden Methoden qualifizierte sie dafür, Nachfolgerin von *Agnes Fyfe*

(1898–1986) zu werden, die sie persönlich über zwei Jahre in ihre Versuchsanordnungen zu den Wirkungen von Planetenkonstellationen einarbeitete.

Heidi Flückiger entwickelte diese Forschungen weiter; zusammen mit Stephan Baumgartner untersuchte sie zunächst die Formveränderungen reifender Mistelbeeren. Ihre Ergebnisse weisen darauf hin, dass das rhythmische Verhalten, das sich in Steigbildern zeigt, mit den Mondstellungen vor den Tierkreisbildern im Zusammenhang steht. Doch wie wird dabei vorgegangen?

> »Seit über 30 Jahren wird die Mistel in unserem Steigbildlabor regelmäßig untersucht. Dazu wird aus der Pflanze ein Saft gepreßt, den man von einem Chromatographiepapier aufsaugen läßt. Nachdem das Papier wieder trocken ist, läßt man eine Metallsalzlösung als Reagens nachsteigen, z. B. Gold- oder Silbersalzlösung, welche mit dem Saft zusammen farbige Niederschläge bildet, wodurch die Fließbewegung des Nachsteigvorganges sichtbar gemacht werden kann. Diese Fließformen variieren je nach dem Zustand des Mistelsaftes.« (Flückiger 1987b, S. 160 f.)

Heidi Flückiger um 1990

Des Weiteren wandte sich Heidi Flückiger den Formveränderungen von Mistelbeeren und den Bildgestalten von Mistelsäften in Abhängigkeit der Wirtsbäume Eiche, Linde, Ulme, Apfel und Kiefer zu. Je nachdem auf welcher Baumart eine Mistel gewachsen war, zeigten sich in den Bildern der Steigbildanalyse deutliche Unterschiede.

Steigbilder von Misteln auf Ulme und Stieleiche

Heidi Flückiger versucht stets, alle Aspekte der pflanzlichen Existenz zu berücksichtigen und sowohl phänomenologische als auch naturwissenschaftlich-technologische Untersuchungsmöglichkeiten einzubeziehen. Bei Letzteren weiß sie zwar um deren Überzeugungskraft im akademischen Milieu, bleibt aber eher skeptisch bezüglich des Erkenntnisgewinns. Ihrem Verständnis nach braucht es die inneren Bilder, die sich bei der Betrachtung der sichtbaren äußeren Steigbilder einstellen. Außerdem eine Vielzahl an Wiederholungen der alltäglichen Versuche. Damit kommen Tausende Bilder zusammen. Die statistische Auswertung mithilfe von Computern verspricht neue Einsichten; doch die digitale Auswertung ist nie ihr Schwerpunkt gewesen.

Seit ihrer Pensionierung im Jahr 2005 kümmert sich Heidi Flückiger zusammen mit ihrem Mann um die eigenen 240 Obstbäume in Gemüse-, Obst- und Beerengarten und einer Orangerie. Nach wie vor studiert sie mit Freunden und Freundinnen Texte von Rudolf Steiner, realisiert ihre künstlerischen Ambitionen in einem Blockflötenensemble der Stiftung *»Für das Alter«/Pro Senectute* sowie in Modellierkursen von Bildhauer*innen und sinniert gerne beim Spazierengehen und Wandern über Wesen und Formen der Pflanzen am Wegesrand.

Ausgewählte Werke

Flückiger, Heidi (1987a): Pflanze und Steigbild als Ausdruck von Lebensprozessen. In: Elemente der Naturwissenschaft 46, S. 93–95.

Flückiger, Heidi (1987b): Welche Einsichten in das Wesen der Mistel vermittelt die Steigbildmethode. In: Rita Leroi (Hg.): Misteltherapie. Eine Antwort auf die Herausforderung Krebs. Die Pioniertat Rudolf Steiners und Ita Wegmans. Verlag Freies Geistesleben, S. 160 ff.

Flückiger, Heidi (2000): Bildschaffende Methoden I. In: MISTILTEINN 1, S. 14–17.

Flückiger, Heidi (2001): Bildschaffende Methoden II. In: MISTILTEINN 2, S. 12–23.

Flückiger, Heidi/Baumgartner, Stephan (2002): Formveränderungen reifender Mistelbeeren. In: Elemente der Naturwissenschaft 77(2), S. 2–15.

Baumgartner, Stephan/Flückiger, Heidi/Ramm, Hartmut (2003): Mistelbeerenform und Tierkreis. In: Elemente der Naturwissenschaft, 79(2), S. 2–21.

Baumgartner, Stephan/Flückiger, Heidi (2004): Mistelbeeren – Spiegel von Mond- und Steigbild-Konstellationen. In: MISTILTEINN 5, S. 4–19.

Baumgartner, Stephan/Flückiger, Heidi/Heertsch, Andreas/Jäggy, Christoph/Schaller, Gerhard/Scherr, Claudia/Urech, Konrad (2007): Dynamisation of mistletoe (VISCUM ALBUM L.) by means of an anthroposophical pharmaceutical process (Abstract). In: Forschende Komplementärmedizin 14 (suppl.1), S. 7.

Baumgartner, Stephan/Flückiger, Heidi/Kunz, Matthias/Scherr, Claudia/Urech, Konrad (2014): Evaluation of preclinical essays to investigate an anthroposophic pharmaceutical process applied to mistletoe (VISCUM ALBUM L.) extracts. In: Evidence-Based Complementary and Alternative Medicine, ID 620974, 8 Seiten.

Quellen

Gespräche und Korrespondenzen mit Heidi Flückiger, 2003 und 2020 (Mathilde Schmitt/Heide Inhetveen).

Annie Francé-Harrar (1886-1971)

Naturforscherin, Humus-Expertin, Schriftstellerin, Publizistin

Degradierung und Kontaminierung von Böden, Erosion und Verschwinden fruchtbarer Humusschichten erregen seit einigen Jahren weltweit Besorgnis, mobilisieren zivilgesellschaftlichen Protest, bewirken neue Wirtschaftszweige, beschäftigen Politik und Wissenschaft. Das Jahr 2015 wurde von den Vereinten Nationen zum Internationalen Jahr des Bodens erklärt. Universitäten förderten und fördern neue bodenbezogene Forschungsprojekte. In diesem Kontext wurden an der *Universität für Bodenkultur* (BOKU) Wien zwei Schriften zu Böden und Humus neu ediert, die ein halbes Jahrhundert zuvor erschienen waren: Autorin von *Humus – Bodenleben und Fruchtbarkeit* und *Leben wird aus dem Stein* ist Annie Francé-Harrar (AFH). Wer war diese Frau, die schon vor hundert Jahren vor der Zerstörung von Böden warnte und Verfahren einer ökologischen Humuswirtschaft entwickelte?

Im Schwabinger Künstlermilieu

Maria Anna Mayer wurde am 2. Dezember 1886 in München geboren. Sie war das Kind einer außerehelichen Liaison ihrer verheirateten Mutter (geb. Gerdeissen) mit dem jüdisch-polnischen Maler Aleksander Sochaczewski (auch bekannt als Lajb Sonder/Leib Sander, 1843–1923), der nach dem Ende seiner über 20 Jahre dauernden Verbannung in Sibirien 1883 nach München emigriert war und dort mit seinem Gemäldezyklus zu den Lagererfahrungen großes Aufsehen erregte. Der Ehemann von Maria Annas Mutter verstarb wenige Tage nach der Geburt des Kindes. Sie setzte die Verbindung mit Aleksander Sochaczewski fort und brachte 1891 den Sohn Alexander zur Welt. Der Vater der beiden illegitimen Kinder zog nach Brüssel und später nach Wien. Annie blieb mit ihrem Bruder Alexander Gerdeissen (1891–1975) und einem Halbbruder Leo Pfeiffer (1891–1970) aus einer anderen Beziehung ihres Vaters zeitlebens in Verbindung. Die junge Maria Anna Mayer war künstlerisch und literarisch sehr begabt und bewegte sich im Schwabinger Künstlermilieu, dem sie später unter dem Titel *So war's um Neunzehnhundert* ein literarisches Zeugnis widmete. Sie nannte sich nun »Annie Harald, Schriftstellerin und Diseuse«. (Roth o. J.) Ihre Interessen waren breit gefächert: »Medizin … Literatur … Naturwissenschaft … Kulturgeschichte … Philosophie und die ausgefallensten Geisteswissenschaften«. (AFH 1962, S. 30) Sie besuchte Medizin- und Biologievorlesungen der Universität München. Ihr literarisches Debüt, der Band *Die Kette*, der das Leben der Frau im Laufe der Jahrhunderte in Sonetten beschrieb, erfolgte 1912 bereits unter ihrem Pseudonym Annie Harrar. Im selben Jahr heiratete sie den Schriftsteller und Juristen Dr. Hans Friedrich.

Eine schicksalhafte Begegnung

War es in einem Mikroskopierkurs oder in einem Münchner Salon – im Januar 1916 lernte Annie Harrar-Friedrich den österreich-ungarischen Botaniker, Mikrobiologen und Philosophen Raoul Heinrich Francé (1874–1943) kennen. Zwölf Jahre älter als sie, akademisch qualifiziert und beruflich erfahren, hatte Raoul Francé schon zahlreiche Bücher und Artikel verfasst und neue bodenbiologische Begrifflichkeiten geprägt, wie Edaphon (Gesamtheit der dauernd im Boden lebenden Organismen) oder Biotechnik (heute: Bionik). Er hatte sich von der zunehmenden Spezialisierung universitärer Naturwissenschaften und damit einer Universitätskarriere verabschiedet, denn sein eigentliches Anliegen war es, die großen Zusammenhänge in der Natur zu erforschen und damit auch ein nichtakademisches Publikum für die Wissenschaft zu interessieren, ja, zu begeistern.

Als Initiator und Redakteur mehrerer Zeitschriften, Gründer der *Deutschen Mikrologischen Gesellschaft* und Direktor des zugehörigen *Biologischen Instituts* in München war Raoul Francé spätestens nach dem Erscheinen des Grundlagenwerkes *Edaphon. Untersuchungen zur Oekologie der bodenbewohnenden Mikroorganismen* (München 1913) eine international bekannte Koryphäe. Er hatte eine neue Betrachtungsweise des Bodens eingeführt: An die Stelle der damals üblichen Bodenanalysen, die nur Mineral- und Metallstoffe erfassten, setzte er das Studium der Lebensgemeinschaft von Bodenorganismen (Biozönose). Er ging von einer vollendet harmonischen Organisation der Pflanzen aus, die sich nach innen als Lebensbau und nach außen in ihrer höchsten Vollendung als Waldlebensgemeinschaft zeige. Seine Wertschätzung der »Ingenieurleistungen der Pflanze«, ihrer schöpferischen Fähigkeiten und der Gesetze, die er in der Lebensgemeinschaft der Organismen verwirklicht sah, formulierte er zu einer biozentrischen Philosophie – er bezeichnete sie als Objektive Philosophie, die er als »Lebenslehre« auch auf menschliches Zusammenleben angewandt wissen wollte. (Bronsart von Schellendorff 1924)

Paarproduktion par excellence

Annie Harrar und Raoul Francé waren beide noch verheiratet. Dennoch wurde Annie Mitarbeiterin im *Biologischen Institut* und seit dem Sommer 1916 kongeniale Arbeitskollegin und Lebensgefährtin des berühmten Gelehrten. Sie arbeitete sofort an den Büchern von Raoul Francé mit, wie der Vorrede zu seinem 1919 erschienenen zweibändigen Werk *Die technischen Leistungen der Pflanzen* zu entnehmen ist: »Es ist mir eine angenehme Pflicht, meiner unermüdlichen Mitarbeiterin, Frau Dr. A. Friedrich-Harrar, welche auch die Illustration besorgte, ferner der Deutschen Bank [...] sowie dem Verlag für die trotz der Zeitschwierigkeiten glänzende Ausstattung des Werkes zu danken.« Den Annie hier zugeeigneten Doktortitel behielten spätere Biografen oft bei oder erweiterten ihn gar zur »Professora«. Die Novemberrevolution 1918 erlebte das Paar in München. Als sich nach der Ermordung Kurt Eisners die Auseinandersetzungen um die Regierungsmacht verschärften, flohen sie Ende März 1919 aus einem Münchner Hotelzimmer zunächst nach Schwäbisch Hall und ein halbes Jahr später, nach der Zerstörung des *Biologischen Instituts* in München, ins mittelfränkische Dinkelsbühl. (AFH 1962, S. 170 f.) Die ländliche Umwelt eröffnete dem Paar nicht nur neue Forschungsaufgaben, sondern auch »Pfade in unser eigenes, noch ungelebtes Leben.«

Annie Francé-Harrar in München

Humus als Lebensthema

Bei ihren gemeinsamen Exkursionen tauchte »an einem verschilften fränkischen Wassergraben zum erstenmal das Problem einer Humuswirtschaft auf«. (AFH 1962, S. 216) Dem Humus galt nun lebenslang und vielerorts ihrer beider und über den Tod von Raoul Francé hinaus Annies Forschungsleidenschaft. Das um die Jahrhundertwende übliche Kompostierungsverfahren, bei dem »man saure Moorerde, schwarze Gartenerde, duftende Lauberde und womöglich noch ein paar ähnliche Dinge zusammenwarf [... und] die Fruchtbarkeit des Bodens als rein chemisches Problem« galt (AFH 1962, S. 208), beschrieb Annie als »Zufallsergebnis einer meist mangelhaften Verrottung«. Zu wenig von wichtigen Organismen, zu viel von anderen, sei das Ganze »ein unkoordiniertes Zusammenspiel«. »Kompost ist nicht Humus.« Auch das unbekümmerte Ausbringen von Mineraldünger in der Landwirtschaft helfe zwar kuzfristig, baue aber keinen Humus auf. Unwissend wie er war, habe der Mensch das Humuskapital der Erde, das von unzähligen Geschöpfen zusammengetragen worden sei, verschwendet:

> »Rücksichtslos schlug man Wälder und brannte meilenweite Urwälder nieder. Wie ein Berserker ist der weiße Mann zu Hause und bei seiner Kolonialwirtschaft gegen die Reichtümer der Kontinente vorgegangen. [...] Keine Kolonialwirtschaft war je etwas anderes als Raubbau.« (AFH 1962, S. 210)

Sehr anschaulich und erschreckend aktuell beschreibt Annie Francé-Harrar hier die ökologischen Folgen:

> »Im Tempo einer stürzenden Lawine schwand die natürliche Regenerationsfähigkeit des Bodens dahin. Flüsse und Seen vertrockneten. Aus Kornkammern wurden Wüsten. Der Wüstensand begrub Städte und Kulturen. Erosion rasierte Gebirgsflanken zu wandernden Schutthalten und Steinmuren. Und doch war man noch immer davon überzeugt, daß die irdische Fruchtbarkeit etwas Ewiges sei.«

Die Humusbildung der Böden und ihre Fruchtbarkeit müssten aus einer ganzheitlichen, nicht nur aus einer chemischen Perspektive studiert werden. So wurde in der Dinkelsbühler Zeit die Humusbildung auf den trockenen, armen Sandböden Frankens und das Überleben der dortigen Kiefernwälder ihr gemeinsames Forschungsprojekt. 1920 erschien Annie Harrars erster utopischer Roman *Die Feuerseelen*, in dem sie auch die Zerstörung der Bodenfruchtbarkeit thematisierte. Im folgenden Jahr 1921 wurde unter ihrer Leitung im oberösterreichischen Wels eine Anlage zur Humifizierung von städtischem Abfall – heute würden wir sagen: eine Bodenrecyclinganlage – errichtet. Im gleichen Jahr erschien Raoul Francés zweibändiges Hauptwerk *Bios. Die Gesetze der Welt.* Sein philosophisches, naturwissenschaftliches und entwicklungsgeschichtliches Wissen zusammenführend identifizierte Francé sieben Gesetze, die alles Lebensgeschehen, am deutlichsten sichtbar in der Welt der Tiere und Pflanzen, beherrschen würden. Ihnen gemäß zu handeln, führe – so die biozentrische These Francés – den Menschen in eine hoffnungsvolle Zukunft. 1922 publizierte er *Das Leben im Ackerboden*, das 1938 seine 21. Auflage erlebte. (Müllerott 1961) Eine linguistische Analyse der Unmengen von Buch- und Artikelpublikationen Raouls in den 1920er-Jahren würde vermutlich einen nicht unerheblichen Anteil von Annie am Werk ihres Mannes ergeben, verweist sie doch auch selbst oft auf ihrer beider Zusammenarbeit.

Weltweite Exkursionen, wechselnde Wohnorte

1923 institutionalisierte das Forscherpaar seine Beziehung und ließ sich – nun als Ehepaar – bis 1929 in Salzburg nieder. Der jüdische Schriftsteller und Pazifist Stefan Zweig (1881–1942) war ihr Nachbar und wurde zum Freund. Hatten die Francés bis dahin europäische Bodenverhältnisse studiert, begaben sie sich jetzt auf ausgedehnte Forschungsreisen in Afrika, Australien, Asien und Zentralamerika. Sie studierten Flora und Fauna von Wüsten-, Steppen- und Urwaldböden; Annie notierte auch ihre ethnographisch anmutenden Beobachtungen und Erfahrungen. Die komplexen Lebensgemeinschaften in Wäldern gerieten in ihren Forschungshorizont und ließen sie scharfe Kritik an der modernen Forstwirtschaft üben, die Hand in Hand mit anderen gesellschaftlichen Entwicklungen weltweit den unberührten Urwaldboden bis auf wenige Flächen zwischen Guatemala und Mexiko restlos beseitigt habe. Annie Francé-Harrar widmete in ihren zahlreichen Reisemonografien vor allem Urwäldern, Farnbaumwäldern oder »Wasserwäldern« viele Seiten.

Zwischen 1929 und 1943 wurden die Karstböden von Süddalmatien in die Forschung einbezogen, denn das Ehepaar Francé pendelte nun wegen Raouls chronischer Lungenkrankheit regelmäßig zwischen Graz im Sommer und Dubrovnik-Ragusa im Winter als neuen Wohnorten. In diesen Jahren waren sie neben weiteren Forschungsreisen mit der Publikation zahlreicher Fachbücher, Romane und Schriftenreihen beschäftigt. Im April 1943 flüchteten sie – mitten im Zweiten Weltkrieg – vor den Kämpfen in Kroatien, damals Vasallenstaat der Achsenmächte, nach Budapest, das Raoul aus seinen Kinderjahren gut kannte. Ein halbes Jahr später, am 3. Oktober 1943, verstarb

Raoul Francé und verließ eine Welt, »in der es, weiß Gott, wenig verlockend war, weiterzuleben«, wie seine Witwe resigniert kommentierte. (AFH 1962, S. 215) Annie Francé-Harrar erlebte die deutsche Invasion in Budapest 1944, Verhaftungswellen, Bombardierungen und schließlich auch die Entrechtung und Deportation der Budapester Juden. Diese Ereignisse fanden kaum Niederschlag in ihren Werken.

Die Humusspezialistin

Nach dem Tod ihres Mannes begannen für die fast 60-jährige Annie Francé-Harrar »achtzehn Jahre angestrengtester Alleinarbeit«. Als seine einstige, einzige Mitarbeiterin fühlte sie sich verantwortlich, »aus dem ungeheuren Komplex seines, unseres Werkes« einen Teil herauszugreifen und fortzuführen: »Ich entschied mich für das Humusproblem.« (AFH 1962, S. 215) Zustand und Erneuerung von Humus wurden zu ihrem Arbeitsschwerpunkt, Auge und Mikroskop zu ihren Forschungsmitteln. Fotos aus diesen Jahren zeigen sie entsprechend oft beim Mikroskopieren. Die Prozesse der natürlichen Humusbildung waren durch Raouls Forschungen und ihre gemeinsamen Studien in Umrissen bekannt. Nun ging es ihr darum, neue Verfahren zur beschleunigten Herstellung von Humus zu entwickeln, um Ersatz zu schaffen für den ungezügelten Raubbau am Boden und dessen schwindende Fruchtbarkeit, »mit wissenschaftlichen Kontrollen, auf der Basis edaphologischer Kenntnisse«. (AFH 1962, S. 213)

Ein Institut oder Labor waren in diesen Kriegs- und Nachkriegsjahren nicht vorhanden, Mittel fehlten wie überall. Eine Möglichkeit, ihr Projekt umzusetzen, erhielt Annie Francé-Harrar 1945 in Budapest als Leiterin der ersten Humusstation zur Umwandlung von städtischen Abfällen. Möglicherweise auf der Basis der von Raoul Francé und K. F. Höller 1928 erworbenen Reichspatente zur Herstellung einer Impferde für Düngungszwecke entwickelte und vertrieb Annie Francé-Harrar »Impfziegel«, genannt Petrofil, die den Kompost beleben und düngen und zu einem »Edaphon-Humus« machen sollten. Werner Zimmermann (1893–1982), Schweizer Lebensreformer und Anhänger der Freiwirtschaftsbewegung, hat das Verfahren ausführlich beschrieben (Zimmermann 1954, S. 8 f.):

> »Sie hat ein eigenes Verfahren entwickelt. Neu daran ist vor allem, daß sie auf einer organischen Grundlage ein harmonisches und vollwertiges Bodenleben gedeihen läßt und damit ihren fertigen Humus durchsetzt, impft. Diesen Humus läßt sie zu kleinen Ziegeln trocknen. Darin

sinkt das Bodenleben, wie auch sonst in Zeiten großer Trockenheit, in eine Art schützenden Trockenschlaf. Wird dieser Impfziegel dann in Wasser aufgelöst, so erwachen die schlafenden guten Geister der Erde wieder zu vollem Leben und breiten es über den ganzen Kompost, der damit durchtränkt wird, und nachher über den ganzen Garten und Acker. Daher nennt die Doctora ihren belebenden und düngenden reifen Kompost Edaphon-Humus. […] Der Impfstoffwürfel wird in 4 Liter Wasser aufgelöst, und zwar in einem möglichst breiten, flachen Behälter, durch mehrere Tage an der Sonne offen stehen gelassen und fleißig umgerührt. Wenn der Inhalt grünlich wird und schäumt, so wird er auf 20 Liter verdünnt. Mit dieser Lösung begießt man die [Kompost-]Beete pro 1 Kubikmeter und verwendet auch den Bodensatz. Die geimpften Beete werden weiter in feuchtem Zustand gehalten. In ungefähr drei bis fünf Wochen nach der Impfung […] ist der Humus gebrauchsfertig.«

Eine »moderne Kassandra«

1947 kehrte Annie aus Budapest nach Österreich zurück. In Seewalchen am Attersee verfasste sie ihr bekanntestes Werk *Die letzte Chance – für eine Zukunft ohne Not*, das 1950 im Bayerischen Landwirtschaftsverlag erschien. Auf 695 Seiten dokumentierte sie die Zerstörung der Böden und damit aus ihrer Sicht auch der Lebensgrundlagen der Menschheit und zeigte Auswege aus der absehbaren Katastrophe auf.

»Aber es gibt einen Weg. Wir müssen ihn nur einschlagen. Er ist gangbar, er ist nicht allzu schwierig, er bringt zu jenem Ausgleich zurück, ohne den sich das Leben auf unserem Planeten nicht erhalten kann. Wenn wir in genügendem Ausmaß Humus mit Humus ersetzen und die unverantwortliche Verlustwirtschaft unserer Abfallrohstoffe endlich zweckmäßig ordnen, so bedeutet das eine Wiederherstellung des unterbrochenen Kreislaufes der Materie.« (AFH 1950, S. 656)

Das Buch der mittlerweile 66-Jährigen erregte Aufsehen und machte sie in weiten Kreisen bekannt. Albert Einstein (1879–1955), mit dem sie kurzzeitig in Briefkontakt stand, wollte sich für seine Verbreitung in den USA einsetzen.

»Ich habe ziemlich viel in Ihrem Buch gelesen, und zwar in verschiedenen Teilen desselben. Ich kann Ihnen nun sagen, dass ich dieses Werk aufrichtig bewundere. Die Fülle des Wissens, die Darstellung so mannigfaltiger Zusammenhänge zu einem Ganzen von ausserordentlich künstlerischer Wirkung – es ist einfach überwältigend. Ich glaube, dass dieses Buch einen dauernden Platz in [der] Weltliteratur verdient und ihn auch erhalten wird, wenn es gelingt, die richtigen Buchfachleute zu interessieren.« (Einstein an Francé-Harrar am 24. August 1951)

Das Interesse der »Buchfachleute« konnte damals offenbar nicht geweckt werden; erst 2007, also nach mehr als einem halben Jahrhundert, erschien eine Neuauflage mit ausführlichem Stichwortverzeichnis im BTQ Eigenverlag.

»Staatsbeauftragte im Ministerrang« in Mexiko

Annie Francé-Harrar, nun als Bodenbiologin und Humusspezialistin international bekannt, wurde im Jahr 1952 von der mexikanischen Regierung eingeladen und mit der Leitung eines vor Mexiko-Stadt auf dem Gelände einer früheren Viehzuchtanlage errichteten neuen Instituts für Bodenverbesserung und Fruchtbarkeitssteigerung betraut. Begleitet von Ada Lamberg (1901–1960), die sie aus ihrer Budapester Zeit kannte, reiste sie nach Mexiko. Als »Staatsbeauftragte im Ministerrang« untersuchte sie in einer ersten Forschungsphase die dortigen Bodenverhältnisse und insbesondere die dramatisch zunehmende Bodenerosion. Danach arbeitete sie mit einer österreichisch-mexikanischen Gesellschaft an der Erzeugung von Humus als landwirtschaftlichem Dünger für die degradierten Böden des Landes und entwickelte Verfahren, die Abfälle der Millionenstadt zu verwerten. Werner Zimmermann, der sie im Oktober 1953 in ihrem Institut mit den vielen Kompostanlagen, Versuchsgärten und Laboratorien besuchte, beschrieb die Techniken der Humusgewinnung ausführlich und war von der »Doktora« begeistert: »Statt Verlust und Verseuchung in Zukunft Gewinn und Gesundung! Welch ein Werk, nicht nur für Mexiko, sondern beispielhaft für die ganze Welt! Möge es gelingen und zünden!« (Zimmermann 1954, S. 7) Auch eine der wenigen Beschreibungen ihres damaligen Erscheinungsbildes stammt aus seiner Feder:

»Die klaren grauen Augen dieser mütterlichen gütigen Frau von 67 Jahren blitzen. Blond schimmert ihr Haar. Klug und gründlich sichtet sie die Tatsachen dieser Welt und unserer Zeit. Zielbewußt arbeitet sie für die Rettung und Gesundung unserer Erde. Dazu sprüht immer wieder ihr überlegener Humor, ihr lebhafter weltoffener Geist, wie es ›beiläufig‹ so gut zu ihrem Wienerisch paßt, ned woa?«

Handbuch-Autorin

Während der Forschungsaufenthalte in Mexiko erschien 1957 Annie Francé-Harrars Buch *Humus. Bodenleben und Fruchtbarkeit*, wiederum im Bayerischen Landwirtschaftsverlag, der inzwischen ein großes Lesepublikum erreichte. Zwei Jahre später vollendete Annie das Manuskript zu einem *Handbuch des Bodenlebens*, das die jahrzehntelangen Forschungsarbeiten des Arbeitspaares zusammenfasste und ihre Aquarelle zu Bodenzuständen an unterschiedlichen Orten und in verschiedenen Zuständen enthielt. Das Manuskript blieb zu Annies Lebzeiten unveröffentlicht. Mehr als ein halbes Jahrhundert verging, bis der Deutsche Bundesverband für Ökologie in Land- und Gartenbau e. V. im Blue Anathan Verlag 2011 das *Handbuch des Bodenlebens* auf der Basis des Manuskripts von 1959 veröffentlichte. Eine Neuauflage im ePUB Format ist derzeit nicht frei verfügbar, da die darin enthaltenen von Raoul Francé entwickelten Rezepturen auch schwergiftige Chemikalien enthalten und nur über eine Giftbezugslizenz erworben werden können.

Späte Reminiszenzen

Am 27. April 1961 kehrte Annie Francé-Harrar aus Mexiko nach Europa zurück. Nach einem kurzen Aufenthalt in München bei ihrem Bruder Alexander Gerdeissen zog sie nach Salzburg in die Müllner Hauptstraße 33/I. 1962 erschienen die Erinnerungen an ihre Schwabinger Zeit *So war's um Neuzehnhundert.* Mit 30 Biografien – sie nennt sie »Schattenrisse« (darunter zu ihrem Vater, Raoul Francé und anderen noch heute bekannten Persönlichkeiten wie Erich Mühsam, Elisabeth Förster-Nietzsche oder Walter Gropius) – werden das Fin de siècle und die damalige Aufbruchstimmung skizziert. Im gleichen Jahr gab sie die *Lebenslehre für Jedermann. Ein Brevier zu harmonischer Lebensgestaltung* heraus, das sie aus Raoul Francés Hauptwerken und Manuskripten zusammengestellt, eingeleitet und kommentiert hatte. Sie verfasste Tier- und Pflanzenbücher und einen 350 Seiten umfassenden Roman *Frag nicht, woher die Liebe kommt.* Schwer eingeschränkt durch ein infektiös zerstörtes Hüftgelenk, »aber von unzerstörbarer Vitalität und heiterer Liebenswürdigkeit« (Huberta von Bronsart), zog sie im Oktober 1968 in die Seniorenresidenz Schloss Kahlsperg in Oberalm-Hallein und wurde dort von Halleiner Schulschwestern – Franziskanerinnen – betreut. Annie Francé-Harrars letzte Artikelserie mit elf Beiträgen erschien von September bis Dezember 1970 in der Neuen Illustrierten Wochenschau (Wien). Am 23. Januar 1971 nahm ihr der Tod die Feder aus der Hand. Zwei Jahre später wurde die Asche von Raoul Francé aus Budapest überführt und in ihrem Grab auf dem Oberalmer Friedhof beigesetzt.

Das Werk von Annie Francé-Harrar

Annie Francé-Harrar war »eine der ersten freischaffenden Schriftstellerinnen und Naturforscherinnen mit immensen Auflagen«. (Aescht 2012) Ihre publizistische Produktivität ist schier unfassbar. Laut Andreas J. Hirsch (2016, S. 5) schrieb sie im Laufe von etwa 50 Jahren 47 Bücher, rund 5.000 Beiträge für Zeitungen und Zeitschriften und hielt über 500 Vorträge und Vorlesungen. Ihre Romane erlebten – auch noch nach ihrem Tod – viele Auflagen. Dies sicherte den Lebensunterhalt der beiden »Privatgelehrten«, ermöglichte Weltreisen und ließ sie schließlich auf den »Pfad des ausgiebigen Geldverdienens« (AFH 1962, S. 216) gelangen.

Ausgangspunkt und Vorbild für ihre lebenslangen Forschungen und Publikationen war das Werk ihres Ehemanns Raoul Francé. Sie teilte seine naturphilosophischen Vorstellungen von der Stellung des Menschen in der Natur und im Kosmos.

> »Der Mensch war nur einer inter pares. Nur einer der zahllosen Anwender mechanischer Gesetze. Gar nicht immer der geschickteste, der findigste und der einfallsreichste. Pflanzen, Tiere, sein eigener Körper, die Liliputwelt der Mikroorganismen hatten vollkommenere Leistungen als er aufzuweisen. Vor allem war ihre wunderbar ausgebaute technische Kombinationsfähigkeit unendlich viel älter. Denn sie reichte weit vor die Entstehung des Menschen zurück.« (AFH 1962, S. 142)

In ihren Sachbüchern griff sie auf das gemeinsam mit Raoul Francé erforschte bodenfachliche Repertoire zurück und verstand es, auch komplexe biologische Zusammenhänge in wortreichen Texten und künstlerischen Bildern zu veranschaulichen, gewissermaßen eine frühe Form einer »poetics of knowledge«. Viele ihrer kürzeren Beiträge aus dem weitgefächerten bodenbiologischen, ökologischen, reisejournalistischen, esoterischen oder lebenspsychologischen Spektrum wurden von sozialdemokratischen, gewerkschaftlichen oder liberalen Blättern in Österreich gedruckt. Zwischen 1947 und 1949 veröffentlichte sie knapp 20 Artikel in der 1889 gegründeten und in Wien verlegten Arbeiter-Zeitung, dem Sprachrohr der österreichischen Sozialdemokratie, die zumeist als Tageszeitung (http://www.arbeiter-zeitung.at/) erschien. Die Oberösterreichischen Nachrichten, eine überregionale Tageszeitung aus Linz, druckte mehrere Beiträge. In der von Annies Ehemann 1924 mitgegründeten und noch bis 1980 verlegten Zeitschrift *Telos – Die Welt von morgen*, die sich als »Zeitschrift für eine freiheitliche und soziale Lebensordnung« verstand, veröffentlichte sie in den 1920er-Jahren nahezu in jedem Heft einen Artikel; noch in den 1970er-Jahren wurden Artikel von ihr posthum publiziert.

Annie Francé-Harrar und ihr Mikroskop

Als sich in den 1960er-Jahren der biologische Land- und Gartenbau allmählich etablierte, wurde sie auch in diesem Genre zu einer gefragten Autorin. Georg Siebeneicher, der 1958 im Eigenverlag die Zeitschrift *Organischer Landbau* gegründet hatte, eine der ersten Ökolandbau-Zeitschriften in Deutschland, bat Annie in Mexiko um Beiträge. (Briefe von AFH an Georg Siebeneicher vom 14.3.1959, 25.7.1959 und 18.09.1959, Privatarchiv Roth) Auch der Schriftsteller Günther Schwab (1904–2006), ein trotz seiner NS-Vergangenheit und völkisch-biologistischen Orientierungen nach 1945 mit Preisen und Titeln versehener Umweltaktivist, gewann Annie Francé-Harrar als Autorin seiner 1959 gegründeten und im Eigenverlag herausgebrachten Zeitschrift *Organische Land- und Gartenkultur. Zweimonatsschr. für naturgemäße Feldwirtschaft.* Ihr mehrteiliger Beitrag *Ich unterhalte mich mit meinem Gartenboden* (1969) zeigt, wie sie ihre Botschaft literarisch-kreativ vermittelt: Sie inszeniert ein Interview mit dem Gartenboden, macht ihn zum kompetenten Experten seiner Entstehungsgeschichte und der in ihm lebenden Organismen, insbesondere der Pflanzen. Boden und Pflanzen werden von Annie als soziale Akteure präsentiert, die über »agency« verfügen – immer vorausgesetzt, der Mensch wendet sich ihnen aufmerksam zu. »Du mußt ihn fragen. Aber Pflanzen sind doch lebende Wesen. Und alle lebenden Wesen wissen, was sie zum Leben brauchen.« Annie Francé-Harrar soll aktive Mitarbeiterin und Ehrenmitglied in dem von Schwab 1960 in Österreich gegründeten Verein *Weltbund zur Rettung des Lebens* (später umbenannt in *Weltbund zum Schutz des Lebens*) gewesen sein. (https://austria-forum.org/af/AustriaWiki/Annie_Francé-Harrar)

Die ungeheure Schaffenskraft der beiden Francés spiegelt sich nicht nur in ihren publizistischen Erfolgen zu ihren Lebzeiten, sondern auch in einem umfangreichen Nachlass. Den größten Teil ihrer zahlreichen unveröffentlichten Tagebücher, Skizzenbücher, Manuskripte und Korrespondenzen sowie Fotos des Forscherpaares Annie Francé-Harrar und Raoul Heinrich Francé von Professor René Roth aus Kanada erhielt in den Jahren 2005 und 2012 das Oberösterreichische Landesmuseum in Linz. Dort wird der Nachlass von der Zoologin Dr. Erna Aescht wissenschaftlich betreut und ausgewertet. (Aescht 2012) Vorwiegend private Unterlagen von Raoul Francé verwahrt dessen Enkelsohn Pierre Francé.

Forscherin, Mahnerin, Visionärin: Annie Francé-Harrar als Pionierin des ökologischen Landbaus

130 Jahre nach ihrer Geburt wurde die Bodenbiologin und Humusforscherin, Autorin und Illustratorin Annie Francé-Harrar in einer Buchveröffentlichung als Vorkämpferin ökologischen Denkens und Handelns gewürdigt:

> »Mit ihrem Werk als Bodenforscherin außerhalb des Universitätsbetriebes, ihrem Engagement als Aktivistin, ihren populären Büchern und ihrer internationalen Vortragstätigkeit […] reiht Annie Francé-Harrar sich in den Kreis prominenter Pioniere eines radikalen Umdenkens in Ökologie und Forschung im 20. Jahrhundert ein.« (Hirsch 2016, S. 45)

In einer außergewöhnlichen Verbindung von Raoul Francés naturwissenschaftlicher Qualifikation und seinen philosophischen Neigungen und Annie Francé-Harrars literarischen und künstlerischen Talenten, ihrer Leidenschaft für die Forschung, ihrer kritischen Wachsamkeit und ihrem Einsatz für eine nachhaltige Zukunft der Menschheit entstand ein erstaunliches Gesamtwerk von spektakulärer ökologischer Aktualität. Sich mit dem Bodenleben wissenschaftlich und publizistisch extensiv zu befassen, war zu Zeiten der beiden Francés bereits eine Pionierleistung. Empirische Belege für die Zerstörung von Böden und den Raubbau an Humus in aller Welt zu sammeln und kommende Umweltkatastrophen zu prognostizieren, war für damalige Verhältnisse ungewöhnlich und mutig.

Ebenso erstaunlich wirkt die frühe Kritik von Annie Francé-Harrar an dem zeitgenössischen Fortschrittsglauben: Der Turm von Babel, den die Menschheit aus vielen Zivilisationen und Kulturen erbaut habe, fuße auf dem »Fundament des unterirdischen Lebens«. Werde dieses gestört, so wanke auch der Turm der menschlichen Leistungen, von dessen oberster Plattform der homo sapiens nun sogar einen Flug zu den Sternen plane. Aber trotz aller hochfliegenden Pläne

> »bleibt er ein Teil der Natur seines Planeten, an die er in allem und jedem angepaßt ist. Darum wird er es zu büßen haben, wenn er die Kontinente ruiniert, Gebirge vorzeitig durch Erosion einebnet, Flüsse verkürzt und vegetationslose Zonen versäumter Bodenerneuerung schafft.« (AFH 1962, S. 213)

Annie und Raoul Francé beschränkten sich nicht auf Kassandrarufe, sondern schlugen Wege aus der Bedrohung vor. Ihre Kritik an der Verwendung von Stalldünger aus industrieller Stallhaltung mündete in Vorschläge zu »einer Reform der Landwirtschaft auf biotechnischer Grundlage«. (AFH 1924, S. 170) Raoul Francé reichte ein Patent zur Herstellung eines »Naturdüngers« aus den wirtschaftseigenen Abfällen ein; Annie Francé-Harrar entwickelte den Impfziegel »Petrofil«. Sie reihen sich damit ein in die Gruppe der Pioniere und Pionierinnen des 20. Jahrhunderts, die Präparate entwickelten, um Kompostierungs- und Düngungsmethoden zu verbessern und eine Humusbildung zu beschleunigen.

Vor allem aber – dies eine weitere Pioniertat – betrieben die Francés ihre Bodenforschungen nie als akademischen Selbstzweck oder l'art pour l'art. Wissenschaft in Wissen zu verwandeln, das die Gesellschaft als Ganzes aufrüttelt, unabhängig vom Bildungsstand oder sozialem Status ihrer einzelnen Mitglieder, das Leitlinien für den Umgang mit der Natur und für die Gestaltung des Lebens an die Hand gibt, dies war ihrer beider Anliegen. Raoul rehabilitierte das populärwissenschaftliche Schreiben, und Annie wollte über die Vielzahl und Vielgestaltigkeit ihrer Publikationen »Wissenschaft für jedermann« vermitteln und, wie es ihr Ehemann 1927 formulierte, »reine Wissenschaft zum geistigen Führer des praktischen Lebens« machen. (Francé 1927, S. 150) Dies bezog auch die landwirtschaftliche Praxis mit ein, die sich allzu fern von bodenkundlichen Erkenntnissen vollziehe. Annies Forderung, »[die] Lücke zwischen der Bodenbiologie und der praktischen Landwirtschaft müsste irgendwann einmal überbrückt werden« (AFH 2011, S. 22), war zukunftsweisend und wurde erst viele Jahrzehnte später durch die Arbeiten von Patricia Fry (2001) wieder aufgegriffen.

Zumeist sind es erst spätere Generationen, die jemandem das Epipethon »Pionierin« zusprechen. Annie Francé-Harrar war sich ihres Status als Pionierin schon zu Lebzeiten selbst bewußt: In einem »Interview« lässt sie ihr imaginäres Ich sprechen: »Was du [...], was ihr geleistet habt, war echte und rechte Pionierarbeit. In euren Büchern, im Laboratorium, am Vortragspult. Auf euren Weltreisen, Pioniere einer neuen, auf Einsicht gegründeten Weltanschauung.« (AFH 1962, S. 34) Öffentliche Anerkennung wurde durch Titel und Ehrungen signalisiert: Raoul Francé erhielt einen Doktortitel und Annie 1928 die Ehrendoktorwürde der Jefferson-Lincoln University Chicago, 1951 die Ehrennadel des Oberösterreichischen Künstlerbundes und 1966 den Ehrenring der Stadt Salzburg. Und dennoch gab es auch die Dunkelseite des Pionierinnentums:

> »Pioniere sind zu jeder Zeit höchst unbeliebte Zeitgenossen. Raoul H. Francé war ein Pionier. Das Schicksal, ein Pionier zu sein, ist schwerer als andere Schicksale. Ich weiß es, denn ich habe es auch erfahren.« (AFH 1962, S. 210)

Die Einsamkeit von Wegbereiter*innen neuen Denkens wurde bei den Francés gemildert durch ihre lebenslange dyadische Forschungs- und Liebesbeziehung; sie wurde verschärft durch ihr jahrelanges Reisen und den häufigen Wechsel von Orten und Ländern, »dieses chronische Fieber der Heimat- und Wurzellosigkeit«, wie es Annie Francé-Harrar nannte. (AFH 1962, S. 33) Dies erklärt vielleicht, dass sich in den bisher gesichteten Unterlagen kaum engere Kontakte zu den Vertreterinnen und Vertretern der damaligen ökologischen Bewegung belegen lassen. Nur zu *Huberta von Bronsart* scheinen Verbindungen bestanden zu haben, zunächst von Raoul Francé, später auch von Annie Francé-Harrar. (Bronsart 1965)

Im Unterschied zu den meisten Pionierinnen der ersten Stunde wird Annie Francé-Harrar aktuell wiederentdeckt. Die Bergung und geplante Aufarbeitung ihres Nachlasses im Oberösterreichischen Landesmuseum, die Neu- bzw. Erstauflage ihrer Bücher *Die letzte Chance* (2007) und *Handbuch des Bodenlebens* sind Hinweise hierfür. Eine Wanderausstellung der Bodenbilder von Annie Francé-Harrar machte 2015 die besondere Verbindung ihres wissenschaftlichen und künstlerischen Schaffens in ganz Österreich bekannt. Zu ihrem 130. Geburtstag veröffentlichten das Land Oberösterreich und das Oberösterreichische Landesmuseum 2016 das Buch *Boden lebt! Leben und Werk der Annie Francé-Harrar* (Hirsch 2016), das die ungebrochene Aktualität des Forschens und Schreibens dieser »modernen Kassandra« (Tenschert) zeigt. Vermutlich aber wäre Annie Francé-Harrar besonders beglückt über den hohen Stellenwert, den die Humusforschung heute an Hochschulen wie der Universität für Bodenkultur in Wien hat, und dass die Neueditionen zweier ihrer Schriften zum Internationalen Jahr des Bodens 2015 samt einem in diesem Kontext entwickelten Lehrvideo *Humus Formation* nun an junge Menschen weitergegeben werden. Vielleicht aber würde sie nur bescheiden kommentieren (AFH 1962, S. 216):

> »Ich habe so ehrlich gearbeitet, wie es ein Mensch tut, dem eine große Verantwortung aufgebürdet wurde. Und der sieht, daß die praktischen Erfolge, die von Anfang an nicht zu leugnen waren, wohl der einzige Weg sind, durch den die tragenden Ideen seiner Arbeit ihre Anerkennung finden.«

Ausgewählte Werke

Francé-Harrar, Annie (1912): Die Kette. Erotische Bilder aus Jahrtausenden. München/Leipzig: Hans Sachs.

Francé-Harrar, Annie (1921): Die Feuerseelen. Berlin/Leipzig: Richard Bong.

Francé-Harrar, Annie (1923): Kleinlebewesen des Waldes. Leipzig: R. Eckstein Nachfolger.

Francé-Harrar, Annie (1924): Die Tragödie des Paracelsus. Ein Jahrtausend deutschen Leides. Stuttgart/Heilbronn: W. Seifert.

Francé-Harrar, Annie (1926): Reise nach Punien. Berlin: P. J. Oestergaar.

Francé-Harrar, Annie (1927a): Die Liebeswelt der Tiere. Stuttgart/Heilbronn: W. Seifert.

Francé-Harrar, Annie (1927b): Das verkaufte Leben. Eine ungeklärte Begebenheit. In: Flora Zöllner (Hg.) Deutscher Frauengeist in Dichtung und Wissenschaft. Eine Auswahl des Frauenschaffens der Gegenwart. Lahr in Baden: Volkskunst und Volksbildung, Richard Keutel, S. 241–254.

Francé-Harrar, Annie (1928): Reise in die Urwelt. Erlebnisse in fünf Erdteilen. Berlin: August Scherl.

Francé-Harrar, Annie (1932): Die Kultur von Alt-Europa. Berlin-Schöneberg: Oestergaard.

Francé-Harrar, Annie (1937): Der Wunderbaum: Können Pflanzen »denken«? Salzburg u. a.: Das Bergland Buch.

Francé-Harrar, Annie (1940): Und eines Tages. 3. Auflage Hamburg: Toth.

France-Harrar, Annie (2007 (1950)): Die letzte Chance. Für eine Zukunft ohne Not. München: Bayerischer Landwirtschaftsverlag. Neuauflage 2007 Haigerloch/Bittelbronn: BTQ e.V. und Blue Anathan Verlag. [https://www.detopia.de/F/France-Harrar-Humus/Texte/Die-letzte-Chance-2010.pdf]

Francé-Harrar, Annie (2013 (1957)): Humus – Bodenleben und Fruchtbarkeit. München: Bayerischer Landwirtschaftsverlag. Fritz, Ines (Hg.) ePUB der Papierausgabe von 1957, ergänzt durch Begriffserklärungen und Anmerkungen. [https://boku.ac.at/humusplattform/humusbuch]

Francé-Harrar, Annie (1962): So war's um Neunzehnhundert. Mein Fin de Siècle. München/Wien: Albert Langen – Georg Müller.

Francé-Harrar, Annie (Hg.) (1962): Lebenslehre für Jedermann. Berlin: Telos.

Francé-Harrar, Annie (2013 (1964)): Leben wird aus dem Stein. Der Portländer 3, S. 34–43. Neu editierte und kommentierte, weitgehend unveränderte Gesamtausgabe des Artikels von 1964 mit 44 Seiten, 8 Bildtafeln, Erklärungen. Editiert durch Dr. Ines Fritz (2013). [https://boku.ac.at/humusplattform/humusbuch] Dazu auch: Fritz, Ines (Hg.) (2015): Lehrvideos »Humus Formation«. [https://vimeo.com/122856716 und https://vimeo.com/133320650]

Francé-Harrar, Annie (1966): Ich – das Tier – lebe so. Graz: Leopold Stocker.

Francé-Harrar, Annie (1967a): Ich – die Pflanze – lebe so. Graz: Leopold Stocker.

Francé-Harrar, Annie (1967b): Frag nicht, woher die Liebe kommt. München/Wien: Albert Langen – Georg Müller.

Francé-Harrar, Annie (1969): Ich unterhalte mich mit meinem Gartenboden. 7. Folge. In: Organische Land- und Gartenkultur 12(1), S. 1–6.

Francé-Harrar, Annie (1970): Die Welt, die es nicht mehr gibt. 5. Fortsetzung. In: Neue Illustrierte Wochenschau 44, 01.11.1970, S. 11–12.

Francé-Harrar, Annie (2011): Handbuch des Bodenlebens. Kirchberg/Jagst und Haigerloch/Bittelbronn: BTQ e.V. und Blue Anathan Verlag (nach der Manuskriptvorlage von 1959).

Francé, Raoul/ Francé-Harrar, Annie (1938): Sehnsucht nach dem Süden. Leipzig/M.-Ostrau: Kittls J. Nachfolger.

Quellen

Bock, Ilse (1986) Annie Francé-Harrar (1886–1970). Vorkämpferin für eine lebensrettende Humuswirtschaft. Vortrag im Bayerischen Rundfunk in München am 10. Juli 1986 (unveröff. Ms.).

Einstein, Albert: Brief vom 24. August 1951, Nachlass Raoul Francé und Annie Francé-Harrar, Oberösterreichisches Landesmuseum Linz.

Gespräch mit Ines Fritz am 9. Juni 2020 (Heide Inhetveen).

Gespräche und Korrespondenz mit Dr. Erna Aescht, 2020 (Heide Inhetveen).

Roth, René (o.J. a) Der Lebenslauf von Annie (Mayer) Francé Harrar (unveröff. Ms.).

Roth, René (o.J. b) Bibliografie der Werke von Annie Francé-Harrar (unveröff. Ms.).

Literatur

Aescht, Erna/Pichler, Franz/Roth, René (2011): Bibliographie Raoul Francé. [http://www.permakultur-forschungsinstitut.net/wp-content/uploads/2011/08/France-Biographie.pdf]

Aescht, Erna (2012): Annie Francé-Harrar. [https://stifterhaus.at/index.php?id=161 (Annie Francé-Harrar)]

Aescht, Erna (2014): Das verrückte Integral. Auguste Comte und das biozentrische Weltbild Raoul Francés. In: Les Cahiers philosophiques de Strasbourg 35, S. 217–253.

Bronsart von Schellendorff, Huberta (1924): Die Lebenslehre der Gegenwart. Eine Einführung in die objektive Philosophie. Stuttgart/Heilbronn: W. Seifert.

Bronsart, Dr. Huberta von (1965): Ein ganzes Leben für die Forschung. Annie Francé-Harrars unzerstörbare Vitalität und scharfgeschliffener Geist. In: Stuttgarter Nachrichten 233 vom 2. Oktober 1965, S. 40.

Fry, Patricia (2001): Bodenfruchtbarkeit – Bauernsicht und Forscherblick. Weikersheim: Margraf.

Hirsch, Andreas J. (2016): Boden lebt! Leben und Werk der Annie Francé-Harrar. Linz: Katalog des Oberösterreichischen Landesmuseums.

Kaiser-Heydenreich, Barbara (2011): Wer war Raoul Heinrich Francé? [https://btq-ev.de/blog/arbeitskreise-2/post/r-h-france-2]

Müllerott, Martin (1961): Francé, Raoul. In: Neue Deutsche Biographie 5, S. 313 f. [https://www.deutsche-biographie.de/pnd118692453.html#ndbcontent]

Strohmeier, Renate (1998): Lexikon der Naturwissenschaftlerinnen und naturkundigen Frauen Europas. Thun/Frankfurt/Main: Harri Deutsch, S. 108.

Tenschert, Gerhard (1986): Eine unermüdliche Kämpferin gegen Umweltsünden und Bodenzerstörung. In: abq-aktuell 34, S. 8.

Zimmermann, Werner (1954): Fruchtbare Erde. Das Lebenswerk von Annie Francé-Harrar. Drei-Eichen-Blätter 18, 1. April 1954, S. 3–10.

Annie Francé-Harrar. In: Munzinger Online/Personen – Internationales Biographisches Archiv. [http://www.munzinger.de/document/00000002567]

Agnes Fyfe (1898–1986)

Physiotherapeutin, Dozentin, Forscherin und Autorin zu biologisch-dynamischen Grundlagen

Agnes Fyfe ist am 10. Februar 1898 in Australien als Tochter schottischer Ausgewanderter geboren und aufgewachsen. Ihr Vater arbeitete für die Bank von England und war für den Bereich der Goldbergwerke zuständig. Im Alter von zehn Jahren zog die Familie nach England und fand in London Anschluss an die Theosophische Gesellschaft und einen künstlerisch-musikalisch-esoterischen Freundeskreis. Agnes absolvierte eine Ausbildung in Gymnastik, Tanz und Physiotherapie. Sie führte eine eigene Praxis mit sechs Assistent*innen und arbeitete als Dozentin, bis sie zusammen mit ihrer krebskranken Schwester zu deren Behandlung 1931 nach Arlesheim in die Schweiz übersiedelte. Die Schwester lebte noch zwei Jahre. Während dieser Zeit wurden beide Mitglieder der Anthroposophischen Gesellschaft.

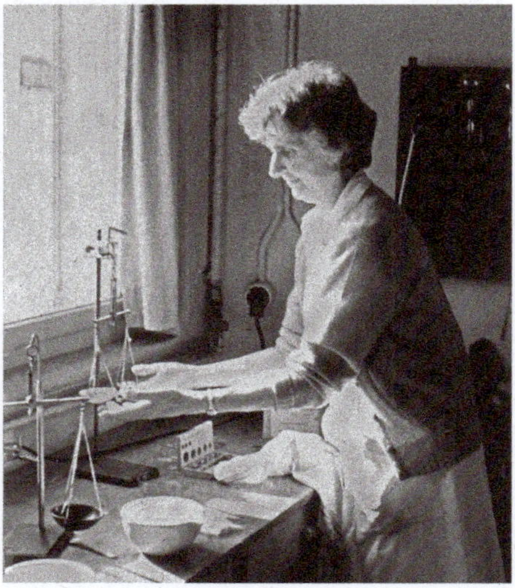

Agnes Fyfe im Labor

Danach lebte Agnes Fyfe abwechselnd in England und in der Schweiz. 1946 ließ sie sich endgültig in Arlesheim nieder und begann im Labor des Klinisch-Therapeutischen Instituts zu arbeiten. Als eine der wenigen Mitarbeiter*innen mit Fremdsprachenkenntnissen und einem Führerschein wurde sie von *Hiscia*, dem 1935 gegründeten Verein für Krebsforschung, beauftragt, Misteln für die Präparateherstellung aus Frankreich und der französischsprachigen Schweiz zu beschaffen.

Nach ersten Steigbild-Untersuchungen von Mistelsäften in Abhängigkeit vom Jahreslauf wandte sich Agnes Fyfe in den 1960er-Jahren der von *Lilly Kolisko* (1889–1976) begonnenen Planetenkonstellationsforschung zu. Es ist wahrscheinlich, dass die beiden Forscherinnen Kontakt zueinander hatten, doch fanden sich bislang keine Belege. »Miss Fyfe«, wie sie sich vorzustellen pflegte, konnte Koliskos Ergebnisse über Zusammenhänge zwischen Eigenschaften von Pflanzenextrakten und Planetenrhythmen mithilfe der Steigbildmethode experimentell wiederholen, bestätigen und erweitern.

Agnes Fyfe bei einer Führung

Ausgehend von der Annahme, dass ein Zusammenhang zwischen Planeten und Metallen bestehe, versuchte sie die Wirkung von Gestirns-Konstellationen in der Pflanzenwelt über Metalle sichtbar zu machen. 25 Jahre lang führte sie eine große Zahl von »Nachahmungsversuchen« durch, um die pflanzenbaulichen Wirkungen von Lösungen verschiedener Metalle und unterschiedlicher Konzentrationen in Abhängigkeit von Tages- und Nachtzeiten über bildschaffende Methoden zu ermitteln. Äußerste Disziplin und höchste Genauigkeit waren für das Lesen und Interpretieren der in den Versuchen gewonnenen Bilder notwendig: »Die geheimnisvolle, dauernd wechselnde Schönheit von den Bildern war eine Herausforderung zum Verständnis ihrer Sprache. Diese Arbeit brachte mir viele schwere Jahre«, so Fyfe in ihrem 1983 selbst verfassten Lebenslauf.

Im Laufe der Zeit ergänzte sie die Forschungen von Lilly Kolisko zu Blei und Saturn, Gold und Sonne, Silber und Mond sowie Jupiter und Zinn um die Planeten Venus, Merkur und Uranus und die ihnen zuzuordnenden Metalle Kupfer, Quecksilber und Silber. Agnes Fyfe zeigte in ihren Versuchen, »dass die Gestaltung eines Bildes vom Zeitpunkt abhängt, in welchem man die Pflanze aus ihrem Zusammenhang mit dem Erdboden löst.« (Fyfe 1978, S. 11)

Auch die Einflüsse geomagnetischer Strömungen auf die Entwicklungen der Steigbilder versuchte sie herauszuarbeiten. Bereitwillig zeigte die zeitlebens stets gut gekleidete und immer sehr aufrecht gehende »Miss Fyfe« interessierten Gästen ihre Arbeitsergebnisse zu den von ihr untersuchten, erstaunlichen Phänomenen der Pflanzenwelt. Detail- und bilderreich präsentierte sie ihre Untersuchungen in zahlreichen Büchern und Zeitschriften. Ihre Grundlagenforschungen wurden in der Folgezeit zur Weiterentwicklung von Heilmitteln gegen Krebs verwendet. Basierend auf ihren Arbeiten werden bis heute die geeigneten Erntetage für Therapiemisteln bestimmt.

Am 9. September 1986 ist Agnes Fyfe mit 88 Jahren nach einem Gehirnschlag in der Ita-Wegman-Klinik in Arlesheim gestorben.

Ausgewählte Werke

Fyfe, Agnes (1967): Die Signatur des Mondes im Pflanzenreich. Kapillardynamische Untersuchungsergebnisse I. Stuttgart: Freies Geistesleben.

Fyfe, Agnes (1969): Die Mistel im Jahreslauf. Beitrag zu den Pflückzeiten. In: Elemente der Naturwissenschaft 10(1), S. 22–34.

Fyfe, Agnes (1973): Die Signatur des Merkurs im Pflanzenreich. Kapillardynamische Untersuchungsergebnisse II. Stuttgart: Freies Geistesleben.

Fyfe, Agnes (1973): Pflückzeiten der Mistel. In: Beiträge einer erweiterten Heilkunst 6, S. 234–236.

Fyfe, Agnes (1974): Die kapillar-dynamische Untersuchung von Mistelsäften. In: Weleda Korrespondenz-Blätter für Ärzte 86, S. 26–34.

Fyfe, Agnes (1978): Die Signatur der Venus im Pflanzenreich. Kapillardynamische Untersuchungsergebnisse III. Stuttgart: Freies Geistesleben.

Fyfe, Agnes (1984): Die Signatur des Uranus im Pflanzenreich. Kapillardynamische Untersuchungsergebnisse IV. Stuttgart: Freies Geistesleben.

Quellen

Fyfe, Agnes (1983): Selbst verfasster Lebenslauf. 2003 überreicht von Janet Barker, Schweiz.

Gespräch am 26. März 2003 in Arlesheim und Korrespondenz mit Dr. Heidi Flückiger-Keller, 2020 (Mathilde Schmitt, Heide Inhetveen).

Korrespondenz mit Dr. Claudia Scherr, 2020/2021 (Mathilde Schmitt)

Literatur

Flückiger, Heidi (2000): Bildschaffende Methoden I. In: MISTILTEINN 1, 14–17.

Heinze, Hans (1979): Planeten-Rhythmen-Forschung mit langjährigen täglichen kapillardynamischen Untersuchungen an pflanzlichem Material durch Agnes Fyfe. In: Maria Thun/Hans Heinze (Hg.): Mondrhythmen im siderischen Umlauf und Pflanzenwachstum. Darmstadt: Forschungsinstitut für biologisch-dynamische Wirtschaftsweise, S. 123–124.

Hella Glashoff (1901–1992)

Gärtnerin, Diplom-Inspektorin für Garten- und Landschaftsbau, Auskunftsstellenleiterin und Beraterin für die biologisch-dynamische Wirtschaftsweise

Helene Glashoff, stets Hella genannt, wurde am 17. Februar 1901 als zweites von vier Kindern in eine Forstfamilie im Saarland geboren; sie wuchs mit ihren Geschwistern sehr naturverbunden auf. Einer Anstellung des Vaters als Forstmeister folgend, übersiedelten sie nach Bremervörde im Norden Niedersachsens. In der damaligen Kreisstadt konnten Hella und ihre beiden Schwestern das Bildungsangebot leichter nutzen und Abitur machen. Mit dem Berufsziel einer Gärtnerin vor Augen trat Hella zunächst in die Staudengärtnerei Goos & Koenemann, Niederwalluf, ein. Sie setzte ihre Ausbildung später fort »im Obstmuttergarten der Landwirtschaftskammer Schleswig-Holstein, Kiel, einer Baumschule in der Nähe von Kiel, Gärtnerei Köhler, Berlin-Steglitz und [...] der Gärtner-Lehranstalt in Berlin Dahlem – Abteilung Gartengestaltung«, wie sie in einem unveröffentlichten Manuskript *Über die Arbeit von meiner Ausbildung bis 1952* ausführte. Bereits während ihrer Lehrzeit und auch später als Assistentin der Abteilung Gartengestaltung an der Gärtner-Lehranstalt Geisenheim bereitete ihr der Umgang mit chemischen Dünge- und Pflanzenbehandlungsmitteln Unbehagen.

> »Da hörte ich eines Tages von einem Dahlemer Semesterkollegen, dass es eine Richtung gäbe, die ohne künstliche Düngemittel und giftige Schädlingsbekämpfungsmittel arbeite und dass der Gartenarchitekt Max Karl Schwarz, Worpswede, der an dem landwirtschaftlichen Kurs von Dr. Rudolf Steiner in Koberwitz teilgenommen habe und seinen kleinen gärtnerischen Betrieb – Staudenkulturen, Obst- u. Gemüsebau, Gewächshauskulturen nach der biol.-dyn. Wirtschaftsweise bearbeite. Nun war mein Bestreben, diesen Betrieb und die Arbeit dort kennen zu lernen, wollte mich um eine Mitarbeit bewerben. Aber eine Kollegin, die Auslandsdeutsche war und für die es viel schwerer war in der grossen Arbeitslosenzeit, eine Anstellung zu finden, kam mir zuvor, ich bewarb mich nicht, besuchte aber bei nächster Gelegenheit den Betrieb von Herrn Schwarz und war tief beeindruckt von dem, was ich dort erleben durfte, erhielt eine Einladung zur nächsten Gärtnertagung, die im November 1931 stattfand.«

Nach dieser Tagung bekam sie eine Anfrage von Max Karl Schwarz, ob sie »die Leitung des gärtnerischen Betriebes in die Hand nehmen wolle«, die sie begeistert sofort bejahte. Durch das gute Betriebsklima in Worpswede und die Überlassung eines Exemplars des *Landwirtschaftlichen Kursus* – ein besonderer Vertrauensbeweis, da sie kein Mitglied der Anthroposophischen Gesellschaft war – konnte sie sich schnell in die Besonderheiten der biologisch-dynamischen Wirtschaftsweise einarbeiten.

Als inzwischen ausgewiesene Expertin für Gartengestaltung wurde sie bald darauf vom evangelischen Sozialreformer Pastor Gustav von Bodelschwingh (1872–1944) beauftragt, die Verantwortung für die Planung von Gärten und Siedlungsstellen in der Heimstätte Dünne im ostwestfälischen Kreis Herford zu übernehmen. Zu dieser Aufgabe gehörte auch, Arbeiterfamilien beim Bau eines Lehmhauses auf eigenem Grund anzuleiten und zu unterstützen. Hella Glashoff scheint diese Aufgaben gut gemeistert zu haben, denn daraufhin wurde sie zunächst nach Island und anschließend nach Jeggen bei Osnabrück gerufen, um ihre Erfahrungen bei der Entwicklung von Heimen für Kinder aus sozial benachteiligten Familien einzubringen. Hierfür entwickelte sie ein ganzheitlich ausgerichtetes Selbstversorgungs- und Unterrichtskonzept; Landwirtschaft und Gartenbau wurden nach den Richtlinien der biologisch-dynamischen Wirtschaftsweise betrieben.

Hella Glashoff

Etwa 1936 wurde Hella Glashoff angefragt, in Worpswede Versuchsarbeiten von Eva Schwarz zu übernehmen und auch beratend tätig zu werden. Sie zog wieder nach Worspwede und führte Versuche zu Aussaatterminen, Saatbädern und biologisch-dynamischen Spritzpräparaten durch. Sicherlich wusste sie auch um die wöchentlichen Worpsweder Lieferungen einer Gemüsekiste an den Stellvertreter des Führers Rudolf Hess. (Krogmann 2011, S. 91 und 244) Über ihre Forschungs-, Lehr- und Beratungstätigkeit hinaus engagierte sie sich für die Lehmbauweise und die Anlage von Hecken.

Während der Zeit des Zweiten Weltkrieges zog sie auf den Bauckhof in der Lüneburger Heide, der nach dem Verbot der Anthroposophischen Gesellschaft 1935 von der Gestapo nur wenig behelligt wurde. Hella Glashoff erhielt auch 1941 kein Arbeitsverbot und konnte ihre Beratungstätigkeit im norddeutschen Raum aufrechterhalten. Für ihre Reisetätigkeit organisierte der damalige Bereichsleiter des Bodenwirtschaftsdienstes, der der biologisch-dynamischen Wirtschaftsweise gegenüber aufgeschlossen war, eine Bescheinigung, dass sie »in dringlichstem Reichsinteresse« Dienstreisen zu unternehmen habe. Finanziell unterstützt wurde sie von einer Mäzenin, Frau von Borsig, die über ihre Erbschaft frei verfügen konnte.

Hella unterhielt einen sehr bescheidenen Lebensstil, den sie auch aufrecht hielt, nachdem sich ihre materielle Lage entspannt hatte. Typisch für Menschen ihrer Generation, die mit knappen Ressourcen konfrontiert waren, sammelte sie alles Mögliche, das eventuell noch einmal gebraucht werden konnte. Wenn sie Geld zur Verfügung hatte, etwa durch ein Erbe ihrer verstorbenen Schwestern, unterstützte sie damit großzügig andere, zum Beispiel eine entfernte Verwandte, als diese heiratete und zusammen mit ihrem Mann einen Demeterhof aufbaute. Für sich selbst hatte Hella Glashoff in der Nähe von Glückstadt an der Elbe einen weitläufigen Obstgarten mit einem einfachen Haus erworben, den sie als Gärtnerin zur Existenzabsicherung bewirtschaften wollte. Ihrer gefragten Beratungstätigkeit und den damit verbundenen häufigen Abwesenheiten geschuldet, kultivierte sie dort nur ausdauernde Obstkulturen, etwa Apfelbäume und Johannisbeeren.

Durch einen Zugunfall verlor Hella Glashoff ihren rechten Arm. Mit größter Selbstdisziplin begann sie bereits im Krankenhaus mit Schreibübungen mit der linken Hand und entwickelte eigene Arbeitstechniken, um auch mit einem Arm gut zurecht zu kommen. Mehrere Gesprächspartner*innen, die persönlich mit Hella Glashoff zu tun hatten, äußerten, dass sie gesagt habe, das damit einhergegangene übersinnliche Erlebnis sei »einen Arm wert« gewesen.

Immer wieder kam Hella Glashoff als einer der wenigen Frauen in landwirtschaftlichen und gärtnerischen Arbeitsgemeinschaften eine Pionierinnenrolle zu, so etwa in der 1935 gegründeten Bäuerlichen Gesellschaft in Klein-Süstedt, Kreis Uelzen. 1946 nahm sie als eine von drei Frauen und 21 Männern in Stuttgart an der konstituierenden Sitzung des *Forschungsrings für biologisch-dynamische Wirtschaftsweise* nach dem Zweiten Weltkrieg teil. Unter anderem wurde damals beschlossen, die Beratungsarbeit regional zu organisieren. Viele Jahre leitete Hella Glashoff daraufhin die *Auskunftsstelle für biologisch-dynamische Wirtschaftsweise* in Norddeutschland und übernahm die Herstellung und Verteilung der biologisch-dynamischen Präparate. Neben fünf Männern in anderen Regionen Deutschlands und *Erika Riese* in Dornach blieb sie längere Zeit die einzige Frau in der Position der Auskunftsstellenleitung.

Zeitlebens erweiterte sie ihr Verständnis von Naturvorgängen und las mit Bekannten den *Landwirtschaftlichen Kursus* und Werke zur ganzheitlichen Naturbetrachtung. Ihr besonderes Interesse galt dabei den Bäumen. Zusammen mit ihren Schwestern nahm sie auch an dendrologischen Exkursionen und Bildungsreisen teil.

Als ihre ältere Schwester Hilde erkrankte und Unterstützung benötigte, übernahm Hella die Organisation ihrer Pflege. Nach deren Tod im Jahr 1991 verkaufte sie ihr eigenes Anwesen und zog in das Haus der Schwester in Bremervörde, »um nun alle Dinge in Ruhe ordnen zu können«. (Nachruf Hinnerk Lenz) Nach einem Sturz verstarb Hella Glashoff am 11. Juni 1992.

Der Gartengestalterin kann zukünftig auch in Form einer Staude erinnert werden. 1995 benannte Ernst Pagel eine von ihm gezüchtete Hohe Goldgarbe der Familie der Asteraceae nach Hella Glashoff.

Ausgewählte Werke

Glashoff, Hella/Diller, Max (1931): Einzelversuche über Präparatewirkung und mit Tomatenkompost. In: Demeter 6(9), S. 168–171.

Glashoff, Hella (1939): Vom Aufbau der Kinderheimstätte Jeggen. In: Demeter 14(3), S. 43–47.

Glashoff, Hella (1952): Der Kreil, ein Universalgerät für den Garten. In: Lebendige Erde, 3(1–2), S. 30–32.

Glashoff, Hella (1956): Etwas vom Düngen im Obstbau. In: Lebendige Erde, 7(1-2), S. 30–33.

Quellen

Abschrift einer Bescheinigung des Bodenwirtschaftsdienstes, Berlin 22. Januar 1945.

Gespräche und Korrespondenzen mit Jan Folte, Dorothee Glashoff, Gabriele und Hinnerk Lenz, 2021 (Mathilde Schmitt).

Glashoff, Hella (o. J.): Über die Arbeit von meiner Ausbildung bis 1952 (maschinengeschriebenes unveröffentlichtes Manuskript).

[https://de.wikipedia.org/wiki/Gustav_von_Bodelschwingh]

[https://heimstaette-duenne.de/]

Lenz, Hinnerk (1991): Nachruf für Frau Hella Glashoff für die gärtnerische Arbeitsgemeinschaft.

Literatur

Koepf, Herbert H./Plato, Bodo von (2001): Die biologisch-dynamische Wirtschaftsweise im 20. Jahrhundert. Dornach: Verlag am Goetheanum.

Krogmann, Ferdinand (2011): Worpswede im Dritten Reich 1933–1945. Bremen: Donat Verlag.

Scharmer, Dieter (o. J.): Glashoff, Hella. Landwirtschaftsberaterin. [biographien.kulturimpuls.org/detail.php?&id=922]

Scharmer, Joachim (1993): Hella Glashoff. In: Bäuerliche Gesellschaft NW-Deutschland (Hg.): Rudolf Steiners landwirtschaftlicher Impuls. 40 Jahre Bäuerliche Gesellschaft. Amelinghausen, S. 68–70.

Dr. Ursula Graf (* 1948)

Diplom-Landwirtin, Pflanzenphysiologin, Lebensmittelforscherin, Expertin für bildschaffende Methoden, Institutsgründerin, Autorin

Ursula Graf wurde am 27. Juli 1948 in Zürich (Schweiz) als Tochter von H. W. Graf-Keller und Alice Graf geb. Keller geboren. Sie wuchs auf dem elterlichen Bauernhof in Kempten, einem Ortsteil der Gemeinde (heute Stadt) Wetzikon im Kanton Zürich, auf. 1961 wechselte sie von der Kemptener Primarschule an das Gymnasium der erst fünf Jahre zuvor erbauten Kantonsschule Zürcher Oberland in Wetzikon. Nach der Matura mit den Schwerpunktfächern Latein und Griechisch und einem landwirtschaftlichen Praktikum studierte sie ab 1968 Agrarwissenschaften an der ETH, der Eidgenössisch-Technischen Hochschule in Zürich. In diesem Jahr wurde zum ersten Mal eine Frau, die Geobotanikerin Krystina Urbanska, zur Professorin an der ETH ernannt. 1972 erhielt Ursula Graf ihr Diplom.

Die nächsten vier Jahre verbrachte sie als wissenschaftliche Mitarbeiterin am Institut für Pflanzenbau und forschte für ihre Doktorarbeit. 1977 wurde sie mit der Dissertation »Darstellung verschiedener biologischer Landbaumethoden und Abklärung des Einflusses kosmischer Konstellationen auf das Pflanzenwachstum« an der ETH Zürich promoviert. Thema und ein achtzehnseitiges Literaturverzeichnis weisen Ursula Graf bereits als Expertin für die Entwicklung und die Praxis des ökologischen Landbaus aus. Sie erarbeitete eine Klassifikation der in Europa in größerem Umfang ausgeübten biologischen Landbaumethoden und untersuchte in mehrjährigen Feldversuchen auf einem konventionell und einem benachbarten biologisch-dynamisch bewirtschafteten Betrieb, ob der Einfluss von Mond-Tierkreis-Konstellationen auf das Pflanzenwachstum nach *Maria Thun* von der Qualität der Bodenfruchtbarkeit abhängt und damit in einem biologisch-dynamischen Betrieb deutlicher sichtbar wird. Zu Beginn der 1970er-Jahre war das ein sehr ambitionierter Forschungsansatz, der jedoch mit den damals verfügbaren Untersuchungsmethoden kaum valide Ergebnisse erbringen konnte.

1979 heiratete die junge Doktorin Ursula Graf den Chemiker Dr. Fritz Michael Balzer (1940–2006). Vielleicht war sie sogar durch ihn auf ihr Forschungsthema aufmerksam geworden. Fritz Balzer war während seiner Kaufmannslehre mit der Anthroposophie bekannt geworden und wollte sich nach Abschluss der Ausbildung in biologisch-dynamische Forschungsmethoden einarbeiten. Im April 1967 bot er Maria Thun seine Hilfe zu einem Zeitpunkt an, als sie mit Konstellationsversuchen und Experimenten zur Anwendung der biologisch-dynamischen Präparate begann und dringend Unterstützung benötigte. (Thun 2007, S. 44, Thun 2013, S. 49 f.) Balzer arbeitete auch während seines anschließenden Chemiestudiums in Marburg mit Maria Thun zusammen. Nach seiner Promotion gründete er 1975 ein eigenes Labor für ganzheitliche und standortgemäße Bodenbeurteilungen in Amoenau-Wetterberg bei Marburg, in dem er weiterhin auch zu Maria Thuns Boden- und Kompostversuchen Laborarbeiten unternahm. Vermutlich hat Ursula Graf ihren künftigen Ehemann spätestens im Laufe ihrer Feldstudien kennengelernt, denn Bodenuntersuchungen spielten in ihrer Doktorarbeit eine wichtige Rolle. Zudem ist ein Artikel über die Notwendigkeit und Praxis von Bodenuntersuchungen von Fritz Balzer (1976) in ihrer Dissertation zitiert.

Das Arbeitspaar

Im Grunde ergab sich nun eine vielversprechende Konstellation: Beide Eheleute waren naturwissenschaftlich hochqualifiziert und begeistert für die Forschung. Beide verband eine Nähe zur Anthroposophie und ein Interesse für biologisch-dynamische Forschungsmethoden, die sie auch in die seit Ende der 1970er-Jahre aktuelle Diskussion zur Überlegenheit des ökologischen gegenüber dem konventionellen Landbau einbringen wollten. Nun begann im Balzerschen Labor in Amoenau eine langjährige und fruchtbare gemeinsame Forschungsarbeit zu Landwirtschaft, Umwelt und Lebensmitteln, bei der sowohl die gängigen quantitativ-analytischen Methoden als auch alternative Ansätze wie die bildschaffenden Methoden zur Qualitätsbeurteilung von Böden und Lebensmitteln in Anwendung kamen. Mit diesem ganzheitlichen Ansatz waren beide im Agrarbereich Pioniere (Lünzer 2006) und daher als Kooperationspartner für die seit Ende der 1970er-Jahre zunehmenden Forschungsprojekte im Ökologischen Landbau ebenso wie als Gutachtende für die Landwirtschaft sehr gefragt. Zahlreiche Publikationen entstanden, entweder unter beider Namen oder unter einem Autor/ einer Autorin mit Erwähnung »in Zusammenarbeit mit …«.

Im gemeinsamen Rahmen der Paarproduktion gab es Schwerpunktsetzungen: Fritz Balzer war für Bodenanalysen und das unter der Bezeichnung »System Dr. Balzer« firmierende Verfahren zuständig. (Balzer 1984) Ursula hingegen vertiefte sich in die Analyse des Gesundheitswertes von Lebensmitteln mithilfe der bildschaffenden Methoden. Sie wurde damit zur Pionierin der Anwendung dieser alternativen Methoden im Agrarbereich.

Exkurs: Bildschaffende Methoden

Der Balzersche Untersuchungsansatz geht davon aus, dass Leben unter drei wichtigen Dimensionen betrachtet werden kann: stofflich, strukturell-gestalthaft und zeitlich. Dies gilt auch für Lebensmittel, die durch Lebensprozesse (Assimilation) gebildete lebendige Substanzen darstellen. Sie sind Stoff, haben eine strukturierte Gestalt und sind der Zeitlichkeit unterworfen. Bei der Ernte werden sie aus ihrem Lebenszusammenhang, dem Werden und Vergehen, herausgenommen, bleiben aber noch eine gewisse Zeit in ihrer jeweiligen Lebenstätigkeit erhalten. Ursula Balzer-Graf führte dafür den Begriff *Vitalaktivität* ein, die maßgeblich für den Gesundheitswert eines Lebensmittels sei. Eingriffe des Menschen wie Ernte, Zubereitung und Konservierung verändern die Lebensprozesse, verlangsamen oder schädigen die *Vitalaktivität.*

Während gängige Forschungsansätze mit immer feinerer Analytik die inhaltsstoffliche Zusammensetzung von Lebensmitteln bestimmen, nimmt Ursula Balzer die Lebensmittelsubstanz ganzheitlich in den Blick, indem sie (auch) deren Fähigkeit nutzt, Strukturen zu bilden. Sie greift dazu auf verschiedene sog. bildschaffende Methoden zurück, die von Forschern wie Pfeiffer, von Hahn, Hauschka und Forscherinnen wie *Kolisko*, *Selawry*, *Fyfe* und *Engquist* entwickelt wurden, um die strukturell-gestalthaften und zeitlichen Dimensionen einer lebenden Substanz fassbar zu machen. Dabei werden wässrige Auszüge der Untersuchungssubstanz und Metallsalzlösungen auf unterschiedliche Weise als Kupferchloridkristallisation, Steigbild oder Rundfilterchromatogramm in Reaktion gebracht und zu einer Gestaltbildung veranlasst. Es entsteht eine Fülle von Bildern, die systematisch morphologisch ausgewertet werden. Dazu muss deren Formensprache erlernt werden. Dies geschieht, indem der ganze Lebenszusammenhang, in dem ein Lebensmittel entsteht, sich verwandelt und verdirbt, über Bilderfolgen dokumentiert wird. Durch deren Studium wird das Typische eines Lebensmittels, die artspezifische Substanzgestalt erschlossen. Man erkennt, unter welchen Bedingungen sich die Substanzgestalt gut ausprägt oder aber ihren typischen Charakter verliert. Ausgehend von der Prämisse, dass sich das im Lebensmittel aktive Leben in der Substanzgestalt spiegelt und dass die jeweilige Formensprache bekannt ist, kann die entsprechende *Vitalaktivität* eines zu untersuchenden Lebensmittels »abgelesen« werden. So der Balzersche Ansatz, dessen Realisierung unter Laborbedingungen sich unglaublich aufwendig, zeit- und arbeitsintensiv darstellt, zumal für reproduzierbare Ergebnisse die Kombination mehrerer bildschaffender Methoden vorgesehen sind. »Die Qualifikation für den Umgang mit den ›unerhörten‹ Lebenspartituren setzt intensivste gedankliche, wissenschaftliche Auseinandersetzung, sehr hohe Professionalität voraus.« (Balzer-Graf 2001)

Zwei erfolgreiche Jahrzehnte

Das Balzersche Labor erhielt seit Beginn der 1980er-Jahre viele und große Forschungsaufträge von Hochschulen, Forschungseinrichtungen, Unternehmen und Privatpersonen. Ursula Balzer-Graf und ihr Mann bearbeiteten Qualitätsvergleiche von biologischen und konventionellen Produkten, untersuchten vergleichend die Qualität von Hybridsorten oder neue Verarbeitungsverfahren wie die Homogenisierung. Gegenüber bzw. ergänzend zu parallel eingesetzten Qualitätserfassungsmethoden (Analytik, Selbstzersetzungstest, Lagerversuch, Sensorik, Biophotonen) erwiesen sich die bildschaffenden Methoden »zur Zeit als sehr erfolgreicher methodischer Ansatz, die Dimension des Vitalen von Lebensmitteln experimentell neuartig und reproduzierbar darzustellen.« (Balzer-Graf 1994, S. 277) Fast nur nebenbei formuliert Balzer-Graf eine letztlich entscheidende Voraussetzung für die erfolgreiche Umsetzung dieses Ansatzes: »Er fordert aber vom Wissenschaftler ein neues Denken.«

Getrennte Wege

Ursula Balzer-Graf hat den gemeinsamen Forschungsansatz zusammenfassend in einer Publikation zu einer Tagung der Stiftung Ökologie und Landbau an der Universität Stuttgart-Hohenheim 1994 ein letztes Mal 2001 dargestellt. (Balzer-Graf 2001) Mitte der 1990er-Jahre hatten sich die Wege des Arbeitspaares bereits getrennt, wenngleich sie sich auf den ersten Blick erstaunlich ähnlich gestalteten:

Fritz Balzer gründete 1994 in Amoenau-Wetter die *Ehrenfried Pfeiffer Ausbildungs- und Forschungsstätte*. Dort erforschte und unterrichtete er, wie eine ganzheitliche Qualitätserfassung von Boden und Pflanze durch eine Verknüpfung herkömmlicher Analytik mit bildschaffenden Methoden gelingen kann. In Nachfolge von Ehrenfried Pfeiffer eine Brücke zwischen der allgemeinen Naturwissenschaft und einer spirituellen anthroposophischen Naturerkenntnis zu entwickeln und weiterzugeben, blieb sein großes Anliegen. Nach Balzers Tod 2006 wurde das Labor unter dem Namen *Agrofor Consulting (vorm. Labor Dr. Fritz Balzer) Ganzheitliche Qualitätserfassung* fortgeführt.

Ursula Balzer-Graf ging nach der Trennung in die Schweiz zurück und gründete auf ihrem Gutshof in der Stadt Wetzikon ein eigenes *Forschungsinstitut für Vitalqualität (FiV)*. Ihr Vorhaben formuliert und veranschaulicht sie in einer großen Bildmappe *Qualität – ein Er-Lebnis!* von 1996. Nach wie vor ging es ihr darum, »Qualitäten von landwirtschaftlichen Produkten aus Anbauverfahren unterschiedlichen Ökologisierungsgrades sowie Produkte aus unterschiedlichen Verarbeitungsverfahren erfolgreich zu differenzieren und qualitativ einzustufen.« Als ein zweites Anliegen formuliert Ursula Graf in ihrer Präsentationsmappe die Hoffnung, dass – im Gefolge der wachsenden Anerkennung des ökologischen Landbaus – auch unkonventionelle Forschungsansätze wie die bildschaffenden Methoden stärkere wissenschaftliche Wertschätzung und Verbreitung erfahren. Im FiV sollte dafür Forschung mit Lehre verknüpft werden: »Um dieser zukunftsweisenden Forschungsrichtung mehr Gewicht, mehr Akzeptanz zu verschaffen, müssen mehr Wissenschaftler in dieser Arbeit qualifiziert werden«. (Balzer-Graf 2001) Ursula Balzer-Graf richtete dazu einen dreijährigen Lehrgang zur Weiterqualifikation von Agronom*innen ein.

In den folgenden Jahren untersuchte sie – anfangs noch unter dem Doppelnamen Balzer-Graf – die Vitalqualität verschiedenster Pflanzen wie Weizen, Dinkel, Möhren und von Säften. Sie bearbeitete Anfragen und Aufträge aus der Bio-Lebensmittelbranche, verfasste mehrere Grundlagenartikel (Balzer-Graf 1994, 1997, 2001) und stellte Lehrmaterialien zusammen (Balzer-Graf 1996). Berichte im Rahmen ihrer Auftragsforschung für Unternehmen blieben unveröffentlicht.

Seit der Jahrtausendwende ist es um die Anwendung bildschaffender Methoden in der allgemeinen Forschung zum ökologischen Landbau stiller geworden. Ein Grund ist sicherlich der ungeheure Arbeits- und Zeitaufwand, der mit diesem Forschungsansatz verbunden ist. Zudem haben sich die Forschungsaufgaben im ökologischen Landbau parallel zu seiner Etablierung innerhalb der Lebensmittelbranche verändert. Tierwohl oder der Zustand der Böden werfen heute drängende Forschungsfragen auf. Die Qualität ökologischer gegenüber konventionellen Lebensmitteln wird kaum mehr wie in den 1970er-Jahren infrage gestellt; dazu haben auch die Standardisierung über Biosiegel, eine intensive Aufklärung der Verbraucher*innen und das gewachsene Wissen um unterschiedliche biologische Anbauformen beigetragen. Ursula Graf kommt das Verdienst zu, Kombinationen der verschiedenen bildschaffenden Methoden zur *Vitalanalyse* und dem in den Naturwissenschaften weit verbreiteten Blindversuch für die bildschaffenden Methoden ausgearbeitet zu haben. Sie zeigte auf, dass auch diese Methoden wichtige Kriterien der Wissenschaftlichkeit wie Objektivität und Reproduzierbarkeit erfüllen, und wurde zur international bekannten Expertin auf ihrem Gebiet.

Ausgewählte Werke

Graf, Ursula (1977): Darstellung verschiedener biologischer Landbaumethoden und Abklärung des Einflusses kosmischer Konstellationen auf das Pflanzenwachstum. Dissertation: ETH Zürich.

Balzer, Friedrich/Balzer-Graf, Ursula R. (1984): Bodenanalyse System Dr. Balzer. 2. Teil: Beispiele aus der Praxis. Lebendige Erde 2(84), S. 66–71.

Balzer, Fritz M./Balzer-Graf, Ursula R. (1984:) Bodenanalyse System Dr. Balzer. 3. Teil: Erfahrungen aus Vergleichsversuchen zum konventionellen und biologischen Anbau. In: Lebendige Erde 4(84), S. 151–156.

Balzer-Graf, Ursula (1987): Vitalaktivität von Nahrungsmitteln im Spiegel bildschaffender Methoden. Elemente der Naturwissenschaft 46, S. 69–92.

Balzer-Graf, Ursula (1994): Die Qualität ökologisch erzeugter Produkte. Eine Herausforderung zu einer Erweiterung der Wissenschaft. In: Jochen Mayer et al. (Hg.): Ökologischer Landbau – Perspektive für die Zukunft! Beiträge zur Überwindung der Agrarkrise. Bad Dürkheim: SÖL, S. 261–290.

Balzer-Graf, Ursula (1996): Qualität – ein Er-Lebnis! Vitalqualität von Nahrungsmitteln im Spiegel bildschaffender Methoden. Mappe. Uster/Schweiz: Leo Willimann.

Balzer-Graf, Ursula (1997): Vitalqualität von Nahrungsmitteln – eine Erweiterung analytischer Qualitätsuntersuchungen. In: Rosemarie Rist/Michael Rist (Hg.): Biologischer Landbau statt Genmanipulation. Reinach/BL: Schriftenreihe der Johannes Kreyenbühl Akademie, S. 24–30.

Balzer-Graf, Ursula (1997): Vitalqualitätsuntersuchungen von transgenen Kartoffeln. In: Rosemarie Rist/Michael Rist (Hg.): Biologischer Landbau statt Genmanipulation. Reinach/BL: Schriftenreihe der Johannes Kreyenbühl Akademie, S. 31–42.

Balzer-Graf, Ursula (1999): Qualität für die Ernährung. In: H.-J. Reents/U. Mück (Hg.): Alte und neue Dinkelsorten, Band 10 Schriftenreihe Darmstadt: Institut für biologisch-dynamische Forschung, S. 31–37.

Balzer-Graf, Ursula (2001): Vitalqualität – Qualitätsforschung mit bildschaffenden Methoden. Ökologie & Landbau 117(1), S. 22 ff. [https://www.robkalmeijer.nl/techniek/magnetronoven/vitalqualitaet.pdf]

Balzer-Graf, Ursula/Balzer, Fritz (1991): Steigbild und Kupferchloridkristallisation – Spiegel der Vitalaktivität von Lebensmitteln. In: Angelika Meier-Ploeger/Hartmut Vogtmann (Hg.): Lebensmittelqualität – ganzheitliche Methoden und Konzepte. Karlsruhe: C. F. Müller, S. 163–210.

Literatur

Lünzer, Immo (2006): Nachruf Dr. Balzer. [http://www.agrofor.de/labor/nachruf_dr__balzer.htm]

Thun, Maria (2007): Aussaattage. Biedenkopf/Lahn: M.Thun-Verlag.

Thun, Maria (2013): Aussaattage. Biedenkopf/Lahn: Aussaattage-VerlagThun & Thun OHG.

Ingeborg Haensel (1921–2014)

Gärtnerin, Gutssekretärin, Pionierin des biologisch-dynamischen Samenbaus, Umweltaktivistin, Autorin

»Was wird, wird still«

Als Ingeborg Haensel sich im Oktober 1973 auf eine ausgeschriebene Lehrstelle für biologisch-dynamische Gemüsesamenerzeugung bewarb, war sie bereits 52 Jahre alt, verheiratet und Mutter von vier Kindern. Sie hatte mit ihrem Mann ein kleines Siedlungshaus erbaut und bewirtschaftete einen kleinen Nebenerwerbsbetrieb nach biologisch-dynamischen Richtlinien. Schwere Zeiten lagen hinter ihr, ein neuer Weg vor ihr.

Ein Kind der Lebensrefombewegung

Die Geburt von Ingeborg Haensel fällt nicht nur zeitlich in die nach dem Ersten Weltkrieg neu erwachende deutsche Lebensreform- und Jugendbewegung. Sie ist vielmehr selbst ein Teil der spektakulärsten und bis heute viel kommentierten Phase dieser Bewegung.

Ingeborgs Mutter Johanna Rößler (1894–1972), lebensreformerisch und anthroposophisch geprägt, lernte in der Wandervogelbewegung Friedrich Muck-Lamberty (1891–1984) kennen und lieben. »Muck«, einer der jüngsten einer zwölfköpfigen Kinderschar, war klein von Gestalt, aber von großer Ausstrahlung. Er avancierte zum charismatischen Führer der »Neuen Schar«: junge Menschen, die in den Jahren 1920 und 1921 singend, tanzend und ihre neuen Vorstellungen von einem »guten Leben« verkündend durch Thüringen wanderten und Tausende von Kindern und Erwachsenen in ihren Bann zogen.

Am 5. Mai 1921 brachte Friedrich Lambertys Gefährtin, die »lichte Hanne«, im ehemaligen Forsthaus des Weilers Fischbachwiese bei Neuhaus am Rennweg ihre Tochter Ingeborg Solinde zur Welt, das »Eschekindelein«, wie sie ihr Vater nannte. Muck-Lamberty lebte im Sinne der Lebensreform vegetarisch, trank keinen Alkohol, rauchte nicht, aber er liebte auch andere Frauen, eine große Herausforderung für die damaligen Moralvorstellungen. Johanna Rößler wurde wegen ihrer Loyalität zum »unmoralischen« Vater ihres Kindes aus der »Neuen Schar« verstoßen. Die beiden lebten mit dem Säugling noch eine Weile in einem Gartenhaus des Naumburger Stadtbaumeisters Friedrich Hossfeld. Dann trennte sich Johanna von Muck: »Ich will ihn freigeben. Er hat mir viel geholfen. Ich trage dieses Kind als eine Kraft, die unsere Zeit mitheilen soll«, begründete sie ihren Schritt und formulierte damit eine Art Lebensauftrag für ihre Tochter. (Linse 1983, S. 120) In den 1920er-Jahren als nichteheliches Kind und ohne Vater aufzuwachsen, bedeutete für Ingeborg lange Jahre »eine große innere Last«, wie sie im Gespräch 2002 formulierte (alle folgenden Zitate ohne Quellenangabe sind den Gesprächen mit Ingeborg Haensel im Jahr 2002 entnommen). Mit zehn Jahren kam sie auf den kleinen Demeterhof eines Onkels im türingischen Dörfchen Maina bei Weimar. Hier begegnete ihr zum ersten Mal die biologisch-dynamische Wirtschaftsweise. Sie liebte die Tiere, hatte ein eigenes Beet mit Akeleien und Rittersporn und sammelte Feldsalat, der auf dem Weimarer Markt verkauft wurde. Schwer war die Schulzeit; sie fühlte sich als nichteheliches Kind ausgegrenzt, grübelte viel über die Geschichte ihrer Eltern nach und brach das Gymnasium schließlich ab. Mit 16 Jahren fuhr sie zu ihrem Vater, der inzwischen mit großer Familie als bekannter Kunsthandwerker und erfolgreicher Unternehmer in Naumburg lebte, und »stellte ihn zur Rede«.

Mit diesem mutigen Schritt einer Selbstermächtigung, dem Besuch einer BDM-Haushaltungsschule und neuen Freundinnen gewann Ingeborg Rößler – wie sie berichtete – neues Selbstbewusstsein. Ihr Berufswunsch klärte sich: Dem Land- und Gartenbau gehörte ihre Leidenschaft. Nach dem Reichsarbeitsdienst in einer Gärtnerei in Westfalen machte sie 1939 eine land- und hauswirtschaftliche Ausbildung in Landwehrhagen auf einem großen Mischbetrieb von 35 Hektar. Sie arbeitete auf Höfen in Schleswig-Holstein und bei Braunschweig. Stets motiviert und gefördert durch ihre Mutter, ließ sie sich in Leipzig zur Gutssekretärin ausbilden. Obwohl ihr beruflicher Werdegang vollständig in die NS-Zeit fiel, taucht in ihren Erinnerungen die damalige politische Situation nicht auf.

Heirat, Flucht und Nebenerwerbsbäuerin

Ingeborg wollte »immer gern eine richtige Familie« haben und heiratete 1948 in Glauchau/Sachsen den zehn Jahre älteren Paul Haensel (1911–2005), einen aus Schlesien geflüchteten Landwirt. Bald nach der Hochzeit machte sich die junge Frau auf einen abenteuerlichen Weg in den Westen, um eine neue Heimat zu finden. Weder sollte ihr Mann in einem Uranbergwerk arbeiten müssen, noch ihre Kinder »bei den Russen« aufwachsen. Bereits schwanger, machte sie sich auf den Weg. Fünf Wochen war sie mit einem Fahrrad unterwegs, schlief in Scheunen und fand Arbeit bei Bauern, die sie aus ihrer Lehrzeit in Landwehrhagen kannte. Dann erfuhr sie, dass in einer Gastwirtschaft in dem Nachbardorf Spiekershausen zwei Zimmer frei waren. Wieder zurück in Glauchau, überzeugte sie ihren Mann und organisierte den Versand ihres Hausrats. Tochter Ingrid wurde 1949 bereits im Gasthaus »Fulda-Garten« geboren, 1950 dann Tochter Gisela. Große Armut und viel Arbeit kennzeichneten die Anfangsjahre. Paul Haensel arbeitete als Bauhilfsarbeiter in Kassel. Das Paar bewirtschaftete einen Garten an der Fulda, »mein erstes Land«. Die beiden Töchter wurden im Kinderwagen mitgenommen und wuchsen im Garten auf.

Ingeborg Haensel mit den Töchtern Ingrid und Gisela

Im Rahmen des Bundesvertriebenengesetzes hatte die Bundesregierung von 1953 bis 1957 Programme zur Neuansiedlung von Vertriebenen und Flüchtlingen aufgestellt. Zu ihnen gehörten auch die sogenannten Nebenerwerbssiedlungen, die ehemaligen Bauern einen Neuanfang ermöglichen sollten. Die detaillierte Ausgestaltung der Nebenerwerbssiedlungsprogramme lag in den Händen der Landwirtschaftsministerien der jeweiligen Bundesländer. Familie Haensel konnte 1955 eine der vom Land Niedersachsen eingerichteten Nebenerwerbsstellen ankaufen. Überwiegend in Eigenarbeit errichteten sie ein Siedlungshaus mit integriertem Stall. Drei Kühe, zeitweise auch ein Mastbulle, Pferd, Schaf, Hühner, Puten, Gänse und Enten wurden gehalten. Weitere vier Hektar landwirtschaftlicher Nutzflächen wurden dazu gepachtet. Paul Haensel fuhr mit einem kleinen Hanomag-Lastwagen frühmorgens über die Dörfer und holte die Milchkannen für die Molkerei ab; er sammelte Kies und Sand, übernahm Entrümpelungen und lieferte für ein Unternehmen Schubkarren aus. Ohne die Nebeneinkünfte aus dem Fuhrbetrieb wäre es kaum möglich gewesen, die beiden älteren Töchter die Waldorfschule in Kassel besuchen zu lassen.

Die Familie wuchs: 1958 wurde Sohn Rüdiger und 1961 Tochter Karin geboren. Wie konnten die Kinder gesund und natürlich ernährt werden? Ingeborg Haensel besann sich auf den Demeterhof ihrer Kindheit und besuchte 1959/60 erstmals einen Winterkurs bei dem Berater für biologisch-dynamische Wirtschaftsweise in Kassel, Hans Jürgen Freiherr Senfft von Pilsach (1900–1985). Danach nahm sie immer wieder an den von ihm geleiteten Zusammenkünften von Bauern und Gärtnern im Kasseler Umkreis teil. Sie begann, den Pferdemist, den ein Nachbar täglich brachte, nach biologisch-dynamischer Art zu präparieren, um Humus für die Wirtschaftsflächen zu gewinnen. Ihr Mann lachte zunächst darüber und blieb beim Streuen von Mineraldünger. Doch als die Erfolge ihrer neuen Wirtschaftsweise unübersehbar wurden, trat er ihr Stück für Stück vom Ackerland ab. Die Arbeit nahm entsprechend zu. »Ohne die Realhacke aus Bernburg [Pendelhacke] hätte ich das nicht geschafft.« Auch nicht ohne die älteren Töchter, die sich noch heute an das Hacken endloser Rübenzeilen erinnern.

Ende der 1960er-Jahre übernahm Paul Haensel eine Kohlenhandlung. »Dann haben wir Kohleneimer geschleppt«, erinnert sich Ingeborg Haensel. Sie, die so gerne reiste, hätte ihn lieber bei der Bundesbahn beschäftigt gesehen, konnte aber seinen Wunsch nach Selbstständigkeit nachvollziehen und übernahm als ausgebildete Gutssekretärin die Buchführung.

Es war eine innige Brieffreundschaft mit einem fast 30 Jahre älteren katholischen Geistlichen aus Belgien, dem Ingeborg Haensel die Erfahrung einer neuen inneren Freiheit zuschreibt, »einfach weil ich jemanden kannte, der sich dafür interessiert, was ich denke!« Er wurde eine Art Lebensberater für sie, bestätigte sie in ihrer Hinwendung zur Anthroposophie und ermutigte sie, ihrer »inneren Stimme zu folgen.«

Umweltaktivistin in Bewegung

Ingeborg Haensel erkannte die Zeichen der Zeit. Gesundheit und Wohlergehen der zukünftigen Generationen lagen ihr am Herzen. Seit 1971 engagierte sie sich in der Anti-Atomkraft-Bewegung, sammelte Unterschriften und nahm an Demonstrationen teil. Als 1978 eine Gruppe engagierter Studierender aus

Marburg ein Haus für ein Experiment, den ersten Bau eines Sonnenkollektors, suchten, stellten Haensels ihr Haus zur Verfügung und übernahmen die Kosten für das Material. Den Bau des Prototyps beschreibt sie als ein abenteuerliches, aber erfolgreiches learning by doing. Die Frage einer alternativen Energieversorgung beschäftigte Ingeborg Haensel ebenso wie die einer gesunden Ernährung, die sie zunehmend durch Saatgutmonopole und den Verlust an Sortenvielfalt bedroht sah. Sie registrierte aber auch die langsam, aber stetig wachsende Zahl von Biobetrieben und den immer dringlicher werdenden Bedarf an samenfestem biologischen Saatgut. Biologisch-dynamische Sämereien konnten nur von dem »Altmeister« der biologisch-dynamischen Saatgutzüchtung Ilmar Randuja (* 1926) in der Schweiz oder von Dr. Thomas Becker, dem Leiter der Forschungsstelle für biologisch-dynamische Samenerzeugung in Wybelsum, bezogen werden. Da wollte sie Abhilfe schaffen.

Das Jahr 1973 wurde zu Ingeborg Haensels Wendejahr: Im Januar 1973 bestellte sie bei Ilmar Randuja in Arlesheim erstmals »Sämereien zur Anbauerprobung« auf Spendenbasis. Im Herbst »bewarb« sie sich auf eine Lehrstelle bei der Wybelsumer Forschungsstelle. Dr. Becker übernahm sie – nicht als Lehrling, sondern als erste biologisch-dynamische Samenbauerin für seine Gemüsesamenzucht. Da es sich hier nicht nur um nachbaufähiges Bio-Saatgut handelte, sondern um *Demeter*-Saatgut, das besondere Maßnahmen für Aussaat, Pflege und Ernte erforderte, benötigte Ingeborg Haensel eine spezielle Anbaulizenz in Form des offiziellen *Demeter*-Schutzvertrages. Am 16. Dezember 1973 überreichte ihr Hans Jürgen Senfft von Pilsach aus Kassel das gewünschte Zertifikat:

> *»Bescheinigung*
> *Frau Ingeborg Haensel, Spiekershausen, beabsichtigt auf ihr und ihrem Mann gehörigen Areal und gepachtetem Land etwas verstärkt Demetergemüse als auch Demetersamenanbau in kleinerem Maßstabe zu betreiben und Letzteren an Dr. Becker zu liefern. […] Ich kenne Frau Haensel seit ca. 15 Jahren und weiß, mit welcher Verantwortlichkeit sie die Düngungsmaßnahmen der biologisch-dynamischen Wirtschaftsweise durchführt [… Sie ist] mit ganzem Herzen am Kulturimpuls Rudolf Steiners interessiert […] Man kann sicher sein, daß von ihr ernährungsphysiologisch ganz einwandfreie Demeterprodukte herangezogen werden.«*

Was hier als »Samenanbau in kleinerem Maßstab« bezeichnet wird, bestimmte und erfüllte für die nächsten 40 Jahre Arbeit und Leben von Ingeborg Haensel.

Subsistenzbäuerin und Samenbauerin

Als Ingeborg Haensel 1974 ihr neues Unternehmen startete, war sie beileibe keine Anfängerin mehr. Seit Jahren versorgte sie ihre Familie aus dem eigenen Garten, wendete biologisch-dynamische Präparate an und zog jedes Jahr für ihren Eigenbedarf Samen nach. Doch ein professioneller Samenbau erforderte mehr. Und sie wollte alles besonders gut machen: »Wie ich angefangen habe, habe ich nicht nach Geld gefragt, sondern ich wollte was Gutes tun. Ist es nicht schrecklich mit der Gentechnik? Die Schöpfung ist doch gut so, wie sie ist.«

Sie musste sich also weiterbilden. Im August 1974 erwarb sie das letzte Verlagsexemplar von Karl Reichelts *Der Gemüsesamenbau im landwirtschaftlichen Betriebe* aus der NS-Zeit (3. Auflage 1946), das nun zu ihrer »Bibel« für den Samenbau wurde: »Der Reichelt arbeitete zwar mit Kunstdünger, aber man wußte ja, wie man es besser machen könnte.« Sie ließ Kopien dieser Schrift anfertigen und verteilte sie an ihre Helfer*innen. Für ein vertieftes Verständnis der biologisch-dynamischen Wirtschaftsweise las sie zusammen mit Agrarstudierenden der Hochschule Witzenhausen mehrere Male den *Landwirtschaftlichen Kursus* von Rudolf Steiner. Sie besuchte Kurse und Vorträge: »Ich möchte so gerne Frau Balzer-Graf nochmal hören!« Das Wichtigste jedoch war das unaufhörliche Sammeln von Erfahrungen in der täglichen Praxis.

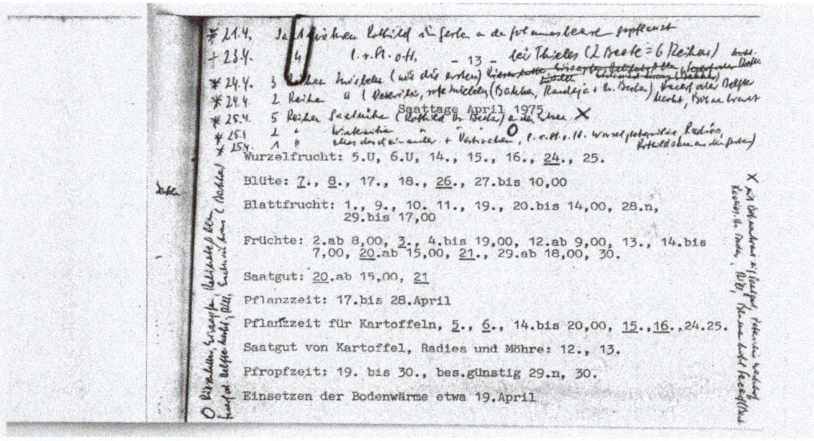

Saattage April 1975

Wurzelfrucht: 5.U, 6.U, 14., 15., 16., 24., 25.

Blüte: 7., 8., 17., 18., 26., 27.bis 10,00

Blattfrucht: 1., 9., 10. 11., 19., 20.bis 14,00, 28.n, 29.bis 17,00

Früchte: 2.ab 8,00, 3., 4.bis 19,00, 12.ab 9,00, 13., 14.bis 7,00, 20.ab 15,00, 21., 29.ab 18,00, 30.

Saatgut: 20.ab 15,00, 21

Pflanzzeit: 17.bis 28.April

Pflanzzeit für Kartoffeln, 5., 6., 14.bis 20,00, 15.,16.,24.25.

Saatgut von Kartoffel, Radies und Möhre: 12., 13.

Pfropfzeit: 19. bis 30., bes.günstig 29.n, 30.

Einsetzen der Bodenwärme etwa 19.April

Ingeborg Haensels Notizen im Thunschen Saatkalender für 1975

Das Wunder der Keimung

In einer Samengärtnerei, wie sie Ingeborg Haensel nun aufbaute, wurden alle notwendigen Arbeitsschritte vollzogen: der Anbau aus Samen, die Ernte der Pflanzen, die Aufbereitung und Reinigung des Saatgutes, das Testen der Keimfähigkeit und schließlich die Abfüllung in Tütchen. Alles war Handarbeit, vieles unter freiem Himmel.

Ihr erstes bei Ilmar Randuja bestelltes Sämereienpotpourri enthielt Samen von Erbsen, Freilandgurken, Rosenkohl Auslese, vielen Sorten Salat, Zwiebeln und von der Spezialzucht Freesia Sonnengold. Im Januar 1975 bestellte sie verschiedene Salate, Gurken, Petersilie, Dill, Salbei, Sonnenblumen und Rittersporn-Samen im Wert von knapp 100 DM von Dr. Becker, der sie auch nach einem Überweisungskonto fragte und »schöne Tage in Dornach« wünschte. Bei der Endabrechnung im Juni 1976 – sie hatte 9,2 Kilogramm Möhrensamen, 3,9 Kilo Kopfsalat-Samen, 11,3 Kilo Dillsamen, 10 Kilo Steckzwiebeln und vier weitere Samensorten geliefert – erzielte sie 1168,35 DM. Immer mehr kam dazu. In ihrer Broschüre von 2000 berichtet sie über den von ihr erprobten Samenbau von 46 Gemüsen und Kräutern sowie 46 Blumensorten.

Beim Säen orientierte sich die Samenbauerin am Kalender von *Maria Thun*; für den Kompost und den Boden verwendete sie die biologisch-dynamischen Präparate, die sie lange Zeit selbst herstellte.

Unendliche Arbeit bescherte dann das Aufbereiten und Reinigen des Saatgutes. Als sie von einer Lieferung von 27 Kilo Möhrensaatgut an Dr. Becker berichtete, fügte sie hinzu, dass sie »nächtelang dafür geschüttelt hatte«.

Der für sie spannendste Akt war die Überprüfung der Keimfähigkeit, der im Samenbau neben der Sortenfestigkeit größte Bedeutung zukommt. Eine möglichst lange Keimdauer zu erreichen, war Ingeborg Haensel eine moralische Verpflichtung: »Ich will niemanden betrügen. Es soll ja auch was taugen!« Jährlich wurden die Keimfähigkeiten ihrer Sämereien in langen Tabellen handschriftlich zusammengetragen. In ihrer Schrift *Gemüse- und Blumensamen aus dem eigenen Garten* führte sie an Beispielen vor, wie die Keimfähigkeit rechnerisch prozentuiert werden kann und listete sie für 32 ihrer Gemüsesamen auf, sowohl »allgemein nach Frau Haensel« wie auch »maximal je nach Ernte und Lagerung«.

Sie wusste die Werte ihrer Samen auswendig und verglich sie gerne mit den Werten der beiden Kollegen. So wunderte sie sich stets aufs Neue »über die acht Jahre der Möhren«, die Ilmar Randuja in der Schweiz erreicht hatte. Solche Keimkraft zu erreichen war ein Traum, denn Möhren waren ihr Lieblingsgemüse. Die erste Auflage ihrer Broschüre ließ sie mit der Möhre beginnen,

»denn die war mir am wichtigsten zur Ernährung der kleinen Kinder« (Haensel 2000, S. 6). Ihr widmete sie besondere Sorgfalt. Sie entwickelte spezielle Techniken, um das äußerst schwer zu reinigende Möhrensaatgut aufzubereiten: Reiben durch ein Küchensieb, um die Härchen abzulösen, Schütteln mit einem eigens präparierten Kartondeckel, wobei sie eine den ganzen Körper beanspruchende »Kunst der rechten Bewegung« einsetzte (Weiler 2001), und schließlich das Eintüten der Samen, deren sparsame Verwendung sie anfangs mit Löffelchen, dann mit Fingerhüten in den Tüten optimieren wollte. Auch Bürokratie war zu erledigen. In ihr kleines Ringbuch trug sie ein, was weggeschickt oder an den Bioladen in Kassel verkauft wurde.

Arbeiten und Lehren

Die Arbeit im Samenbau war spannend und abwechslungsreich, aber auch äußerst anspruchsvoll. Die »Handarbeit«, die stets den Einsatz des ganzen Körpers und aller Sinne erforderte, fand überwiegend im Freien statt, bei Sonne, Wind und Wetter. Ingeborg Haensel war im Bereich des Samenbaus auf sich gestellt; Ehemann Paul pflügte ihr Land und half beim Kartoffel- und Möhrenanbau. Die Kinder wurden von klein auf ans Mithelfen gewöhnt, die Mitarbeit von Agrarstudierenden aus Witzenhausen war stets willkommen und für alle Beteiligten eine Bereicherung. (Bünger et al. 2015) Ihre Arbeitsstunden hat Ingeborg Haensel nie notiert, sie kalkulierte nicht mit ihrer Lebenszeit. Von früh bis zum Dunkelwerden blieb sie im Garten und auf dem Gemüsefeld; im Sommer kehrte sie noch in hohem Alter erst gegen 23 Uhr ins Haus zurück, wo dann nächtens die Aufbereitung der Samen stattfand. (Weiler 2015) Andere Arbeiten kamen hinzu, wie das Ausliefern von Gemüse und Sämereien an Bioläden. Als Sohn Rüdiger sein erstes Auto hatte, wurden Gemüse, Obst und Kräuterbündel frühmorgens in den Renault 4 gepackt und von ihm auf dem Weg zur Schule im Demeterladen in Kassel abgeliefert. Zeitweise fuhr Ingeborg Haensel wöchentlich einmal nach Kassel, wo sie in einem heilpädagogischen Institut das Mittagessen kochte und anschließend einen Lesekreis besuchte. Sie nahm den letzten Zug nach Hause und erreichte nach 20 Minuten Fußmarsch ihr Haus am Dorfrand. Später, als ihr Mann nach einem Schlaganfall in einem Pflegeheim lebte, ließ sie sich jahrelang von einer Frau, die sie auch im Garten und beim Präparaterühren unterstützte, zu ihm fahren.

Woraus bezog Ingeborg Haensel angesichts der immensen Arbeitslast ihre Energie und ihr Durchhaltevermögen bis ins hohe Alter? Einerseits empfand sie ihr Tun stets als einen Auftrag, das Wunder der Schöpfung zu bewahren.

Andererseits begeisterte und inspirierte sie dieses Wunder auch immer wieder aufs Neue: »Was in diesen winzig kleinen Körnchen für ein Leben steckt!« Auch ihre kleine Samen-Schrift durchzieht ehrfürchtiges Staunen. Welch herrlicher Duft, welche Vielfalt: »eine einzige [Salat]Pflanze kann 20.000 Samen bringen« (Haensel 2000, S. 25), welch eine Freude, wenn der eigene Samen aufgeht. Welch eine wunderbare Fülle der Blumen, als Zeitmangel sie gezwungen hatte, »einfach alles auf einmal zu säen. Wenn alles gut aufgeht, gut schmeckt und gut bekommt, wenn die Blumen schön geraten«, dann ist das ihr schönstes Erlebnis, Freude, Anerkennung und Dank in einem.

Lehrerin und Multiplikatorin

Ingeborg Haensel hatte nicht das Sendungsbewusstsein ihres reformbewegten Vaters, aber sie wollte ihre Erfahrungen und Erkenntnisse weitergeben und verbreiten, denn es ging ihr um das Leben der nächsten Generationen. Viel bedeutete ihr das Lernen in der Gemeinschaft, sei es mit den Agrarstudierenden auf ihren Gemüsefeldern oder mit Kolleg*innen in Kursen. Sie war dabei, als 1985 der Initiativkreis für Gemüsesaatgut aus biologisch-dynamischem und ökologischem Anbau auf dem Weilerhof in Großostheim gegründet wurde, aus dem dann ein Netzwerk von Vereinen und Gesellschaften erwuchs. (Dettweiler 2020) Da allerorten der Gartenbau neu aufblühte, wurde sie manchmal gebeten, Vorträge im *Anthroposophischen Zentrum* in Kassel und anderswo zu halten, was ihr eher Angst als Stolz einflößte: »Ich bin kein Redner«, sagte sie dann, oder: »Ich bin so gegen Papier … Ich komme nur nachts dazu, wenn ich das Haus in Ordnung gebracht habe.«

Ingeborg Haensel war eine Teamplayerin par excellence, solistische Auftritte liebte die kräftige, rundliche Frau mit den feinen Gesichtszügen nicht. Viel lieber kopierte sie das Reicheltsche Buch zum Gemüsesamenbau und verschenkte es auf Wunsch. Es war die Besitzerin des Demeterladens in Kassel, die ihr nahelegte, ihr Erfahrungswissen in einer eigenen Schrift zum Gemüse- und Blumensamenbau niederzulegen. Zwar war ein erstes Buch *Biologisches Saatgut aus dem eigenen Garten* schon 1982 erschienen, in dem der Autor Bernward Geier auch seine persönlichen Erfahrungen in und Fotos aus dem Haenselschen Garten veröffentlichte. Aber ein kurzes Lehrbüchlein im Taschenformat fehlte auf dem anwachsenden Gartenbüchermarkt.

Im Juli 1998 schloss Ingeborg Haensel – nun 77 Jahre alt – das knapp 50 Seiten umfassende Manuskript ihrer eigenen Schrift ab: *Gemüse- und Blumensamen aus dem eigenen Garten. Was wird, wird still.* Tochter Karin gestaltete das Titelbild, in einer Kassette im Kleiderschrank lagen die Spargroschen für die Veröffentlichung der ersten Auflage im Jahr 2000. Die Solarpioniere aus Marburg, inzwischen ein wachsendes Unternehmen, sorgten für den Druck und durften in der zweiten Auflage mit einem Foto des Haenselschen Hausdaches von 1978 für ihre Solartechnik werben. Sie nutzten diese Gelegenheit, um »Frau Haensel, Wegbereiterin für die biologisch-dynamische Wirtschaftsweise«, auch für ihren Beitrag zur Energiewende zu danken.

Zwei Jahre später erschien die zweite Auflage. Sie war etwas professioneller gestaltet, auch die Blumensamengewinnung wurde nun behandelt und ein Artikel von Franz Lippert über die Herstellung der Heilpflanzenpräparate aufgenommen. Der Übergang von der Darstellung der Gemüsesorten im jahreszeitlichen Verlauf zu einer alphabetischen Ordnung gefiel Frau Haensel nicht ganz so gut: »Im Alten war so ein Schwung drin, jetzt ist jemand anderes dazwischen gegangen. Früher war es so, wie ich es eben gemacht habe, die Möhren zuerst.« Die Broschüre im kleinen Format wurde auch ins Finnische, Spanische und Russische übersetzt; sie wird heute noch in Bücherlisten zur Saatgutvermehrung erwähnt, auch wenn es inzwischen weitere wissenschaftlich fundierte, seitenstarke und bilderreiche Literatur zu diesem Thema gibt.

Ingeborg Haensel und ihre Kürbisernte 1999

Munitionskisten zu Samenkästen

»Auch das Haus hat einen starken Eindruck auf mich gemacht, es war von unten bis oben mit zu trocknendem Saatgut vollgestellt: Büschel von Oregano, Zitronenmelisse und anderen Kräutern hingen von den Decken, und in Kisten stapelten sich verschiedenste Blumensamen, die auf die Reinigung warteten. Und immer gab es Tee und Kuchen.« (Bünger et al. 2015)

Was Martina Bünger, die 1990 als Studentin zum ersten Mal an einer Feldbegehung im Haenselschen Samengarten teilnahm, von ihren Eindrücken bei vielen weiteren Besuchen beschreibt, verdeutlicht, wie unauflöslich verbunden Arbeit und Leben, Produktion und Reproduktion bei Haensels waren. Das Haus beherbergte eine große Familie und war zugleich Vorratskammer, Werkstatt und Lager. An die intensiven Gerüche und Aromen, die vielerlei Samen – in Zimmern und auf dem Dachboden, in Schachteln und Kissenhüllen trockengelagert – verströmten, erinnern sich noch heute Familienmitglieder ebenso wie Hausgäste. Das Haenselsche Haus hatte ein ganz spezifisches Fluidum.

Ingeborg Haensel dachte auch in ihrer Erwerbsarbeit hauswirtschaftlich. Alle Gegenstände und Restposten aus der Hauswirtschaft wurden benutzt oder kreativ umgenutzt, recycelt oder umgearbeitet, wie es auch ihre Broschüre so anschaulich-detailliert wiedergibt. Eigentlich begann es schon lange vor dem Erwerbssamenbau, als Haensels im Wald leere Munitionskisten aus dem Zweiten Weltkrieg entdeckten, die bald zu friedlichen Samenkästen umfunktioniert wurden. Zur Ernte der Möhren- oder Dillsamen band sich die Samenbauerin einen Kücheneimer mit einem Band an den Leib, um beide Hände zum Arbeiten frei zu haben. Für die Winterlagerung von Gemüse für den Eigenbedarf wie für den Verkauf wurden gebrauchte Waschmaschinentrommeln, »am besten Oberlader«, vom Schrotthändler besorgt, in die Erde versenkt und mit alten Säcken und Stroh frostsicher abgedeckt. Einmachgläser, Kaffeesiebe, Löffel aus der Küche konnten ebenso zu Produktionsmitteln umdefiniert werden wie alte Gardinen oder einstige Waschkessel. Beim Testen der Keimfähigkeit kamen Papiertaschentücher, Küchentücher und Wäschesprenger zum Einsatz. Es missfiel Ingeborg Haensel, dass die Samen für Keimproben stets in Plastik aufgehoben wurden: »Dann habe ich in den Wintermonaten aus den Nachthemden der Kinder und anderen gesammelten Kleiderresten kleine Beutel genäht. Das fanden alle toll. Am besten sind die aus weißen oder hellen Stoffen, da kann man gut drauf schreiben.« Auskochen nach Gebrauch ließ die Beschriftung verschwinden und sicherte die Wiederverwendung.

Im Hinblick auf Ressourcenschonung und Materialökonomie dachte Paul Haensel ähnlich wie seine Frau. Er sammelte auf dem Grundstück Maschinen, Traktoren und allerlei Geräte als Ersatzteillager – ein Abenteuerspielplatz für die Kinder, ein Schrottplatz in den Augen von Nachbarn. Als das Dorf am Wettbewerb »Unser Dorf soll schöner werden« teilnahm, wurden Haensels schriftlich aufgefordert, Ordnung zu schaffen.

»Und so gab es immer wieder etwas, mit dem unsere Familie aus dem üblichen Rahmen herausgefallen ist. Für meinen Vater war das furchtbar, weil er nicht auffallen wollte, aber meine Mutter scherte sich nicht um die Meinung anderer – oft Anlass für lautstarke Auseinandersetzungen«, erinnert sich Sohn Rüdiger.

Sparsamkeit und Materialökonomie als Überlebensstrategie

Der sparsame Umgang mit Vorhandenem und das kreative Aus- und Umnutzen entsprachen zum einen einer inneren Haltung, die Ingeborg Haensel seit frühester Kindheit eingeübt hatte. Zum anderen war die Familie auf sparsames Wirtschaften angewiesen, denn der Gemüse- und Samenbau brachte nur einen Zusatzverdienst zum Einkommen des Ehemanns ein. Es war eine seltene Freude, als ihre Kohlrabisorte »Superschmelz« 1.700 Mark erzielte, und Rückschläge blieben nie aus: »Leider hat der Dill eine Pilzkrankheit, schade, es war viel Arbeit, alles mit der Hand zu dreschen«, schrieb sie 2003 und tröstete sich im gleichen Moment: »aber die Wicken waren ein Labsal.«

Ihre Leidenschaft für die Pflanzenwelt, deren Geheimnisse und Überraschungen, ihre Freude über die Schönheiten der Blumen erfüllten ihr Denken mehr als »das wenige Geld«, das sie zusätzlich zu ihrer Altersrente von 270 DM über den Samenbau verdiente. Dass es ihr und ihrem Mann dank ihrer Selbstversorgungswirtschaft – »Gemüse und Kartoffeln bau ich ja selber an« – gelang, ihre Kinder finanziell zu unterstützen, war ihr eine große Freude. Mit knappen finanziellen Ressourcen, aber sozial eng vernetzt, konnte Ingeborg Haensel auch im Alter in Unabhängigkeit leben und ihre viel gerühmte Großzügigkeit entfalten.

Letzte Früchte

Mitte der 1990er-Jahre wurde bei Ingeborg Haensel eine Hautkrebserkrankung festgestellt, die durch Operationen und Misteltherapie geheilt werden konnte. Dann folgte ein Oberschenkelhalsbruch. Seit dem Schlaganfall von Paul Haensel 1997 floss ihre Energie auch in seine Pflege.

2000 erschien ihr kleines Lehrbuch zur biologisch-dynamischen Samengewinnung. Nach der Jahrtausendwende bangte sie Jahr für Jahr, ob und mit wem sie, nun über 80 Jahre alt, ihr Land noch bewirtschaften könne. In ihrem Jahresrundbrief vom November 2002 berichtet sie vom Vortrag an der Universität Göttingen, zu dem wir sie eingeladen hatten: »und sogar ein Honorar bekam ich«. Vor allem aber schilderte sie das große Glück, dass sie ihr Land wieder bestellen konnte.

»Heute wurden die letzten Früchte geholt. Noch einmal die Samen aufgehen zu sehen und das Wachsen und Reifen zu sehen, war mir ein großes Erlebnis. Wie gut, daß ich es noch bestellen konnte. Nun ist eine junge Gärtnerin aus Witzenhausen für das kommende Jahr eingestellt.«

Doch im Folgejahr 2003 berichtet sie nur vom Netzwerk der Helferinnen: ihre Kinder und Enkelkinder, Freundinnen, Bekannte aus dem Dorf, alte und junge biologisch-dynamische Mitstreiterinnen. Und wieder ist viel geschehen: Wicken, Stangenbohnen und Dill wurden für die Saatgutinitiative vermehrt, mehr als 15 Gemüsesorten angebaut, »und vor allem wieder schöne Blumen. Wicken mussten jeden zweiten Tag gepflückt werden. Es war eine Pracht der Farben und des wunderbaren Duftes.« Die reiche Walnussernte wurde gewaschen, in Salzwasser getaucht und in Stiegen auf dem Ofen getrocknet, Äpfel entsaftet. Eine gleichaltrige Freundin aus einem Nachbardorf fuhr sie nach Bingenheim zum Abliefern der Sämereien und zum »Anbauertreffen«. Auch ein Saatguttreffen in Dachau, Teilnahmen an der *Schule für Anthroposophie* auf dem Bauckhof bei Lüneburg und sogar eine Fahrt nach Prag mit einer ihrer Töchter gehörten zu ihrem Jahresprogramm. »Es war viel Arbeit, aber es hat auch Freude gemacht«, resümierte die 82-Jährige.

In ihren letzten Jahren versuchte Ingeborg Haensel immer wieder, Menschen zu gewinnen, die die von ihr gepflegten Gemüsesorten oder Blumenmischungen wie auch ihre guten Böden übernehmen würden. Sie hielt Kontakte zu den Studierenden von einst, die nun selbst im Samenbau engagiert waren. Ein letztes Mal wurde sie 2012 in Kassel auf der *Saatgut-Tagung der Zukunft* gesehen, die sie sich in der Vergangenheit nie hatte entgehen lassen.

Nach ihrem 90. Geburtstag wurde sie schwächer; ein Beinbruch fesselte sie ans Bett. Betreut von ihrer Tochter Ingrid konnte sie die letzten beiden Lebensjahre zuhause verbringen. Am 8. Juli 2014 verstarb Ingeborg Haensel im Alter von 93 Jahren im Beisein ihrer Töchter Ingrid und Gisela und wurde unter einer Buche im Friedwald des Reinhardswaldes bestattet, erdverbunden, wie sie es allen Menschen so sehr gewünscht hatte: »Wissen Sie, es müssen viel mehr Menschen Verbindungen zur Erde haben.«

Dass Ingeborg Haensels unaufhörliches, nie spektakuläres stilles Wirken für eine Bewahrung der Natur nachhaltig Früchte getragen hat, klingt in der Hommage der jungen Menschen an, die einst für sie arbeiteten und von ihr lernten: »Wir sind dankbar für das, was sie uns gegeben hat, was sie bewegt hat und freuen uns, dass dies lebendig bleibt und weiter wächst.« (Bünger et al. 2015)

Eigene Werke

Ingeborg Haensel (2000): Gemüse- und Blumensamen aus dem eigenen Garten. Was wird, wird still. Cölbe: RotaMedia. 2. Auflage 2002.

Quellen

Demeter Mitteilungen 34(10) (1973), mit Anmerkung von Ingeborg Haensel.

Dokumentation zum Vortrag von Ingeborg Haensel in der Ringvorlesung »Pionierinnen des Ökologischen Landbaus« am 14.11.2002 an der Universität Göttingen (Ira Spieker).

Gespräche und Korrespondenz mit Ingeborg Haensel, 2002 (Heide Inhetveen).

Gespräche und Korrespondenz mit Ingrid Roenz, Karin Haensel und Rüdiger Haensel, 2021 (Heide Inhetveen).

Hans Jürgen Senfft von Pilsach: Bescheinigung für Ingeborg Haensel vom 16. Dez. 1973.

Ilmar Randuja, Samenliste 1973 mit Bestell-Anmerkungen von Ingeborg Haensel.

Listen zu Saatgut-Lieferungen und Abrechnungen vom 20.01.1975 und 02.06.1976 sowie 1988 (Nachlass Ingeborg Haensel).

Listen zu Keimproben im Zeitraum 1979 bis 1984 (Nachlass Ingeborg Haensel).

Privatarchiv Haensel: Ingeborg Haensel (2002/2003): Rundbriefe an die Familie, Verwandte und Wahlverwandte.

Literatur

Belau, Detlev (2014): Friedrich Muck-Lamberty und die unvergessene Neue Schar. [https://www.naumburg-geschichte.de/geschichte/mucklamberty.htm]

Bünger, Martina/Watschong, Ludwig/ Wember, Quirin (2015): Was wird, wird still. Erinnerungen an Ingeborg Haensel. [http://www.dreschflegel-verein.de/pflanzenvielfalt/ingeborg-haensel.php]

Dettweiler, Ruth (2020): Korrektur zum Artikel Samenfeste Sorten Züchtung und eine rege Diskussion. ÖKOmenischer Gärtnerrundbrief 05, S. 34–35. [https://www.kultursaat.org/dateien/aktuell/2021/OGR_5-2020.pdf]

Geier, Berhard (1986 (1982)): Biologisches Saatgut aus dem eigenen Garten. 2. Auflage Essen: Synthesis.

Hecht, Heidemarie (2020): »An alle Lebendigen«. Friedrich Muck-Lamberty – Ein völkischer Freigeist. Mit Erinnerungen von Ingo Lamberty, herausgegeben und mit einem Nachwort versehen von Jens-Fietje Dwars. Bucha bei Jena: quartus.

Linse, Ulrich (1983): Barfüßige Propheten. Erlöser der zwanziger Jahre. Berlin: Siedler.

Reichelt, Karl (1946) Der Gemüsesamenbau im landwirtschaftlichen Betriebe. Der Vermehrungsanbau von Gemüsesaaten. 3. Auflage Hannover: C. V. Engelhard & Co.

Safranski, Rüdiger (2007): »Romantik«. Eine deutsche Affäre. München: Carl Hanser.

Weiler, Michael (2001): Was wird – wird still. Über den Samenbau Ingeborg Haensels und die Treue zu kleinen Dingen. In: Lebendige Erde 4, S. 49–50.

Ruth Harrison (1920–2000)

Aktivistin für Tierwohl, Autorin

Ruth Winsten wurde am 24. Juni 1920 in London geboren und wuchs mit zwei Geschwistern in einem weltoffenen Elternhaus auf. Ihre Mutter war die Malerin und Bildhauerin Clare Birnberg (1894–1989). Der Vater Stephen Winsten (ursprünglich Samuel Weinstein; 1893–1991) war Schriftsteller und publizierte unter anderem Arbeiten über den Dramatiker und Politiker George Bernhard Shaw und den Reformer Henry Stephens Salt (1851–1939), Mitbegründer der *Humanitarian League* und Verfasser von *Animals' Rights* (1892). Die Familie lebte dessen Grundgedanken entsprechend vegetarisch, zudem gehörte sie der religiösen Gemeinschaft der Quäker an. Ruth studierte zunächst am Bedford College; sie meldete sich jedoch alsbald – nach den deutschen Angriffen auf britische Städte während des Zweiten Weltkriegs – für den Ambulanzdienst der Quäkergemeinschaft in London.

Nach Kriegsende ging sie nach Deutschland, um sich um Displaced Persons zu kümmern und in ausgebombten Regionen Hilfe zu leisten. Nach ihrer Rückkehr schrieb sie sich an der Londoner Royal Academy of Dramatic Art ein – unterstützt von George Bernard Shaw (1856–1950), mit dem ihre Eltern Umgang pflegten. Ruth Winsten war eine begabte Schülerin, sowohl als Schauspielerin als auch als Regisseurin. Zu ihrer beruflichen Laufbahn nach dem Erhalt des Diploms existieren nur wenige Angaben. Bei einer Anstellung in einem Architekturbüro lernte sie ihren späteren Mann kennen: Im Jahr 1954 heiratete sie den Architekten Dex Harrison. In den beiden Folgejahren wurden die Kinder Jonathan und Jane geboren. (Weerd/Sandilands 2008, S. 404)

Das Jahr 1961 brachte einen weiteren Wendepunkt in ihrem Leben: Ruth Harrison kam über eine Aufklärungskampagne in Kontakt mit der Bewegung *Crusade Against All Cruelty to Animals*. Entwicklungen wie der rasant zunehmende Fleischkonsum in der westlichen Welt und die demzufolge zunehmend »fabrikmäßige« Haltung von Tieren erregten ihre Aufmerksamkeit. Ihr persönliches Empfinden für Gerechtigkeit und gesellschaftliche Verantwortung veranlassten sie, den Haltungsbedingungen von »Nutztieren« nachzugehen, für die es bis in die 1960er-Jahre kaum verpflichtende Regelungen gab. Vage Formulierungen wie »ausreichend« oder »geeignet« in Bezug auf Futter und Unterkunft genügten anscheinend, das »Tierwohl« abzusichern. (Harrison 1988, S. 341) Tiere wurden nahezu ausschließlich als »Produktionseinheit« gesehen. Es interessierte lediglich ihre Eignung, Futter in Fleisch und folglich in Profit zu verwandeln, nicht jedoch die artgerechte Haltung. Als Folge dieser Erkenntnis unternahm Ruth Harrison ausgedehnte Recherchereisen zu Farmen mit unterschiedlichen Haltungsbedingungen; sie besuchte zahlreiche Betriebe der Massentierhaltung, sprach mit Züchtern und Mitarbeitenden und dokumentierte die Bedingungen von Geflügelzucht, Kälbermast und weiterer Intensivbetriebe (Kaninchen und Schweine). Ihr Mann Dexter begleitete sie auf vielen dieser Reisen und dokumentierte die Eindrücke fotografisch für die spätere Publikation. (Weerd/Sandilands 2008, S. 405)

»Die meisten Leute, vor allem Städter, haben kaum eine Ahnung, durch welche Verfahren die Nahrung, die auf ihren Tisch kommt, erzeugt wird, und selbst wenn sie Bescheid wissen, finden sie es bequemer, nicht daran zu denken.« (Harrison 1965, S. 2) Im Gegenteil: Konsument*innen verbanden damit – und tun es oftmals noch heute – tradierte Bilder vom Landleben und dem Wirtschaften auf einem Bauernhof in idyllischer Atmosphäre. Ruth Harrison wollte diese Einstellungen durch Information über ihre Recherchen hinterfragen. Das Ergebnis ist ihr Aufsehen erregendes Buch *Animal Machines* (1964). *Tiermaschinen* (dt. 1965) klärt über die Zustände der Massentierhaltung auf: Neben dem Tierwohl, das bei den Haltungsbedingungen, der Behandlung, Ernährung und Schlachtweise oft in eklatanter Weise unberücksichtigt blieb, thematisiert Ruth Harrison die mindere Qualität der Nahrung. Sie betont, dass die Gabe von Medikamenten (wie Antibiotika, Hormonen und Beruhigungsmitteln) zur prophylaktischen Verhinderung von Krankheiten oder von Farbstoffen für einen verkaufsfördernden optischen Eindruck von Fleisch und Eiern in ihren Auswirkungen auf die menschliche Gesundheit nicht ausreichend untersucht und berücksichtigt werde. Einer vermeintlichen Kostenersparnis durch die Intensivhaltung setzt sie die Grundsätze nachhaltigen Wirtschaftens entgegen.

Ruth Harrison fordert eine artgerechtere Tierhaltung, Aufklärung über und Sensibilisierung für gesunde, vollwertige Ernährung und die Nutzung lokaler Ressourcen. Sie kombiniert ihren dokumentarischen Bericht mit Auszügen aus landwirtschaftlicher Literatur (wie Handreichungen für Züchter), aus wissenschaftlichen Untersuchungen oder Berichten des Landwirtschaftsministeriums. Ihre Darstellungsweise ist durchaus empathisch, dabei jedoch frei von eindeutigen Bewertungen oder gar Verurteilungen. Ruth Harrison verließ sich darauf, dass sich die Leser*innen aufgrund der Schilderungen und Fotografien ihr eigenes Urteil bilden würden. Für das Vorwort hatte sie die Biologin Rachel Carson (1907–1964) gewinnen können, deren Publikation *Silent Spring* (1962) über die Folgen des Einsatzes von Pestiziden (DDT) in der Landwirtschaft auf das Ökosystem, insbesondere Insekten und Vögel, informierte und heftige Reaktionen in Öffentlichkeit, Politik und Industrie entfachte. Diese Unterstützung sowie die Veröffentlichung von *Animal Machines* in Fortsetzungsfolgen in der britischen Wochenzeitung *Observer* sowie Besprechungen in weiteren Periodika verhalfen dem Buch und seinem Anliegen zu einer enormen Öffentlichkeit.

Ruth Harrison auf einer Nerzfarm in Dänemark 1997

Ihr Buch wurde in sieben Ländern veröffentlicht und gab dem Tierschutz neue Anstöße: Entsprechende Organisationen wurden gegründet und die Gesetzeslage – auf nationaler bis hin zur europäischen Ebene – verändert. (Rowan 1981, S. 63; Tsilimekis 2014, S. 275; Ach 2018) Das britische Landwirtschaftsministerium ordnete 1965 eine Untersuchung an: Der darauf basierende *Bramwell-Report* führte drei Jahre später zur Verabschiedung eines neuen Gesetzes zur Tierhaltung. Die Verbesserungen beschränkten sich zunächst vor allem auf den Platzbedarf von Nutztieren; in der Folge wurden jedoch weiterreichende Forderungen formuliert. Allerdings konnte das neue »Tierschutzgesetz« auch als Absicherung für Tierhalter dienen, die sich nun – unter Wahrung gewisser Auflagen – weiterhin der »neuen« Produktionsmethoden bedienen konnten. Massentierhaltung für einen wachsenden Fleischkonsum war zu einem kapitalintensiven Betriebszweig geworden, der Rechtssicherheit brauchte. Neben der Novellierung des Tierschutzgesetzes berief das britische Landwirtschaftsministerium als weitere Maßnahme ein unabhängiges Kontroll-Gremium ein, dem auch Ruth Harrison bis zum Alter von 70 Jahren angehörte. Dieses Gremium, der UK *Farm Animal Welfare Council (*FAWC*)*, kodifizierte 1993 schließlich die sogenannten Fünf Freiheiten für Tiere: den Anspruch auf Freiheit von Hunger und Durst (1), von haltungsbedingten Beschwerden (2), von Schmerz, Verletzungen und Krankheiten (3), von Angst und Stress (4) sowie zum Ausleben normaler Verhaltensmuster (5).

Ruth Harrison blieb zeitlebens eine engagierte Aktivistin für die Belange des Tierwohls. Sie gründete 1967 die Initiative *Farm Animal Care Trust*, die Workshops und Forschungsvorhaben durchführte und unterstützte. Nach wie vor reiste sie für ihre Recherchen und Beobachtungen, unter anderem im Rahmen von Projekten mit der University of Edinburgh und der University of Bristol (Newberry/Sandilands 2016, S. 66 f.) und vertrat ihr Anliegen bis ins hohe Alter in zahlreichen Vorträgen und Veröffentlichungen. Sie wird als optimistische Person beschrieben, die ihrem Gegenüber mit Interesse und Verständnis begegnete und als anregende Gesprächspartnerin Impulse zum Weiterdenken gab. Ihre ausgeglichene und professionelle Art machten sie zu einer Autoritätsperson, die gleichermaßen das Vertrauen von Personen aus den Bereichen Politik, Wissenschaft und Tierschutz besaß. Ruth Harrison bereitete – trotz ihres nicht-fachwissenschaftlichen Hintergrundes – als Mitglied entsprechender Ausschüsse wissenschaftliche Studien zum Tierschutz auf und trug ihre Ergebnisse sowohl beim britischen *Farm Animal Welfare Council* sowie im Europa-Parlament in Straßburg vor. Sie erhielt zahlreiche Auszeichnungen und Preise; im Jahr 1986 wurde ihr schließlich für ihre Verdienste der *Most Excellent Order of the British Empir*e verliehen.

Ruth Harrison selbst bedauerte, dass sie nie die Zeit dazu fand, ein weiteres Buch zu verfassen, denn viele ihrer Forderungen waren und sind noch immer nicht erfüllt. Verbraucher*innen könn(t)en sich heute ohne großen Aufwand über die Bedingungen der Tierzucht und Mast informieren: Eine Internet-Seite der Bundesanstalt für Landwirtschaft und Ernährung gibt beispielsweise Auskunft über Fleischverzehr und »Erzeugungsbedingungen«. Diskussionen um das Tierwohl beeinflussen das Verhalten der Erzeuger*innen und Konsument*innen jedoch kaum.

Queen Elizabeth II. verwies bei ihrer 67. Eröffnung des britischen Parlaments im Mai 2021 auf die Erkenntnis, dass Wirbeltiere Freude, Leid und Schmerz empfinden können: Konsequenterweise soll ein neuer Gesetzesentwurf aus dieser Anerkennung neue Tierschutzrechte ableiten. Zumindest in Großbritannien sind also positive Entwicklungen zu erwarten.

Ruth Harrison hinterließ mehr als 80 Kartons mit Büchern, Vorträgen und Unterlagen, die ihr großes Engagement und ihre Arbeitsergebnisse dokumentieren. (Weerd/Sandilands 2008, S. 409 f.) Sie starb am 13. Juni 2000 in London an einer Krebserkrankung.

Ausgewählte Werke

Harrison, Ruth (1964): Animal machines. The new factory farming industry. London: Vincent Stuart Publishers Ltd. Deutsche Ausgabe: Tiermaschinen. Die neuen landwirtschaftlichen Fabrikbetriebe. München: Biederstein 1965.

Harrison, Ruth (1972): On factory farming. In: Stanley Godlovitch/Roslind Godlovitch/John Harris (Hg.): Animals, Men and Morals. An enquiry into the maltreatment of non-humans. New York: Taplinger Publishing Company, S. 11–24.

Harrison, Ruth (1978): Intensive Livestock Systems: Where do we draw the line? In: D. W. Fötsch (Hg.): The Ethology and Ethics of Farm Animal Production. Proceedings of the 28th Annual Meeting. Basel: Birkhäuser, S. 51–57.

Harrison, Ruth (1980): Animal production and welfare – practical considerations. Animal Regulation Studies 2, S. 215–221.

Harrison, Ruth (1988): Farm animal welfare, what, if any, progress? (The Hume memorial lecture 6) London: UFAW.

Harrison, Ruth (1993): Case study: farm animals. In: Robert James Berry (Hg.): Environmental dilemmas. Ethics and decisions. London u. a.: Chapmann & Hall, S. 118–135.

Harrison, Ruth (2000): Ratten fressen alles, was auch der Mensch ißt. In: Heike Baranzke (Hg.): Leben – Töten – Essen. Anthropologische Dimensionen. Stuttgart/Leipzig: S. Hirzel, S. 318–322.

Literatur

Ach, Johann S. (2018): Tierwohl und Ethik. In: Johann S. Ach/Dagmar Bochers (Hg.): Handbuch Tierethik: Grundlagen – Kontexte – Perspektiven. Heidelberg: J. B. Metzler, S. 208–212.

Free, Ann Cottrell (2000): A Tribute to Ruth Harrison. In: AWI Quarterly 49(4), S. 14.

Newberry, Ruth C./Sandilands, Victoria (2016): Pioneers of Applied Ethology. In: Jennifer Brown/Yolande Seddon/Michael Appleby (Hg.): Animals and us. 50 years and more of applied ethology. Wageningen: Wageningen Academic Publishers, S. 51–75.

Rowan, Andrew N. (1981): A Chronology of Significant Events, Meetings, and Publications Concerning the Welfare of Laboratory and Farm Animals. In: International Journal for the Study of Animal Problems 2(2), S. 60–67.

Ryder, Richard D. (2004): Harrison [née Winsten], Ruth (1920–2000). In: Oxford Dictionary of National Biography. [https://www.oxforddnb.com/view/10.1093/ref:odnb/9780198614128.001.0001/odnb-9780198614128-e-74285]

Tsilimekis, Konstantinos (2014): Eine Frage der Kultur. Alternativen zum agrarindustriellen Missbrauch der Tiere. In: Der kritische Agrarbericht, Schwerpunkt: Tiere in der Landwirtschaft: AbL, S. 275–280.

Weerd, Heleen van de/Sandilands, Victoria (2008): Bringing the issue of animal welfare to the public: A biography of Ruth Harrison (1920–2000). In: Applied animal behaviour science 113(4), S. 404–410.

Elvira Heinze (1901–1990)

Familienhelferin, Managerin, Sekretärin und Organisationstalent

Elvira Willmann wurde als erstes Kind des Dorfpfarrers Otto Willmann und seiner Frau Emilie, geb. Kleinen, geboren. Nach dem frühen Tod des Vaters musste sie schon in jungen Jahren Verantwortung für ihre drei jüngeren Geschwister übernehmen. Ihr Bruder Kurt Theodor (1902–2003), ein Anhänger der Lebensreformbewegung, frühes Mitglied der Anthroposophischen Gesellschaft, jüngster Mitbegründer und zeitweilig Priester der *Christengemeinschaft* und Landwirt, führte seine von ihm zeitlebens bewunderte und verehrte ältere Schwester in die Anthroposophie ein. Elvira Willmann wurde Familienhelferin in der Christengemeinschaft in Stuttgart und ging 1925 nach Dornach, wo sie sich auch in der dortigen Jugendarbeit engagierte.

Elvira Heinze

1928 lernte Elvira während der anthroposophischen Jugendtagung in Jena den Ingenieur Dr. Hans Heinze (1899–1997) kennen. Er hatte nach seiner Promotion die Welt bereist und in Australien, Java und Tahiti einige Zeit in der Landwirtschaft gearbeitet. Durch Elviras Vermittlung erhielt er bei Dr. Ehrenfried Pfeiffer (1899–1961) eine Stelle im Forschungslabor am Goetheanum. Nach einer Zwischenstation im Ruhrgebiet, wo Hans Heinze die Sanierung eines Industriebetriebs leitete, wurde er 1935 der Nachfolger von Ehrenfried Pfeiffer als Geschäftsführer der *Kulturgesellschaft Loverendale*, einer von *Johanna Marie Tak van Poortvliet* (1871–1936) im Jahr 1926 initiierten Stiftung zur Förderung der biologisch-dynamischen Wirtschaftsweise auf der Halbinsel Walcheren in den Niederlanden. Nach schwierigen Anfangsjahren und etlichen Fehlschlägen war die Kulturgesellschaft damals ebenfalls sanierungsbedürftig. Elvira und Hans Heinze begannen, Loverendale mit seinen vielen Acker- und Gartenflächen, Versuchsfeldern und Laboratorien neu aufzustellen und erfolgreich zu bewirtschaften.

Nach der Besetzung der Niederlande durch die deutsche Wehrmacht 1940 wurde Heinze zum Ortskommandanten der nahe gelegenen Stadt Vlissingen ernannt. Während er als Vertreter des NS-Regimes seine Dienstgeschäfte versah, wirkte Elvira Heinze als seine Stellvertreterin auf Loverendale, wo die Landbewirtschaftung und bis zu *Martha Künzels* Weggang nach Dachau im Frühjahr 1942 auch die biologisch-dynamischen Versuche fortgesetzt wurden. Am Ende des Krieges flohen beide unabhängig voneinander auf unterschiedlichen Wegen nach Deutschland.

Nach dem Zweiten Weltkrieg begann der Wiederaufbau des Forschungsrings für biologisch-dynamische Wirtschaftsweise und des Demeter-Bundes in Westdeutschland. Das Ehepaar Heinze war nach der Entlassung Hans Heinzes aus der Kriegsgefangenschaft maßgeblich daran beteiligt. Sie wurden unterstützt, beispielsweise durch die Beschaffung offizieller Genehmigungen, von Fentress Gardner (1912–1999), einem Agrarexperten, der Mitglied der US-Militärregierung in Württemberg-Baden war und das Ehepaar Heinze aus der Zeit seines landwirtschaftlichen Praktikums in Loverendale kannte.

Hans Heinze leitete ab 1946 den Forschungsring in Stuttgart und ab 1962 dann in Darmstadt. Er gab dessen zweimonatlich erscheinende Mitteilungen und ab 1950 die neue Zeitschrift *Lebendige Erde* heraus. Wieder war es Elvira Heinze, die durch ihr Wissen, ihren Überblick und ihr Organisationstalent an allen Orten immer wieder neu den Rahmen für die Aufbauaktivitäten schuf. Mit der Erledigung der alltäglich anfallenden Korrespondenz-, Vermittlungs- und Verwaltungsaufgaben trug sie entscheidend dazu bei, dass auch unter den schwierigen Nachkriegsbedingungen neue Einführungskurse in den biologisch-dynamischen Land- und Gartenbau stattfinden konnten und die Zeitschrift *Lebendige Erde* regelmäßig erschien. Im weiten Bekanntenkreis des Ehepaares wurde Elvira bewundernd als »Mutter der biologisch-dynamischen Landwirtschaft« bezeichnet. Auch auf Bilddokumenten zeigen sich Elvira und Hans Heinze stets als eng verbundenes »Arbeitspaar«, sei es im angeregten Fachgespräch oder – repräsentativ gekleidet – bei offiziellen Anlässen.

Nach einer Krebserkrankung übersiedelten beide 1985 nach Öschelbronn, wo sich Elvira Heinze in der anthroposophisch orientierten Klinik weiter betreuen ließ. Im April 1989 starb sie im Alter von 89 Jahren.

Literatur

Koepf, Herbert H./Plato, Bodo von (2001): Die biologisch-dynamische Wirtschaftsweise im 20. Jahrhundert. Dornach: Verlag am Goetheanum.

Krauch, Hans Georg (2003): Heinze, Elvira. In: Plato, Bodo von (Hg.): Anthroposophie im 20. Jahrhundert. Ein Kulturimpuls in biografischen Porträts. Dornach: Verlag am Goetheanum, S. 296–297. [biographien.kulturimpuls.org/detail.php?&id=997] und [biographien.kulturimpuls.org/detail.php?&id=341]

Winkel, Ellen (2012): De Aarde zal weer vruchtbaar zijn. Verhalen van Landbouwpioniers. Uitgeverij AnkhHermes.

Mina Hofstetter-Lehner (1883–1967)

Bäuerin, Autodidaktin, Mitbegründerin des natürlichen Landbaus, Lehrerin und Vermittlerin

»Aber weil ich wußte, es ist richtig, es ist das Wahre, das Natürliche, es muß zum Erfolg helfen, habe ich das Vertrauen nie verloren.«

Am 22. März 1883 wurde Mina Lehner in Stilli geboren, einem Dorf im Schweizer Kanton Aargau. Von den fünf jüngeren Geschwistern verstarben zwei im frühen Kindesalter. Der Vater verdiente den Familienunterhalt als Fischer und Flößer; Eltern und Großeltern führten einen kleinen landwirtschaftlichen Nebenbetrieb. Mina half bereits als Kind recht gern in Feld und Garten mit. Sie begleitete insbesondere die Großmutter und wuchs in alle Tätigkeiten hinein. Diese Erfahrung vermittelte ihr eine gewisse (Selbst-) Sicherheit: »Das konnte ich sicher auch, das war mir doch eingeboren!« (zit. nach Dörler 1994, S. 1) Bereits während ihrer Schulzeit verrichtete Mina auch in der Nachbarschaft Feldarbeiten; bei einer älteren Frau beobachtete sie, wie diese in ihren Gartenbeeten Getreide aussäte.

In ihrem rigiden Elternhaus fühlte Mina sich nicht wohl; zudem litt sie in Kindheit und Jugend unter zahlreichen Krankheiten. (Hofstetter 1931, S. 3) Nach dem Besuch der Primarschule bildete sie sich in Eigeninitiative weiter: Sie las sich durch die umfangreichen Bestände der Gemeindebibliothek. (Spieker 2004) Als junges Mädchen ging Mina Lehner wie viele andere ihrer Generation in den Dienst: Sie arbeitete bei Familien in Genf und in Berlin. Im Jahr 1907, sie war 24 Jahre alt, heiratete sie den Schreiner Ernst Hofstetter (1879–1967). Die beiden hatten sich in Stilli kennengelernt, als Ernst sich während seiner Wanderjahre bei einem Meister in der Nachbarschaft von Familie Lehner aufhielt. Das Paar lebte zunächst in Kölliken, wo Ernst als Vorarbeiter in einer Möbelfabrik arbeitete, Mina einen großen Garten zur Selbstversorgung bewirtschaftete und Kostgänger aufnahm. Bis 1914 kamen in rascher Folge fünf Kinder zur Welt; im selben Jahr zog die junge Familie wegen einer besser bezahlten Anstellung von Ernst Hofstetter um.

Bereits ein Jahr später gab es die nächste, folgenschwere Veränderung: Hofstetters erwarben 1915 – auf Initiative von Mina – eine Hofstelle mit sieben Hektar Land im Weiler Stuhlen über dem Greifensee (nahe Zürich) und damit zugleich einen Bestand von zehn Milchkühen. Das Anwesen sollte auch in Krisenzeiten eine Existenzgrundlage bieten. Mit dem Kauf verschuldete sich das Paar hoch; eine Schweizer Arztfamilie, bei der Mina als Dienstmädchen gearbeitet hatte, übernahm die Bürgschaft von 10.000 Franken. Die schwere Arbeit auf dem Hof überstieg die Kräfte einer Frau mit fünf kleinen Kindern, zumal ihr Ehemann Militärdienst leisten musste und daher häufig abwesend war – so auch unmittelbar nach dem Umzug. »Da stand ich nun mit fünf kleinen Kindern, wovon das älteste noch nicht 8, das jüngste 1½ Jahre alt war; alle hatten den Keuchhusten. Im Stall brüllten 10 Stück Vieh. Es war Ende Oktober, auf dem Feld waren noch die Runkeln zu ernten, 20 Fuder Mist zu zetteln und noch viel anderes zu tun.« (Hofstetter 1931, S. 5) Sie, die sich vor dem Verzehr von Fleisch und dem Stallgeruch nahezu ekelte und vor den Rindern gehörige Angst hatte, war nun für die Versorgung dieser Tiere zuständig. Zwar halfen die Nachbarn aus und leiteten an, dennoch war das Pensum bei weitem zu groß. Auch die Kinder mussten bereits viele Pflichten übernehmen. Bis 1918 – das sechste Kind kam zur Welt – war Ernst Hofstetter weiterhin häufig wegen seines Militärdienstes abwesend. Mina Hofstetters Gesundheitszustand verschlechterte sich drastisch, schließlich erlitt sie einen Nervenzusammenbruch.

Mina Hofstetter bei der Aussaat, 1920er-Jahre

Ihre Genesung schildert sie rückblickend als geradezu kathartisches Erlebnis. (ebd., S. 6 f.) Den entscheidenden Impuls gab ihr die Lektüre *Moderne Rosenkreuzer. Der Weg eines Lichtsuchers* (Surya 1907), »okkult-wissenschaftlicher Roman«, der das geistige Erwachen des Menschen und die Überwindung seiner »tierischen Natur« propagierte – eine Bewusstwerdung, die mit selbstloser Liebe einhergehen und das eigene Verhalten reformieren sollte. Bei Mina Hofstetter war eine komplette Umstellung auf vegetarische Ernährung die Folge. Sie gesundete allmählich und berichtete in ihren Schriften häufig von ihrer Entwicklung (Krise – Erkenntnis – Läuterung). Solche »Konversionserzählungen« bilden ein typisches Genre nicht nur in lebensreformatorischen Kreisen (Wedemeyer-Kolwe 2017, S. 28); sie machen Erfahrungen nachvollziehbar und fordern zur Tat auf. Schriften wie *Lichtwärts* (1922) von Werner Zimmermann (1893–1982) gaben weitere Anstöße. Auch Zimmermann verwendete die – insgesamt im lebensreformerischen Kontext zentrale – Lichtmetapher häufig, um seiner Botschaft Nachdruck zu verleihen. Wie er war Mina Hofstetter davon überzeugt, dass die Nahrungskette sowohl für die physische als auch für die ethisch-moralische Gesundheit der Menschheit und deren »geistige Reinheit« konstitutiv sei. In der Reform von Boden und Ernährung sah sie die Grundlage für eine Reform der Gesellschaft insgesamt.

Neben der Ernährungsreform bildete die Freiwirtschaftslehre ein weiteres zentrales Thema, geradezu einen Pfeiler ihres Gesellschaftsideals. Besonders prägten sie die Lehren von Silvio Gesell, der die Idee eines zinsfreien Geldsystems entwickelt hatte und eine Bodenreform forderte, die auf Verstaatlichung und Erbpacht gründete. Um Frauen wirtschaftlich unabhängig zu machen, sollte eine Mütterrente ausgezahlt werden. (Gesell 1916; Hofstetter 1928, S. 32) Bereits 1922 gab es ein Treffen des sieben Jahre zuvor gegründeten Freiland-Freigeld-Bundes (später Schweizer Freiwirtschaftsbund) bei Mina auf dem Stuhlener Hof; Werner Zimmermann und der Politiker Fritz Schwarz (1887–1958) zählten zu den Gästen. (Moser 2016, S. 79) Auch die Begegnung mit den Ideen der Freiwirtschaftsbewegung beschrieb Mina Hofstetter als Licht der Aufklärung in ihrem Leben. Sie vertrat die Forderungen ebenso engagiert wie überzeugt, bekam sie doch selbst die Folgen der »Zinsknechtschaft« täglich zu spüren. (vgl. Hofstetter 1928, S. 25 ff.)

Landwirtschaft mit neuen Ideen – und ohne Vieh

Wie aber ließen sich die neuen Erkenntnisse und eine vegetarische Ernährungsweise mit dem (Arbeits-)Leben einer Landfrau vereinbaren? Eine Bäuerin, die selbst kein Fleisch aß, rief in einer schweizerischen Landgemeinde

Unverständnis und Spott hervor. Schließlich brachte ihr im Jahr 1925 ein Artikel zum viehlosen Landbau von Ewald Könemann (1899–1976) die entscheidende Erkenntnis. »Das war ein Licht! blendend einfach!« (Hofstetter 1931, S. 7) Könemann gilt als Begründer des natürlichen Landbaus. Landbebauung, Humuswirtschaft und gesunde Ernährung waren zentrale Themen für ihn. Doch die Einsicht, künftig ohne Vieh zu wirtschaften, konnte Mina Hofstetter ihrer Umwelt nur schwer vermitteln. Sie begann, im Kleinen zu experimentieren und führte insbesondere Versuche mit der Ackerbeetkultur durch, einer traditionellen fernöstlichen Anbaumethode, bei der Getreide in Reihe gesät und später versetzt wird. Der Ertrag konnte auf diese Weise erheblich gesteigert werden. (Demtschinsky 1911; Hofstetter 1928) Den enormen Arbeitsaufwand sollte künftig eine Setzmaschine abfedern. Ihre Versuchsergebnisse überzeugten sie selbst wie auch ihre Umwelt von der Durchführbarkeit ihres Ansatzes. Ihr Mann war schließlich einverstanden, diesen Weg mitzugehen.

Bereits 1928 beteiligte sich Mina Hofstetter an der »SAFFA« (der Schweizerischen Ausstellung für Frauenarbeit) in Bern. Dabei präsentierte sie – neben ihrem Büchlein *Brot*, das sie unter dem vielsagenden Pseudonym Gertrud Stauffacher (der Gattin des verbündeten Aufständischen Stauffacher in Schillers *Wilhelm Tell*) publizierte – Getreidepflanzen als Ergebnis ihrer Ackerbeetkultur. Ebenfalls im Jahr 1928 schaffte sie das Vieh dann endgültig ab; Acker für Acker wurde fortan nach »biologischen Gesichtspunkten« bebaut. Ernst Hofstetter richtete gemeinsam mit dem ältesten Sohn Karl die Schreinerei wieder ein und gab der Familie so ein wichtiges zweites Standbein. Mina bewirtschaftete den Hof gemeinsam mit ihrem jüngsten Sohn Werner – eine zunächst durchaus konfliktbehaftete Kooperation, war doch die Mutter daran gewöhnt, den Weg vorzugeben. Erst nachdem Werner Hofstetter 1939 Stuhlen verlassen und sich einen neuen Arbeitgeber gesucht hatte, von seinen Eltern aber schließlich zur Rückkehr bewegt werden konnte, wandelte sich das Arbeitsverhältnis in ein produktives Miteinander. (Gespräch mit Werner Hofstetter und Rosemarie Kappenthuler)

Mina Hofstetters Verständnis von biologischer Wirtschaftsweise gründete auf einer ganzheitlichen Zugangsweise zur Landwirtschaft. Der Kreislaufgedanke (gesunder Boden – gesunde Pflanzen – gesunde Tiere – gesunde Menschen) bildete die Grundlage ihres Konzeptes. Wesentliche Voraussetzungen dafür sah sie in der Beachtung der Bodenfruchtbarkeit und einer Pflege des Bodens durch Bodenbedeckung, Gründüngung und Kompostpflege. Sie forderte einen schonenden Umgang mit Ressourcen und lehnte die Verwendung von Pestiziden, Mineraldünger und Frischdüngung ebenso ab wie den Bau von Treibhäusern. Statt Monokulturen sollte es vielfältige kleinere Pflanzungen geben. Erde sollte nicht länger als »tote Masse« betrachtet werden, sondern als »lebender Organismus mit Millionen und Abermillionen Lebewesen«. Dieses Gleichgewicht gelte es zu bewahren und nicht durch tiefes Pflügen und Graben durcheinander zu bringen. (Hofstetter 1942, S. 16 f.) Anregungen zur Bodenfruchtbarkeit hatte sie insbesondere den Schriften Raoul Francés entnommen. Viehloses Wirtschaften bedeutete für sie auch den Verzicht auf tierischen Dung: »Für den Vegetarier heißt die Düngung: Kompost, Gründüngung und Bodenbedeckung!« (Hofstetter 1931, S. 11) Bisweilen führte dieser Grundsatz jedoch zu Engpässen, denn obwohl alle verfügbaren Abfälle verwertet wurden, reichte die Menge einfach nicht aus.

Bei der biodynamischen Wirtschaftsweise sah Mina Hofstetter ähnliche Zielsetzungen. Die Viehzucht lehnte sie jedoch ab: »Wenn man weiß, daß Vegetarismus allein zur Gesundheit führt, ist es lebensgesetzlich widersinnig, Tiere in Ställe zu sperren und zu Sklaven zu machen.« Und auch die Düngemethode war ein weiterer Grund, sich abzusetzen und den eigenen Ansatz hervorzuheben:

> »Wenn man die Kräuter und Unkräuter, die der Herrgott wachsen läßt, in den Kompost hinein verarbeitet, und sie sich lebensgesetzlich wieder einordnen läßt, in den Ring des Lebens, so ist es jedenfalls biologischer, als wenn man sie in Form von Präparaten mit geheimnisvollen Zeremonien in den Kompost tut. *Eine heilige Zeremonie allein ist: lebensgesetzlicher Landbau.*« (Hofstetter 1942, S. 12 f. – Hervorhebung im Original)

»Ringen ohne Ruh und Unterlass«: Arbeit und Forschung

Ihr umfangreiches Wissen bezog Mina Hofstetter aus den zahlreichen Fachbüchern, die sie entweder aus der Bibliothek bekam oder zur »Auswahl« im Buchhandel bestellte und nach »sorgfältiger« Lektüre zurückgab. Die Zürcher Buchhandlung Dr. Oprecht unterstützte ihre Ambitionen offenbar ebenso generös wie stillschweigend. (Gespräch mit Werner Hofstetter und Rosemarie Kappenthuler) Ihre Belesenheit spiegelt sich in ihren Schriften wider, die oftmals mit Lektürehinweisen versehen waren. Das erworbene Fachwissen kombinierte sie mit eigenen Erfahrungen und Überlegungen; in ihrem »Labor im Garten« (Inhetveen 2002) setzte Mina die Anregungen um. Immer wieder unterstrich sie die Bedeutung der genauen Beobachtung für die Arbeit im Garten und auf dem Feld. Die tägliche Beobachtung auch kleinster Dinge, die Verbindung von Leib und Lernen in der landwirtschaftlichen Arbeit, diese

Praxis des Spürens und sich Einfühlens war für ihr Konzept grundlegend. Beobachten, Ausprobieren und beständiges Wiederholen bildeten die Grundlagen ihres Erfahrungswissens.

> »Um zu verstehen, was lebensgesetzlicher Landbau und lebensgesetzlich gezogenes Gemüse ist, muß man unbedingt ganz enge Beziehungen zum Boden, zur Pflanze, also zur Natur haben. [...] Es genügt nicht, einige biologische Lehrbücher gelesen zu haben oder einige Wochen und Monate auf dem Lande zu leben oder schließlich ein paar Gartenbeete in der freien Zeit zu bebauen, um dieses Gesetz wieder kennen zu lernen. Nein, da heißt es: ringen ohne Ruh' und Unterlaß, jahrelang, jahrzehntelang, Tag und Nacht, Sommer und Winter, bei Sonne, Regen, Schnee und Kälte. Beobachtungen aus allem, täglich, stündlich an Boden und Pflanze, um zu versuchen, Ursachen und Wirkungen auf die Spur zu kommen.« (Hofstetter 1942, S. 11)

Ein Experiment, dieses implizite Wissen festzuhalten und mitzuteilen, bilden ihre tagebuchartigen Aufzeichnungen *Langer Acker* von 1920. (Gosteli-Stiftung, Nachlass M. H.) Mina Hofstetter machte den Boden selbst zum handelnden Subjekt; sie ließ ihn sprechen und aus seiner Sicht den Prozess von Bodenbearbeitung, Saat und Ernte beschreiben:

> »Im Herbst erlebte ich etwas ganz Ausserordentliches. Statt, dass wie bis jetzt, der Acker im Herbst gepflügt wurde, um Getreide anzusäen, wurde er nach der Ernte der Kartoffeln nur geeggt, von Unkraut gesäubert u. dann zog die Frau mit einer Hacke kleine Furchen in 35 cm Abstand etwa 10 cm tief, säete in diese Furchen den Weizen u. deckte mit einem Gartenrechen zu. Ich wunderte mich sehr, was das wohl sein sollte.«

Von der Saat bis zur Ernte sind Arbeitsprozesse beschrieben und Beobachtungen festgehalten; die Einträge – und auch die Handschrift – wechseln schließlich, von einem erzählerischen zu einem Journal-Stil. Bei dieser Art der Dokumentation ihrer Versuche auf dem Acker, ihrem »Protolaboratorium« (Latour), fand ein wissenschaftlicher Übersetzungsprozess statt. Ohne dass der Boden in »Proben« transformiert wurde, verwandelte er sich in »Papier«. Trotz der Verschriftlichung wurde der Boden aber nicht auf die reine Materie reduziert und katalogisiert, wie es bei der Transformation in Proben, Daten und Fakten in den Wissenschaften üblich ist.

Bei der Kompostarbeit, 1940er-Jahre

Systematisierung und Dokumentation praktizierte Mina Hofstetter auch in anderen Bereichen: Seit 1921/22 führte sie, die Bäuerin, Buch über ihren Betrieb. Das hatte zur damaligen Zeit noch Seltenheitswert und verhalf ihr daher zu gewisser Bekanntheit. (Moser 2016, S. 84 f.; Auderset/Moser 2018, S. 77 f.) Diese Strategie, Nutzung von bürokratischen Strukturen, verfolgte sie auch, um den Erfolg bzw. den ökonomischen Mehrwert ihrer Ackerbeetkultur nachweisen zu können: 1928 trat Mina Hofstetter an verschiedene staatliche Stellen heran und bat um finanzielle Unterstützung für ihre Forschungsarbeit. Zuvor hatte sie sich an Ernst Laur (1871–1964), Direktor des Schweizerischen Bauernverbandes, gewandt. Laur befürwortete ihre Arbeit prinzipiell und bestätigte anerkennend, dass Mina Hofstetter ihren Betrieb in den Dienst des landwirtschaftlichen Versuchswesens gestellt hatte. (Moser 2016, S. 85) Ihr Antrag wurde durchaus ernstgenommen und bearbeitet, nach der Besichtigung ihres Betriebes und einem langwierigen Begutachtungsverfahren jedoch abschlägig beschieden – vor allem mit der Begründung, dass sich diese Art des Getreideanbaus vermutlich als wenig rentabel beim Anbau im großen Stil erweise. Mina Hofstetters Versuche seien nicht ausreichend dokumentiert und daher als »Pröbeleien« zu bezeichnen, die nicht mit Staatsmitteln unterstützt werden sollten. (Moser 2016, S. 85 ff.) Bei der Begutachtung werden auch ihre »biologische Wirtschaftsweise« und die sozialreformerischen Forderungen eine Rolle gespielt haben.

Der Hof als Bildungsstätte und Drehkreuz – Wissen weitergeben

Das kleine Anwesen und das Einkommen des Ehemannes reichten kaum aus, um genügend Erträge für die Familie und die mithelfenden Kräfte abzuwerfen. Das Leben war bestimmt von äußerster Beschränkung, Kargheit und Armut – schließlich drückten auch die Hypotheken. Vermutlich reifte die Überlegung, eine Lehrstätte einzurichten und ein Kursangebot zu entwerfen, auch vor diesem Hintergrund. Der kleine Hof in Stuhlen hatte sich längst zur Anlaufstätte entwickelt für Menschen, die nach einem neuen Verhältnis von Mensch, Natur und Gesellschaft suchten. Bereits Mitte der 1920er-Jahre nahmen Hofstetters Feriengäste auf und warben mit ihrem »Sonnenbad Lichtwärts«. (Moser 2016, S. 91) Mina Hofstetter war trotz aller Knappheit freigiebig und großzügig gegenüber den Gästen, was für die Kinder zum Teil Einschränkungen zur Folge hatte und Eifersucht hervorrief. (Gespräch mit Werner Hofstetter und Rosemarie Kappenthuler)

Mina Hofstetter kombinierte Vorträge mit praktischen Vorführungen – ein Konzept, das auf überwältigende Resonanz traf. Sie konnte ihr reiches Erfahrungswissen und spezielle Fertigkeiten im praktischen Vollzug vermitteln. (Ingold 2018) Schließlich wurde dieses Angebot professionalisiert und um 1930 in Form von »biologischen Land- und Gartenbaukursen« durchgeführt. Zum Teil gab es Kooperationen mit anderen Vereinigungen wie z. B. dem *Schweizerischen Verein zur Hebung der Volksgesundheit*. Neben dem Unterricht in Land- und Gartenbau standen Exkursionen, Gymnastik und Luftbäder auf dem Programm. Diese Verbindung von Theorie und Praxis, die mehrere Sinnes- und Lernebenen anspricht und auch Erfahrungen mitteilbar macht, die durch Alltagsroutinen, Arbeitsabläufe und fachliche Lektüre erworben sind, war charakteristisch für Mina Hofstetter. Die *Lehrstätte für biologischen Land- und Gartenbau* wurde in den einschlägigen Periodika überregional beworben und erlangte rasch einen enormen Bekanntheitsgrad. Es überrascht nicht, dass die zahlreichen und bisweilen auch illustren Besucher*innen ebenso wie die praktizierten Licht- und Sonnenbäder in der Nachbarschaft auf krasses Unverständnis stießen.

Mina Hofstetters Kontakte bestanden in erster Linie innerhalb der lebens- und sozialreformerischen Gemeinschaft. Dabei spielten Austauschen und Netzwerken eine prägende Rolle. So zogen sich die Fäden hin zu verschiedenen Fachgebieten und Gruppierungen: Co-Veranstalter*innen von Kursen waren neben Werner Zimmermann und Ewald Könemann beispielsweise der Chemiker Karl Erpf, Hedwig Eichbauer von der Arbeitsgemeinschaft für Lebenserneuerung in Freusburg und Max Bircher-Benner. Letzterer vermittelte seine Patienten zu Mina Hofstetter, die im Gegenzug die Bircher-Benner-Klinik mit Getreide belieferte.

Ein Gästebuch, das sie von 1922 bis 1964 führte, gibt Aufschluss über die Herkunft der Kursteilnehmer*innen. (Gosteli Stiftung, Nachlass M.H.) Neben Besucher*innen aus dem Raum Zürich und aus Deutschland kamen die Gäste aus ganz Europa, aus Nord- und Südafrika, aus Indien, Mittel- und Nordamerika sowie aus Australien. Aus mehr als 25 Ländern fanden sich hier Interessierte zusammen. Schon in Gruppenverbänden lassen sich mehr als 1.100 Besucher und Besucherinnen nachweisen. Dabei handelte es sich vor allem um Gruppen aus dem Umkreis der Gesundheitsreform, Jugendbewegung und anderen sozialreformerischen Bewegungen. Die Kurstätigkeit beendete Mina Hofstetter etwa im Alter von 70 Jahren. Aber auch nach der Schließung der Lehrstätte fanden sich immer wieder Gäste in Stuhlen ein, die über kürzere oder längere Zeit dort lebten, lernten und arbeiteten. (Gespräch mit Werner Hofstetter und Rosemarie Kappenthuler) Mina Hofstetter führte zudem weiterhin ausgedehnte Korrespondenzen »mit der ganzen Welt«; ihre Enkeltochter brachte die Briefe regelmäßig auf ihrem Schulweg zur Post. Das große Konvolut an Postkarten und Briefen ging allerdings bei der Übergabe ihres Wohnhauses verloren. (ebd.)

Das Kursgebäude »Seeblick« in Stuhlen über dem Greifensee

Außer dem Kursangebot und den Treffen gesellschaftspolitisch orientierter Gruppen fand im Juni 1942 die erste Tagung des *Instituts für Erfahrungsaustausch im biologischen Landbau* in Stuhlen statt, und im September 1947 wurde hier die *Genossenschaft Biologischer Landbau* gegründet. Mina Hofstetter selbst engagierte sich nicht verbandspolitisch – ein Umstand, der auch die Ursache für ihre Marginalisierung und ihr zeitweiliges Vergessen sein könnte, aber auch in anderen Zusammenhängen ihren Einflussbereich begrenzte.

Ihre Vorträge hielt sie nicht nur in Stuhlen und im Schweizer Umland. Spätestens seit den 1930er-Jahren erreichten sie auch Einladungen nach Deutschland sowie in weitere europäische Länder wie Dänemark, Norwegen, Schweden, Frankreich und die Slowakei. Eine wichtige Plattform wurden ihr die Kongresse der *Women's Organisation for World Order* (WOWO), 1935 in Genf gegründet und an der Friedensbewegung orientiert. Für Mina Hofstetter ergaben sich Kontakte zu prominenten Feministinnen, beispielsweise zu der schwedischen Publizistin Elin Wägner (1882–1949), Mitglied der Schwedischen Akademie, sowie der Wiener Schriftstellerin Anna Helene Askanasy. (Moser 2016, S. 95) Beide Frauen besuchten Mina Hofstetter in den 1930er-Jahren in Stuhlen und luden sie zu Veranstaltungen ein. Trotz dieser Fürsprecherinnen zeigten sich auch bei der WOWO institutionelle Schranken: Bei der 1947 in Paris veranstalteten Konferenz für den Frieden durfte sie einen Redebeitrag – als einzige Teilnehmerin aus der Schweiz – als Vertreterin ihres Landes leisten; sie war sich dieser Bedeutung und Chance (zugleich als einzige Vertreterin der Landwirtschaft) deutlich bewusst. Allerdings erhielt sie am letzten Tag kein Stimmrecht für die Beschlussfassung, weil sie keine Organisation repräsentierte. »Ich stand auf und verließ den Saal«. (Hofstetter 1947)

Sie meldete sich auch auf anderer Ebene engagiert zu Wort: Mina Hofstetter publizierte von 1924 bis 1947 kleine Artikel, Aufsätze und umfangreichere Schriften und hinterließ ein entsprechend beachtliches schriftliches Lebenswerk. In ihren Publikationen ist ihre Belesenheit mit eigenen Erkenntnissen und Erfahrungen kombiniert. Sie schrieb über das Verhältnis der Geschlechter zueinander und über Familie ebenso wie über das Getreidemonopol, »Zinsknechtschaft«, Freiwirtschaft und Mütterrente, über Ernährung und natürlich über Land- und Gartenbau. Ihre Texte spiegeln den eigenen Weg samt seinen Stolpersteinen wider.

Ihr Gästebuch vermittelt die Perspektiven der Besucher*innen: Mina Hofstetters Werk wird gerühmt, ihre Funktion als Wissende und Lehrende betont. Außerdem werden ihre Herzlichkeit, Gastfreundschaft und ihre Mütterlichkeit hervorgehoben; ihre Familie hingegen hat auch die andere Seite kennengelernt und Mina als resolute und durchaus strenge Persönlichkeit wahrgenommen – eine wenig verwunderliche Beschreibung, hat doch ihr Lebensweg viel Mut, Kraft und Durchsetzungsvermögen gekostet. Ihr Mann Ernst Hofstetter wurde ihr dabei zum verlässlichen Partner und bildete offenbar auch von seinem Naturell her ein gutes Gegengewicht. (Gespräch mit Werner Hofstetter und Rosemarie Kappenthuler) Im Jahr 1950 gaben beide ihre Betriebe an die jeweiligen Söhne, mit denen sie zusammengearbeitet hatten, ab. Mina nutzte die »freiere« Zeit zunächst auch zum Reisen. In ihren letzten Lebensjahren zog sie sich zurück: In den Wintermonaten soll sie ihr Bett kaum verlassen haben. Für Korrespondenzen und Lektüre wurde daher eigens eine Ablage für Bücher, Papier und Federhalter installiert. Mina Hofstetter starb am 21. Dezember 1967, wenige Monate nach ihrem Mann Ernst, mit dem sie 60 Jahre verheiratet war. Als Wegbereiterin des natürlichen (biologischen) Landbaus hat sie inzwischen Bekanntheit, Anerkennung und Würdigung erreicht.

Ausgewählte Werke

Hofstetter, Mina (1924): Mit shmerzen solltest du kinder gebären! In: TAO (August), S. 18f. [Originalschreibweise]

Hofstetter, Mina (1924): Heilige mutterpflicht! In: TAO (Oktober), S. 46f. [Originalschreibweise]

Hofstetter, Mina (1928): Brot. Die monopolfreie Lösung der Getreidefrage durch die Frau. Bern: Pestalozzi-Fellenberg-Haus. [Pseudonym Gertrud Stauffacher]

Hofstetter, Mina (1931): Viehlose Landwirtschaft. In: Mina Hofstetter-Lehner: Biologischer Landbau. Hg. v. Werner Zimmermann. Lauf/Bern/Leipzig: Rudolf Zitzmann, S. 3–18.

Zimmermann, Werner/Hofstetter, Mina/Krebs, Gadon/Häusle, Paul/Bertholet, Edouard (Hg.) (1941): Mutter Erde. Weckruf und praktische Anleitung zum biologischen Landbau. Zielbrücke-Thielle.

Hofstetter, Mina (1942): Neues Bauerntum – Altes Bauernwissen. Naturgesetzlicher Landbau. Erlebtes und Erfahrungen. Ebmatingen.

Hofstetter, Mina (1946): Naturgesetzlicher Gartenbau. Notizen und Kurzbericht aus einem Kurs über den biologischen Gartenbau. Thal/St. Gallen: Pflug.

Hofstetter, Mina (1947): Ueberall dasselbe! Die Organisation ist wichtiger als die arbeitende Persönlichkeit. In: Schweizer Frauenblatt v. 31. Okt. 1947.

Quellen

Archiv für Agrargeschichte (AfA), Bern. [https://www.histoirerurale.ch/pers/personnes/Hofstetter,_Mina_(1883_1967)__DB1638.html]

Gosteli-Stiftung. Archiv zur Geschichte der schweizerischen Frauenbewegung, Worblaufen: 703 Bestand Mina Hofstetter.

Gespräch mit Werner Hofstetter und Rosemarie Kappenthuler am 2. Juli 2003 in Ebmatingen-Stuhlen (Ira Spieker).

Demtschinsky, N. A. und B. N. (1911): Die Ackerbeetkultur, ihre Grundlagen, Methoden und neuesten praktischen Ergebnisse, Berlin.

Gesell, Silvio (1916): Die natürliche Wirtschaftsordnung durch Freiland und Freigeld, Berlin.

Könemann, Ewald (1928): Eine Frau als Pionier im biologischen Acker- und Pflanzenbau. Eine Feldbesichtigung bei Frau Hofstetter=Ehnert [sic] in Ebmatingen, Kant. Zürich. In: Bebauet die Erde 4(10/11), S. 200–202.

Surya, G. W. (1907): Moderne Rosenkreuzer. Der Weg eines Lichtsuchers. Leipzig.

Svensson, Sigurd (1916 (1911)): Viehlose Landwirtschaft. Ein Zukunftsausblick sittlicher und wirtschaftlicher Natur. Dresden/Leipzig.

Zimmermann, Werner (1930 (1922)): Lichtwärts. Ein Buch erlösender Erziehung. Lauf/Berlin/Leipzig: Rudolf Zitzmann.

Literatur

Auderset, Juri/Moser, Peter (2018): Die Agrarfrage in der Industriegesellschaft. Wissenskulturen, Machtverhältnisse und natürliche Ressourcen in der agrarisch-industriellen Wissensgesellschaft (1850–1950). Wien/Köln/Weimar: Böhlau.

Dörler, Anita (1994): Mina Hofstetter – die vergessene Pionierin. In: bioterra 155, S. 1–5.

Ingold, Tim (2018): Five Questions of Skills. In: Cultural Geographies 25(1), S. 159–163.

Inhetveen, Heide (2002): Das Labor im Garten. Pionierinnen des ökologischen Landbaus und ihre Gärten. In: Heidrun Hubenthal/Maria Spitthöver (Hg.): Frauen in der Geschichte der Gartenkultur, Bd. 1. Kassel: Universität Kassel, S. 65–83.

Moser, Peter (2008): Mina Hofstetter. In: Historisches Lexikon der Schweiz, Version vom 08.01.2008. [https://hls-dhs-dss.ch/de/articles/044783/2008-01-08/]

Moser, Peter (2016): Mina Hofstetter-Lehner (1883–1967). Bäuerin und Forscherin. In: Andrea Kaufmann/Claudia Wirz/Peter Moser (Hg): Drucken, Backen, Forschen. Pionierinnen der modernen Schweiz. Zürich: Verein für wirtschaftshistorische Studien, S. 70–104.

Spieker, Ira (2004): Erfühlen – Beobachten – Erkennen. Mina Hofstetter: Aneignung und Vermittlung von Wissen in der Frühphase des biologischen Landbaus. In: Ursula Paravicini/Maren Zempel-Gino (Hg.): Niedersächsischer Forschungsverbund für Frauen-/Geschlechterforschung in Naturwissenschaften, Technik und Medizin. Hannover: Universität Hannover, S. 141–159.

Wedemeyer-Kolwe, Bernd (2017): Aufbruch. Die Lebensreform in Deutschland. Darmstadt: Philipp von Zabern.

Zwischen Zorn und Zärtlichkeit. Die Geschichte des Biolandbaus in der Schweiz, Teil 1. Film von Benno Hungerbühler und Thomas Alföldi (2012).

Gabrielle Louise Caroline Howard (1876–1930)

Naturwissenschaftlerin, Pflanzenforscherin in Britisch-Indien, Autorin, Dozentin, Mitgründerin des Indore-Projektes, Trägerin hoher Auszeichnungen, Fellow der Linné-Gesellschaft

Ein wegweisendes Brieffragment

> »Der Abschnitt über Pflanzenkrankheiten könnte noch erheblich verbessert werden und damit an Wirksamkeit gewinnen, wenn er von der Komplexität der physiologischen Prozesse ausgeht, die sich nicht einer [einzelnen] Wissenschaft beugen. Ich werde skizzieren, was ich denke und dir zusenden und du kannst darüber nachdenken. Dies würde auch deinen Schluss verbessern, der zwar ganz gut ist, aber Du wolltest doch eigentlich den Punkt hervorheben, dass die Pflanze keine Zergliederung in Wissenschaften kennt, beim Wachsen und Vollziehen ihrer Funktionen nutzt sie alles gleichzeitig. Daher werden höchstwahrscheinlich Menschen mit gutem Einblick in das Ganze die wahren Fortschritte im biologischen Kontext, also der Landwirtschaft, erbringen. Verurteile diese Idee nicht gänzlich, sondern denk darüber nach. Das ist es doch, was wir beabsichtigten, als wir den Entwurf machten.« (Howard, L. E. 1953, S. 39)

In diesem Brieffragment vom 28. Juli 1905 wird Kritik an einem offenbar wichtigen Schriftstück vorgetragen, das zwei sich nahestehende Personen entworfen haben und eine der beiden ausformuliert hat. Es wird an eine gemeinsame Auffassung vom lebendigen Wesen der Pflanzen und von den daraus abgeleiteten Konsequenzen für die wissenschaftliche Forschung erinnert: Pflanzen sollten in ganzheitlicher Perspektive erforscht werden. Das müsse in dem Schriftstück besser zum Ausdruck gebracht werden. Selbstbewusst klingt die Kritik, entschieden die zweimalige Aufforderung, sie zur Kenntnis zu nehmen.

Es ist ein glücklicher Zufall, dass dieses Brieffragment überliefert wurde. Denn es ist das erste Dokument, das die Philosophie vom Wesen der Pflanzen und damit das Grundanliegen des Forscherpaars Gabrielle und Albert Howard für die Forschungskooperation an einem entscheidenden Wendepunkt ihrer beider Biografien formuliert.

Ein kongeniales Paar

Gabrielle Louise Caroline Matthaei wurde am 3. Oktober 1876 als älteste Tochter des Kommissionärs Ernst Carl Hermann Matthaei und der Musikerin Louise Henriette Elizabeth Sueur im Londoner Stadtteil Kensington geboren. Sie, ihr älterer Bruder und die Schwestern Marie und *Louise Ernestine* wuchsen in kosmopolitisch orientierten, gutbürgerlichen Verhältnissen auf, die sich allerdings nach dem frühen Tod des Vaters nicht mehr aufrechterhalten ließen. Auf eine qualifizierte Berufsausbildung auch der Töchter wurde großer Wert gelegt. Gabrielle studierte nach dem Besuch höherer Schulen in London als Stipendiatin Naturwissenschaften am berühmten *Newnham Women's College* der Universität Cambridge und schloss mit einem glänzenden Masterexamen ab. Sie wurde Demonstrationsassistentin, erhielt ein renommiertes Forschungsstipendium, wurde Fellow des Newnham College und arbeitete von 1902 bis 1905 als Forschungsassistentin im Labor des Pflanzenphysiologen F. F. Blackman (1866–1947) an der Universität Cambridge. Experimente zur Temperaturabhängigkeit der Photosynthese – offiziell später als »Blackmansche Reaktion« bezeichnet – gehen auf Gabrielle Matthaei zurück und wurden dementsprechend unter ihrem Namen veröffentlicht. (Matthaei 1904)

Gabrielle Howard geb. Matthaei

Gabrielle Matthaei startete ihre Universitätskarriere als Pflanzenphysiologin, als sie Albert Howard (1873–1947) kennenlernte, Sohn einer angesehenen Landwirtsfamilie aus Shropshire. Er hatte einen Bachelor-Abschluss an der Universität Cambridge erworben und war als Dozent für Agrarwissenschaften am Harrison College auf Barbados, als Mykologe auf den Britisch-Westindischen Inseln und zuletzt zweieinhalb Jahre als Botaniker am Agricultural College in Wye tätig. In Agrarkreisen hatte er sich bereits durch seine Forschungen zum Hopfenanbau einen Namen gemacht. Und nun war er vom Vizekönig Britisch-Indiens Lord Curzon als Wirtschaftsbotaniker an das 1904 gegründete *Agricultural Research Institute* in Pusa (Provinz Bihar) berufen worden, dessen Aufgaben darin bestanden, die Landwirtschaft Indiens zu modernisieren, Agrarkrisen wie die Indigowelke zu beenden und weltweit in Forschung und Lehre auszustrahlen.

Im Mai 1905 trat Albert Howard die Stelle an. Seine Aufgabe als »Imperial Economic Botanist to the Government of India« bestand darin, den Anbau und den Verkauf von Nutzpflanzen zu verbessern, vorgeblich im Interesse der Bevölkerung Indiens, faktisch der Kolonialmacht England. Sein Botanisches Department war als letztes der sechs Fachabteilungen des Forschungsinstituts gegründet worden, Gelder waren verausgabt, Versuchsflächen nicht vorgesehen, für die Howardsche Vorstellung von pflanzenbaulicher Forschung aber unabdingbar. So musste er nach seiner Ankunft vor allem um die Ausstattung seines Departments kämpfen. Im eingangs zitierten Brief wollte Alberts Verlobte Gabrielle seine Argumente für bessere Forschungsbedingungen argumentativ unterstützen.

Am 4. November 1905 heirateten Gabrielle Matthaei und Albert Howard. Gabrielle nahm Abschied von einer Karriere als Pflanzenphysiologin an einer renommierten Frauenhochschule und brach in ein unbekanntes Land auf, zu einer abgelegenen Forschungsstation, an der Seite eines Mannes, der einen Dienstvertrag in der Tasche hatte, während für sie als Ehefrau weder eine Anstellung noch eine Finanzierung vorgesehen war. Doch die Möglichkeit, sich nun voll ihrer Leidenschaft für die Pflanzenforschung an der Seite ihres Mannes widmen zu können, mag den Ausschlag für ihren Schritt gegeben haben. Zudem lernte Gabrielle Indien bald lieben und fühlte sich – wie ihre Schwester Louise berichtete – nirgends wohler als in diesem Land mit seinen Menschen.

The two scientists

In ihrer neuen Heimat besuchten Albert und Gabrielle als Erstes viele botanischen Gärten und Parks in verschiedenen Provinzen, um die indische Flora kennenzulernen – eine Hochzeitsreise der ungewöhnlichen Art. Das erste Jahrzehnt verbrachten die Howards mit intensiven botanischen und pflanzenzüchterischen Forschungen. Auf Reisen durch das ganze Land wurde Pflanzenmaterial von Weizen, Tabak, Leinsamen, Linsen, Kichererbsen und Faserpflanzen gesammelt, um eine Klassifikation des indischen Nutzpflanzenbestandes auf der Basis der Mendelschen Gesetze zu entwickeln. Nach dem Sortieren, Identifizieren und Klassifizieren der vielen in Indien vorzufindenden, aber noch nie wissenschaftlich erforschten Varietäten wurden reine Linien als Grundlage für Kreuzungen isoliert und auf den Versuchsfeldern über mehrere Generationen nachgebaut, um die Erblichkeit von Pflanzeneigenschaften zu ermitteln.

Die ersten Untersuchungen galten dem Weizen, einem Grundnahrungsmittel in Indien, ab 1907 dann zusätzlich dem Tabak, einem äußerst wichtigen Exportgut. Dabei arbeitete das Paar aufs Engste zusammen; die zahlreichen Publikationen dieser Jahre tragen durchweg beider Namen, eine Seltenheit im Wissenschaftsbetrieb jener Jahre. (Memoirs of the Department of Agriculture in India. Botanical series; Howard, L. E. 1953) Die intensive Teamarbeit und die gemeinsame Veröffentlichungspraxis brachte dem Paar in Anlehnung an ein damals berühmtes zeitgenössisches Soziologenpaar die Bezeichnung »the Sidney and Beatrice Webb of India« ein.

Gabrielle Howard bei Tabakversuchen in Indien

Dennoch gab es eine Arbeitsteilung. Während sich Albert im Laufe der Zeit zahlreicher anderer Aufgaben annahm, widmete sich Gabrielle den Feinarbeiten auf den Versuchsfeldern. Mit Tropenhelm und unter einem doppelt gefütterten und von fremden Händen gehaltenen Sonnenschirm arbeitete sie tagtäglich stundenlang in gebückter Haltung bei sengender Hitze getreu ihrem Motto: »The agriculturalist is the servant of the plant«. (vgl. Howard, L. E. 1953, S. 10) Zur Fremdbestäubung mussten Tausende Blüten in die Hand genommen, in Musselinsäckchen verhüllt, »kastriert« oder von Hand befruchtet, gezählt und beschriftet werden. Schließlich war alles niederzuschreiben. Albert Howard schätzte ihre Ausdauer, ihre Beobachtungsgabe, ihr Experimentiergeschick, ihre Systematik. Er nannte sie eine Meisterin der Feinarbeit und rühmte auch ihre besonderen Fähigkeiten im sozialen Umgang und bei der Anleitung der einheimischen Arbeiter und Arbeiterinnen. Gabrielles Schwester Louise berichtet, dass Albert seine widerstrebende Frau auch drängte, zusätzlich zu den umfangreichen Monografien *Studies in Indian Tobaccos*, die unter beider Namen erschienen, einzig unter ihrem Namen zu veröffentlichen. »Er wünschte, dass sie auf wissenschaftlichem Gebiet ihren eigenen Platz einnähme.« (Howard, L. E. 1956, S. 90) So erschien eine Reihe von Veröffentlichungen mit Gabrielle Howard als Alleinautorin (Howard, Gabrielle 1913, 1916).

Quetta und öffentliche Anerkennung

Trotz großer Arbeitsbelastung richteten die Howards 1910 eine zweite Forschungsstation im weit entfernten Quetta in der Wüste von Belutschistan ein. Bis 1918 wechselten sie nun halbjährlich zwischen Pusa und Quetta, um die Vegetationszyklen für ihre Pflanzenversuche zu verdoppeln. Gabrielle Howard veröffentlichte eine selbstständige Studie über Weizen in Belutschistan, Khorasan und dem Kurram-Tal (Howard, Gabrielle 1916). Ebenfalls 1910 erfuhr Gabrielle Howard eine erste staatliche Anerkennung ihrer Leistung. Sie wurde offiziell zur »persönlichen Assistentin« ihres Ehemanns ernannt und – nach fünf Jahren ehrenamtlicher Arbeit – nun auch entlohnt, ein ungewöhnlicher Akt der konservativen indischen Verwaltung. Drei Jahre später – ihre Schrift über die Erblichkeit von Eigenschaften bei den Tabakvarietäten erschien zeitgleich – erhielt Gabrielle die höchste Auszeichnung für zivile Verdienste, die Kaisar-i-Hind Medaille in Gold, und wurde zur »Second Imperial Economic Botanist to the Government of India« ernannt. Damit stand Gabrielle Howard nun auch im Licht der Öffentlichkeit als gleichwertige Forscherin an der Seite ihres Ehemanns.

Als in den Jahren 1910 bis 1913 der wirtschaftlich so bedeutende Indigoanbau durch eine unbekannte Krankheit zusammenbrach, konnten die Howards ihren ganzheitlichen Ansatz für Pflanzenkrankheiten, wie ihn Gabrielle im eingangs zitierten Brieffragment skizziert hatte, erproben: Sie suchten nicht nach einem singulären Virus, Pilz oder Insekt als Ursache der Indigowelke, sondern beobachteten und erforschten die Pflanzen in ihrem gesamten Vegetationskontext: ober- und unterirdische Teile, den Boden, die Feuchtigkeit, die Temperatur. Dies brachte aufsehenerregende Ergebnisse, weitere gemeinsame Publikationen zum Indigoanbau und neue Aufträge zur Behandlung von Krankheiten bei Obstbäumen, Arbeitstieren oder auch Lähmungserscheinungen bei Menschen nach dem Genuss einer bestimmten Hülsenfrucht.

Die Ganzheitlichkeit als Howardsches Forschungsprinzip bezog sich nicht nur auf den Anbau von landwirtschaftlichen Produkten, sondern auch auf deren Verarbeitung, Verpackung und Transport. Insbesondere Gabrielle lag eine gesunde Ernährung am Herzen, und auch hier erwies sich ihr »genius for detail«. Sie entwickelte in Quetta neue Verfahren zur Aufbereitung und Verarbeitung von Trockenfrüchten und Trockengemüse, die die Qualität, den Geschmack und die Nährwerte der frischen Produkte annähernd bewahrten und sie transportabler machten. Sie verfasste zwei Handbücher für die kommerzielle Erzeugung von Trockenfrüchten, die mehrfach aufgelegt und in die lokale Sprache Urdu übersetzt wurden. Die Herstellung von Trockenprodukten florierte; auf der zentralen Nahrungsmittelmesse in Kalkutta 1918 wurden sie preisgekrönt.

Der Traum einer »hybrid science« und das Indore-Verfahren

Um 1920 hatte das Ehepaar Howard sehr viel erreicht. Albert konnte den Ertrag der Forschungen der Botanischen Abteilung monetär belegen, zudem waren von Mai 1905 bis Januar 1923 an die Hundert Bücher, Bulletins und Artikel der Howards erschienen, und etliche befanden sich im Druck. Doch trotz der Anerkennung ihrer Leistungen stießen sich die Howards immer wieder an den fachlichen Grenzen, die der in Einzelwissenschaften fragmentierte Forschungsbetrieb des Institutes ihrem ganzheitlichen Denken und Handeln setzte. Eine Freundschaft mit dem Fürsten des unabhängigen Staates Indore in Westindien eröffnete eine neue Chance, ihre eigenen Ideen und paradigmatischen Ansätze zu verwirklichen. Im Jahre 1925 bezogen sie ein neues Institut (*Institute for Plant Industry*), das sie gemeinsam geplant hatten und dessen Leitung nun auch formal in Alberts Händen lag. Diese Anlage mit Wirtschaftsgebäuden, Laboreinrichtungen, Bibliotheken, Hörsälen für die geplante Ausbildung von Nachwuchswissenschaftler*innen, einem Musterdorf mit 75 Hektar landwirtschaftlicher Nutz- und Versuchsfläche war geeignet, ihren gemeinsamen Traum einer »hybrid science« (Gieryn 1999) zu verwirklichen. Im Howardschen Sinne ist darunter eine enge Verknüpfung von Theorie und Empirie, von Wissenschaft und Praxis, von bäuerlichem Erfahrungswissen und akademischer Forschung – von Landwirtschaft, Gesellschaft und Politik – zu verstehen. Ihr offizieller Auftrag war die Beratung des jeweiligen Landesherrschers und anderer zentralindischer Staatsmänner. Der Preis für ihre Freiheit in der Forschung und Lehre war ihre Enthaltsamkeit gegenüber jeglicher Kritik an deren Regierungsmaßnahmen.

Sofort nach Übernahme der Leitung des Indore-Instituts begannen die Howards zusammen mit einem neuen Mitarbeiter, dem Chemiker Yeshwant Wad, mit systematischen Versuchen zur Kompostbereitung. Sie wollten zeigen, wie durch eine sorgfältige Präparierung pflanzlicher und tierischer Abfälle und deren systematische Zusammenführung in Komposthaufen schließlich eine Verbesserung der Bodenfruchtbarkeit und damit auch der Gesundheit von Pflanzen, Tieren und Menschen erreicht werden kann. Das Indore-Verfahren des Forschertrios wurde später allerdings lediglich Albert Howard zugeschrieben; es begründete seinen Ruhm als Wegbereiter oder Pionier des Ökologischen Landbaus.

Indore – ein Projekt der »sozialen Landwirtschaft«

Die beiden Howards hatten das Indore-Institut als Modellprojekt konzipiert. Neben der Forschung, hier insbesondere über Baumwolle, gehörte eine Postgraduierten-Ausbildung zu den wichtigsten Aufgaben. Viele staatliche Stellen entsandten ihre Mitarbeiter*innen zur Weiterbildung nach Indore.

Auch an eine Weiterbildung von Landwirt*innen war gedacht. Für sie wurden ab 1928 regelmäßig fachliche Treffen organisiert, bei denen an zwei Tagen je sechs Demonstrations- und Unterrichtsstunden zu Themen wie Bodenkultivierung, Erntearbeiten, Bewässerung, Kompostieren von Abfällen und Viehfütterung abgehalten wurden. Im gesamten Lehrbetrieb profilierte sich Gabrielle Howard als beliebte und äußerst erfolgreiche Lehrerin gleichermaßen für Studierende und landwirtschaftliche Fachkräfte.

Im Umgang mit ihrer Belegschaft von über hundert Arbeitskräften und Tagelöhner*innen verhielten sich die Howards wie patriarchal-soziale Unternehmer: Sie rekrutierten ihre Arbeiter und Arbeiterinnen aus den umliegenden Dörfern, sicherten gute Ernährung und Unterkunft zu, zahlten regelmäßige Löhne, boten ein ausgeklügeltes Prämiensystem an, reduzierten

Arbeitszeiten und sorgten für eine medizinische Betreuung bis hin zur Hebamme bei Geburten. Ein bemerkenswertes Unternehmen »sozialer Landwirtschaft«, über das Albert Howard auf Einladung der International Labour Organization, bei der Gabrielles Schwester Louise arbeitete, 1931 berichtete (Howard, Louise 1953, S. 236 ff.)

Die Besonderheiten des Howardschen Unternehmens schildert die Laudatio des ersten Mitarbeiters:

> »Die tiefe Bindung der Eheleute Howard an ihre Arbeit, ihre Kollegen, ihre Angestellten, Studenten und Feldarbeiter, nicht zu vergessen an ihr Vieh, ihre Felder und Früchte, war so wunderbar, dass sie alle und jeden Helfer inspirierten, sie zu respektieren, zu bewundern und sie enthusiastisch in all ihren Aktivitäten zu unterstützen. Es war schön, sie auf ihren Inspektionsrunden zu beobachten, wie sie mit den Arbeitern über ihre Probleme sprachen, nachfragten, ermutigten, und falls nötig diskutierten, die Ochsen streichelten und zufrieden waren, wenn Früchte und Land in gutem Zustand waren. Wohin sie auch gingen, war Leben. Ihre Gefährten aus Indore blicken auf diese Tage noch gerne in liebevollem Gedenken zurück.« (Wad 2005, S. 316)

»To Gabrielle who is no more«

Spielten Gabrielle und Albert Howard schon bei der Gründung des *Indischen Wissenschaftskongresses* im Jahr 1914 eine wichtige Rolle und referierten sie später regelmäßig auf den Tagungen, so übertrug man ihnen Ende der 1920er-Jahre die wichtigsten Ämter im damaligen Wissenschaftsleben Indiens: Albert wurde zum Präsidenten des Wissenschaftskongresses gewählt und Gabrielle zur Präsidentin der *Botanischen Abteilung*, später der *Landwirtschaftsabteilung* und schließlich zur Vorsitzenden der gemeinsamen *Sektion von Landwirtschaft und Botanik*. Nach wie vor kritisierten beide die zunehmend arbeitsteilig-fragmentierte Organisation der Agrarwissenschaften und entwickelten Gegenentwürfe, die von einem engen Zusammenhang von Boden, Pflanzen, Tieren und Menschen ausgingen und ganzheitliche Konzepte für Forschung und Lehre propagierten.

Im Frühjahr 1930 wurde deutlich, dass Gabrielle, deren leidenschaftliche Hingabe an die Forschung keine Grenzen kannte, schwer an Krebs erkrankt war. Hilfe versprach sie sich von europäischen Fachärzten. Sie verließ Indien. Noch während der Überfahrt arbeitete sie unermüdlich an einem Lehrbuch der landwirtschaftlichen Botanik für ihre indischen Studierenden. Darin formulierte sie ihr Paradigma von der Pflanze als Gesamtgestalt sowie ihre Forschungskonzepte. Ahnte sie, dass dies *ihr* landwirtschaftliches Testament werden würde? In Begleitung ihrer Schwester Louise, die in Genf lebte, suchte sie Ärzte in Genf, Düsseldorf und Bern auf. Nach einer Operation schien sie sich wieder zu erholen. Doch am 18. August 1930 verstarb Gabrielle Howard bei ihrer Schwester Louise in Genf. Albert Howard ließ seine langjährige Partnerin nach England überführen. Das Lehrbuch, an dem sie bis zuletzt arbeitete, blieb unveröffentlicht. Eine Fortführung ihrer gemeinsamen Forschungen und Arbeiten war für Albert offenbar undenkbar. Er fuhr nach Indien zurück, um eine Monographie zu seinen Düngerstudien in Indore mit einem Mitarbeiter zu vollenden. Ein Jahr später heiratete er Gabrielles Schwester *Louise E. Matthaei*, die – ebenfalls Agrarexpertin und in internationalen Netzwerken agierend – den dritten Abschnitt seiner Karriere einleitete.

Als im Jahr 1995 die Zeitschrift *Ökologie und Landbau* den Pionieren des Ökologischen Landbaus ein Themenheft widmete, wurden Sir Albert Howards große Pionierleistungen herausgestellt. Von Gabrielle Howard fehlte dagegen jede Spur. Dass wir bei unseren Forschungen auf Gabrielle aufmerksam wurden, ist in erster Linie Louise E. Howards Buch *Sir Albert Howard in India* von 1953 zu verdanken, gleichermaßen eine Hommage an ihren Ehemann wie an ihre Schwester. In der deutschen Übersetzung, die 1956 erschien, wurden solche Passagen, welche die Mitwirkung von Gabrielle verdeutlichten, oftmals ausgelassen. Auch Sir Albert Howard selbst scheint es zunehmend in Publikationen unterlassen zu haben, auf die »andere Hälfte« seiner Produktivität hinzuweisen. In der Erstausgabe seines noch heute berühmten und 2005 wieder aufgelegten *Landwirtschaftlichen Testaments* fehlt – außer der dramatisierenden Widmung »To Gabrielle who is no more« – jeglicher Verweis auf seine erste Lebens- und Arbeitsgefährtin.

Ausgewählte Werke

Howard, Gabrielle (1913): The Inheritance of Characters in Nicotiana tabacum (= Studies in Indian Tobaccos 3). In: Memoirs of the Department of Agriculture in India. Botanical series 6(3), July 1913. [https://www.biodiversitylibrary.org/bibliography/14223]

Howard, Gabrielle (1916): The Wheats of Baluchistan, Khorasan and the Kurram Valley. In: Memoirs of the Department of Agriculture in India. Botanical series 8(1), August 1916. [https://www.biodiversitylibrary.org/bibliography/14223]

Howard, Albert/Howard, Gabrielle L.C. (1907): Note on Immune Wheats. In: The Journal of Agricultural Science 2(3), S. 278–280. [https://doi.org/10.1017/S0021859600000575]

Howard, Albert/Howard, Gabrielle L.C. (1909): Wheat in India. Its Production, Varieties and Improvement. London: Thacker & Co.

Howard, Albert/Howard, Gabrielle L. C./Khan, Abdur Rahman (1910): The economic significance of natural cross-fertilization in India. India Dept. of Agriculture. Memoirs. Botanical series 3(6). Calcutta: Thacker, Spink & Co./London: W. Thacker & Co. (Herausgegeben für das Imperial Department of Agriculture in Indien; Calcutta).

Howard, Albert/Howard, Gabrielle L.C. (1927): The Development of Indian Agriculture, Nature, India of Today. London: Humphrey Milford and Oxford University Press 8.

Howard, Albert/Howard, Gabrielle L. C. (1929): The Application of Science to Crop-Production. An Experiment carried out at the Institute of Plant Industry, Indore. London/Bombay/Calcutta/Madras: Humphrey Milford and Oxford University Press, S. 62–67 (dort vollständige Liste der bis 1929 erschienen Schriften von Albert und Gabrielle Howard).

Matthaei, Gabrielle L.C. (1904): Experimental Researches on Vegetable Assimilation and Respiration. Philosophical Transactions of the Royal Society of London. B 197, S. 47–105. [https://doi.org/10.1098/rstb.1905.0005]

Quellen

Archive des Bureau International du Travail, Dossier du Service du Personnel: Howard, Mrs. L. P. 748 Demande de congé annuel (Jahresurlaubsanträge) vom 23.06.1921–31.07.1931.

Literatur

Gieryn, Thomas F. (1999): Cultural Boundaries of Science: Credibility on the Line. London: University of Chicago Press, S. 233–335.

Howard, Albert/Wad, Yeshwant D. (1931): The Waste Products of Agriculture; their Utilization as Humus. London: Oxford University Press.

Howard, Albert (1940): An Agricultural Testament. London/New York/Toronto: Oxford University Press.

Howard, Albert (1948): Mein landwirtschaftliches Testament. Berlin/Frankfurt/Main: Siebeneicher Verlag.

Howard, Albert (1975): The Soil and Health. A Study of Organic Agriculture. 2. Auflage, New York: Schocken Books.

Howard, Gabrielle Louise Caroline (1931): Obituary in Newnham College Roll Letter, Januay 1931, S. 52–54.

Howard, Louise E. (1947): The Earth's Green Carpet. Emmaus, Pennsylvania: Rodale Press.

Howard, Louise E. (1953): Sir Albert Howard in India. London: Faber & Faber.

Howard, Louise E. (1956): Die biologische Kettenreaktion. Boden – Kompost – Pflanzengesundheit. Sir Albert Howards Forschungen und Erfahrungen in Indien. Krailling bei München: Hanns Georg Müller Verlag.

https://en.wikipedia.org/wiki/Gabrielle_Howard. Wad, Yeshwant D. (2005): Zum Gedenken an Sir Albert Howard. In: Sir Albert Howard: Mein landwirtschaftliches Testament. Xanten, S. 314 ff.

Louise Ernestine Howard, Lady Howard (1880–1969)

Altphilologin, Dozentin, Redaktionsassistentin, Abteilungsleiterin, Autorin und Publizistin

Louise Ernestine Matthaei kam am 26. Dezember 1880 als jüngstes von vier Kindern des Kommissionärs Carl Hermann Ernst Matthaei und der Musikerin Louise Henriette Elizabeth Sueur in dem Londoner Stadtteil Kensington zur Welt. Louises Vater war 1863 berufsbedingt von Gotha nach London ausgewandert; Louises Mutter hatte Vorfahren in der französischsprachigen Schweiz. Die Familie war kosmopolitisch orientiert und pflegte intensive Beziehungen zum europäischen Festland, insbesondere nach Deutschland. Nach dem frühen Tod des Vaters verschlechterte sich die wirtschaftliche Lage der Familie und das Kensingtoner Domizil musste gegen ein Haus in Clifton Hill in Blackheath, einen Vorort im Südosten Londons, getauscht werden. Dennoch besuchte die Witwe mit ihren Kindern immer wieder Deutschland, um deren Sprachkenntnisse zu vervollkommnen.

Altphilologin und Sozialistin

In der Familie Matthaei wurde nicht nur beim erstgeborenen Sohn, sondern auch bei den drei Töchtern größter Wert auf Bildung gelegt. Wie ihre älteste Schwester Gabrielle besuchte Louise von 1900 bis 1905 das renommierte Newnham Women's College der Universität Cambridge. Sie studierte aber nicht wie jene Naturwissenschaften, sondern Klassische Sprachen und Altertumswissenschaften. Auch sie legte glänzende Examina ab, gewann zahlreiche Preise und wichtige Forschungsstipendien. Ab 1909 gehörte Louise Matthaei dem Kollegium des Newnham College als Lehrerin und Studiendirektorin für das Fach Altphilologie an. Eine ihrer Schülerinnen beschrieb sie als exzellente, anspruchsvolle und strenge Lehrkraft, die sich in Forschung und Lehre besonders intensiv mit den tragischen Episoden im menschlichen Leben beschäftigte und dazu später das Buch *Studies in Greek Tragedy* veröffentlichte.

Es war der Erste Weltkrieg, der auch in Louises Leben zu einer dramatischen und tragischen Episode führte. Als im Verlauf des Krieges eine heftige antideutsche Stimmung in der Londoner Bevölkerung herrschte, versuchte Louise, die politisch sehr interessiert war und ein Faible für die 1915 gegründete »Gruppe Internationale« um Rosa Luxemburg und Karl Liebknecht hatte, der kollektiven Paranoia und dem Hass auf Deutschland entgegenzusteuern. Sie schrieb einen kurzen Essay, in dem sie zu differenziertem Denken und zur internationalen Solidarisierung mit Kriegsgegner*innen, die es auch im deutschen Reichstag und an deutschen Universitäten gäbe, aufrief:

> »There are tremendous moral forces waiting to join hands with us all over Europe; but they are waiting, and it is we who may and must be their nursing-mothers. […] Therefore, let us in this University who are not fighting in the flesh […] let us begin that struggle of the spirit. If England calls for every arm, Europe calls for every heart and brain.« (Howard, Louise 1915)

Louise Henriette Elizabeth Matthaei, ihre drei Töchter und Albert Howard

Doch die Universität Cambridge verstand ihren öffentlichen Aufruf für den Frieden nicht, sondern zwang sie, die Universität zu verlassen. Ohne finanziellen Rückhalt in der Familie hielt sie sich zunächst mit Gelegenheitsarbeiten über Wasser. Eine Wende bahnte sich im Jahr 1918 an: Ihre Studie über die griechische Tragödie erschien, und eine Bewerbung als Redaktionsassistentin von Leonard Woolf, dem britischen Verleger und Chefredakteur der neu gegründeten Zeitschrift *International Review*, hatte Erfolg. Für 200 bis 250 Pfund pro Jahr arbeitete sie an Druckfahnen, begutachtete Artikel und las Korrektur für die *International Review* und den Verlag. Woolfs Ehefrau, die Schriftstellerin Virginia Woolf, die von der Newnham-Geschichte wusste, beschreibt Louise in ihren Tagebuchaufzeichnungen von 1918/19 als eine Frau, deren Widerstandskräfte aufgezehrt seien und die »schlaffe, apologetische Haltung« bewirkt hätten, die Miss Matthaei jetzt an den Tag lege: »Sie sieht einen schräg von unten an, wie ein Kind, das etwas Schlimmes getan hat. Und doch hat sie mehr im Kopf als die ganzen Bubiköpfe zusammengenommen.« (Woolf 1990, S. 355)

In diesen Jahren nahm Louise großen Anteil an den revolutionären Ereignissen, die sich in Deutschland zutrugen. 1920 erschien ihr Buch *Germany in Revolution. The First Phase*, eine Analyse der Anfangsjahre einer »bloodless revolution« (Matthaei, Louise 1920, S. 34 ff.) und deren Scheitern im weiteren Verlauf. Sie widmete dieses Buch ihrer Schwester Gabrielle und deren Mann Albert Howard im fernen Indien. Laut Virginia Woolf stand Louise Matthaei in dieser Zeit einer Gruppe nahe, der auch das sozialistisch orientierte Ökonomenpaar Sidney und Beatrice Webb und der Imperialismuskritiker John Atkinson Hobson angehörten.

Expertin für Internationale Landwirtschaft in Genf

Die Redaktionsarbeit von Louise Matthaei bei Leonard Woolf blieb ein Intermezzo, das Virginia Woolf in ihrem Roman *Mrs. Dalloway* in der Figur Miss Kilman literarisch verarbeitete. 1920 bestand Louise dank ihres wissenschaftlich geschulten Denkens, ihrem wachsamen politischen Engagement und ihrer internationalen Orientierung ein Auswahlverfahren der im Jahr zuvor gegründeten *Internationalen Organisation für Arbeit* (ILO) in Genf mit Bravour und trat ab 1921 in deren Dienst. Die UN-finanzierte ILO sammelte im Auftrag der Unterzeichner des Versailler Vertrags Materialien und Daten zu Arbeitsbedingungen weltweit. Ob selbstgewählt oder verordnet, Louise Howard wurde der Abteilung für Landwirtschaftliche Dienstleistungen zugeteilt und arbeitete sich nun in die Landwirtschaftswissenschaften ein.

Ihr Spezialgebiet wurde die Lage der Landarbeiter und Landarbeiterinnen; dies trug ihr hohe Wertschätzung seitens des ILO-Direktors Albert Thomas (1878–1932) ein, dem die Humanisierung der Arbeitswelt ein großes Anliegen war. 1924 wurde Louise Matthaei zur Chefin ihrer Abteilung ernannt. Mit der Landwirtschaft als neuem Tätigkeitsfeld und ihrem Fokus auf internationale Zusammenhänge rückte sie ihrer Schwester Gabrielle und deren Ehemann im fernen Indien nun auch beruflich näher, zumal diese dort im gleichen Zeitraum ein neues Agrarforschungsinstitut mit hohen sozialen Ansprüchen an die Arbeits- und Lebensbedingungen ihrer Arbeiter*innen aufbauten.

Im schönen Ambiente am Ufer des Genfer Sees lebte Louise Matthaei wieder auf. Im Arbeitsteam wurde sie für ihr hohes Pflichtbewusstsein, ihr Wissen, ihre Kollegialität und ihren geistreichen Witz sehr geschätzt. Wie ihre Personalakten in der ILO verraten, verbrachte Louise Matthaei ihre Urlaube in den 1920er-Jahren gerne in Südfrankreich, der Schweiz, Italien und Deutschland. Regelmäßig besuchte sie die Jahrestreffen der *International Association of Lyceum Clubs* (IALC), einem Zusammenschluss von Vereinigungen für Frauen in Kunst, Wissenschaft, Gesellschaft und lebenslanges Lernen. (Barton 2018, S. 97 f.)

Louise Howard geb. Matthaei

Das Jahr 1930 brachte wiederum eine tragische Episode, die Louise Matthaei zu einer beruflichen und persönlichen Neuorientierung veranlasste. Ihre geliebte und verehrte Schwester Gabrielle Howard war in Indien schwer erkrankt und kam zurück nach Europa, um Fachärzte zu konsultieren. Louise begleitete sie zu Spezialisten in Genf, Düsseldorf und Bern und betreute sie bis zu ihrem Tod am 18. August 1930 in Genf. Albert Howard reiste aus Indien an, um seine verstorbene Gattin nach England überführen zu lassen, und kehrte dann auf seine Forschungsstation in Indore zurück. Er schloss seine Kompoststudien ab und arbeitete mit einem Kollegen ein Manuskript zur Abfallverwertung aus. Dann machte er sich auf den Seeweg nach Europa und folgte dabei auch den Einladungen einiger afrikanischer Länder, in denen die Landwirtschaft nach den Howardschen Vorgaben betrieben wurde.

Lady Howard als Agentin, Autorin, Frauenaktivistin

Louise Matthaei hatte sich am 18. April 1931 für einen längeren Urlaub bei der ILO abgemeldet und – wie so häufig – Venedig besucht. Für Anfang Mai war sie mit Albert Howard in Rimini verabredet. Später hat Louise dieses Treffen gleichermaßen als den Auftakt ihrer Liebesbeziehung und der *Organic Farming Bewegung* stilisiert. (Barton 2018, S. 100, Anm. 27) Als Grund gab sie an, dass an diesem Ort das Manuskript *The Waste Products of Agriculture* unter ihrer redaktionellen Mitwirkung in eine lesbare Form gebracht wurde. Nach einer großen Tagung im Juni in Prag, bei der Louise die ILO vertrat, heiratete sie ihren verwitweten Schwager Albert Howard am 17. September 1931. Das Paar verbrachte Flitterwochen in England. Mitte Oktober meldete sich Louise Howard bei der ILO zurück, während Albert in England blieb.

Das Jahr 1932 brachte viele Repräsentationspflichten auf Landwirtschaftskongressen sowie Umstrukturierungen der ILO. Am 31. Juli 1933 beendete Louise Howard ihre Tätigkeit bei der Internationalen Arbeitsorganisation und zog im Herbst des Jahres nach London-Blackheath um. Im folgenden Jahr wurde Albert geadelt und Louise wurde Lady Howard. Hatte Albert Howard in seiner ersten Ehe eine hochqualifizierte Fachkollegin, die mit ihm zusammen aufwendigste und komplizierte Forschungsprogramme bewältigte, so fand er nun – passend zu den Aktivitäten seiner neuen Lebensphase – nicht nur eine kluge und weltgewandte Gattin, sondern erneut eine agrarisch kompetente, äußerst sprachkundige und schreiberfahrene Partnerin.

Zunächst jedoch widmete sich Louise einem eigenen Buch *Labour in Agriculture: An International Survey*, das auf der Basis des bei der ILO gesammelten Wissens, neuerer Statistiken und Materialien ihre Sicht auf Arbeitsbeziehungen in der Landwirtschaft darstellt. Von der renommierten Oxford University Press gedruckt, wurde es 1935 vom Royal Institute of International Affairs publiziert. Louises Fazit in diesem Buch mag erstaunen. Während sie einerseits eine strikte Naturnähe (»ultimate conformity with nature«) als Devise für die Landwirtschaft ausgibt, propagiert sie andererseits eine Entwicklung der Landwirtschaft nach industriellem Vorbild. Große, effizient arbeitende Agrarbetriebe, flankiert durch Wirtschaftsliberalismus, Freihandel und Verzicht auf Subventionen, sind ihr Credo in diesem Buch.

Erst in der zweiten Hälfte der 1930er-Jahre wendet sich Louise Howard von neoliberalen Vorstellungen ab und einer traditionsbewussten bäuerlichen Landwirtschaft zu. *What Country Women Use*, ein Buch, das Louise Howard zusammen mit Beryll Hearnden 1939 veröffentlichte, ist an Landfrauen gerichtet und zeigt, wie Ressourcen der Natur mit altem Frauenhandwerk genutzt werden können. Auch das 1940 erschienene Buch *An Agricultural Testament (Eein Landwirtschaftliches Testament)* von Albert Howard, »written with Louise's advice and guidance« (Barton 2018, S. 117), wendet sich nun nicht mehr an Entscheidungsträger in Politik und Wissenschaft, sondern an den einfachen Arbeiter und die Hausfrau mit einem kleinen Garten hinter dem Haus. Als Vorbilder des Wirtschaftens werden die Methoden der Natur (»the suprime farmer«), alte Kulturtechniken, traditionelle Verfahren in China und Japan stilisiert, moderne Verfahren der Bodenverbesserung durch synthetischen Dünger aber strikt abgelehnt. Auch in der gemeinsamen Publikation von 1945 *Farming and Gardening* oder in Lady Howards *The Earth's Green Carpet* von 1947 finden sich keine Anklänge mehr an eine industrielle Landwirtschaft als Landwirtschaft der Zukunft. Vielmehr ging es Louise Howard nun darum, das Howardsche Indore-Projekt als Auftakt der in England und anderen Ländern entstehenden Bewegung für eine organische Landwirtschaft bekannt zu machen und damit auch den Leistungen der beiden Howards in Indien öffentliche Anerkennung zu sichern. »While he lived, she was his ›general staff‹ and shunned the limelight.« (Newnham College Roll Letter 1970, S. 57)

Auch nach dem Tod von Albert Howard im Oktober 1947 ließ Louise die Howardschen Verdienste um eine neue Landwirtschaft nicht dem Vergessen anheimfallen. Sie gründete die *Albert Howard Foundation for Organic Husbandry*, die 1953 mit der *Soil Association* zusammenging, und etablierte die *Howard Memorial Lectures*. Sie verfasste das über 270 Seiten umfassende Buch *Sir Albert Howard in India* und lancierte eine gekürzte deutsche Fassung unter dem Titel *Die biologische Kettenreaktion – Boden. Kompost. Pflanzengesundheit. Sir Albert Howards Forschungen und Erfahrungen in Indien* (1956).

Louise Howard war in vielfachen Kontexten sozial aktiv. In den 1930er- und 1940er-Jahren unterstützte sie Verfolgte des Nazi-Regimes bei ihrer Flucht. (Oldfield 1993, S. 333) Sie förderte kirchliche Sozialprojekte. Viele Jahre nahm sie eine tragende Rolle im Weltverband der Landfrauen (ACWW) ein. Zeitweise agierte sie als Vorsteherin einer Londoner Mädchenschule. Frauenförderung war ihr ein großes Anliegen. Den von ihr verfassten oder redigierten Büchern verdanken wir die explizite Würdigung der essenziellen Beiträge ihrer Schwester Gabrielle zum Howardschen Indienprojekt.

Für die Verbreitung des organischen Landbaus setzte sich Louise Howard bis an ihr Lebensende unermüdlich ein. Sie fungierte als Ehren-Vizepräsidentin der *Soil Association* und führte eine umfangreiche Korrespondenz mit Bauern und Bäuerinnen des ökologischen Landbaus bis zu ihrem Tod am 11. März 1969.

Ausgewählte Werke

Matthaei, Louise E. (1915): The Lover of the Nations. An Essay on the Present War. Cambridge: W. Heffer & Sons. London: Simpkin, Marshall & Co.

Matthaei, Louise E. (1918): Studies in Greek Tragedy. London: Cambridge University Press.

Matthaei, Louise E. (1920): Germany in Revolution. The First Phase. London: The Swartmore Press / New York: Harcourt Brace & Howe.

Howard, Louise E. (1935): Labour in Agriculture: an International Survey London: Oxford University Press.

Howard, Louise E./Hearnden, Beryl (1939): What Country Women use. London: Hesperides Press.

Howard, Albert/Howard, Louise E. (1945): Farming and Gardening for Health or Disease. London: Faber & Faber.

Howard, Louise E. (1947): The Earth's Green Carpet. London: Faber & Faber.

Howard, Louise E. (1948): The Birth of the Organic Farming Movement. Organic Gardening Magazine 13(8). [http://journeytoforever.org/farm_library/howard_memorial.html]

Howard, Louise E. (1953): Sir Albert Howard in India. London: Faber & Faber.

Howard, Louise E. (1956): Die biologische Kettenreaktion. Boden – Kompost – Pflanzengesundheit. Sir Albert Howards Forschungen und Erfahrungen in Indien. Krailling bei München: Hanns Georg Müller Verlag.

Quellen

Bureau International du Travail. Dossier du Service du Personnel. Howard, Mrs. L. P.748, Dossier Provisoire (Demand de congé annuel).

Matthaei, Louise Ernestine (Lady Howard). In: Newnham College Register, Vol. I (1871–1923), S. 10 (1909). [https://en.wikipedia.org/wiki/Louise_Howard]

Literatur

Barton, Gregory A. (2018): The Global History of Organic Farming. Oxford: Oxford University Press.

Howard, Albert (1956 (1940)): An Agricultural Testament. 7. Auflage London/New York/Toronto: Oxford University Press.

N. N. (1970): Lady Howard. Louise Ernestine Matthaei, 1880–1969 (Newnham 1900–05) In: Newnham College Roll Letter, 1970, S. 55–58.

Oldfield, Sybil (1993): Howard, Louise Ernestine, Oxford Dictionary of National Biography, Missing Persons. Oxford: Oxford University Press, S. 333 f.

Woolf, Virginia (1990): Gesammelte Werke. Tagebücher 1, hg. von Klaus Reichert. Frankfurt/Main: S. Fischer.

Johanna Gräfin von Keyserlingk (1879–1966)

Gutsbesitzerin, Gastgeberin für den Landwirtschaftlichen Kursus Rudolf Steiners, Esoterikerin

Johanna von Skene wurde am 26. März 1879 in Breslau (poln. Wrocław) in wohlhabende Familienverhältnisse geboren. Ihr Vater stammte aus einer schottischen Adelsdynastie und war über Österreich nach Schlesien ausgewandert. Ihre Mutter Klara, geborene Schöller, stammte aus einer rheinischen Industriellenfamilie, die ihre zahlreichen Unternehmen der Textil-, Papier-, Zucker- und Stahlindustrie zu einem Wirtschaftsimperium mit vielen Standorten ausgebaut hatte. Eine der Schöllerschen Zuckerfabriken befand sich in Klettendorf (poln. Klecina) bei Breslau.

Ihre Kindheit verbrachte Johanna mit drei Brüdern in Breslau. In ihrer Jugend befasste sie sich mit Astronomie, Literatur und Philosophie. Außerdem nahm sie regen Anteil an der Entwicklung der 28.000 Morgen großen Güter ihrer Herkunftsfamilie; Johanna war auf diesen Ländereien immer wieder mit ihrem Pferd unterwegs. 1899 heiratete sie den Landwirt und Offizier Graf Carl Wilhelm von Keyserlingk (1869–1928).

1904 fusionierte das Unternehmen Johann Jakob vom Rath & Co., Breslau – damals der größte Landeigentümer in Schlesien und Besitzer eines Schlosses in Koberwitz (poln. Kobierzyce) – mit der Firma Schoeller aus Klettendorf zur landwirtschaftlich-industriellen Unternehmensgruppe *Vom Rath, Schoeller & Skene* AG. Sie bestand aus der großen Zuckerfabrik in Klettendorf und 18 Gütern mit insgesamt 7.500 Hektar bester Schwarzerde. Johannas Vater übertrug seinem Schwiegersohn Carl Wilhelm von Keyserlingk die Verwaltung der gesamten Landwirtschaft mit mehr als 1.000 Beschäftigten, ohne jedoch auf seine patriarchalen Machtbefugnisse verzichten zu wollen. So lebte die junge Familie zwar in Klettendorf, doch Carl – für kriegsministerielle Aufträge nach Berlin berufen – musste die Güter der Familien-AG von seiner Berliner Stadtwohnung aus bewirtschaften.

In dieser Zeit gebar Johanna drei Söhne, von denen einer kurz nach der Geburt starb. 1907 brachte sie eine Schwangerschaft an den Rand des Todes. Ihre Nahtoderfahrung wurde esoterisches Gesprächsthema bei ihrer ersten Begegnung mit Rudolf Steiner, die im Jahr 1918 bei ihrer Freundin Eliza Gräfin von Moltke in Berlin, nicht weit entfernt von der Keyserlingkschen

Stadtwohnung, stattfand. Johanna und bald auch ihr Ehemann Carl Wilhelm entwickelten eine tiefe Vertrauensbeziehung und Seelenverbindung zu Rudolf Steiner. Durch seine Beratung gelang es, Johannas Vater den Besitz des alten Schlosses in Koberwitz abzuringen, die Kündigung der Arbeitsstelle, die dieser verfügt hatte, aufzuheben und einen neuen und günstigen Arbeitsvertrag abzuschließen. »[…] die unbeschränkte Gewalt meines Vaters war aufgehoben«, resümmierte Johanna. (Keyserlingk, Albert 1985, S. 49). Johanna Keyserlingk ließ das Schloss mit seinen 60 Räumen umgestalten und Park, Gärten und See anlegen, »in dem Gedanken, daß Rudolf Steiner bald einmal kommen würde, um sich mit uns zu freuen.« (Keyserlingk, Albert 1985, S. 44) Steiner kam 1922 und 1923 zu Besuch. Johanna führte viele Gespräche mit ihm, er hielt Vorträge in Breslau.

Johanna Gräfin von Keyserlingk
um 1924/25

Einige Landwirte hatten Rudolf Steiner gebeten, auch für die Landwirtschaft Ratschläge zu geben; Carl von Keyserlingk trug das Anliegen vor und Steiner sagte zu, den verlangten landwirtschaftlichen Kurs in Koberwitz zu halten. Der Kurs – später als »Geburtsstunde einer neuen Landwirtschaft« (Keyserlingk, Albert 1985) bezeichnet – fand vom 7. bis 16. Juni 1924 statt. Täglich kamen weit über hundert Menschen aus Breslau zu den acht Vorträgen, die – von eigens bestimmten Personen wie *Lilly Kolisko* mitstenografiert – dann als Steiners *Landwirtschaftlicher Kursus* nach strengen Gesichtspunkten verteilt wurden. Auf dieser Pfingsttagung gründeten einige der anwesenden Landwirte einen landwirtschaftlichen Versuchsring unter dem Vorsitz von Carl von Keyserlingk, um die Steinerschen Vorgaben durch wissenschaftliche Versuche zu überprüfen und für die Praxis zu erproben. Johanna führte Rudolf Steiner durch Gärten und Parkanlagen, zeigt ihm ihre Versuche mit Brombeeren und führte esoterische Gespräche mit ihm, die sie aufzeichnete. Es war die letzte Begegnung Johannas mit Rudolf Steiner, der zu diesem Zeitpunkt schon krank war und im Folgejahr starb.

In der Nacht vom 28. auf den 29. Dezember 1928 starb Carl von Keyserlingk überraschend mit 59 Jahren an einem Herzschlag, als er von dem neuen Familiensitz im Schloss Sasterhausen aus zur Generalversammlung der Anthroposophischen Gesellschaft aufgebrochen war. Fortan musste sich Johanna – unterstützt durch ihren Sohn Adalbert von Keyserlingk, der Landwirtschaft studierte – um die Familien- und Güterangelegenheiten kümmern. In der NS-Aktion gegen Geheimlehren und sogenannte Geheimwissenschaften im Juni 1941 wurde sie verhaftet und tagelang verhört. Nach dem Kriegsende floh sie in den Westteil Deutschlands, wo sie in Stuttgart in einfachen Verhältnissen lebte und ihre geisteswissenschaftlichen Studien weiterführte. Schwach und gebrechlich verbrachte Johanna Gräfin von Keyserlingk ihre letzten Jahre in einem Pflegeheim in Bad Teinach im Schwarzwald, wo sie am 16. März 1966 im Alter von 86 Jahren verstarb.

Einem Nachruf zufolge war Gräfin Keyserlingks Persönlichkeit geprägt von einer »unermüdlichen Emsigkeit des nüchternen Verstandes, […] Mut zur Erkenntnis, Unnachgiebigkeit im Felde der Grenzen der Erkenntnis« (K. W. 1966). Sie selbst veröffentlichte jedoch nur ihre Erinnerungen an die Tage des Landwirtschaftlichen Kursus auf Schloss Koberwitz – als Privatdruck. Weitere Schriften über ihre Gespräche mit Rudolf Steiner und ihre geisteswissenschaftlichen Erkenntnisse publizierte ihr Sohn Adalbert Graf von Keyserlingk (1905–1993) posthum.

Ausgewählte Werke

Keyserlingk, Johanna (1949): Zwölf Tage um Rudolf Steiner. Aus den Tagebuchblättern während des landwirtschaftlichen Kursus für meine Familie niedergeschrieben. Hg. mit Genehmigung der Publications Branch ISD OMG Württemberg-Baden. Stuttgart: Scheifele in Komm.

Keyserlingk, Johanna von (1972): Erlöste Elemente. Hg. von Adalbert Graf von Keyserlinkg. Stuttgart. [http://d-nb.info/891236228/04]

Keyserlingk, Johanna von (1986): Bilder und Studien aus dem Nachlass. Hg. von Adalbert Graf von Keyserlinkg. Dornach: Geering. [https://d-nb.info/860371158/04]

Keyserlingk, Johanna von (1991): Die Reise nach Byzanz – das Palladium des Sieges. [http://d-nb.info/931997372/04]

Literatur

Bracker, Hans-Jürgen (o.J.): Johanna Gräfin von Keyserlingk. [biographien.kulturimpuls.org/detail.php?&id=174]

Keyserlingk, Adalbert von (Hg.) (1985 (1974)): Koberwitz 1924. Geburtsstunde einer neuen Landwirtschaft. 2. Auflage Stuttgart: Verlag Hilfswerk Elisabeth.

Koepf, Herbert H./Plato, Bodo von (2001): Die biologisch-dynamische Wirtschaftsweise im 20. Jahrhundert. Dornach: Verlag am Goetheanum.

K.W. (1966): Zeitalter des Fortschrittes. Nachruf für die Gräfin Johanna von Keyserlingk. In: Lebendige Erde 3, S. 129–132.

Dagi Kieffer (1925 – 2021)

Fremdsprachensekretärin, Übersetzerin, Publizistin, Kuratoriumsvorsitzende der Stiftung Ökologie & Landbau, Netzwerkerin und Gärtnerin

Lange Zeit war nicht absehbar, dass Daga Diehl, genannt Dagi, einmal eine Schlüsselrolle für Ökologie und Landbau in Europa zukommen würde. Am 25. August 1925 geboren und auf einem Weingut in der Südpfalz aufgewachsen, machte sie zunächst eine Ausbildung zur Fremdsprachensekretärin und arbeitete als Übersetzerin. Nach ihrer Heirat mit Karl Werner Kieffer (1912–1995) im Jahr 1952 und der Geburt von drei Kindern war ihr die gesunde Ernährung ihrer Familie ein großes Anliegen. Sie machte sich mit Ideen des biologischen Gartenbaus vertraut und bewirtschaftete schließlich einen ausgedehnten Obst- und Gemüsegarten. Zudem nahm Dagi Kieffer neben ihren Familienpflichten neue Aufgaben wahr. Als Mitglied im Stiftungsrat unterstützte sie ihren Mann, der 1961 aus seinem Privatvermögen die Georg Michael Pfaff-Gedächtnisstiftung gründete. Ziel der Einrichtung war es, Projekte für eine bessere Bildung und Gesundheit in der Bevölkerung zu fördern.

Als in den 1970er-Jahren – wachgerüttelt durch den Bericht des Club of Rome *Grenzen des Wachstums* (1972) – sich immer mehr Menschen für Naturschutz und eine bessere, umweltverträgliche Lebensmittelproduktion zu engagieren begannen, initiierte Karl Werner Kieffer 1975 die *Stiftung Ökologischer Landbau*. Dagi Kieffer übernahm den Vorsitz des Kuratoriums und brachte in dieser Funktion entschieden und wirkkräftig neue ökologische Anliegen in die Öffentlichkeit und auch in politische Gremien ein. Es gelang ihr, viele Projekte zu initiieren: Zunächst in Deutschland, von 1976 bis 1986 auch international als Vorstandsmitglied der 1972 gegründeten IFOAM, der Internationalen Vereinigung der Ökologischen Landbaubewegungen. Fremdsprachlich versiert und im Netzwerken erfahren, brachte Dagi Kieffer Menschen miteinander ins Gespräch und in die Gremienarbeit. Es ist ihrer Beharrlichkeit zu verdanken, dass in politischen und wirtschaftlichen Organisationen die Themen Umweltschutz, ökologischer Landbau und gesunde Ernährung neuen Stellenwert bekamen und Auseinandersetzungen zwischen Landwirtschafts- und Umweltschutzvertreter*innen nicht eskalierten, sondern immer wieder in einen Interessenausgleich mündeten. Von 1984 bis 1988 arbeitete sie als Vorstandsmitglied des *Deutschen Naturschutzringes.*

Dagi Kieffer auf Gut Hohenberg, 2002

Im Jahr 1977, ein Jahr nach ihrem Beitritt in den Vorstand der IFOAM, begann Dagi Kieffer mit der Herausgabe des deutschsprachigen *ifoam-Bulletin*, das Informationen und Fachbeiträge zu ökologischen Themen lieferte. Das Bulletin wurde 1989 zur Zeitschrift *Ökologie und Landbau* ausgebaut und zählt auch heute, über 30 Jahre später, zu den wichtigsten regelmäßig erscheinenden Publikationsorganen. Neben der Verbandsarbeit lag Dagi Kieffer offenbar auch der Weinbau, den sie seit ihrer Jugend kannte, am Herzen. Ebenfalls 1977 initiierte sie eine Zusammenkunft von Öko-Winzer*innen in Bad Dürkheim, die schließlich in die Gründung des *Bundesverbandes Ökologischer Weinbau* (BÖW, später *Ecovin*) im Jahr 1985 mündete.

Neue Möglichkeiten der Vernetzung ergaben sich 1989 nach der Friedlichen Revolution und Öffnung der DDR. Als Stiftungsrat-Vorsitzende sorgte Dagi Kieffer dafür, dass Ost-West-Kontakte zwischen Wissenschaftler*innen und Berater*innen des Ökologischen Landbaus gefordert und gefördert wurden. Vehement und in weiser Voraussicht setzte sie sich für die Gründung der AGÖL, der *ArbeitsGemeinschaft Ökologischer Landbau,* ein, um die verschiedenen Verbände des Ökolandbaus an einen Tisch zu bringen. 1998 initiierte sie den Kauf von Gut Hohenberg, einem Seminarbauernhof in Rheinland-Pfalz, um bei Kindern, Jugendlichen und Erwachsenen das Verständnis für die Zusammenhänge von Boden, Landbewirtschaftung und gesunden Lebensmitteln zu fördern.

Dagi Kieffer gab sich in ihren vielen Projekten und Initiativen nie mit dem Erreichten zufrieden; sie beobachtete die Entwicklungen im Landbau auf das Genaueste und konnte so mit kämpferischem Elan immer wieder neue Impulse zur Weiterentwicklung geben. »Dagi Kiefer war und ist eine unbequeme Fragerin, die es sich selber nie bequem gemacht hat. Sie spricht die aktuellen Probleme an und sucht aktiv mit Akribie nach Lösungen.« (Vogtmann 1995)

Mut und Tatkraft dieser Protagonistin für Ökologie und Landbau wurden mit vielen Preisen gewürdigt: 1988 erhielt sie zusammen mit ihrem Mann Karl Werner Kieffer die Bodo-Manstein-Medaille des BUND (*Bund Umwelt- und Naturschutz Deutschland*) für besondere Verdienste im Umweltschutz. Am 1. Februar 1996 wurde Dagi Kieffer für ihr langjähriges Engagement im Umwelt-, Natur- und Gesundheitsschutz mit dem Bundesverdienstkreuz am Bande geehrt. Am 24. März 1996 erhielt sie die Francé-Verdienstmedaille »wegen ihres unermüdlichen und kämpferischen Engagements für die Erhaltung der natürlichen Lebensgrundlagen Boden, Wasser und Luft und ihren Einsatz für die Verbreitung des ökologischen Landbaus«. (Hoffmann 1996) Last but not least wurde Dagi Kieffer 2007 mit dem Verdienstorden des Landes Rheinland-Pfalz und 2012 mit dem EuroNatur-Preis für ihr Lebenswerk ausgezeichnet.

Seit Erreichen ihres 90. Lebensjahrs zog sie sich zunehmend aus ihren aktiven Rollen in der Stiftung und in umweltpolitischen Gremien zurück, war aber nach wie vor eine aufmerksame Beobachterin der Entwicklungen von Ökologie und Landbau. Am 26. Januar 2021 ist Dagi Kieffer in Wachenheim an der Weinstraße gestorben.

Ausgewählte Werke

Kieffer, Dagi (1984): Stiftung Ökologischer Landbau – Ein Rückblick. In: ifoam, Zeitschrift für ökologische Landwirtschaft 50, S. 29–30.

Kieffer, Dagi (1993): Zum 85. Geburtstag von Prof. Dr. Gerhardt Preuschen. In: Ökologie & Landbau 85, S. 50.

Quellen

Korrespondenz mit Susanne Karim Abadi, 2020 (Mathilde Schmitt).

Literatur

Hoffmann, Manfred (1996): Francé-Verdienstmedaillen verliehen. In: Ökologie & Landbau 99, S. 73–74.

Lünzer, Immo (1996): Bundesverdienstkreuz für Dagi Kieffer. In: Ökologie & Landbau 98, S. 75.

Vogtmann, Hartmut (1995): Dagi Kieffer – zum 70. Geburtstag. In: Ökologie & Landbau 96, S. 49.

Lilly / Lili Kolisko (1889–1976)

Naturwissenschaftlerin, Experimentatorin, Lehrerin, Autorin, Übersetzerin, Publizistin

»Nehmen Sie die Milzfunktion bis zum Blei, dann haben Sie meine Biografie.« So antwortete Lilly Kolisko auf die Frage nach ihrer persönlichen Biografie. (Husemann 1997, S. 104) Mit ihren Veröffentlichungen ist ein langes Regalbrett zu füllen, 504 Seiten umfasst ihr Buch *Eugen Kolisko. Ein Lebensbild*, 454 Seiten *Die Landwirtschaft der Zukunft*. Doch für die noch heute sehr bekannte Forscherin und Pionierin aus der Frühphase der anthroposophischen Bewegung kam das Persönliche weit hinter dem Fachlichen. Klar strukturiert, fest und luzide zu sein, war ihr Ideal: »Die Durchsichtigkeit, die Klarheit der Kristalle hat mirs angetan. Ich wollte ich wäre auch ein Kristall in gewisser Hinsicht«, schrieb sie am 17. Februar 1925 an Günther Wachsmuth.

Ein ungleiches Paar

Elisabeth Anna Noha wurde am 2. September 1889 in der Wiener Gürtelstraße 25 als Tochter des Schriftsetzers Leopold Noha (1855–1935) und seiner zweiten Ehefrau Anna Barbara, geb. Groß, geboren. Sie wuchs mit zwei Halbbrüdern aus Nohas erster Ehe auf und blieb seine einzige Tochter. Eine Wohnung an der Pferdetramway, der angesehene, gut bezahlte Ausbildungsberuf des Vaters und die höhere Schulbildung der Tochter weisen eher auf eine mittelständische Handwerkerfamilie hin als auf städtisches Proletariat. Der Geburtsname von Lilis Urgroßmutter »Heidelberg« und die Vielzahl jüdischer NS-Opfer namens Noha könnten ein Hinweis auf jüdische Vorfahren der katholischen Familie sein. Ab 1905 wohnte Elisabeth am Hernalser Gürtel 25, vielleicht aus Gründen des Schulbesuchs. Sie wollte die Matura, die gymnasiale Reifeprüfung, ablegen, ein für Mädchen allgemein und besonders ihrer Schicht damals schwer zu erreichendes Bildungsziel. So gab es in Wien nur zwei Institutionen für Mädchen, um die Matura zu erlangen: das 1892 durch die Initiative von Marianne Hainisch (1848–1938) vom *Verein für erweiterte Frauenbildung* in der Hegelstraße 12 gegründete erste Mädchengymnasium im deutschsprachigen Raum und das von Dr. Eugenie (Genia) Schwarzwald (1879–1940) am Franziskanerplatz 5 aufgebaute achtklassige Mädchenrealgymnasium. Schon der Weg zur Matura bot Lilly ein weites Übungsfeld für den eisernen Willen, der ihr später oft zugeschrieben wurde.

Lilly Kolisko in Wien

Im Ersten Weltkrieg arbeitete die 25-jährige Elisabeth Noha im Verwundetenspital der Wiener Poliklinik, wo sie ihren künftigen Ehemann Eugen Kolisko (1893–1939) kennenlernte. Der Medizinstudent fungierte dort ab Ende 1914 für ein Jahr ehrenamtlich als Hilfsarzt, Elisabeth stand im Labor, färbte Blutausstriche, züchtete Bakterienkulturen und betrieb Zellmikroskopie. Eigentlich lagen Welten zwischen ihnen: Eugen Alexander Heinrich Kolisko, angehender Arzt aus alteingesessenem Wiener Großbürgertum, Sohn eines renommierten Medizinprofessors und einer Pianistin adeliger Herkunft; die vier Jahre ältere Elisabeth dagegen aus einer Handwerkerfamilie der unteren Mittelschicht, die Großeltern immigriert aus Schlesien. Es war eine tiefe Geistesverwandtschaft, die die disparaten Welten unversehens miteinander verband. Elisabeth lud Eugen zu einem Vortrag des Wiener Zoologen Berthold Hatschek im Monistenbund ein. Danach gab ihr Eugen, der bereits seit 1913 Mitglied im Wiener Zweig der Anthroposphischen Gesellschaft war, als Lektüre das Buch von Rudolf Steiner (1861–1925) *Wie erlangt man Erkenntnisse der höheren Welten?* Elisabeth verschlang es und las sich binnen kurzem durch Eugens gesamte Steiner-Bibliothek.

Im Frühjahr 1915 wurde sie Rudolf Steiner an einem seiner Vortragsabende in Wien vorgestellt. Seine verblüffende Behauptung, sie schon »von früher«

zu kennen, wies sie dezidiert, wie es ihre Art war, zurück. Danach fragte sie Rudolf Steiner brieflich nach einer »occulten Chemie«, worauf er ihr bei der nächsten Begegnung seine Erkenntnisse über ihren seelischen und gesundheitlichen Zustand mitteilte, ein »Rosenritual« vorschlug und empfahl, zunächst ihre Wissenslücken zu füllen.

Die Verbindung mit dem naturwissenschaftlich wie philosophisch gebildeten Eugen Kolisko bot Elisabeth den geeigneten Rahmen für ihre Fortbildung. Eugen wurde im Jahr 1917 von seinem Vater, damals Dekan der Medizinischen Fakultät, promoviert und als Universitätsassistent für medizinische Chemie und sachverständiger Gerichtschemiker angestellt. Eine glänzende Karriere vor Augen heiratete er am 5. Dezember 1917 – standesgemäß in der prächtigen Votivkirche – Elisabeth Anna Noha. Als Trauzeugen für die von manchen als »Mesaillance« betrachtete Verbindung unterschrieben ein Verwandter mütterlicherseits, Freiherr von Eschenburg, kk. Ministerialrat i. R., und Hermann Noha, Buchdrucker und vermutlich ein Halbbruder von Elisabeth. Einen Tag nach der Trauung bezogen Eugen und Lilly ihre neue Wohnung in der Eduardgasse 9 im 18. Bezirk. Am 10. April 1919 gebar Lilly im Allgemeinen Krankenhaus Alserstraße eine Tochter, die Eugenie getauft und später Geni genannt wurde.

Eugen Koliskos Verbindung zu Rudolf Steiner vertiefte sich. Ein wichtiges Gesprächsthema war die geplante und am 21. August 1919 vollzogene Gründung der ersten Freien Waldorfschule in Stuttgart. Eugen verbrachte die Weihnachtsfeiertage ohne seine Familie in Stuttgart und schrieb begeistert an Lilly und ihr Kind zuhause: »Es ist eine unbeschreibliche Freude im ganzen Hause.« Wieder in Wien zurück, erreichte ihn die dringliche Einladung des Direktors der Waldorfschule zum Eintritt in das Stuttgarter Lehrerkollegium. Eugen Kolisko überlegte lange und entschied sich gegen eine sichere Universitätskarriere. Er nahm den Bruch mit seiner Herkunftsfamilie in Kauf und verließ Wien Anfang März mit dem Ziel, anthroposophischer Lehrer an der personell knapp besetzten Waldorfschule in Stuttgart zu werden. Frau und Kind blieben noch einige Monate in Wien, Lilly trat Ende März aus der Katholischen Kirche aus und folgte im September ihrem Ehemann nach Stuttgart.

Die Musterschülerin

Lillys neuer Lebensabschnitt kreiste um zwei Brennpunkte: zum einen um ihr kleines Forschungsinstitut im Verwaltungsgebäude der Stuttgarter Schule am Kanonenweg 44, das später zu einer Dornacher Forschungseinrichtung »geadelt« wurde und den Namen *Biologisches Institut am Goetheanum der*

Freien Hochschule für Geisteswissenschaft in Dornach erhielt, zum anderen um Dornach und Rudolf Steiners »Forschungsaufträge«. Dieser hatte im Juni 1920 eine Anfrage nach Heilmitteln gegen die grassierende Maul- und Klauenseuche erhalten. Er gab eine unspezifisch gehaltene Empfehlung, mit der zunächst mehrere anthroposophische Ärzte an erkrankten Tieren experimentierten. Auch Eugen Kolisko war dafür von Steiner für ein Jahr vom Schuldienst beurlaubt worden.

Bald nach ihrer Übersiedelung übernahm Lilly die Laborarbeiten zu diesen Versuchen. Die Ausarbeitung eines wirksamen Medikaments gegen die Tierseuche wird in der anthroposophischen Geschichtsschreibung als Wendepunkt der Naturwissenschaften und als Ausgangspunkt für zwei Pionierleistungen Lilly Koliskos angesehen. Dies war zum einen ihre experimentelle Entdeckung eines durch die Milz abgesonderten »Regulators« (Thrombozyten) im Blut kranker Tiere und dessen künstliche Erzeugung im Blut von Menschen durch unrhythmisch durchgeführte Nahrungsaufnahme, nach Gisbert Husemann der Beginn der experimentellen Rhythmusforschung. (Kolisko 1922) Zum anderen entwickelte Lilly Kolisko neue Methoden der Potenzierung von Substanzen durch systematisches Schütteln und stellte die Vitalisierungspotenz der jeweiligen Verdünnungsstufe durch Keimversuche mit Pflanzen fest, die sie bildlich in Kurven darstellte, einer Vorform der bildschaffenden Methoden. »Die Potenzierung einer Substanz über die Grenze ihrer mit damaligen Mitteln physikalisch messbaren Nachweisbarkeit hinaus und die Darstellung einer Kräftewirksamkeit jenseits dieser Grenzen […] brachten den Ansatz zu einer Revolutionierung des Materiebegriffs mit sich.« (Haid 2002, S. 49)

Rudolf Steiner nahm regen Anteil an Lilly Koliskos Forschungen. Oft waren eine ihrer Fragen und ein eher pauschaler Vorschlag von ihm Ausgangspunkt für eine monatelange Forschungsarbeit von Lilly, deren Ergebnisse sich dann Rudolf Steiner gerne im Mikroskop oder in Mikrofotografien ansah – das Verfahren hatte Lilly bei dem anthroposophisch orientierten Zahnmediziner Oskar Bauer in Leipzig erlernt. »Er hatte immer Freude an den Kurven, wenn ich sie ihm im Laboratorium zeigen konnte.« (Brief vom 26.02.1925 an Ita Wegman) Dann drängte er zur Dokumentation – wegen fehlender Mittel »im Telegrammstil« – und rascher Veröffentlichung. So erschienen 1922 Lillys Schrift *Milzfunktion und Plättchenfrage* und 1923 *Physiologischer und physikalischer Nachweis der Wirksamkeit kleinster Entitäten*. Lillys Forschungen wurden von Rudolf Steiner immer wieder als vorbildlich herausgestellt, respektloser Umgang von Seiten ihrer Fachkollegen, wie z. B. ein Boykott dieser Schriften, vernichtend kritisiert. (Steiner am 25.11.1922 an seine Frau Marie, S. 171)

Wenn Steiner als offizieller Leiter der Waldorfschule in Stuttgart weilte, besuchte er gerne seine »Meisterschülerin« im Labor. Umgekehrt hielten sich Eugen und Lilly oft in Dornach auf. Sie erlebten den Bau des Goetheanums und dann das einschneidende Ereignis, als in der Silvesternacht während der Weihnachtstagung 1922/23 der Holzbau abbrannte. Lilly übernahm Erste-Hilfe-Maßnahmen, Eugen versuchte, zu löschen. Wie Steiner selbst hielt auch Lilly am 3. Januar 1923 ihren Vortrag in dem einzigen vom Brand verschonten Gebäude. Ein Jahr später, am Jahrestag des Brandes, wurde Lilly erneut von Steiner zum Vortrag über ihre Forschungen zu den »kleinsten Entitäten« eingeladen, auch um ihrem Wirken innerhalb der anthroposophischen Bewegung die gebührende Aufmerksamkeit zu verschaffen. An ihren Vortrag anschließend entwickelte er eine Stellungnahme zur Zukunft der naturwissenschaftlichen Forschung anthroposophischer Orientierung.

Im Jahr vor seinem Tod zeichnete Rudolf Steiner das Ehepaar Kolisko wiederholt aus. Lilly wurde zur Stenographin für den *Landwirtschaftlichen Kursus* ernannt und war unter den ersten, die dieses Opus magnum der biologisch-dynamischen Landwirtschaft in Manuskriptform erhielten. Beide nahmen an den Jungmediziner-Vorträgen teil und wurden in die Erste Klasse der neugegründeten Michaelis-Schule aufgenommen. Lilly wurde autorisiert, die wöchentlichen »Klassenstunden« in Dornach mitzustenografieren und anschließend in Stuttgart vor den Lehrer*innen des Schulkollegiums zu wiederholen. Beide berichteten im Nachrichtenblatt *Was in der Anthroposophischen Gesellschaft vorgeht*. Ab März 1924 wurde das Biologische Institut in Stuttgart dem Goetheanum in Dornach angegliedert. Koliskos gehörten auch zu der kleinen erlesenen Schar, die im Sommer 1924 am heilpädagogischen Kurs in der Dornacher Schreinerei teilnehmen durften.

Suche nach der Mutter

Mit dem Tod von Rudolf Steiner Ende März 1925 fielen Schutz und Anerkennung weg, die das Ehepaar Kolisko und insbesondere Lilly erhalten hatten. In Briefen an vertraute Personen wie Dr. Ita Wegman, Steiners Ärztin und Begleiterin, scheint etwas von den persönlichen Lebensumständen und einer zunehmenden Einsamkeit Lillys auf. Empfand sie Steiner wie einen »lieben Vater, dem man alles sagen könne«, so wendete sie sich nun an Ita Wegman: »Sie sind uns wie eine liebe Mutter, die auch alles versteht, was man ihr sagt und nicht nur das, die auch versteht, was man ihr nicht sagt.« Selten bat Lilly die Ärztin um einen therapeutischen Rat. Als sie ihren Mann, der offenbar schon längere Zeit in der von Wegman eröffneten Kurklinik Gnadenwald bei

Hall in Tirol weilte, für einen Tag besuchen wollte, berichtete die Kinderfrau ihrer Tochter von den Alpträumen der Achtjährigen und ihren Todesängsten um die Mutter. »Woher kommt diese Angst plötzlich in das Kind?« Sollte Lilly Rücksicht nehmen und nicht nach Gnadenwald fahren? Sie berichtete Wegman auch von eigenen schlimmen Träumen, in denen die zunehmenden Spannungen innerhalb der anthroposophischen Gesellschaft anklingen.

Lilly Kolisko arbeitete inzwischen an einem weiteren großen Forschungsthema. Unter dem Titel *Sternenwirken in Erdenstoffen* forschte und schrieb sie über Zuordnungen von Planeten, Metallen, Pflanzenwachstum und Organen. Seitenstarke Schriften mit Hunderten von Abbildungen und Reproduktionen entstanden, die 1935 als *Mitteilungen des Biologischen Instituts am Goetheanum* Nr. 1 bis 4 kornblumenblau gebunden mit silbernen Schriftzügen herausgegeben wurden. Wie einst an Steiner übergab Lilly nun ihre Manuskripte häufig an die »hochverehrte liebe Frau Dr. Wegmann«, überließ ihr Titelfindung, Verlag und Auflage. Nur manchmal opponierte sie: »[…] aber ich finde es unmöglich ›Blau mit Gold‹ zu machen«. Aus diesen Briefen erfahren wir, wie sich Eugen Kolisko in die fertigen Manuskripte seiner Frau einmischte. Und wir erleben auch mehrfach die ungezügelte Empörung Lillys selbst gegenüber Ita Wegman, wenn andere Forscher aus dem anthroposophischen Umfeld Lillys Forschungen als eigene plagiierten oder veröffentlichten, was ihnen unter strengster Geheimhaltung im Biologischen Institut gezeigt worden war.

Beeindruckend im Jahrzehnt vor der Emigration der Koliskos nach England bleibt der große Umfang an Forschungs-, Vortrags- und publizistischen Tätigkeiten, den Lilly Kolisko in ihrem Stuttgarter Forschungsinstitut mit wenigen Hilfskräften, unter ständigem Zeitdruck und stets in Finanznöten zuwege brachte, mitunter auch aufgehalten durch monatelange Unterrichtsvertretungen an der Waldorfschule.

Innere und äußere Emigration

Überschattet blieb Lillys Leben durch die großen Spannungen, die nach dem Tod Rudolf Steiners in der Anthroposophischen Gesellschaft und auch im Stuttgarter Lehrerkollegium ausbrachen und zur Zerreißprobe führten. Sie war nicht persönlich involviert, aber Eugen Kolisko beteiligte sich intensiv an den Auseinandersetzungen um das rechte Verständnis der Anthroposophie. Im April 1935 wurden Dr. Ita Wegman und Dr. Elisabeth Vreede aus dem Vorstand der Anthroposophischen Gesellschaft und sechs weitere Mitglieder, unter ihnen Eugen Kolisko, aus der Gesellschaft ausgeschlossen. Lilly Kolisko hat die Ereignisse in der Biografie ihres Mannes ausgiebig dokumentiert. Kurze Zeit leitete Eugen Kolisko zusammen mit der Ärztin Dr. Helene von Grunelius (1897–1936) die anthroposophische Privatklinik Burghalde. Doch die Koliskos ahnten schon länger, dass das NS-Regime der Anthroposophie bald ein Ende setzen würde. Freunde wie Eugens lebenslanger Weggefährte Johannes Stein und einige aus der Gesellschaft ausgeschlossene Mitglieder waren bereits 1933 nach England emigriert. Lilly musste im September 1935 ihr Stuttgarter Institut aufgeben. Im November 1935 wurde die Anthroposophische Gesellschaft verboten und die Bücher von Rudolf Steiner auf den Index gesetzt, im Oktober 1938 jedoch großteils wieder zugelassen. Ab März 1936 durften keine neuen Schüler*innen an Waldorfschulen aufgenommen werden. Und so verließ das Ehepaar mit der 16-jährigen Tochter im Sommer 1936 Deutschland und folgte der Einladung anthroposophischer Freund*innen nach England. Nur der Priester der Stuttgarter Christengemeinschaft und seine Frau sagten ihnen am Bahnhof Lebewohl.

Im englischen Exil

In den Anfangsjahren ihres Londoner Exils arbeiteten beide Koliskos mit ungebrochenem Elan weiter. Auch in ihrer neuen Heimat sollte die Anthroposophie weiter verankert werden. Im September 1936 gründete Eugen mit der esoterischen Künstlerin Eleanor Merry (1873–1956) *The School for Spiritual Science* und gab Kurse zu naturwissenschaftlichen, philosophischen und künstlerischen Themen im Rudolf Steiner House in London. Schon im Oktober des Jahres erschien *Moon and Plant Growth* von Lilly Kolisko, zwei Jahre später bereits die nächste Auflage, nun mit einem zusätzlichen Vorwort von *Marna Pease* und Carl Alexander Mirbt, die das Buch übersetzt hatten und ihm »the greatest value for agricultural practice« zuschrieben.

In der Zwischenzeit hatte Lilly sich in dem etwa 100 Kilometer von London entfernten River Gardens der Ortschaft Bray-on-Thames (Gemeinde Maidenhead, Berkshire) wieder ein kleines *Biological Institute* einrichten können. »Mrs. Kolisko is thus enabled to continue her valuable research, and will be pleased to show visitors her laboratory and experimental work, if appointments are previously made«, heißt es in der Neuausgabe von *Moon and Plant Growth*. Vermutlich hatte eine Halbschwester von Eleanor Merry, *Marna Pease*, die in Bray wohnte und das mit Koliskos befreundete Ehepaar Gertrud und C. A. Mirbt nach ihrer Emigration beherbergte, diesen Ort vermittelt. Eleanor Merry und Marna Pease halfen Lilly auch weiterhin, im Exil nicht nur zu überleben, sondern weiter zu forschen und zu publizieren.

Lilly Kolisko im Exil in England

Das Vorwort zur zweiten Edition von *Moon and Plant Growth* schrieb Lilly im Januar 1938 in Calcutta, wo sie zu einer Internationalen Homöopathie-Tagung und Vorträgen eingeladen war und monatelang blieb. In diesem Jahr wurde das Rudolf Steiner House umgebaut, und Koliskos *School for Spiritual Science* musste ausgelagert werden. Als ihm nach dem Umbau weniger statt mehr Räumlichkeiten zugestanden wurden, zog die Schule, nun unter dem Namen *Rudolf Steiner School of Spiritual Science* mit finanzieller Hilfe von Freunden und Freundinnen in die Chenies Street in London-Bloomsbury. Eugen Kolisko fühlte sich »in tiefster Seele verletzt« und brach mit der *Anthroposophical Society in Great Britain*, die ihn mit ihren Zusagen aus Deutschland geholt habe. Eine Vortragsreise in Amerika ließ ihn wieder Mut fassen, und er beschloss, nun die lange geplanten Bücher zu schreiben. Doch dann erklärte Nazi-Deutschland den Krieg, deutschen Emigranten und Emigrantinnen in England wurden Ausgangsbeschränkungen und andere strenge Auflagen auferlegt. Auch Koliskos mussten vor ein Tribunal treten, das sie aber als »friendly aliens« einstufte und ihnen Bewegungsfreiheit erlaubte. So machten sie sich am 29. November 1939 auf den Weg mit Bus und Bahn nach Bray zum Biologischen Zentrum und zu Marna Pease. Doch Eugen kam dort nicht mehr lebend an. Er war – ohne Lilly, die vorausgefahren war – einen leisen Tod im Zug nach Maidenhead gestorben.

Das Gold und die Zeichen der Zeit

Es sind neben den Berichten von Besuchern wie Gisbert Husemann vor allem die vorliegenden Texte Lillys, die über die nächsten knapp vier Jahrzehnte ihres Lebens in England informieren. Nach Kriegsausbruch und noch vor Eugens Tod entstand das Vorwort zu *Agriculture of Tomorrow*, dem Werk, in dem Lilly Kolisko eine Erneuerung der Landwirtschaft aus Rudolf Steiners Geist auf über vierhundert Seiten zusammenfasste und unter den Namen E. und L. Kolisko erst 1946 in englischer und 1953 dann in erweiterter Fassung in deutscher Sprache veröffentlichte.

Sie dokumentiert in diesem Werk ihre Experimente zu den Wirkungen kosmischer Rhythmen auf Naturprozesse, zum Einfluss »kleinster Entitäten« auf das Pflanzenwachstum und die neue bildschaffende Methodik. Sie referiert Neuerscheinungen und benennt zukünftige Aufgaben für die Landwirtschaft, Medizin und Erziehung. Im Nachwort erfahren wir von ihrem langjährigen Assistenten Wilhelm Kaiser, der für sie und ihre Pflanzen- und Kristallversuche auch ein tiefes Loch zu graben bereit gewesen sei, und von den vielen Frauen, die ihr bei Tierversuchen und Versuchen unter der Erdoberfläche halfen, Kurven zeichneten, das Manuskript lasen und die Druckfahnen korrigierten. Lilly Kolisko ist es offenbar immer wieder gelungen, Menschen zu gewinnen, die ihre Kritik an einer Landwirtschaft teilten, die mit Mineraldünger und radioaktiven Substanzen arbeitete (»Fission Farming«) und sich für eine »Wissenschaft vom Leben« einsetzten, »die das Ineinanderweben des ganzen Kosmos mit der Erde und den Menschen wirklich versteht.« (Kolisko 1953, S. 441) Vor allem fand Lilly Kolisko immer wieder auch Menschen, die die Drucklegungen ihrer umfangreichen Bücher, Broschüren und Mappen finanziell unterstützten. »Von allen Seiten der Welt kam die Hilfe: aus Amerika, England, Deutschland, Holland, Portugal und der Schweiz.« (Kolisko 1953, S. 437) Finanzielle Engpässe begleiteten Lilly weiterhin, und es ist durchaus denkbar, dass sie ihren Lebensunterhalt manchmal mit Heimarbeit, wie dem Herstellen von Taschen, absichern musste. (Husemann 1997, S. 109)

In den Jahren nach Eugen Koliskos Tod bis Kriegsende übersetzte Lilly mehrere Werke ihres Mannes ins Englische: *Anthroposophical Knowledge of Man, Nutrition, Zoology, Geology*. 1961 erschien *Eugen Kolisko. Ein Lebensbild*, in dem sie auch die dramatischen Ereignisse in der Anthroposophischen Gesellschaft Anfang der 1930er-Jahre ausführlich anhand von Dokumenten darstellte. Seit Ende der 1940er-Jahre hielt Lilly wiederholt Vorträge in Deutschland und besuchte Einrichtungen, die mit den von ihr entwickelten Methoden experimentierten. Zu diesem Zeitpunkt hatte sie ihren Lebens-

und Forschungsmittelpunkt längst in die Grafschaft Gloucestershire verlegt. Nur wenige Kilometer von ihrem Dorf Edge bei Stroud entfernt, lebte seit 1940 die emigrierte jüdische Arztfamilie Dr. Norbert Glas (1897–1986) und Maria Glas (1897–1983), sehr gute Freunde von Lilly, wie die ehrenvolle Widmung in dritten Band der Glas'schen Trilogie *Lebensalter des Menschen* zeigt: »Frau L. Kolisko, der großen und unermüdlichen Forscherin gewidmet.« Glas hatten eine ärztliche Praxis, gründeten eine kleine Privatklinik und ein Altenheim. In ihren letzten mühsamen Jahren erfuhr Lilly Kolisko Hilfe und Betreuung durch diese Familie.

Unterschrift von Lilly Kolisko

Am 20. November 1976 verstarb Lilly Kolisko, die leidenschaftliche Forscherin, in Gloucester. »Experiments in the morning, experiments in the evening, experiments in the night, two hours sleeping, this was her life«, fasste es Gladys Knapp, Lillys Freundin und Mitarbeiterin, zusammen. (Husemann 1997, S. 109) Noch heute erinnern Namen von Schulen und Instituten, Konferenzen und Stipendien an die Frau, die durch ihre fraglose Hingabe an die Forschung im Geiste Rudolf Steiners zu den bekanntesten Pionierinnen des biologisch-dynamischen Landbaus wurde.

Ausgewählte Werke

Kolisko, L. (1922): Milzfunktion und Plättchenfrage. Stuttgart: Der Kommende Tag A.-G. Verlag.

Kolisko, Lili (1997 (1923)): Physiologischer und physikalischer Nachweis der Wirksamkeit kleinster Entitäten. Mit Beiträgen von Gisbert Husemann und Friedwart Husemann. Dornach: Verlag am Goetheanum.

Kolisko, L. (1926): Physiologischer Nachweis der Wirksamkeit kleinster Entitäten bei 7 Metallen. Wirkung von Licht und Finsternis auf das Pflanzenwachstum. Dornach: Philosophisch-Anthroposophischer Verlag am Goetheanum.

Kolisko, Lili (1927–1932): Sternenwirken in Erdenstoffen. Experimentelle Studien aus dem Biologischen Institut am Goetheanum (I. Blei und Saturn; II. Gold und Sonne – Sonnenfinsternis 29. Juni 1927; III. Silber und Mond; IV. Jupiter und Zinn). I–III: Stuttgart/Den Haag/London: Orient-Occident Verlag; IV: Stuttgart: o. A.

Kolisko, L. (1934/1935): Mitteilungen des Biologischen Instituts am Goetheanum, 1–4. Stuttgart: Verein zur Förderung des Biologischen Instituts am Goetheanum.

Kolisko, L. (1936): Moon and Plant Growth. Bornemouth: Kolisko Archive Publications (2. Auflage 1938, 3. Auflage 1978 Bournemouth: Clunies Ross Press).

Kolisko, E. und L. (1953): Die Landwirtschaft der Zukunft. Bern: Eigenverlag.

Kolisko, L. (1961): Eugen Kolisko – Ein Lebensbild. Gerabronn-Crailsheim: Hohenloher Druck- und Verlagshaus.

Quellen

Auszüge aus Kirchenbüchern der Wiener Pfarrämter, Zum göttlichen Heiland und Alservorstadt, Hernals.

Ita-Wegman-Institut, Arlesheim: Briefe Lilly Kolisko an Dr. Ita Wegman und Dr. Guenther Wachsmuth.

Literatur

Haid, Christiane (2003): Kolisko, Lili. In: Plato, Bodo von (Hg.): Anthroposophie im 20. Jahrhundert. Ein Kulturimpuls in biografischen Porträts. Dornach: Verlag am Goetheanum, S. 393–395 (dort weitere Literatur).

Husemann, Gisbert (1997): Lili Kolisko – Werk und Wesen. In: Lili Kolisko: Physiologischer und physikalischer Nachweis der Wirksamkeit kleinster Entitäten. Mit Beiträgen von Gismert Husemann und Friedwart Husemann. Dornach: Verlag am Goetheanum, S. 83–110.

Schickler, Eberhard/Mellinger, Julia Ch./Grone, Jürgen von (1940): Eugen Kolisko. Bilder aus seinem Leben und Wirken. Stuttgart: o. A.

Selg, Peter (2000): Anfänge anthroposophischer Heilkunst. Ita Wegman, Friedrich Husemann, Eugen Kolisko, Frederik Willem Zeylmans van Emmichoven, Karl König, Gerhard Kienle. Dornach: Verlag am Goetheanum, S. 123–174.

Záveský, Václav (2002): Steigbilder mit Metallsalzlösungen nach Lili Kolisko – ein Erfahrungsbericht mit Untersuchungen der experimentellen Bedingungen. Elemente der Naturwissenschaft 77(2), S. 16–52.

Martha Emma Künzel (1900–1957)

Gärtnerin, biologisch-dynamische Getreidezüchterin, Leiterin des biologisch-dynamischen Versuchslabors des »Werk Dachau« im Konzentrationslager Dachau

Martha Emma Künzel wurde am 30. November 1900 als sechstes und jüngstes Kind des Fabrikanten und Gutsbesitzers Johann Christof Künzel (1857–1943) und seiner Ehefrau Ida Luise, geb. Wolfrum (1856–1930), im böhmischen Asch geboren, damals ein Zentrum der Textilindustrie im Kaiserreich Österreich-Ungarn. Sie wuchs mit drei Schwestern und zwei Brüdern als Stadtkind auf, kannte aber auch ländliches Leben und landwirtschaftliche Arbeit. Marthas Eltern gehörten zu den »betuchten« Kreisen der durch internationale Handelsbeziehungen weltoffenen Stadt. Sie besaßen eine Goldzwirnerei und eine stattliche Fabrikantenvilla sowie einen kleinen Bauernhof in dem seinerzeit bekannten Kurort Bad Sangerberg bei Marienbad (tschech. Prameny).

Nach dem Schulbesuch in Asch bewarb sie sich um einen Ausbildungsplatz an der neuen Gartenbauschule für Frauen in Berlin-Marienfelde. Im Unterschied zu der damaligen Gärtnerausbildung setzten die Initiatorinnen der Gartenausbildung für Frauen auf hohe Qualität und Professionalität. Sie wandten sich gezielt an junge Frauen mit höherer Schulbildung aus gutbürgerlichem Elternhaus. Jeder Gartenbaukurs dauerte zwei Jahre und schloss mit einem Examen ab. Der Lehrplan war äußerst anspruchsvoll. Nach dem Abschluss trat Martha – wie viele junge Gärtnerinnen – eine Stelle als Gutsgärtnerin an. Wo das Gut lag und ob sie durch das gut ausgebaute Gärtnerinnen-Netzwerk dorthin vermittelt wurde, ist nicht bekannt. Spätestens in dieser Zeit muss Martha Künzel mit der Anthroposophie Rudolf Steiners und seinem 1924 auf einer Tagung im schlesischen Koberwitz vorgetragenen Konzept einer alternativen Landwirtschaft auf »geisteswissenschaftlichen Grundlagen« in Berührung gekommen sein. Denn als nächste Station ihres Lebens wird bereits das Goetheanum in Dornach (Schweiz) genannt, damals das Mekka der Anthroposophie und bald auch der biologisch-dynamischen Agrarforschung. (Wistinghausen o. J.)

Wie gelangte Martha Künzel in diesen streng vertraulichen Zirkel? Unter den Teilnehmer*innen des Landwirtschaftlichen Kurses in Koberwitz 1924 wird sie nicht genannt. (Paull 2020, S. 49 ff.) Eine Bekanntschaft mit *Erika Riese* (1893–1959), die in der Zeit nach 1918 die Gartenbauschule in Berlin-Dahlem besuchte, oder mit dem Steiner-Schüler Ehrenfried Pfeiffer (1899–1961), der gerade eine Forschungsgruppe für Dornach zusammenstellte, ist denkbar. Vielleicht gehörte das Gut, auf dem sie arbeitete, schon zu einem der zahlreichen biologisch-dynamischen Betriebe im Berliner Umfeld, in Sachsen oder in der Tschechoslowakischen Republik. Die Begegnung mit der Steinerschen Landwirtschaftsphilosophie wurde jedenfalls zum entscheidenden Impuls für die weiteren Lebensstationen der jungen Frau.

Als Martha Künzel Mitte der 1920er-Jahre in das *Chemisch-Biologische Labor* in den Kellerräumen des Glashauses am Dornacher Goetheanum eintrat, widmeten sich dort bereits mehrere Frauen unter der Regie von Ehrenfried Pfeiffer und Otto Emanuel Eckstein (1894–1944) den Steinerschen Forschungsaufträgen: *Erica Sabarth* (1897–1981), die Leiterin der Astronomischen Sektion Elisabeth Vreede (1879–1943), *Erika Riese* (1893–1959), *Marie Wundt* (1892–1972) und sporadisch auch die Gutssekretärin und Gärtnerin *Brunhild Erika Windeck* (1898–1979). Wie einige dieser Frauen wandte sich auch Martha Künzel der Wildgrasveredelung zu, einem Forschungsgebiet, das von Rudolf Steiner zur Regeneration des Getreides nahegelegt worden war. Durch ihre umfassende Ausbildung war Martha für solche Forschungs- und Züchtungsaufgaben gut vorbereitet; mit dem Vermögen ihrer Familie im Hintergrund konnte sie sich diese sehr gering dotierte Arbeitsstelle erlauben.

In den Jahren ihres Dornacher Aufenthaltes lernte Martha Künzel auch die Niederländerin *Johanna Maria Tak van Poortvliet* (1871–1936) kennen. Diese wohlhabende und bekannte Persönlichkeit und Anthroposophin hatte 1926, inspiriert durch einen Vortrag von Ehrenfried Pfeiffer, ihre Hofgüter in den Niederlanden mit einer Gesamtfläche von etwa 200 Hektar Acker- und Gartenland in die Stiftung *Cultuurmaatschappij Loverendale* NV zur Förderung der biologisch-dynamischen Wirtschaftsweise eingebracht und Ehrenfried Pfeiffer als Manager und Aktionär eingesetzt. Sie selbst lebte seit 1930 in Dornach. Möglicherweise war sie es, die Martha Künzel zum Sprung in die Niederlande anregte. Denn im Jahr 1934 ist diese auf dem holländischen Gut Loverendale auf der Halbinsel Walcheren in der südlichen Provinz Zeeland anzutreffen, wo sie nun auf sich gestellt unter Ehrenfried Pfeiffers Gesamtleitung forschte.

Marthas erste Versuchsfelder lagen nahe der Villa Loverendale und umfassten knapp drei Hektar. Später wurden die Versuchsfelder auf den Hof Ter Mee verlegt. Im Mittelpunkt ihrer pflanzenzüchterischen Arbeit stand wieder die Veredelungszüchtung von Wildgräsern. Getreide, das geeignet schien, eine anerkannte Sorte zu werden, wurde weiter vermehrt. Darüber hinaus studierte Martha die Wirkung von Präparaten auf das Wachstum und die Qualität von Gemüse und Kräutern und legte Versuche zu Saatbädern an. In einer Scheune neben der Villa war schon 1929 ein Laboratorium eingerichtet worden, um auch Versuche zur Bodenverbesserung fachkundig zu begleiten.

In der zweiten Hälfte der 1930er-Jahre erschienen Martha Künzels erste Publikationen. Im Beitrag von 1935, den sie zusammen mit Ehrenfried Pfeiffer und Erica Sabarth schrieb, berichtete sie über ihre Versuche zu den Auswirkungen verschiedener Präparate auf das Keimen und Sprossen von Kartoffelscheiben, weißer Lupine und Weizen. Im Artikel von 1937 *Biologischer Einfluss von Kröten auf Pflanzenwachstum* – Pfeiffer als Co-Autor – zeigte sie anhand von 16 Versuchsreihen, dass Exkremente von Kröten fördernden Einfluss auf das Pflanzenwachstum haben. In anderen Aufsätzen ging sie auf Kräuteranbau, Besonderheiten im chinesischen Landbau und die Bedeutung des Regenwurms für die Schädlingsbekämpfung ein.

Wenig ist über Martha Künzels Leben in der Loverendale-Phase bekannt. Durch Misswirtschaft war das ehemals große Vermögen der Mäzenin schnell aufgebraucht: Johanna Tak van Poortvlieth starb verarmt 1936 in Dornach. Martha Künzel finanzierte ihre Versuche durch den Verkauf von selbst hergestellten biologisch-dynamischen Präparaten und getrockneten Küchen- und Heilkräutern. Sie war in Kontakt mit der Kräuterexpertin Anna Nancy Hoogewerff, genannt Hans Hoogewerff (1883–1977), die auf unkultiviertem Heideboden den Kräutergarten Schermbloemtuin angelegt hatte und über gesunde Ernährung schrieb. Auch nach dem offiziellen Abbruch der Beziehungen zwischen der schweizerischen und der niederländischen Anthroposophischen Gesellschaft Mitte der 1930er-Jahre gab es dank der internationalen Beziehungen von Ehrenfried Pfeiffer in Loverendale viele Besuche vor allem von Mitgliedern des sich in England herausbildenden *organic movement*. Die Besichtigung der Künzelschen Versuchsfelder waren wohl immer Teil solcher Exkursionen in Loverendale. Martha Künzel blieb weiterhin in Kontakt mit Dornach. In der *Landwirtschaftlichen Winterschule* im Januar 1939 hielt sie einen Vortrag, auf der anschließenden Tagung des *Versuchsrings Anthroposophischer Landwirte und Gärtner* veranstaltete sie zusammen mit Ehrenfried Pfeiffer und Erika Riese einen Workshop zum Thema »Saatbäder und andere dynamische Wirkungen«.

Nach dem Beginn des Zweiten Weltkriegs hatte Martha Künzel in den Niederlanden zunächst offenbar wenig zu befürchten. 1936/37 war der Ingenieur und Landwirt Dr. Hans Heinze (1899–1997), seit 1928 eng mit Dornach und der Anthroposophie verbunden sowie lebenslanger Freund und Kollege von

Ehrenfried Pfeiffer, dessen Nachfolger als Geschäftsführer und Sanierer von Loverendale geworden. Hans Heinze und seine Frau *Elvira Heinze-Willmann* (1901–1990) reorganisierten die desolate *Kulturgesellschaft Loverendale* und bauten neue Vertriebswege auf. Nach dem Einmarsch der deutschen Wehrmacht am 10. Mai 1940 und der Eroberung von Walcheren durch SS-Elitetruppen am 17. Mai 1940 wurde Hans Heinze als Reserveoffizier der Marine von den deutschen Besatzern in Dienst genommen und zum Ortskommandanten der Stadt Vlissingen im Süden der Halbinsel Walcheren ernannt. Als Ende 1941 Nazi-Deutschland den Bau des Atlantikwalls begonnen hatte, der die eroberten Gebiete vor der erwarteten Invasion der Alliierten schützen sollte, wurden im April 1942 Strände und Dünen an der gesamten niederländischen Küste zum Sperrgebiet erklärt. Das betraf auch Walcheren und damit Loverendale.

Martha Künzel verließ Loverendale im Frühjahr 1942. Ihr Weg führte auf die sogenannte »Plantage« des *Werks Dachau*, das zum Konzentrationslager Dachau gehörte und in den Kriegsjahren zum Vorzeigeobjekt der naturheilkundlichen Ausrichtung der SS-Wirtschaft avancierte. 1939 hatte der Chef des SS-Wirtschafts- und Verwaltungshauptamtes Oswald Pohl die *Deutsche Versuchsanstalt für Ernährung und Verpflegung* (DVA) als GmbH unter der Leitung des Agrarwissenschaftlers SS-Obersturmbannführer Heinrich Vogel gegründet und als erste Produktionsstätte der DVA das Werk Dachau im KZ Dachau eingerichtet. Es umfasste die »Plantage« mit mehr als 50 Hektar großen Außenanlagen, Gewächshäusern, Schaubeeten, einem Verwaltungsgebäude mit Büros, Laboratorien, Malerateliers usw. Im August 1941 wurde der ehemalige Obergärtner der Weleda AG und Anthroposoph Franz Lippert (1901–1949), der als Experte für biologisch-dynamischen Pflanzenbau und alternative Kompostwirtschaft nicht nur in anthroposophischen Kreisen bekannt war, zum Leiter der Heilkräuter-Abteilung im Werk Dachau ernannt.

Möglicherweise auf seine Vermittlung hin übernahm Martha Künzel im Frühjahr 1942 als Zivilangestellte der SS die Leitung der biologisch-dynamischen Versuchsabteilung im Werk Dachau. Warum sie sich für den Dienst für die SS in Dachau entschieden hat, bleibt unklar. (siehe Inhetveen 2020, S. 160 ff.) Die einzige Quelle zu ihrem Aufenthalt in Dachau sind verschiedene Berichte von Albert Riesterer (1898–1996), einem der vielen katholischen Geistlichen, die in den Pfarrerblöcken 26–28 des Konzentrationslagers inhaftiert waren. Nie um spöttische Formulierungen verlegen, berichtete er über seine Dachauer Jahre von 1941 bis 1945 und insbesondere über sein »Lehrjahr bei Fräulein Martha Künzel«.

»Es war mir schon öfter eine SS-Dame aufgefallen, die in weißer Laboratoriumsschürze mit zwei Häftlingen im Gewächshaus 2 arbeitete. Sie war schwarz wie eine Südländerin, sehr freundlich, auch gegen Häftlinge. Ein etwa 10 m langer Teil des Gewächshauses war ihr zur Verfügung gestellt worden zu geheimnisvollen Versuchen. Am Eingang stand: Zutritt streng verboten. Sie unterstand direkt Himmler. Ihr Büro war im Verwaltungsgebäude und desgleichen das Forschungslaboratorium. An ihren Tomaten stand ein Totenkopf mit der Widmung: Vorsicht! Vergiftet. Wenn zufällig einmal die Türe dieser geheimnisvollen sogen. ›Dynamisch-biologischen Versuchsabteilung‹ offenstand, sah man ein Kuhhorn auf dem Tisch liegen und einen Häftling rhythmisch rühren. In verborgenen Fächern lagerte Literatur des ›Ringes anthroposophischer Landwirte‹, besonders die Abhandlungen Rudolf Steiners aus dem Goetheanum zu Dornach, und Sternebüchlein zum Berechnen der Planetenstellungen.« (Riesterer 1970, S. 223)

Im Herbst 1942 begann Riesterers »strenge, schwere Lehrzeit« bei Martha Künzel. Er und zwei tschechische Häftlinge bildeten das Arbeitsteam, zu dem auch zivilangestellte junge Frauen aus Dachau gehörten. Künzels Forschungslabor und Büro lagen im Verwaltungsgebäude der »Plantage«. Für Versuche standen ein Teil der beiden Gewächshäuser und im Freiland ein 1.300 Quadratmeter großes Gelände zur Verfügung. Gearbeitet werden musste von sechs Uhr morgens bis acht Uhr abends. »Gießen, Gänge besorgen, Komposte mischen, Versuche abschließen, neue ansetzen, Beobachtungen, Ausrechnen der Ergebnisse, Schreiben der Versuchsprotokolle, Zeichnungen anfertigen«, beschreibt Riesterer seinen hektischen Arbeitsalltag, als im Januar 1943 seine beiden Arbeitskameraden von der Typhusepidemie im Lager erfasst waren.

Auch in Dachau beschäftigte sich Martha Künzel mit Getreideversuchen. Der Weizen musste von den Häftlingen sorgsam – auch vor Spatzen – gehütet werden und behütete umgekehrt manchmal auch den Häftling. Zum Beten – so Riesterer – »flüchte ich mit meinem Meßköfferchen und dem altare vere portatile [Tragaltar] in meine hohen Weizenversuche, als Notkapelle gar nicht zu verachten«. (Riesterer 1945, S. 38 f.) Besonders beeindruckt war Riesterer von Künzels Erzählungen über ihre früheren Forschungen: »Wir pflanzen Weizen. In 14 Jahren hat sie aus einer Wildpflanze gegen 30 neue Sorten gezogen. Sechs davon sind sehr wertvoll. Von einem Wildgras am Waldesrand zog sie in jahrelanger Arbeit mehrere Roggensorten«. (Riesterer 1945, S. 32)

Häftlinge des Pfarrerblocks im Gewächshaus der »Plantage«, KZ Dachau

Mit Düngungsversuchen sollte das Künzel-Team in Zusammenarbeit mit Franz Lippert die Gleichwertigkeit von natürlichen Zusätzen gegenüber Mineraldüngergaben nachweisen. Die benötigten biologisch-dynamischen Präparate stellte Martha mit ihrer Häftlingsgruppe selbst her. Alle Zubereitungen wurden geheim gehalten, auch vor den NS-Größen, die in den Sommermonaten häufig aus Berlin zu Besuch kamen und mit Vorliebe die Schaubeete, Kräutergärten und die Künzelsche Versuchsabteilung besichtigten.

Martha Künzel setzte in Dachau auch ihre Grundlagenforschungen zur Wirkung der biologisch-dynamischen Präparate in Saatbädern auf das Keimen und das Wurzelwachstum verschiedener Pflanzen fort. Eine »natürliche« Schädlings- und Unkrautbekämpfung wurde erprobt. »Im ganzen«, so Riesterers Resümee, »haben wir in knapp zwei Jahren an die 300 Versuche durchgeführt, zum Teil photographisch festgehalten und beschrieben.« Das Fotografieren besorgte inzwischen eine Häftlingsgruppe aus dem Pfarrerblock 26, die sich – mit einer »gottgesegneten Raffiniertheit« (Riesterer) – selbst rekrutiert hatte. Unter ihnen befanden sich die Benediktinerpatres Sales Hess aus der Abtei Münsterschwarzach, Augustin Hessing und Gregor Schwake aus der Abtei Gerleve, die ihre Erinnerungen an die Plantagenarbeit schriftlich festgehalten haben.

So beeindruckend schön der Anblick der blühenden Kräuterbeete im Sommer war, so sehr ähnelte die Arbeit auf der »Plantage« einer Sklavenarbeit: bei Wind und Wetter, Sonntag wie Werktag, scharf bewacht und erbarmungslos angetrieben von den SS-Wachen oder Kapos, welche oft selbst Häftlinge waren. Auch Riesterer musste beim gestrengen »Frl. Künzel« 14 Stunden am Tag arbeiten und war trotz seiner privilegierten Beschäftigung unter Dach nie gefeit gegen die Schikane der Aufseher. Von der »Bestie Hast« spricht Anselm J. Grand in seinem Buch über seine Erlebnisse auf der »Plantage«. Und dennoch empfand auch er diese Arbeit als »rettende Brücke über den gähnenden Abgrund der Verzweiflung«.

Es stellt sich die Frage, was Martha Künzel von diesem »Abgrund der Verzweiflung« wahrgenommen hat. Sicherlich konnte sie vor dem mörderischen Unternehmen KZ Dachau kaum die Augen verschließen. Wie Riesterer hatte auch sie die »Plantage« mit ihren unmenschlichen Arbeitsbedingungen vor Augen: Sie hörte, dass auf der »Plantage« geprügelt wurde, und sah täglich, wie tote Häftlinge mit Schubkarren wegtransportiert wurden. Flammen und Rauch aus den Öfen des Krematoriums können ihr ebenso wenig entgangen sein wie ihren Mitarbeitern, die ihr auch von anderen schrecklichen Geschehnissen im Lager erzählten.

Im Sommer 1943 bat Riesterer seine Lehrherrin Künzel um Entlassung zum 1. September 1943. Sie wollte ihn nicht gehen lassen, beendete aber selbst ihre Tätigkeit zum 1. Oktober 1943, als – so Riesterer – »die Planeten sie in den Hafen der Ehe bugsierten«. Franz Lippert übernahm die Leitung über alle wissenschaftlichen Versuche, setzte aber bald den Häftling Albert Riesterer als Künzels Nachfolger und Leiter der biologisch-dynamischen Versuchsabteilung ein.

Martha Künzel landete nach ihrem Weggang aus Dachau nicht sofort im »Hafen der Ehe«. Wir finden sie wieder in SS-Diensten auf dem Gut Malta in Oberliebich im damaligen »Reichsgau Sudetenland«, der nach dem Münchner Abkommen 1938 vom NS-Staat annektiert war.

Reichsführer-SS Heinrich Himmler hatte schon vor 1939 daran gearbeitet, außerhalb des Rasse- und Siedlungshauptamtes einen eigenen SS-Landwirtschaftskomplex zu schaffen. Mit Kriegsbeginn und Eroberungszug im Osten suchte die DVA in seinem Auftrag auch in den besetzten Gebieten nach Gutshöfen, die als Versuchs- und Lehrgüter für die geplanten Neubauernsiedlungen fungieren konnten. Himmlers Vision einer Nachkriegslandwirtschaft entsprechend sollte auf diesen Gütern mit biologisch-dynamischen Anbaumethoden experimentiert werden. Eines der 16 Hofgüter, die in die Zuständigkeit der DVA kamen, war die ehemalige Malteser Kommende Oberliebich (tschech. Horní Libchava) mit einer Wirtschaftsfläche von etwa 240 Hektar im ehemaligen Kreis Böhmisch Leipa (tschech. Česká Lípa). Nach der nationalsozialistischen Okkupation kamen Schloss und Gut 1939 zunächst in den Besitz der Sächsischen Bauernsiedlung GmbH und wurden als Unterkünfte für den Reichsarbeitsdienst genutzt. Ab September 1943 pachtete die DVA das »SS-Gut Malta«. Hier sollten unter anderem »spezielle pflanzenzüchterische Versuchsaufgaben« durchgeführt werden. (Kaienburg 2003, S. 781) Martha Künzel, die ihre Arbeit auf der Dachauer Plantage Ende September 1943 beendet hatte, vorgeblich weil sie eine Heirat in der unweit von Oberliebich gelegenen »Hauptstadt des Sudetenlands« Reichenberg (tschech. Liberec) plante, trat auf dem Gut Malta von Ende 1943 bis Anfang Februar 1944 erneut als wissenschaftliche Mitarbeiterin in die Dienste der SS.

Martha Künzel und Almar von Wistinghausen

In den biografischen Archivnotizen von Almar von Wistinghausen führt Marthas Lebensweg von der Tagung in Dornach 1939 nahtlos zur Heirat mit dem zwölf Jahre älteren Ingenieur Gustav Künzel. Martha Künzels Tätigkeit in Dachau und in Oberliebich bleiben unerwähnt. Gustav Künzel stammte aus der weit verzweigten Künzel-Verwandtschaft und war – wie Martha – in Asch geboren, hatte lange in Karlsbad gelebt und war 1929 nach Reichenberg gezogen, wo er eine leitende Stellung im dortigen Gaswerk erhielt. Seine erste Frau war im Juli 1943 verstorben. Als sich Martha im Dezember des gleichen Jahres mit ihm verlobte, musste sie auch als Zivilangestellte der SS eine Verlobungs- und Heiratserlaubnis ihrer Arbeitgeber einholen. Dazu gehörte die Vorlage einer Eheunbedenklichkeits-Bescheinigung, Geburts- und Taufschein, die kleine SS-Ahnentafel und der SS-Erbgesundheitsbogen sowie viele Urkunden zu Eltern und Großeltern beim Amt V des WVHA, das diese dann dem Rasse- und Siedlungs-Hauptamt (RuSHA) zur weiteren Bearbeitung zuleitete. Als von dort am 7. März 1944 zusätzlich der RuS-Fragebogen, Lichtbilder und die urkundlich belegte Ahnentafel des Verlobten bis zu den Großeltern gefordert wurden, war Martha in der Zwischenzeit aus den SS-Diensten ausgetreten, wie das SS-WVHA dem RuSHA Ende März mitteilte. Am 8. März 1944 heiratete das Paar in Asch und wohnte in der Bergergasse 7 in Reichenberg. Ab diesem Zeitpunkt lautet Marthas Beschäftigung in amtlichen Dokumenten nur noch »Haushalt«.

Nach dem Zweiten Weltkriegs teilte das Ehepaar Künzel das Schicksal der deutschen Bevölkerung im damaligen Sudetenland: Alle staatsbürgerlichen Rechte wurden aufgehoben, Deutsche mussten weiße Armbinden mit »N« für »Němec« (»Deutsch«) tragen. Im Juni 1945 wurde das landwirtschaftliche Vermögen der Deutschen, im Oktober das gesamte Vermögen konfisziert, viele wurden in Lagern interniert. Martha Künzel wurde am 3. September 1945, ihr Mann am 14. Oktober vom Aussiedlungslager Alt-Habendorf (tschech. Stráž nad Nisou) in den Westen ausgesiedelt.

Im Dezember 1945 informierte der Staatskommissar für Evakuierung in Heidelberg den Bürgermeister von Ehrstädt (Kreis Sinsheim) über die Zuweisung einer Familie Künzel mit drei Personen aus Reichenberg/Sudetengau, »mit Anrechnung auf ihr Kontingent an Ostflüchtlingen«. Die dritte Person war Marthas unverheiratete ältere Schwester Laura, die bis zu ihrer Vertreibung im Künzelschen Haus in Asch gelebte hatte. Künzels waren zunächst in einem Massenquartier untergebracht, erhielten dann im Juni 1946 zwei kleine Dachstuben im Ehrstädter Schloss. Mit den im Juli 1946 festgelegten Renten für ehemalige Angestellte konnte die Familie ihren Alltag organisieren. Vor Weihnachten 1946 erhielten Laura ein Handtuch für 1,35 RM und einen Kissenbezug für 2,25 RM, Gustav zehn Rasierklingen für 0,50 RM. Von den im März 1948 verfügbaren sieben Holzbetten à 49,50 RM bekam Familie Künzel zwei Exemplare zugeteilt. Und als einen Monat später der Landrat bei den Flüchtlingsvertrauensmännern schriftlich nach Fachkräften anfragte, »die im Gemüsebau Erfahrung haben, bezw. in der Lage sind, Gemüsesamen zu ziehen«, findet sich unter dem Text der kaum leserliche handschriftliche Vermerk »Künzel«. In der Tat setzte Martha Künzel in der neuen Heimat ihre gärtnerischen Aktivitäten und Forschungen fort, wie eine Ehrstädter Zeitzeugin bestätigte, die die »Neubürger« als zehnjähriges Mädchen erlebt hatte:

> »Die Künzel waren so liebe Leute, immer ausgeglichen und fröhlich und fleißig: Die haben gleich angefangen mit dem Acker, wie sie hergekommen sind. Der Acker, den sie bekommen haben, war im Gewann ›Vogelherd‹, das war so halbes Unland [Brachland]. Sie sind immer mit einem kleinen Ziehwägele auf dem Schleifweg rausgefahren und abends heimgekommen. Dort haben sie sich eine Bank gebaut und mittags gegessen. Sie haben Gemüse, Obst, Kräuter, Blumen angebaut, auch eine für uns unbekannte Kartoffelsorte, auch Pfefferminze für Tee, solche Sachen, nur auf dem Acker, nicht beim Schloss. Weizen war bestimmt nur ein kleines Stückchen. […]
>
> Sie haben die Ringelblumen nach Ehrstädt gebracht. Die hat man vorher so noch gar nicht gekannt. Sie standen um den Kompost und überall. Das war ein großer Kompost, eben Naturdünger, all ihre Abfälle kamen drauf. Die Leute waren damals beeindruckt, dass in dem Feld immer alles ›geblüht‹ hat.
>
> Sie haben sich mit den Bauern gut unterhalten, […] haben sich ausgetauscht und auch Ratschläge gegeben. Viele kennen sie noch heute, sie waren so freundlich, besondere Leut. Die kamen vom Acker und warn froh, immer fröhlich.« (Gespräch mit Doris Kamps)

Vor dem Hintergrund dieser Erinnerungen ist es durchaus denkbar, dass Martha Künzel, wie Almar von Wistinghausen in seinem Nachruf 1957 schrieb, »treubehütend einige Körner ihrer Getreidezüchtungen« für spätere Weitervermehrung auf die Flucht mitnahm und damit auf ihrem Acker im Vogelherd von Ehrstädt weiter experimentierte. Offenbar hatte sie auch Protokolle ihrer Versuche gerettet. Denn zwischen 1947 und 1952 veröffentlichte sie mehrere Beiträge zu ihren früheren Forschungsthemen: Saatgutbehandlungen, Kompostieren mit und ohne Präparate, spezielle Heilpflanzen-Präparate, Pflanzenwachstum in Sand oder Humus. Viele dieser Beiträge erschienen in der *Lebendigen Erde*, dem 1950 neu begründeten und bis heute erscheinenden Organ der biologisch-dynamischen Bewegung. Bei genauer Analyse einiger Versuchsbeschreibungen lässt sich rekonstruieren, dass Daten auch aus ihrer Arbeit auf der Dachauer »Plantage« stammen, was jedoch unerwähnt bleibt.

Ihre letzten vier Beiträge verfasste Martha Künzel nicht mehr in Ehrstädt. Im Mai 1952 verließ das Ehepaar den Ort, der für sieben Jahre ihre Zuflucht gewesen war, und zog – nun ohne Laura – nach Bad Rappenau. Eine winzige und fast unleserliche Bleistiftnotiz am Rande einer Bewerbung von Gustav Künzel um eine Einliegerwohnung in der neuen Siedlung lässt den Grund für den Umzug nach Bad Rappenau erahnen: »Frau leidend; auf Solebäder angew[iesen].« (Stadtarchiv Bad Rappenau, A 124) Martha und Gustav Künzel lebten hier weitere vier Jahre in der Robert-Koch-Straße 9, einer Flüchtlingssiedlung mit einstöckigen Doppelhäusern und kleinem Garten, die der Volksmund abwertend mit Blick auf seine Bewohner*innen und auf Kriegsereignisse in Fernost als »Korea-Siedlung« bezeichnete. Ab April 1953 bemühte sich Martha Künzel um eine Entschädigungszahlung für die Vermögensverluste infolge der Kriegsereignisse im Sinne des Lastenausgleichsgesetzes.

Am 25. April 1956 verließ das Ehepaar Künzel Bad Rappenau und zog nach Allfeld-Neuhof im Schefflenztal (Kreis Mosbach). Im Jahr darauf, in den frühen Morgenstunden des 3. Juni 1957, verstarb Martha Künzel im Kreiskrankenhaus in Mosbach im Alter von 56 Jahren und wurde am 5. Juni 1957 in Allfeld beerdigt. Unter »Bemerkungen« im Kirchenbuch-Auszug ist eingetragen: »Anthroposophin«.

In den Genuss der Lastenausgleichszahlungen Ende 1958 für die Künzelsche Fabrik in Asch, den Bauernhof in Bad Sangerberg und ihr Vermögen kamen nur noch ihre drei Schwestern und ihr Mann. Gustav Künzel starb am 13. Dezember 1968 in Allfeld, Laura Künzel am 17. November 1982 in Amorbach; beide wurden auf dem Friedhof in Allfeld (heute Billigheim) beigesetzt.

Ausgewählte Werke

Pfeiffer, Ehrenfried/Künzel, Martha/Sabarth, Erica (1935): Versuche zur Demonstration der Wirkung der Präparate 500 und 501, sowie 502–507. In: Demeter. Monatsschrift für biologisch-dynamische Wirtschaftsweise 10(7), S. 113–118.

Künzel, Martha (1938): Einige Gedanken zum Kräuteranbau. In: Mitteilungen des Vereins für biologisch-dynamische Landwirtschaftsmethode 2(8), S. 103.

Künzel, Martha (1939): Versuch mit einem chinesischen Gemüsegarten. In: Mitteilungen des Vereins für biologisch-dynamische Landwirtschaftsmethode 3(10), S. 20–21.

Pfeiffer, Ehrenfried/Künzel, Martha (1940): Der Regenwurm und die Schädlingsbekämpfung. In: Mitteilungen des Vereins für biologisch-dynamische Landwirtschaftsmethode, 4(15), S. 65–67.

Künzel, Martha (1947): Erfahrungen mit dem Hornkieselpräparat. In: Forschungsring für biologisch-dynamische Wirtschaftsweise, Rundbrief 3, S. 1–2.

Künzel, Martha (1948): Über den Nutzen von Saatbädern. In: Mitteilungen des Forschungsringes für biologisch-dynamische Wirtschaftsweise 3(7), S. 19–21.

Künzel, Martha (1949): Einfluß von präpariertem und unpräpariertem Kompost und Dung auf Wurzel- und Blattwachstum. In: Forschungsring für biologisch-dynamische Wirtschaftsweise (Hg.): Neu-Aufbau biologisch-dynamischer Landbau 1949–1954. Darmstadt, S. 338–342.

Künzel, Martha (1950): Über den Anbau der Heilpflanzen zur Förderung der Bildungsprozesse im Komposthaufen. In: Lebendige Erde 1(9/10), S. 225–226.

Künzel, Martha (1952): Von den Würzfutterpflanzen. Die Brennessel. In: Lebendige Erde 3, S. 179–180.

Künzel, Martha (1953): Das Baldrian-Präparat 213–215. In: Lebendige Erde 4(9/10), S. 213–215.

Künzel, Martha (1954): Von der Saatgutbehandlung. In: Lebendige Erde 5(3/4), S. 53–56.

Quellen

Bundesarchiv Deutschland: Lastenausgleichsarchiv Bayreuth BArch ZLA1/10202263 (Martha Emma Künzel); Berliner Document Center BArch R 9361-III/510937 (Kuentzel [!] Martha).

Rudolf Steiner Archiv Dornach: Künzel, Martha (1940): Arbeitsbericht vom Versuchsgarten Loverendale; Künzel, Martha (1941): Jahresbericht vom Versuchsgarten Loverendale.

Staatliches Gebietsarchiv Pilsen, Aš-evangelická 41 (1875–89), fol. 255. [http://www.portafontium.de/iipimage/30060099/as-evangelicka-41] Aš-evangelická 55 (1899–1903), fol. 107. [http://www.portafontium.de/iipimage/30060113/as-evangelicka-55] Aš-evangelická 65 (1914–1936), fol. 249. [http://www.portafontium.eu/register/soap-pn/as-evangelicka-65]

Staatliches Kreisarchiv Liberec (Kartothek der Jahre 1900–1945 und 1938–1945, Evidenzkarten Gustav und Martha Künzel).

Stadtarchiv Asch Sonderbestand Nr. 3939: Adreßbuch für den politischen Bezirk Asch, Asch 1906, Teil 1–5; Adreßbuch für den politischen Bezirk Asch, 1941. [http://www.asch-boehmen.de/d/index.php?seite=3]

Stadtarchiv Bad Rappenau, Personenstandsregister B11a, B12, B13; A 124.

Stadtarchiv Sinsheim, A 44, A 630, A 631, A1324.

Gespräch mit Doris Kamps am 16. Juli 2019 in Ehrstädt (Heide Inhetveen).

Literatur

Glade, Felicitas (2009): Von den »Jungfern im Grünen«. Berufsausbildung für »höhere Töchter« in Gartenbauschulen für Frauen. In: Rainer Hering (Hg.): Die Ordnung der Natur. Vorträge zu historischen Gärten und Parks in Schleswig-Holstein. Hamburg: University Press, S. 121–142.

Inhetveen, Heide (2020): Biologisch-dynamische Pflanzenforschung im Dienste des Nationalsozialismus? Leben und Werk der Ökopionierin Martha Emma Künzel (1900–1957). In: Ira Spieker/ Heide Inhetveen (Hg.): BodenKulturen. Interdisziplinäre Perspektiven. Leipzig: Leipziger Universitätsverlag, S. 127–187.

Jacobeit, Wolfgang/Kopke, Christoph (1999): Die Biologisch-dynamische Wirtschaftsweise im KZ. Die Güter der »Deutschen Versuchsanstalt für Ernährung und Verpflegung« der SS von 1939 bis 1945. Berlin: trafo.

Mos, Uwe/Heyden, Bertold von (2006): Die Wildgrasveredelung. Rudolf Steiners Impuls in der Pflanzenzucht. Dornach: Verlag am Goetheanum.

Paull, John (2020): The Koberwitzers: those Who Attended Rudolf Steiner's Agricultural Course at Koberwitz in 1924, World's Foundational Organic Agricultural Course. In: International Journal of Environmental Planning and Management 6(2), S. 47–54.

Riesterer, Albert (1945): Auf der Waage Gottes. Bericht des Priesters Albert Riesterer über seine Erlebnisse in der Gefangenschaft 1941 bis 1945 vom 1.7.1945, o. O.

Riesterer, Albert (1970): Auf der Waage Gottes. Bericht des Priesters Albert Riesterer über seine Erlebnisse in der Gefangenschaft 1941 bis 1945. Leicht veränderter Wiederabdruck von Riesterer 1945. In: Freiburger Diözesan-Archiv: Zeitschrift des Kirchengeschichtlichen Vereins für Geschichte, christliche Kunst, Altertums- und Literaturkunde 90 (3. Folge, 22. Band). Freiburg: Herder, S. 198–250.

Seidl, Daniella (2008): Zwischen Himmel und Hölle. Das Kommando ›Plantage‹ des Konzentrationslagers Dachau. München: Herbert Utz.

Werner, Uwe (2011): Rudolf Steiner zu Individuum und Rasse. In: Rahel Uhlenhoff (Hg.): Anthroposophie in Geschichte und Gegenwart. Berlin: Berliner Wissenschaftsverlag, S. 705–778.

Wistinghausen, Almar von (o. J.): Biografische Archiv-Notiz Martha Künzel. [http://biographien.kulturimpuls.org/detail.php?&id=1109]

Wistinghausen, Almar von (1982): Erinnerungen an den Anfang der Biologisch-Dynamischen Wirtschaftsweise. Vom landwirtschaftlichen Auftrag Rudolf Steiners und von seinen Schülern. Darmstadt: Verlag Lebendige Erde.

Dr. Eleonore Kutschera (1917 - 2008)

Ingenieurin, Pflanzensoziologin, Wurzelökologin, Autorin, Publizistin, Gründerin und Leiterin eines Forschungsinstituts

Die Pflanzensoziologin

Eleonore Belani kam am 14. September 1917 als Tochter des Hochbauingenieurs Eduard Belani und seiner Ehefrau Eleonore, geb. Bitterlich, in Villach zur Welt, der zweitgrößten Stadt Kärntens. Sie wuchs zusammen mit ihrer älteren Schwester in gutbürgerlichen Familienverhältnissen auf. Auf dem Villacher Realgymnasium wurde sie frühzeitig an genaue Naturbeobachtung herangeführt und zum selbstständigen Denken erzogen. Von 1935 bis 1939 studierte sie Landwirtschaft an der Hochschule für Bodenkultur (BOKU) in Wien. Im Herbst 1939 begann die junge Ingenieurin ihren Berufsweg in der von dem Forstexperten und Pflanzensoziologen Erwin Aichinger (1894–1985) geleiteten *Arbeitsstelle für alpenländische Vegetationskunde und Bodenkultur.* Zu diesem Zeitpunkt war Aichinger, seit Mitte der 1920er-Jahre Gefolgsmann nationalsozialistischer Gruppierungen, von seinem Lehrstuhl in Freiburg/Br. nach Wien berufen worden, um die Forstabteilung der BOKU im Sinne des NS-Regimes zu reorganisieren. 1939 wurde er zum Ordinarius für Pflanzensoziologie an der BOKU ernannt und in den Persönlichen Stab des Reichsführers SS Heinrich Himmler aufgenommen. Verzögert durch den Krieg wurde 1942 seine *Arbeitsstelle* als *Institut für angewandte Pflanzensoziologie* – mit Sitz in St. Andrä bei Villach, dann in Arriach – vom Land Kärnten übernommen und finanziert sowie der BOKU angegliedert.

Aichingers wissenschaftliche Hilfskraft Eleonore Belani erwies sich schnell als äußerst aktiv und selbstständig. Ihre Versuche zur Verbesserung der Almwirtschaft auf pflanzensoziologischer Grundlage mündeten in ein Konzept zur klimabezogenen Düngung. In ihren ersten Veröffentlichungen befasste sie sich mit einer umweltverträglichen Nährstoffversorgung von Pflanzen und Unkrautbekämpfung. Während der häufigen Abwesenheiten des Institutsleiters übernahm Belani Leitungsfunktionen. Im Mai 1942 heiratete sie den diplomierten Forstwirt Friedrich Wilhelm Kutschera. Dieser kehrte von seinem Einsatz an der Kriegsfront nicht mehr zurück und wurde 1945 für tot erklärt, Lore Kutschera als junge Witwe hinterlassend. Als das neu etablierte Institut für angewandte Pflanzensoziologie ab Mai 1944 kriegsbedingt schließen musste, arbeitete Lore Kutschera vorübergehend als landwirtschaftliche Lehrerin.

Schon im Herbst 1945 wurde sie an das Institut zurückgerufen und mit dessen Leitung (bis 1949) betraut, da sich Erwin Aichinger wegen seiner engen Verbindungen zum NS-Regime vor dem Volksgericht Graz, Senat Klagenfurt, verantworten musste. (Elste 1997, S. 18–34) Ab Frühjahr 1950 arbeitete Lore Kutschera am Kärntner Landesplanungsamt an einem Auftrag der Landesregierung zur Kartierung und Wirtschaftsplanung des Keutschacher Moor-Seentales. Schon nach einem Jahr konnte sie einen Großteil der Ergebnisse vorlegen und publizieren. Das folgenreichste Ergebnis dieser Untersuchungen war ihre Erkenntnis, dass zum Verständnis der Vergesellschaftung von Pflanzenarten ein Studium ihrer Wurzeln unerlässlich ist.

Die Wurzelforscherin

Den damals noch wenig erforschten Pflanzenwurzeln widmete Lore Kutschera von nun an ihr Forscherinnenleben. »Ich will nichts Halbes in meinem Leben haben und tun. Wir wollen doch alle nichts Halbes sein. Also müssen wir uns als Botaniker mit dem Ganzen befassen«, kommentierte sie im Rückblick ihre Entscheidung oft im persönlichen Gespräch.

1953 gründete sie ein eigenes *Pflanzensoziologisches Institut* in Klagenfurt und schied aus dem Amt für Landesplanung aus. Nun konnte sie ihr Ziel, wissenschaftliche Forschung in enger Verbindung mit landwirtschaftlicher Praxis und Beratung zu betreiben, unbeirrt und mit Tatkraft verfolgen und die systematische Untersuchung von Pflanzenwurzeln fortsetzen. So einfach es klingt, Pflanzenwurzeln zu studieren, so unglaublich arbeits- und zeitaufwendig und manchmal auch gefährlich war diese Tätigkeit in der Praxis. Wurzelsysteme mussten in ihrer gesamten Tiefen- und Breitenausdehnung freigelegt werden, ohne Veränderung ihrer Lage oder Verletzung der kleinsten Wurzelteile. Dann mussten alle Feinheiten des Wurzelwerks mit Bleistiften unterschiedlicher Härte maßstabsgetreu bis in die feinsten Verzweigungen im Feld auf kariertes Papier gezeichnet und analysiert werden. Als Vorbild für die Methodik von Wurzelausgrabungen galten zu diesem Zeitpunkt die wurzelökologischen Standardwerke des Botanikers John Ernest Weaver (1884–1966).

Wie später oft in ihrem Leben gelang es Lore Kutschera, einen ausgezeichneten Mitarbeiter für ihre Wurzelforschung zu begeistern. In diesem Fall war es der Bergbauernsohn und ausgebildete Landwirt Erwin Lichtenegger (1928–2004), den sie schon 1952 in ihrer Zeit am Klagenfurter Landesplanungsamt kennengelernt hatte, wo er als Hilfskraft in ihrem damaligen Forschungsgebiet Pflanzengesellschaften untersuchte. Neben seinem 1953 begonnen Landwirtschaftsstudium an der BOKU nutzte Lichtenegger nun seine freie Zeit für die Mitarbeit an Kutscheras Wurzelprojekten.

Ein Gastaufenthalt führte Lore Kutschera vom Herbst 1954 bis Frühjahr 1955 an die Universität Purdue in Lafayette, Indiana, wo sie die Heimat vieler in Europa eingebürgerter Ackerpflanzen kennenlernen und wichtige Fachkollegen kontaktieren konnte. Besonders inspirierend war die persönliche Begegnung und der fachliche Austausch mit dem Nestor der Wurzelforschung, John Ernest Weaver.

Zurück in Österreich setzte sie die Wurzelausgrabungen mit Erwin Lichtenegger fort. Nach dem Abschluss seines Landwirtschaftsstudiums 1957 wurde er als Assistent am *Pflanzensoziologischen Institut* angestellt. Bereits 1960 erschien im renommierten DLG-Verlag Frankfurt/Main der erste von sieben voluminösen Atlanten zur Wurzelökologie, der 574 Seiten umfassende *Wurzelatlas mitteleuropäischer Ackerkräuter und Kulturpflanzen*. Erwin Lichtenegger hatte nicht nur die praktische Arbeit beim Freilegen der Wurzeln bewältigt; auch die lebensnahen und naturgetreuen, wie kunstvolle Kalligrafie wirkenden präzisen Feinstrichzeichnungen der Wurzelsysteme, die Beschreibungen der Bodenprofile und die Verzeichnisse stammten aus seiner Hand. Ihm und drei Frauen dankte Lore Kutschera im Vorwort für die »selbstlose Mitarbeit«. Das ausführliche Vorwort spiegelt manche Wesenszüge seiner Autorin: ihre Fähigkeit, die Mitarbeit von Fachkollegen, technischem Personal bis hin zur Hilfskraft explizit zu würdigen, ihr Geschick, tragfähige Netzwerke zu entwickeln, und schließlich auch ihre Energie beim Einwerben von Geldmitteln für Forschung und Publikation. Die eigenen Bedürfnisse blieben auf ein Minimum reduziert: »Sieben Jahre habe ich von der Luft gelebt«, beschrieb Kutschera ihre finanzielle Lage nach der Gründung des eigenen Instituts.

Doch es hatte sich gelohnt: Der monumentale, ungeheuer arbeitsintensive und mühsam finanzierte erste Wurzelatlas erregte nationale wie internationale Aufmerksamkeit. Lore Kutschera etablierte sich als Wurzelforscherin, zumal diesem Werk 1982, 1992, 1997, 2002 und 2009 weitere umfangreiche Wurzelatlanten folgten. Die Reihe mit den sieben Bänden gilt bis heute als einzigartiges Dokument der wissenschaftlichen Wurzelforschung, ja, als »Jahrhundertwerk« (Böhm 2010).

Lore Kutscheras Karriere nahm nun Fahrt auf. 1961 erhielt sie den seit 1953 verliehenen renommierten *Theodor-Körner-Preis für Wissenschaft und Kunst* – nach Marlen Haushofer als zweite Frau von insgesamt 16 Personen. Viele weitere Ehrungen und Preise folgten (s. https://de.wikipedia.org/wiki/Lore_Kutschera). Im selben Jahr wurde ihr die Leitung eines speziell für ihre

Forschungsanliegen geschaffenen Referates für Botanik und Pflanzensoziologie an der *Bundesanstalt für Alpenländische Landwirtschaft* Gumpenstein im steirischen Ennstal übertragen. Durch die gute technische Ausstattung dieser Abteilung wurde es ihr möglich, nicht nur die Architektur von Wurzelsystemen besser zu erfassen, sondern auch das Innenleben der Wurzeln zu erforschen. Sie formulierte neue Thesen zum Geotropismus von Wurzel und Spross, indem sie nachwies, dass die Schwerkraft über die von ihr gesteuerte Wasserabgabe und -aufnahme das Krümmungswachstum der Wurzeln verursacht.

1962 wurde Lore Kutschera der Akademische Grad *Doktor der Hochschule für Bodenkultur* in Wien verliehen. 1969 habilitierte sie sich und erhielt die Lehrbefugnis, die sie bis 1994 wahrnahm. Legendär sind ihre vielen Exkursionen, bei denen sie in- und ausländischen Studierenden sowie interessierten Kollegen und Kolleginnen die Bedeutung der verborgenen Teile der Pflanze und die Notwendigkeit einer ganzheitlichen Betrachtung nahebrachte. 1978 wurde sie zur außerordentlichen Universitätsprofessorin an der BOKU ernannt. Ein Ordinariat strebte sie nie an, da ihr die Freiheit der Forschung wichtiger war.

Teamarbeit und Netzwerken

Obwohl es immer wieder schwierig war, die aufwendigen Projekte und die oftmals nötigen Reisen in ferne Länder zu finanzieren, sorgte Lore Kutschera für ihre Arbeitsgruppe. Sie forderte und förderte. Erwin Lichtenegger machte parallel zu seiner Mitarbeit an den Wurzelforschungen Karriere als Grünlandexperte (Lehrer, wissenschaftlicher Mitarbeiter im Referat Botanik und Pflanzensoziologie in Gumpenstein, Promotion 1963 an der BOKU, 1970 Landesalminspektor von Kärnten, 1982 Habilitation und 1990 dann außerordentlicher Professor an der BOKU). Ein halbes Jahrhundert begleitete er Kutscheras Forschungen und Publikationen als Mitherausgeber und Autor, als »Wurzelarchäologe« und Haarstrichzeichner.

Als die junge Gartenbauingenieurin Monika Sobotik (* 1941) im Jahr 1966 von einem Aufenthalt auf der biologisch-dynamisch bewirtschafteten *Threefold Farm* in Spring Valley zurückkehrte, wo sie einen Sommer lang in dem großen Garten mitgearbeitet und bei *Erika Sabarth* die Methode der Chromatographie erlernt hatte, wurde sie auf ein Stellenangebot bei Lore Kutschera aufmerksam gemacht. Sie bewarb sich und ließ sich von der Wurzelforschung und deren Protagonistin begeistern. Ab 1967 arbeitete Monika Sobotik in Kutscheras Abteilung in Gumpenstein mit und entwickelte sich zur Spezialistin für die Anatomie der Wurzeln von Grünlandpflanzenarten. Als sie ihr Wissen durch ein Botanikstudium vertiefen wollte, unterstützte ihre Chefin diesen Plan sofort. Von 1976 bis 1983, also in der Hochphase der Bände 2 und 3 des Wurzelatlas, ermöglichte Kutschera, dass Monika Sobotik neben ihrer Institutsarbeit an der Universität in Salzburg Botanik studierte und promovierte. Mit dieser Qualifikation konnte sie dann Anfang 1983 nahtlos die Leiterinnenfunktion der Abteilung Botanik und Pflanzensoziologie in Gumpenstein übernehmen, die Lore Kutschera mit Jahresende 1982 im Alter von 65 Jahren verlassen hatte. Die Zusammenarbeit der beiden »Wurzelfrauen« wurde kontinuierlich weitergeführt, denn Lore Kutschera dachte auch jetzt nicht an einen Ruhestand.

Als Zentrum für Forschung und fachlichen Austausch nutzte sie nun das eigene *Pflanzensoziologische Institut* in Klagenfurt, Kempfstraße 12. So hatte sie schon 1982 zum Abschluss ihrer Tätigkeit an der Bundesanstalt Gumpenstein eine internationale Fachtagung *Wurzelökologie und ihre Nutzanwendung* organisiert und bei einer Exkursion über die Großglockner Hochalpenstraße bis Klagenfurt verschiedene Wurzelausgrabungen von den Tal- bis in die Berglagen gezeigt. In der Abschlussbesprechung, die in ihrem Institut in Klagenfurt stattfand, wurde die *Internationale Gesellschaft für Wurzelforschung* gegründet, als deren Vizepräsidentin sie viele Jahre wirkte.

Lore Kutschera im Jahr 2006

Unterstützt durch Erwin Lichtenegger und Monika Sobotik startete Lore Kutschera nun eine dritte und nicht weniger intensive Phase ihres Forscherinnenlebens. In den Jahren 1982 und 1992 erschienen drei weitere Bände der Wurzelatlanten zu mitteleuropäischen Grünlandpflanzen. Im August 1991 nahm sie die Ehrenurkunde der Landeshauptstadt Klagenfurt für besondere Verdienste auf wissenschaftlichem Gebiet entgegen. Im September 1991 veranstaltete sie mit dem Botanischen Institut der BOKU die dritte Tagung der *Internationalen Gesellschaft für Wurzelforschung* in Wien. Die Zahl der Wissenschaftler*innen hatte sich gegenüber der vorhergehenden in Uppsala verdreifacht. Im Jahr 1997, anlässlich ihres 80. Geburtstages, kuratierte der Botaniker Franz Speta (1941–2015), Leiter des Biologiezentrums des Oberösterreichischen Landesmuseums in Linz, eine Wurzelausstellung, die auch in Deutschland gezeigt wurde. Zeitgleich erschien der fünfte Band der Wurzelatlasreihe *Bewurzelung von Pflanzen in den verschiedenen Lebensräumen*, wiederum als Teamarbeit. Fünf Jahre später publizierten Kutschera und Lichtenegger mit dem *Wurzelatlas mitteleuropäischer Waldbäume und Sträucher* den sechsten Band dieser Reihe.

Bewegte letzte Jahre

Lore Kutschera war – wie ihre Biograf*innen Roland Eberwein und Monika Sobotik schreiben – zeitlebens eine Reisende: Studienaufenthalte in den USA und England, Forschungsreisen in Europa, Russland, China, Australien, Südafrika, Argentinien. Sie forschte nicht im Elfenbeinturm, sondern in unterirdischen Tiefen. Sie lebte und arbeitete im Austausch mit Kolleg*innen aus der Wissenschaft und Praktiker*innen der Landwirtschaft und des Gartenbaus. Auch im hohen Alter besuchte sie Tagungen, ging auf Forschungsreisen und hielt Vorträge. Als wir Lore Kutschera zusammen mit Monika Sobotik im Wintersemester 2002/2003 zu einer Ringvorlesung an der Universität Göttingen eingeladen hatten – sie war nun im 85. Lebensjahr –, hielt sie uns alle mit ihrer Präsenz und Dynamik, ihrer Agilität und Energie in Atem. Kaum jemand der Hörer und Hörerinnen wird vergessen, wie sie ein kleines Päckchen aus ihrer Handtasche zog und mit ihrer Kollegin eine Wurzel über die gesamte Breite des großen Hörsaals aufrollte, um so einen Begriff von der Wunderwelt der unsichtbaren Teile eines Löwenzahns didaktisch höchst anschaulich zu vermitteln.

Der plötzliche Tod ihres getreuen Kollegen Erwin Lichtenegger im August 2004 traf Lore Kutschera schwer. Eine über 50 Jahre währende Arbeitsgemeinschaft und Freundschaft war jäh beendet. Noch lagen die Ergebnisse von 150 Geländeuntersuchungen und Lichteneggers Zeichnungen von etwa 90 Kulturpflanzenarten vor. Nun war es an ihr, diesen lange geplanten Wurzelatlas zu Ende zu führen. Auch waren Vorbereitungen zu treffen, um die siebte Tagung der *Internationalen Gesellschaft für Wurzelforschung*, geplant für September 2009, wieder nach Wien an die BOKU zu holen. Doch dieser siebte Band mit dem Titel *Wurzelatlas der Kulturpflanzen gemäßigter Gebiete mit Arten des Feldgemüsebaues* konnte 2009 nur noch posthum erscheinen, und die Tagung der Wurzelexpert*innen in Wien musste auf die Anwesenheit der renommiertesten Wurzelforscherin verzichten: Im Frühjahr 2008 war Lore Kutschera noch auf Skiern in ihren geliebten Bergen unterwegs, am 16. Oktober 2008 verstarb sie nach kurzer schwerer Krankheit in Klagenfurt.

Nachruhm

Lore Kutscheras rastloser Forschungsdrang, der immense Fleiß, die große Beharrlichkeit und ungeheure Konsequenz wie auch ihre ausgeprägte Kollegialität haben dazu beigetragen, dass den Wurzeln als »hidden half« (Yoav Waisel) der Pflanzenwelt wissenschaftliche Aufmerksamkeit und Sichtbarkeit geschenkt wurde. Die monumentale Wurzelatlas-Reihe, international hochgeschätzt, brachte Kutschera einen festen Platz in der Geschichte der Pflanzenwissenschaft ein. Sie hat damit auch wichtige Grundlagen für die ökologische Landwirtschaft, die Landschaftspflege und Landnutzung gelegt. Zum Natur- und Umweltschutz wurden von ihrem Institut zahlreiche Gutachten und Artikel veröffentlicht, sei es zur Veränderung der Vegetation durch Schadstoffbelastungen, zu klimabedingten Veränderungen der Pflanzenwelt oder biologischer Böschungssicherung.

Nach dem Tod von Lore Kutschera führte Monika Sobotik, ihre langjährige Kollegin und Vertraute, das begonnene Werk fort. Sie leitete das *Pflanzensoziologische Institut* in Klagenfurt und stellte mithilfe von Dieter Haas, Hilde Lichtenegger und Roland Eberwein den siebten Band der Wurzelatlanten fertig, der 2009 – wie der erste Band – im DLG-Verlag erschien. Sobotik kümmerte sich um den umfangreichen Nachlass, von dem wertvolle Teile im Kärntner Botanikzentrum untergebracht werden konnten. 2015 wurde das Klagenfurter *Pflanzensoziologische Institut* von Lore Kutschera nach Bad Goisern verlagert. Einem Wunsch des DLG-Verlages entsprechend publizierte Monika Sobotik zusammen mit vier Pflanzenwissenschaftler*innen 2020 das Buch *Pflanzenwurzeln. Wurzeln begreifen – Zusammenhänge verstehen – In der Praxis anwenden* als Überblick, Resümee und praxisnahen Abschluss der Wurzelatlas-Reihe.

Auch der Lore-Kutschera-Weg, der 2018 in Wien-Hetzendorf installiert wurde, wird das Andenken an die bekannte Botanikerin, Wurzelforscherin und Ökologin weiterhin bewahren.

Ausgewählte Werke

Kutschera, Lore (1950): Die nickende Kragenblume (Carpesium vernum L.), neu für Kärnten. In: Carinthia II 58/60, S. 125–126.

Kutschera, Lore (1951 a): Pflanzensoziologische Beobachtungen im Lavanttal. Wetter und Leben 3(3/4), S. 57–61.

Kutschera, Lore (1951 b): Vegetationsaufbau und Standorte der Pflanzengesellschaft des »nolligen Sternmiere-reichen Schwarzerlen – Mischwaldes« (Alneto-Fraxinetum stellarietosum bulbosae) in Kärnten. In: Carinthia II 61/141, S. 93–105.

Kutschera, Lore (1960): Wurzelatlas mitteleuropäischer Ackerunkräuter und Kulturpflanzen (= 1. Band der Wurzelatlas-Reihe). Frankfurt/Main: DLG-Verlag.

Kutschera, Lore (1966): Ackergesellschaften Kärntens als Grundlage standortgemäßer Acker- und Grünlandwirtschaft. Irdning: Bundesversuchsanstalt für alpenländische Landwirtschaft Gumpenstein.

Kutschera, Lore/Lichtenegger, Erwin/Sobotik, Monika (2009): Wurzelatlas der Kulturpflanzen gemäßigter Gebiete mit Arten des Feldgemüsebaues (= 7. Band der Wurzelatlas-Reihe). Frankfurt/Main: DLG-Verlag.

Zu den weiteren Werken der Wurzel-Atlas-Reihe siehe das Verzeichnis ihrer Hauptwerke [https://de.wikipedia.org/wiki/Lore_Kutschera]. Da die zahlreichen von Lore Kutschera und ihren Mitarbeiter*innen in wissenschaftlichen Fachzeitschriften publizierten Beiträge auch in diesen Wurzel-Atlas-Bänden bibliografisch erschlossen sind, wird hier nur darauf verwiesen.

Literatur

Böhm, Wolfgang (2010): Lore Kutschera. Ein Leben für die Wurzelforschung. Göttingen: Auretim.

Elste, Alfred (1997): Kärntens braune Elite. Klagenfurt/Celovec/Lubljana/Wien: Hermagoras/Mohorjeva.

Jürgens, Karin/Schmitt, Mathilde (2000): Lore Kutschera. * 14. September 1917 in Villach, Österreich. Wurzelforscherin und Pflanzensoziologin. In: Heide Inhetveen/Mathilde Schmitt (Hg.): Pionierinnen des Landbaus. Uetersen: Heydorn, S. 111–115.

Köpke, Ulrich (2008): Nachruf. Frau Univ. Prof. Dr. Lore Kutschera. In: Nachrichten der Gesellschaft für Pflanzenbauwissenschaften, Ausgabe November, S. 8.

Schmidt, Christine (2021): Lore Kutschera. Biografie. [https://www.fembio.org/biographie.php/frau/biographie/lore-kutschera/]

Sobotik, Monika/Eberwein, Roland K. (2009): Univ.-Prof. DI Dr. Lore Kutschera (14.9.1917–16.10.2008). Die Wurzel ist (k)ein seltsam Ding! Ein Leben für die Wurzelforschung. In: Carinthia II 199/119, S. 267–275.

Speta, Franz (1997): Zur Geschichte der Wurzelforschung mit besonderer Berücksichtigung der Aktivitäten in Österreich. Stapfia 50, S. 7–288. Linz. (Darin Kurzbiographien u. a. zu Lore Kutschera, Erwin Lichtenegger und Monika Sobotik.) [https://www.zobodat.at/pdf/STAPFIA_0050_0007-0288.pdf]

Speta, Franz/Aubrecht, Gerhard (1997): Wurzeln. Einblicke in verborgene Welten (= Festschrift zum 80. Geburtstag von Lore Kutschera). Stapfia 50, zugleich Katalog des Oberösterreichischen Landesmuseums, Neue Folge 118, Linz.

Speta, Franz (2002): Kutschera-Mitter, Eleonore. In: Brigitta Keintzel/Ilse Korotin (Hg.) Wissenschaftlerinnen in und aus Österreich. Leben – Werk – Wirken. Wien/Köln/Weimar: Böhlau, S. 432–436.

Dr. Edith Titia Lammerts van Bueren (* 1952)

Agrarwissenschaftlerin, (Hochschul-)Lehrerin, engagiert in vielen politischen Gremien

1952 in Den Haag geboren, in den Niederlanden, Indonesien und Venezuela aufgewachsen und international gebildet, studierte Edith in den 1970er-Jahren Gartenbau und Pflanzenzüchtung an der niederländischen Universität Wageningen.

Ab 1978 arbeitete sie als Lehrerin für Gartenbau am *Warmonderhof*, einer niederländischen Ausbildungsstätte für biologisch-dynamischen Land- und Gartenbau, die Klaas und *Mieneke de Boer* zusammen mit *Willy Schilthuis* aufgebaut hatten. 1985 wechselte sie an die Universität Wageningen, Abteilung Alternativer Landbau, und kurz darauf an das *Louis Bolk Institut*, ein unabhängiges Forschungsinstitut für nachhaltige Landwirtschaft, Ernährung und Gesundheit in Driebergen, seit 2017 in Bunnik.

Edith Lammerts van Bueren

In den ersten Berufsjahren erforschte sie die Wirkung der biologisch-dynamischen Spritzpräparate. Über das übliche Vorgehen hinaus betrachtete sie nicht nur die Unterschiede der geernteten Produkte, sondern auch den Prozess der Pflanzenentwicklung anhand von wöchentlich dokumentierten Beobachtungen der Wachstumsdynamiken. Dabei zeigten sich durch die Spritzungen »harmonisierende« Wirkungen zwischen den vegetativen und generativen Tendenzen.

Anschließend wandte sich Edith Lammerts van Bueren der Pflanzenzüchtung und Saatgutproduktion für biologisch-dynamische und andere Formen des ökologischen Landbaus zu. Sie forschte über alternative Züchtungsstrategien in Europa und zur Bedeutung der sozialen und genetischen Diversität. 2002 promovierte sie mit einer Arbeit über Konzepte und Strategien der ökologischen Pflanzenzüchtung und -vermehrung. 2009 initiierte sie das ökologische Züchtungsprogramm *Bioimpuls* und eine Vereinbarung über *Robuste Kartoffelsorten.* Als außerordentliche Professorin unterrichtete sie von 2005 bis 2017 das Fach Ökologische Pflanzenzüchtung an der Universität Wageningen. Über 210 Publikationen tragen ihren Namen als Autorin oder Co-Autorin.

Edith Lammerts van Bueren engagiert sich in vielfältiger Weise in politischen Gremien für die Entwicklung des Ökologischen Landbaus. Sie ist Mitbegründerin und war langjährige Vorsitzende des *Europäischen Konsortiums für Ökologische Pflanzenzüchtung* (ECO-PB). Und sie wirkt als Brückenbauerin in ihren Funktionen als Vorsitzende der *Sektion Ökolandbau von* EUCARPIA *(Europäische Vereinigung für Pflanzenzüchtung und -forschung)*, als Vorsitzende des *Wissenschaftsbeirats für Nachhaltige Landwirtschaft und Ernährung* sowie als Mitglied in der *Nationalen Kommission für Pflanzensorten der Niederlande* und der *Nationalen Kommission für Ethische und Gesellschaftliche Aspekte von Biotechnologie.* Darüber hinaus bringt sie ihre umfassenden Erfahrungen in Arbeitsgruppen der regelmäßig stattfindenden *Landwirtschaftlichen Tagungen* am Goetheanum und in die *Landwirtschaftliche Abteilung der Naturwissenschaftlichen Sektion der freien Hochschule für Geisteswissenschaft* in Dornach in der Schweiz ein. Im Jahr 2017 wurde sie für ihr Engagement mit einem Anerkennungspreis, dem IFOAM – *Organics International Recognition Award* ausgezeichnet.

Ausgewählte Werke

Dwivedi, S. L./Lammerts van Bueren, E. T./Ceccarelli, S./Grando, S./Upadhyaya, H. D./Ortiz, R. (2017): Diversifying Food Systems in the Pursuit of Sustainable Food Production and Healthy Diets. Trends in PlantScience. DOI: 10.1016/j.tplants.2017.06.011.

Lammerts van Bueren, Edith/Olbrich-Majer, Michael (1998): Was ist ökologische Pflanzenzüchtung? In: Lebendige Erde 49(6), S. 504–505.

Lammerts van Bueren, Edith (1999): Die Zukunft der ökologischen Pflanzenzüchtung gehört auf die Tagesordnung. In: Lebendige Erde 50(1), S. 14–15.

Lammerts van Bueren, Edith/Wilbois, Klaus-Peter (2001): Ökologisches Saatgut braucht Ökologische Züchtung. Zum Stand der Dinge. In: Lebendige Erde 52(5), S. 55.

Lammerts van Bueren, Edith T. (2002): Organic plant breeding and propagation: concepts and strategies. PhD Thesis Wageningen University, The Netherlands.

Lammerts van Bueren, E. T./Østergård, H./Goldringer, I./Scholten, O. (2008): Special issue on Plant breeding for organic and sustainable, low-input agriculture: Dealing with genotype-environment interactions. Euphytica 163(3), S. 321–546.

Lammerts van Bueren, E. T./Myers, J. R. (Hg.) (2012): Organic crop breeding. Wiley-Blackwell, Hoboken, New Jersey.

Lammerts van Bueren, E. T./Struik, P. C./van Eekeren, N. J. M./Nuijten, E. (2018): Towards resilience through systems-based plant breeding. A review. Agronomy for Sustainable Development 38(42). DOI: 10.1007/s13593-018-0522-6.

Li, J./Lammerts van Bueren, E. T./Leeuwis, C./Jiggins, J. (2014): Expressing the public value of plant genetic resources by organising novel relationships: The contribution of selected participatory plant breeding and market-based arrangements. In: Journal of Rural Studies 36, S. 182–196. DOI: 10.1016/j.jrurstud.2014.07.009

Renaud, E. N. C./Lammerts van Bueren, E. T./Jiggins, J. (2016): The meta-governance of organic seed regulation in the USA, European Union and Mexico. IJARGE (Int. J. Agricultural Resources, Governance and Ecology) 12(3), S. 262–291. DOI: 10.1504/IJARGE.2016.078311.

Tiemens-Hulscher, M./Delleman, J./Eising, J./Lammerts van Bueren, E. T. (2013): Potato breeding – a practical manual for the potato chain. Aardappelwereld BV: Den Haag.

Quellen

Korrespondenz mit Edith Titia Lammerts van Bueren, 2020 (Mathilde Schmitt).

Lammerts van Bueren, Edith T. (2002): Organic plant breeding and propagation: concepts and strategies. Proefschrift ter verkrijging van de graad van doctor op gezag van de rector magnificus van Wageningen Universiteit. Hg. vom Louis Bolk Instituut. S. 208. [https://edepot.wur.nl/121365]

Louis Bolk Instituut (Hg.): Edith T. Lammerts van Bueren PhD. [http://www.louisbolk.org/employees-nl/collaborative_partner/?ht_employeeID=1642&name=Edith_T._Lammerts_van_Bueren]

Marie/Maria Lohrmann

Gärtnerin, Forscherin

Auf die Biografie von Maria Lohrmann lassen sich nur Schlaglichter werfen: Lediglich zu den wenigen Jahren von 1926 bis 1934 gibt es Informationen; die Vorgeschichte und der weitere Lebensverlauf dieser bemerkenswerten Frau liegen im Dunkeln.

Die Gärtnerin

Marie Lohrmann arbeitete als junge Gärtnerin in Loheland – sie muss damals Mitte/Ende 20 gewesen sein. Die Spuren, die ihre Arbeit hinterließ, lassen sich allerdings bis heute lesen.

Die Siedlung Loheland wurde 1919 von Hedwig von Rohden und Louise Langgaard gegründet als Lebens- und Lernort mit einem ganzheitlichen Bildungsansatz: Neben Gymnastik und Tanz gehörten auch die Schulung von handwerklichen Fähigkeiten sowie die Mitarbeit im Garten und auf den Feldern zu diesem Bildungsverständnis. Waren Land- und Gartenbau zunächst nicht unter professioneller Anleitung geführt, so kümmerten sich seit 1926 der Landwirt Karl Jung und die Gärtnerin Marie Lohrmann um die Pflege und die Bodenverbesserung der – teilweise gerodeten – Flächen von minderer Bodengüte sowie um den Anbau. Die Grundfläche konnte sukzessive erweitert und nach wenigen Jahren eine weitgehende Eigenversorgung erreicht werden. (Christinck 2009, S. 10)

Im Jahr 1926 wurde der Garten auch als Lehrbetrieb zugelassen (Mollenhauer-Klüber 2019, S. 88): ein Indiz dafür, dass Marie Lohrmann eine Ausbildungsberechtigung besaß. Die ersten beiden Gartenbauschulen für Frauen waren 1890 bzw. 1894 in Berlin gegründet worden. (Gröning 2018, S. 168)

Die Forscherin

In Bezug auf die Bewirtschaftung der Flächen wurde der Austausch mit anderen Betriebsleitern gepflegt, so beispielsweise mit Immanuel Voegele, einem Pionier des bio-dynamischen Landbaus im schlesischen Pilgramshain (poln. Żółkiewka). Ab 1927 erhielten dann einige Loheländerinnen den *Landwirtschaftlichen Kursus*, diejenigen Handreichungen von Rudolf Steiner, die als Grundlage der bio-dynamischen Wirtschaftsweise gelten. Im selben Jahr wurden vier dieser Frauen, unter ihnen Maria Lohrmann, Mitglieder des

Versuchsrings anthroposophischer Landwirte in Deutschland – und Loheland somit *Versuchsstelle* der Vereinigung. (Mollenhauer-Klüber 2019, S. 88) Nach der Umstellung von Gartenbau und Landwirtschaft von der konventionellen auf eine ökologische Wirtschaftsweise wurde in Loheland ab 1928 das gesamte Land – bis auf zwei kleine Kontrollflächen (mit Erdbeeren bzw. Gemüse) – nach der biologisch-dynamischen Methode bewirtschaftet. Über die engagierte Arbeit von Maria Lohrmann gibt ein Jahresbericht von 1928 Auskunft. Die Gärtnerin dokumentierte auf 13 Seiten ihre Beobachtungen in Bezug auf Aussaattermine, Schädlingsbekämpfung und Düngeverfahren. Weiterhin zählten der Erhalt der Artenvielfalt, Landschafts- und Vogelschutz zu den formulierten Anliegen und Aufgaben – Prinzipien der Nachhaltigkeit.

Marie Lohrmann um 1930

Marie Lohrmann führte Versuchsreihen mit Bohnen und mit Erdbeeren durch und konnte jeweils einen deutlichen Mehrertrag gegenüber der (konventionell angebauten) Kontrollgruppe verzeichnen. Auch die Bodenverbesserung war ein wichtiges Arbeitsgebiet; schließlich mussten noch größere Flächen im Umfeld der Siedlung erschlossen, gerodet und in urbaren Boden verwandelt werden. Bei Feldsalat wurden Versuche mit speziellen Düngemaßnahmen angelegt, in Bezug auf Kopfsalat beobachtete die Gärtnerin die Auswirkung der Mondstellung bei der Aussaat. Auch Kohlpflanzen gediehen bereits auf dem kargen Boden – hier gab es Versuche mit Nachbar- und Zwischenpflanzungen. Der Anbau von Spinat diente dazu, die für Boden und Klima geeigneten Sorten herauszufinden. Bei Tomatenpflanzungen (auf Neuland) wurden die Auswirkungen unterschiedlicher Düngungsarten untersucht.

Spinatversuchsfeld in Loheland um 1930

Das Ergebnis war eindeutig: Eine zunehmende Bodenfruchtbarkeit zeigte sich in gestiegenen Erträgen und in der hohen Qualität von Obst und Gemüse; zudem konnte der Schädlingsbefall verringert werden. Erkenntnisse zur Widerstandsfähigkeit von Pflanzen gegenüber klimatischen Bedingungen trugen zur Ernährungssicherheit bei, und auch der Geschmackstest fiel positiv aus:

> »Am 22. August sind die ersten Tomaten reif. Die Früchte sind sehr schön fest und schmecken so außerordentlich gut, daß es allgemein auffällt. Beim Vergleich mit als Inlandsware gekauften Tomaten fällt schon äußerlich die größere Festigkeit und die leuchtendere Farbe auf. Der Geschmack ist vollständig verschieden. Die gekauften Tomaten schmecken ganz wässrig und fade, die unsrigen sind sehr aromatisch und bei den Mahlzeiten die beliebteren.« (Jahresbericht 1928, S. 9)

Marie Lohrmann schließt ihren Bericht folgendermaßen:

> »Zusammenfassend lässt sich sagen, daß unsere Anpflanzungen einen gesunden und kräftigen Eindruck machen.
>
> Besucher, die sich nach ein paar Jahren Loheland wieder anschauten, gaben wiederholt und unaufgefordert ihrem Erstaunen über den so viel besseren Stand der Pflanzen gegenüber den Vorjahren Ausdruck. Besonders überrascht war man, wie frisch und sprießend alles hier aussah, trotz der großen Trockenheit und der sehr kärglichen Bewässerung.
>
> Ein Gärtner aus der Gegend, der uns immer seine erstaunlichen Erfolge bei der Anwendung von Kunstdünger anpries, war bei einem Besuch überrascht, daß alles blühte und gedieh, während bei ihm, trotzdem er eine Regenanlage Tag und Nacht in Betrieb hatte, die Pflanzen die Blüten verloren, matt waren und nicht wachsen wollten, so daß keine gute Ernte zu erhoffen war.« (ebd., S. 12 f.)

Marie Lohrmann mit Schülerinnen bei der Gartenarbeit

Marie Lohrmanns Forschungen zu Saatgutbehandlung, Kompostpräparaten und Aussaatzeiten basierten auf genau geplanten Versuchsreihen und wurden als solche sowohl schriftlich dokumentiert als auch von der Loheländer Fotografin Valerie Wizlsperger im Bild festgehalten. Die Aufnahmen wurden zu Tagungen mit biodynamischen Schwerpunktthemen geschickt und erreichten dadurch ebenso wie die publizierten Ergebnisse eine Öffentlichkeit. Im Jahr 1931 fand eine große Gartenbautagung mit mehr als 120 Teilnehmenden – veranstaltet vom *Versuchsring* – auf Loheland statt. (ALS, Bestand S-Gar/1) Marie Lohrmann ist als einzige weibliche Referentin im Programm ausgewiesen.

Die Gedanken zur Zukunft der Landwirtschaft, die in diesem Kontext verhandelt wurden, klingen nach wie vor aktuell: Die Landwirtschaft sollte als ganzheitlicher Organismus gesehen werden, zu dem außer der Pflege des Bodens und der Erhaltung der biologischen Vielfalt auch die Landschaftsgestaltung mit ihren Gewässern, Feldgehölzen und kleinklimatischen Bedingungen zählte. Auch die Warnung vor einem drohenden Klimawandel und der Verlust der Artenvielfalt waren bereits Themen. (Christinck 2009, S. 11)

Nach dem Weggang von Maria Lohrmann im Jahr 1934 wurde der Garten von Jutta von Somnitz betreut, ab 1938 dann über vier Jahrzehnte von *Marie Zeidler* (1895–1995), der »Zeidlerin«.

Ausgewählte Werke

Lohrmann, Marie: Jahresbericht 1928 über Versuche nach biologisch-dynamischen Wirtschaftsmethoden in der Gärtnerei Loheland, hg. vom Forschungsring e. V. Darmstadt: Selbstverlag (1999).

Lohrmann, Marie (1931): Mondphasenversuche mit Kopfsalat. In: Demeter 6(1), S. 3–7.

Lohrmann, Marie (1931): Vergleichsversuche von 1927 bis 1930 mit mineralischer und biologisch-dynamischer Düngung. In: Demeter 6(4), S. 69–74.

Lohrmann, Marie (1932): Einige Beobachtungen mit Präparat 501 aus der gärtnerischen Praxis. In: Demeter 7(1), S. 202–204.

Rohden, Hedwig von/Langgaard, Louise/Deinhardt, Eva Maria/Lohrmann, Maria (1927): Bericht über die Sommerarbeit in Loheland. In: Mitteilungen des landwirtschaftlichen Versuchsringes der Anthroposophischen Gesellschaft 2(1), S. 1–4.

Quellen

Archiv Loheland-Stiftung:

S-Gar/1: Konvolut zur Gartenbautagung 22.–29. November 1931 in Loheland.

Literatur

Christinck, Anja (2009): 90 Jahre Loheland, 80 Jahre biologisch-dynamischer Garten- und Landbau. In: Dies./Thomas van Elsen (Hg.): Bildungswerkstatt. Pädagogik und Landwirtschaft. Künzell: Loheland-Stiftung, S. 9–13.

Christinck, Anja/Spieker, Ira (2011): Auf eigenen Wegen. Loheland als Bildungs-, Lebens- und Arbeitsstätte für Frauen. In: Meike S. Baader/Susanne Rappe-Weber (Hg.): Historische Jugendforschung. Jahrbuch des Archivs der deutschen Jugendbewegung NF 7, S. 169–182.

Christinck, Anja/Spieker, Ira (2012): Gemeinschaft gründen – Individualität entwickeln. Überlegungen zur Wirkung und Aneignung von Räumen am Beispiel Loheland. In: Ariadne 53, S. 22–29.

Gröning, Gert (2018): Zur Rolle der Frauen in der Gartenkultur des späten 19. und frühen 20. Jahrhunderts. In: Kai Buchholz/Elisabeth Mollenhauer-Klüber (Hg.): Landschaftskultur und Kulturlandschaft. Beiträge zur ästhetischen Bildung. Bielefeld: Aisthesis, S. 155–178.

Hertling, Elisabeth (1984): Das Entstehen und Werden der Schulsiedlung Loheland. Schlüchtern: Selbstverlag.

Mollenhauer-Klüber, Elisabeth (2019): Biodynamischer Landbau in Loheland. Maria Lohrmanns naturwissenschaftliche Forschungen und der Garten im Bildungskonzept. In: Dies./Michael Siebenbrodt (Hg.): Loheland 100. Gelebte Visionen für eine neue Welt. Fulda: Vonderau Museum, S. 88–91.

Uta Lübke (* 1939)

Volksschullehrerin, Bäuerin, Kompost- und Bodenexpertin, Chromabildentwicklerin, Kursleiterin

Uta Lübke ist als eine von drei Töchtern einer Kindergärtnerin und eines evangelischen Pfarrers in Braunau geboren und in Niederösterreich aufgewachsen. Schon früh entwickelte sie durch Spiel und Mitarbeit im elterlichen Garten und den umliegenden landwirtschaftlichen Bauernhöfen eine enge Beziehung zur Natur und zur bäuerlichen Arbeit.

Nach einer Ausbildung zur Volksschullehrerin unterrichtete sie an einer privaten Schule in Wien. Entscheidend für ihren weiteren Lebensweg wurde die Begegnung mit Siegfried Lübke (1928–2014), der sie in die vegetarische Ernährung und deren positive Auswirkungen auf die Gesundheit einführte. Als Halsschmerzen bei ihr nach der Ernährungsumstellung verschwanden, war sie nachdrücklich beeindruckt. Fortan setzte sie sich intensiv mit den Auswirkungen von Nahrungsmitteln auf die menschliche Gesundheit auseinander. Das Studium der Schriften von Dr. Ehrenfried Pfeiffer (1899–1961), Raoul Francé (1874–1943) und *Annie Francé-Harrar* (1886–1971) ließen sie und ihren Mann die Zusammenhänge zwischen der Boden- und Pflanzenqualität sowie die Bedeutung des Humus immer deutlicher erkennen. Dieses Wissen wollten sie auch in die Praxis umsetzen.

Siegfried Lübke war nach einer Chiropraktikerausbildung als Verwaltungsangestellter im Landeskrankenhaus Salzburg und anschließend als Versicherungskaufmann tätig. Nach zwei Jahren im Salzkammergut konnte das Paar 1971 einen sieben Hektar großen Gärtnerhof in Peuerbach (Oberösterreich) erwerben. Getragen von der Aufbruchstimmung der alternativen Bewegungen der 1970er-Jahre wollten Lübkes die Fruchtbarkeit des Bodens als Voraussetzung für gesunde Pflanzen, Tiere und Menschen fördern, ihr Land zur Selbstversorgung nutzen und ein Gesundheitszentrum einrichten. Sogar notariell ließen sie festhalten, dass sie eine »chemiefreie Humuswirtschaft« betreiben wollten. Die Idee des Gesundheitszentrums ließ sich nicht realisieren, da Siegfried Lübke einen schweren Unfall hatte, infolgedessen er fast erblindete. Uta musste die Entscheidung treffen, ob sie zur Existenzsicherung in ihren Beruf als Lehrerin zurückkehren oder die Familie vom relativ kleinen landwirtschaftlichen Betrieb ernähren wollte. Sie entschied sich für das arbeitsreiche Leben in der Landwirtschaft. Dreimal die Woche fuhr sie auf den Grünmarkt ins 46 Kilometer entfernte Linz, um ihr biologisch angebautes Obst und Gemüse zu vermarkten. Nicht nur an diesen Wochentagen fiel sie abends erschöpft ins Bett.

Uta und Siegfried Lübke hatten bereits zu Beginn ihrer Bewirtschaftung den Betrieb in Versuchsflächen aufgeteilt und experimentierten mit verschiedenen biologischen Anbaumethoden. Dabei hegten sie die Erwartung, dass sich eine dieser Methoden als die geeignetste und erfolgreichste für ihren Boden, ihr Klima und den dort möglichen Gemüse- und Obstanbau herausstellen würde. Diese Annahme bestätigte sich nicht.

Autodidaktisch studierten sie grundlegende Werke zum ökologischen Landbau und standen im Austausch mit der Humus-Expertin *Annie Francé-Harrar* und *Helga Wagner*, der Leiterin für Grünflächen des Linzer Stadtgartenamtes. Nach und nach entwickelten sie eine eigene Methode der aeroben Kompostierung. Im besten Sinne einer Ehepaarproduktion, in der sich die beiden Beteiligten gegenseitig inspirieren, antreiben und unterstützen, züchteten sie eine Vielzahl humusbildender Mikroorganismen nach einem Verfahren von Ehrenfried Pfeiffer und *Erica Sabarth* (1897–1981) und impften damit den Kompost, um die Verrottungsvorgänge zu beschleunigen und ihre Böden zu beleben. Das Wissen dazu hatte sich Siegfried Lübke bei einem Besuch im Forschungsinstitut auf der *Threefold Farm* in Spring Valley (NY) in den USA angeeignet.

Uta Lübke bei der Chroma-Arbeit um 2010

Die Erfolge der Lübkes mit der Weiterentwicklung dieses Kompoststarters machten auch andere Gärtner*innen und Landwirt*innen neugierig. Als die Anfragen immer zahlreicher wurden, begannen sie Anfang der 1980er-Jahre Boden- und Kompostlehrgänge für Praktiker und Praktikerinnen anzubieten. Deren Erfolg beruhte zum einen darauf, dass Uta Lübke das Rundfilter-Chromatogramm als eine Methode der Kompost- und Bodenanalyse nun für den Gebrauch in gärtnerischen und landwirtschaftlichen Betrieben weiterentwickelt hatte. Zum anderen überzeugte die Kursteilnehmer*innen die praktische Anschauung vor Ort: Die hohe Kompostqualität verbesserte sowohl die Böden des Hofes als auch die Qualität des angebauten Obstes und Gemüses der Lübkes stetig. Für Aufsehen sorgte, dass ihre Produkte nach dem Reaktorunglück von Tschernobyl 1986 im Vergleich zu Nahrungsmitteln anderer Betriebe radioaktiv nicht belastet waren – vermutlich bedingt durch die gelenkte aerobe Kompostierung.

Neben den Seminaren, dem Aufbau eines Bodenlabors und einer umfangreichen Bibliothek experimentierten Siegfried und Uta Lübke in ihrer täglichen praktischen Arbeit jahrzehntelang weiter zu Boden- und Humusfragen im Garten- und Landbau: Welche Menge und Zusammensetzung an Mikroorganismen sollen verabreicht werden? Wie wird der Kompost in den verschiedenen Jahreszeiten unter regionalen Witterungsbedingungen am besten behandelt? Wie lässt sich der Humusgehalt steigern? Weithin bekannt geworden ist ihr Umgang mit Boden und Kompost durch Elisabeth Guggenberger und Helmut Voitl, die 1985 Lübkes Arbeiten und Engagement in ihrer ORF-Serie *Bruder Baum – Mutter Erde* vorstellten und über das Buch *Der Chroma-Boden-Test* weithin bekannt machten. Neben Hintergrundwissen zu Bodenaufbau, Kompostherstellung und Humuswirtschaft finden sich darin Geschichte und Anleitung des Chroma-Tests, um mit einfachen Mitteln selbstständig den eigenen Boden untersuchen und anhand der entstehenden Bilder beurteilen zu können.

Mit dem Tod Siegfried Lübkes 2014 tat sich für Uta Lübke nicht nur persönlich eine große Lücke auf, auch das gemeinsame 50jährige Lebenswerk fand damit ein Ende. 2015 erhielt Uta Lübke, die in Fachkreisen auch »Mama Kompost« genannt wird, für ihr Lebenswerk den *KompOskar* des *Kompost & Biogas Verbandes Österreich*. Die Boden- und Kompostlehrgänge werden bis heute von ihrer Tochter Angelika Lübke-Hildebrandt und deren Mann Urs Hildebrandt weitergeführt. Sie konnten Vertreter*innen der kommunalen Abfallwirtschaft für diese Art der Humuswirtschaft interessieren und weiterbilden, sodass mittlerweile 600 Kompostieranlagen in Österreich die sogenannte *Landwirtschaftlich-Kommunale Kompostierung* für die Verarbeitung von kommunalen organischen Reststoffen zu hochwertigem Kompost anwenden. Diesem Vorbild folgend soll die Methode nun auch in anderen Ländern der Europäischen Union zum Einsatz kommen.

Ausgewählte Werke

Lübke, Uta (1996): Einsatz von Mikroorganismen für kontrollierte Kompostierung. In: Ökologie & Landbau 99, S. 47–48.

Quellen

Gespräche und Korrespondenz mit Angelika Lübke-Hildebrandt, 2020 (Mathilde Schmitt).

Energiekommunikation im Auftrag der ARGE Kompost und Biogas (2015): KompOskar an »Mama Kompost« verliehen. [file:///Users/ms/Documents/O%CC%88kopionierinnen/Piona/Lu%CC%88bke%20Uta/KompOskar%20an%20 %22Mama%20Kompost%22 %20 verliehen.html]

Literatur

Hoffmann, Manfred (1996): Francé-Verdienstmedaillen verliehen. In: Ökologie & Landbau 99, S. 73–74.

Voitl, Helmut/Guggenberger, Elisabeth (1986): Der Chroma-Boden-Test. Die Bodenqualität bestimmen, bewerten und verbessern. Ein unentbehrlicher Ratgeber für Landwirte, Berufs- und Hobbygärtner. Wien: Orac, S. 100–101.

Hedwig Müller (1895–1983)

Gärtnerin, Gartenbaulehrerin, Schulgründerin

Hedwig Müller wurde 1895 als jüngstes und neuntes Kind des Pfarrers Ernst Müller und seiner zweiten Ehefrau Emma Müller-Rüetschi in Langnau im Emmental in der Schweiz geboren. Wie ihre drei Brüder und fünf Schwestern besuchte sie die Sekundarschule in Langnau. Trotz des Unverständnisses im Elternhaus und der zu Beginn des 20. Jahrhunderts nicht nur in der Schweiz verbreiteten Vorbehalte gegenüber einem Gartenberuf für Frauen entschloss sich Hedwig Müller, Gärtnerin zu werden und eine Lehre in der *Gartenbauschule Niederlenz* (Kanton Aargau) zu absolvieren. Ihre erste Stelle als Gärtnerin fand sie in Aarau, dem Hauptort des Kantons Aargau. Danach arbeitete sie in St. Gallen, wo sie bereits selbst Lehrlinge ausbilden durfte. Dies war ungewöhnlich in der damaligen Zeit, daher hatte sie auch immer wieder unter Beweis zu stellen, dass sie als Frau ebenso gut wie männliche Kollegen vermitteln konnte, worauf es in diesem Berufsfeld ankam. Wann und wo Hedwig Müller die biologisch-dynamische Wirtschaftsweise kennenlernte, ist nicht bekannt. Vielleicht hatte sie Kontakte zu dem früh gegründeten *Ekkehard-Zweig*, einer anthroposophischen Regionalgruppe in St. Gallen.

Es war im Jahr 1933, als die damals 38-Jährige ihre beiden unverheirateten Halbschwestern Elisabeth und Marie Müller in ihrem gemeinsamen Hausstand in Hünibach besuchte und dort auf eine verwahrloste Gärtnerei aufmerksam wurde. In einem Gedicht hielt sie später fest:

»So ist das Gartenparadies. –
Der Traum die rechte Spur mir wies.
Und kaum bin ich davon erwacht,
ist es in Wahrheit vorgefallen.
Des bin ich froh und dank es allen.«

Mit sehr knappen finanziellen Mitteln und durch die Unterstützung einer Freundin, der Hauswirtschaftslehrerin Hedwig Maag, konnte Hedwig Müller 1934 die Wirtschaftsgebäude von Gut Chartreuse pachten. Ihr Plan war, dort eine Gärtnerinnenschule aufzubauen, die an den Prinzipien der biologisch-dynamischen Wirtschaftsweise orientiert war. Es gelang ihr, *Ruth Pfisterer* (1912–2001) für das Projekt zu begeistern und zur Mitarbeit zu gewinnen.

Schon 1935 konnte die *Gartenbauschule Hünibach* ihre Pforten öffnen. 1936 stieß die Gärtnerin *Gertrud Neuenschwander* (1907–2002) zum Team dazu und bereicherte das Lehrangebot.

Die Schulgründerinnen von Hünibach

Die Auszubildenden sollten nicht nur für den Beruf der Gärtnerin qualifiziert, sondern auch in ihren sozialen und künstlerischen Neigungen gefördert werden, um ein »gutes Leben« gestalten zu können. »Wir möchten den uns anvertrauten Schülerinnen einen Begriff davon geben, was wahre Bildung ist, das Menschliche in ihnen wecken und sie zu feinfühligen, warmherzigen und lebenstüchtigen Menschen formen«, so die drei Gründerinnen in einem Brief an die Eltern potenzieller Schülerinnen. Im Sinne einer umfassenden Menschenbildung war es den drei kunstbegeisterten Gartenbaulehrerinnen darüber hinaus ein Anliegen, künstlerische Talente zu fördern und das politische Bewusstsein ihrer Schülerinnen durch Staatskundeunterricht zu wecken. »Mädchen in diesem Alter sollten anfangen, sich für die Zeitereignisse und ihre Auswirkungen zu interessieren. Die politischen und sozialen Einrichtungen unseres Landes sollen ihnen vertraut werden«, heißt es weiter im Brief an die Eltern. Öffentlich setzten sie sich für das Frauenstimmrecht, also das aktive Frauenwahlrecht, ein. Den damaligen Gepflogenheiten in der Schweizer Gesellschaft entsprechend war es selbstverständlich, dass die drei berufstätigen Frauen unverheiratet blieben. Eine Ehe hätte sie zudem in mancher Hinsicht entmündigt und ihre Entscheidungsfreiheiten und Möglichkeitsräume eingeschränkt.

1942 erhielt das von den Frauen gepachtete Gut einen neuen Besitzer, mit dem es immer wieder zu Auseinandersetzungen kam. Daher beschlossen die drei Frauen im Folgejahr, die Wirtschaftsgebäude der Chartreuse selbst zu kaufen und dafür eine juristische Gemeinschaft zu bilden. Ruth Pfisterer und Gertrud Neuenschwander brachten ihr geerbtes Vermögen und Hedwig Müller ihre Ersparnisse in das Unternehmen ein. Mit insgesamt 210.000 Franken konnten die Frauen nicht nur das Gut erwerben, sondern auch Umbauten und Erweiterungen vornehmen. Sich selbst billigten die neuen Besitzerinnen nur kleine Zimmer und eine geringe Entlohnung zu.

Dennoch blieb die finanzielle Lage des Schulprojektes kritisch. Das Schulgeld der Auszubildenden und der Verkauf von Gartenprodukten reichten kaum aus, die Kosten zu decken, das Unternehmen rentabel zu machen und selbst davon zu leben. Ende der 1960er-Jahre – Hedwig Müller war bereits über 70 Jahre alt – machten die Frauen auf ihre schwierige Situation aufmerksam und stellten beim Kanton Bern ein Gesuch auf finanzielle Unterstützung.

> »Die drei Gesellschafterinnen kommen nun langsam in ein Alter, in welchem sie die Frage der Nachfolge und der Weiterführung des begonnenen Werkes ernsthaft prüfen und überlegen müssen. Sie sind im Prinzip bereit, wesentliche Teile ihrer Kapitalbeteiligung in irgendeiner Form zur Verfügung zu stellen, damit das begonnene Werk, das sich sehr segensreich entwickelt hat, fortgesetzt werden kann. Anderseits ist es klar, dass nach einem Ausscheiden der heutigen Gesellschafterinnen wohl niemand mehr gefunden werden kann, der mehr oder weniger gratis und aus Idealismus für die Ausbildung von Gärtnerinnen weiterarbeitet. Es wird sich als notwendig erweisen, dass die öffentliche Hand sich finanziell an der Schule beteiligt«,

so ein Fürsprecher, der Notar Dr. Hans Krähenbühl als Vertreter der drei Gründerinnen in einem Brief an den Regierungsrat des Kantons Bern. 1978, zehn Jahre später, erhielt die Gärtnerinnenschule erstmals staatliche Unterstützung. Der Versuch, sie in eine Stiftung umzuwandeln, konnte zu diesem Zeitpunkt nicht umgesetzt werden.

Hedwig Müller

1983 starb Hedwig Müller mit 88 Jahren. Im Jahr darauf gelang es den beiden anderen Gründerinnen, die Schule in eine Stiftung zu überführen.

Anfang der 1990er-Jahre hatten sich Berufsbilder und Ausbildungsmöglichkeiten für junge Frauen auch im gärtnerischen Bereich erheblich geändert. Eine Gartenbauschule für Frauen verlor ihre Zielgruppe. Auch für eine biodynamisch orientierte Gartenbau-Ausbildung gab es inzwischen andere Orte. Es wurde beschlossen, die Einrichtung nun auch für junge Männer zu öffnen und als Gartenbauschule Hünibach, kurz GSH, weiterzuführen. Als der Regierungsrat 2017 Pläne verkündete, die Mitfinanzierung ab 2019 zu reduzieren und 2021 ganz einzustellen, konnten mit der Kampagne »Rettet die Gartenbauschule Hünibach!« 35.000 Menschen dazu bewogen werden, eine Petition zu unterschreiben, die mit 71 zu 70 Stimmen denkbar knapp vom Rat angenommen wurde. Nach wie vor ist Hünibach die einzige biologisch-dynamische Gartenbauschule der Schweiz mit den Schwerpunkten Gemüsebau, Stauden und Zierpflanzen. Zur finanziellen Absicherung werden neben dem Schulbetrieb Weiterbildungskurse angeboten und die erzeugten Produkte in einem Bioladen auf dem Schulgelände verkauft.

Quellen

Demeter Schweiz (2019): Die Neuerfindung der Gartenbauschule Hünibach. Interview mit Marianna Serena, Direktorin der GSH. [https://demeter.ch/wegen-umbau-viel-dynamik/]

Egli-Gerber, Renata (2009): Hedwig Müller (1895–1983) – Gründerin der Gärtnerinnenschule Chartreuse und ihre Zeit. Vortrag anlässlich des 75-Jahr-Jubiläums, gehalten am 19. März 2009. [https://gartenbauschule-huenibach.ch/Uber-uns/Geschichte]

Gosteli-Stiftung. Archiv zur Geschichte der schweizerischen Frauenbewegung, Worblaufen: Findmittel des Bestandes Nr. 168 Gärtnerinnenschule Hünibach.

Grossenbacher, Susanne (2019): Zwei Hünibacher Gespräche. In: BEITRÄGE – Magazin zur Förderung der biologisch-dynamischen Landwirtschaft, Demeter 5, S. 12–14. [https://demeter.ch/wp-content/uploads/2020/04/19_5.pdf]

Krähenbühl, Hans (o. J.): Brief von Notar Krähenbühl an den Regierungsrat zwecks Mittelbeschaffung. [https://gartenbauschule-huenibach.ch/Uber-uns/Geschichte]

Müller, Hedwig/Neuenschwander, Gertrud/Pfisterer, Ruth (o. J.): Brief der Gartenbauschule an die Eltern junger Töchter. [https://gartenbauschule-huenibach.ch/Uber-uns/Geschichte]

Maria Müller-Bigler (1894–1969)

Gärtnerin, Lehrerin, Mitbegründerin des organisch-biologischen Landbaus

»Die Frau Müller hat den Landbau gemacht und er die Bewegung.«
(Werner Scheidegger)

Wenn es um die Entwicklung des organisch-biologischen Landbaus in der Schweiz geht, wird Maria Müller inzwischen in einem Atemzug mit ihrem Mann Dr. Hans Müller (1891–1988) sowie dem deutschen Arzt und Mikrobiologen Dr. Hans Peter Rusch (1906–1977) genannt. Wissenschaftler*innen und Praktiker*innen, Organisationen und Verbände haben ihren Anteil an den begleitenden Forschungen und der Wissensvermittlung in Bezug auf diese Wirtschaftsweise inzwischen zumeist erkannt. Das war nicht von Beginn an der Fall, und natürlich gibt es noch immer blinde Flecken in den Agrarwissenschaften – wenn beispielsweise das »Müller-Rusch-Verfahren« nur dem männlichen Part des Arbeitstrios zugeordnet wird.

Marie Bigler – so ihr Taufname – wurde am 26. September 1894 geboren. Sie wuchs auf einem Bauernhof nahe Vielbringen im Schweizer Emmental gemeinsam mit zwei Schwestern und vier Brüdern auf. Aufgrund der großen Arbeitsbelastung ihrer Mutter übernahm sie als ältestes Kind bereits frühzeitig Pflichten und Verantwortung innerhalb der Familie. Nach Beendigung der Volksschule arbeitete sie vermutlich ein weiteres Jahr auf dem elterlichen Hof mit, bevor sie schließlich eine Ausbildung an der Gartenbauschule für Frauen in Niederlenz (Kanton Aargau) absolvierte. (Bach/Scheidegger 2020, S. 25 f.) Bereits 1914 heiratete sie den Bauernsohn Hans Müller, ihren ehemaligen Oberstufenlehrer. Das junge Ehepaar zog auf den Möschberg, einen Weiler oberhalb der Gemeinde Grosshöchstetten. Hans Müller lehrte an der dortigen Sekundarschule; zusätzlich nahm er ein Studium der Biologie auf, das er schließlich mit der Dissertation *Ökologische Untersuchungen in den Karrenfeldern des Sigriswilergrates* abschloss. Maria Müller-Bigler – ihr Geburtsname wurde in unterschiedlichen Zusammenhängen teils angehängt, teils weggelassen – kümmerte sich derweil um die Versorgung der Familie: 1918 wurde ihr Sohn Beat geboren. Dennoch nahm sie sich die Zeit, die Boden- und Pflanzenstudien ihres Mannes aktiv zu begleiten: Sie unterstützte ihn bei seinen Erhebungen, protokollierte die Befunde und Ergebnisse und eignete sich auf diese Weise Techniken des wissenschaftlichen Arbeitens an. Dass Maria

Müller, den zeitgenössischen Gepflogenheiten entsprechend später ebenfalls als »Frau Doktor« tituliert wurde, fand sie selbst nur folgerichtig – hatte sie doch als Forschungs- und Diskussionspartnerin ihres Mannes einen berechtigten Anteil an seinem akademischen Titel.

Maria Müller-Bigler

Verband- und Bildungsarbeit: Bauernheimatbewegung und Hausmutterschule

Der erste Zugang zur politisch-kulturellen Heimatbewegung war für Hans und Maria Müller das Interesse an den sozialen Problemen der Landwirtschaft, zu denen auch der Alkoholismus zählte. Das Ehepaar gründete daher im Jahr 1923 gemeinsam mit weiteren Mitgliedern den Verein abstinenter Schweizer Bauern. Ein weiteres Betätigungsfeld war die gesellschafts- und agrarpolitische *Jungbauern- und Bauernheimatbewegung*: die *Schweizerische Zentralstelle für bäuerliche Jugend-, Kultur- und Fürsorgearbeit* – eine Bildungskampagne für die ländliche Bevölkerung. Zunächst wurden Schulungswochen auf Schloss Hüningen durchgeführt; 1932 erfolgte schließlich der Bau des Hauses auf dem Möschberg als Zentrum der Arbeit: Die Bauernheimatschule unterhielt Vortrags-, Kurs- und Ausbildungsangebote. Der Unterricht fand in erster Linie in Form von Wochenendtagungen (zu Politik und Landbau) statt, an denen in der Regel mehr als 100 Interessierte, zumeist Jungbauern, teilnahmen. Ziel war in erster Linie die »Erhaltung« der bäuerlich-ländlichen Kultur in einem konservativen Verständnis. Eine umfangreiche (Versand-)Bibliothek hielt jedoch auch sozialkritische Werke (u. a. zu Partnerschaft und Erziehung) bereit, beispielsweise Schriften des Schweizer Pädagogen Johann Heinrich Pestalozzi. (Bach/Scheidegger 2020, S. 34) Im Jahr 1928 schlossen sich die »Jungbauern« auf Betreiben von Hans Müller der Bauern-, Gewerbe- und Bürgerpartei an, welche die Pflege der bäuerlichen Kultur und die Jugendbildungsarbeit in ihr politisches Programm aufgenommen hatte.

Bildungszentrum Möschberg: Hausmutter- und Bauernheimatschule

Maria Müller engagierte sich darüber hinaus als Mitbegründerin der Arbeitsgemeinschaft *Frau und Demokratie* und war Redakteurin des *Schweizer Frauenblattes* (1934–1944). Im Jahr 1932 hatte das Ehepaar Müller zusätzlich die sogenannte *Hausmutterschule* gegründet, die Maria Müller bis zu deren Schließung im Jahr 1967 leitete. In zwei fünfmonatigen Kursen wurden Gruppen von 12 bis 15 jungen Mädchen in Haushaltsführung, Gartenbau, Säuglingspflege und allgemeinbildenden Themen unterrichtet. Besonderen Schwerpunkt legte Maria Müller auf »neuzeitliche«, d. h. vollwertige Ernährung nach den Erkenntnissen von Werner Kollath, Max Bircher-Benner und Mikkel Hindhede. Diese Art von Ernährungslehre war jedoch schwer zu vermitteln, erinnerte der Speisezettel doch sehr an die Entbehrungen der Kriegs-

und Nachkriegszeit. Bei ihrem Plädoyer für gesunde, ausgewogene Kost hatte sie daher gegen Vorurteile und liebgewordene Gewohnheiten zu kämpfen, denn Rohkost, Salat und Früchte waren noch ein unüblicher Bestandteil des ländlichen Speisezettels. Fleisch und Speck sollten bei den bäuerlichen Mahlzeiten die für die Arbeit notwendige Kraft geben.

Zur Schule gehörte eine »Kinderstube«: Auf dem Möschberg wurden Kinder aufgenommen, die nicht bei ihren Müttern leben konnten. Dabei handelte es sich jeweils um zwei Säuglinge, acht bis zehn Kleinkinder (bis zwei Jahre) sowie etwa sechs Kinder zwischen zwei und fünf Jahren. Neben der Kinderliebe und der Vorbereitung auf die Familiensituation der Schülerinnen spielten finanzielle Gründe eine wesentliche Rolle, denn das Pflegegeld stellte eine wichtige Einnahmequelle dar: Die Einrichtung erhielt keine kantonale Unterstützung (im Vergleich zu den staatlichen Schulen, die vom Kanton getragen und vom Bund mit 30 Prozent ihres Budgets unterstützt wurden), sondern lediglich den Anteil vom Bund. So waren in der Regel auch keine ausgebildeten Lehrerinnen oder Säuglingsschwestern angestellt, da diese nicht entsprechend bezahlt werden konnten. Hans Müller gelang es zwar, die Projekte in der Öffentlichkeit überzeugend zu vermitteln und Spendengelder für Schule sowie Bewegung einzuwerben. Dennoch unterschieden sich die Bedingungen zu anderen Einrichtungen erheblich: Nach der Schließung der Schule nahm eine ehemalige Absolventin und spätere Lehrerin eine Stelle im Kanton Zürich an und erhielt sofort das dreifache Gehalt und regelmäßig ein freies Wochenende. Freie Tage gab es auf dem Möschberg nur alle zwei Wochen, denn schließlich mussten die Kinder versorgt werden. (Gespräch mit Rosemarie Zurflüh)

Küche, Haus und Säuglingsstation wurden von Lehrpersonen, zumeist wohl ehemaligen Schülerinnen, geführt, Maria Müller kam mittags zum theoretischen und praktischen Unterricht. Sie wird als gute Lehrmeisterin beschrieben. Der Unterricht wurde in der Stube durchgeführt; das Konzept sollte die häusliche Situation in den Bauerfamilien simulieren. Allerdings gab es aus Platzgründen auch keine Alternative zu dieser Lösung.

Das »Doktorhaus« stand unten in Grosshöchstetten, etwa 500 Meter vom Bahnhof entfernt. Bis zum Mittagessen erledigte Maria dort die Büroarbeit, anschließend ging sie auf den Möschberg, um zu unterrichten und im Garten zu arbeiten. Hinzu kamen die spätabendliche Lektüre und bisweilen Wochenendveranstaltungen. Nur äußerste Disziplin und ein starres Zeitkorsett ermöglichten dieses Arbeitspensum. Insbesondere die Freude an ihrem Blumengarten gab ihr nach eigener Aussage Kraft und Energie für die anstehenden Verpflichtungen. Auch der Tagesablauf der Schülerinnen war strikt geregelt: Um 5.30 Uhr war »Tagwacht«, um 6 Uhr begann im Wohnzimmer der Kochunterricht und in der Säuglingsstube die Kinderpflege; die Schülerinnen wechselten im Drei-Wochen-Turnus zwischen Küche, Haus und Kinderstube. Es folgte das Frühstück, anschließend fand weiterer Unterricht statt. An Freizeit standen den jungen Mädchen an jedem zweiten Wochenende der Zeitraum von Samstagnachmittag bis Sonntagabend sowie ein Wochennachmittag nach dem Dienstwochenende zur Verfügung, weiterhin täglich drei bis vier »Zimmerstunden« sowie insgesamt fünf bis sechs Wochen Ferien. (Archiv Möschberg, Bd. 826)

In der Hausmutterschule am Möschberg um 1960

Die strenge und autoritäre Führung der Schule führte naturgemäß zu Konflikten. »Da war kein Ausgang erlaubt! Ich kannte niemand im Dorf und war drei Jahre da. […] Das konnte man nicht mit jedem machen«. (Gespräch mit Rosemarie Zurflüh) In den 1960er-Jahren war diese Art der Ausbildung nicht länger zeitgemäß; einige Schülerinnen hatten aufgrund von Konflikten mit zwei Lehrkräften eine ehemalige Absolventin um Vermittlung gebeten, »bevor die Katastrophe da sei und sechs oder sieben Mädchen aus den Weihnachtsferien nicht mehr zurückkehren«. (Brief von Vreni Tanner vom 17. Dezember 1962: Archiv Möschberg, Bd. 31/812) Ebenso gibt es Ambivalenzen in der Wahrnehmung von Maria Müller: Ehemalige Schülerinnen und eine spätere Mitarbeiterin schilderten sie zwar als streng und arbeitsam, aber auch als eine, die »den guten Familiengeist wehen« ließ (Bach/Scheidegger 2020, S. 43), die fürsorglich und gutherzig war. Ein anderer Zeitgenosse nahm sie nicht nur als stark und tüchtig, sondern auch als sehr zielgerichtet und autoritär wahr. (Simon 1990, S. 31 f.) In ihren Zeugnissen und Gutachten mahnte Maria Müller bei den Schülerinnen durchaus mehr Sorgfalt und weniger »Träumerei« an und bemängelte eine unzureichende Einordnung der bisweilen noch recht jungen Mädchen in den Tagesplan. (Archiv Möschberg, Bd. 31/812)

Entwicklung einer neuen Methode für den Land- und Gartenbau

Maria Müller folgte in ihrer Arbeit in höchstem Maße ihrer Überzeugung und ihrer Neugier. Sie betrieb intensive Studien und beschäftigte sich schon seit den 1920er-Jahren mit der zeitgenössischen Literatur zu Landbaumethoden und Ernährung. In ihrem umfangreichen Nachlass finden sich Exzerpte, unzählige eng beschriebene Seiten, die von intensiver Lektüre zeugen. Namen wie Sir Albert Howard, Franz Sekera und *Annie Francé-Harrar* zeigen die Richtung an, die sie einschlug. Auch Schriften von Werner Zimmermann, *Mina Hofstetter* und Rachel Carson finden sich im überlieferten Bestand. Vor allem die Bodenfruchtbarkeit als Grundlage allen Wachsens und Gedeihens zu pflegen, war ihr ein zentrales Anliegen. Durch ihr Selbststudium erwarb sie sich theoretisches Wissen in Bezug auf Bodenpflege und Ernährungslehre.

> »Es ist immer wieder erzählt worden, von Hans Müller vor allem, wie sie Nächte lang alle verfügbare Literatur durchgeackert hat. […] Ja, sie hat ihn dann manchmal, wenn er schon geschlafen hatte, plötzlich angestoßen, und er musste ihr dann irgendeinen wissenschaftlichen Begriff erklären, weil sie selber war ja Gärtnerin, sie hatte keine akademische Ausbildung in dem Sinn.« (Gespräch mit Werner Scheidegger)

Als Initialzündung für ihre Hinwendung zu »alternativen« Verfahren im Land- und Gartenbau wird der Umgang mit Schädlingsbekämpfung dargestellt. Sie stellte im Möschberggarten einen starken Befall mit Kohlhernie fest und wandte sich daraufhin an die Forschungsanstalt Liebefeld um Rat: Kalkstickstoff wurde empfohlen. Als gelernte Gärtnerin scheute sie dessen ätzende Wirkung und experimentierte daher mit anderen Mitteln. Sie entdeckte, dass Steinmehl schließlich nicht nur die Symptome, sondern die Ursache, Mangelzustände des Bodens, beseitigte. Mit der Wirkung von Steinmehl experimentierte sie bereits seit längerem, da sie im Zusammenhang mit der Dissertation ihres Mannes erfahren hatte, woraus fruchtbarer Boden ursprünglich entstand. Sie probierte das Gelesene im Hausgarten und in der Küche aus, experimentierte mit unterschiedlichen Ausgangsbedingungen, sodass sie durch gezieltes Erproben und Beobachten zu Erkenntnissen und Einsichten gelangte, welche Methoden sich für die Verhältnisse im Berner Oberland eigneten. Sie wollte nicht nur den Symptomen von Krankheiten, sondern deren Ursachen auf die Spur kommen. »Fragen und Überdenken, Vergleichen, Abwägen, Stück für Stück in der Praxis probieren, das sind die Arbeitsmittel, die Frau Dr. Müller bis aufs äusserste kritisch eingesetzt hat.« (Laudatio, zit. nach Remund Fink 1997, S. 13 f.)

Maria Müller legte in ihrer Hausmutterschule von Anbeginn an ökologische Prinzipien zugrunde; sie beachtete den Zusammenhang und die Wechselwirkungen von Bodenfruchtbarkeit, Pflanzenwachstum, Ernährung und Gesundheit. Auch in die Grundlagen anderer Wirtschaftsweisen arbeitete sie sich ein. So stand sie beispielsweise mit dem Zürcher reformierten Pfarrer Edmund Ernst (1883–1953) in Austausch, der von der biologisch-dynamischen Wirtschaftsweise inspiriert war: Im Möschberg Archiv ist ein Exemplar des *Landwirtschaftlichen Kursus* enthalten, das ihm zugeeignet wurde. Auch Hans Müller beschäftigte sich mit den Grundlagen dieses Landbausystems; die religiöse Überzeugung der Müllers stand jedoch im Konflikt mit dessen anthroposophischem Hintergrund. Den biologischen Landbau wollten sie nicht als »Glaubensangelegenheit« verstanden wissen, sondern auf nachweisbaren Forschungserkenntnissen gründend. Allerdings sah auch Maria die Bewahrung der Schöpfung und die Beachtung von moralisch-ethischen Geboten als (ideologische) Basis für den biologischen Landbau an.

Gemeinsam entwickelten Müllers in den 1940er-Jahren die Grundlagen des organisch-biologischen Landbaus, zunächst mit Edmund Ernst. Im Jahr 1951 nahm Hans Müller Kontakt zu Hans-Peter Rusch auf, der mit seinen Arbeiten die Grundlage für eine wissenschaftliche Herangehensweise an Problemstellungen des ökologischen Landbaus bot: Durch die Untersuchung von mikrobiologischen Konditionen verschiedener Böden wurde schließlich ein Verfahren zur Bestimmung von Bodenfruchtbarkeit entwickelt. Die Zusammenarbeit mit Hans Peter Rusch entsprach der Denkrichtung und Arbeitsweise des Arbeitspaares, da die biologischen Methoden um naturwissenschaftlich-analytische Elemente erweitert wurden. Ein Ergebnis dieser

Vorgehensweise war u. a. die Entwicklung des Humus-Ferments *Symbioflor* von Hans-Peter Rusch.

Die Korrespondenzen von Maria Müller-Bigler verweisen auch auf überregionale Kontakte, wie beispielsweise ein Anschreiben von Ernst Brönnimann, der Fragen zur Bodenfruchtbarkeit anlässlich einer Fortbildung bei der Internationalen Volkshochschule Helsingör (DK) stellte (Brief vom 23. Februar 1956: Archiv Möschberg Bd. 31/812): Sein Referat *Wie entsteht fruchtbare Erde* hatte eine kontroverse Diskussion ausgelöst, daher wandte er sich jetzt an die Fachfrau, um alsbald die Gegenpositionen (u. a. des Rektors, einem Agraringenieur) widerlegen zu können.

Auffällig ist der fehlende Austausch mit Mina Hofstetter, der Protagonistin des natürlichen Landbaus. Ihre Schriften hat zumindest Maria Müller zur Kenntnis genommen. Gegebenenfalls hat deren Eintreten für eine vegetarische Lebensweise, vor allem aber weitere Konzepte, die der Lebensreformbewegung entstammten, wie beispielsweise Licht- und Luftbäder, eine Annäherung verhindert. Auch das Naturell von Hans Müller könnte derartige Kontakte unterbunden haben, da er selbst anscheinend kein kooperativ agierender Mensch war. (Gespräch mit Werner Scheidegger)

Maria Müller veröffentlichte hauptsächlich zu ernährungswissenschaftlichen und bodenkundlichen Fragen. 1968 erschien die *Praktische Anleitung zum organisch-biologischen Gartenbau*. Das Büchlein gibt ihre langjährigen Erfahrungen und Erkenntnisse wieder, die sie ohne Labor oder sonstige Versuchseinrichtungen erwarb. Es ist die Quintessenz von 30 Jahren Studium, Beobachtung und praktischem Erproben. Den wissenschaftlichen Hintergrund bilden vor allem die Erkenntnisse zur Bodenfruchtbarkeit von Raoul Francé und *Annie Francé-Harrar* sowie von Franz (und *Margareth) Sekera*.

Das Arbeitspaar: Licht und Schatten

Hans Müller machte den ökologischen Landbau zu seiner Sache, als politische und persönliche Differenzen seine parteipolitische Karriere 1945 beendet hatten. Bereits seit den 1930er-Jahren umgaben ihn Gerüchte um seine politischen Einstellungen, die sich zwar nicht belegen ließen, den Möschberg jedoch in ein ungünstiges Licht rückten. Dank seines politischen Spürsinnes erfasste Hans Müller den richtigen Zeitpunkt und Modus, die Bauernschaft für alternative Landbaumethoden zu sensibilisieren. In der Öffentlichkeit verwendet wurde der Begriff »organisch-biologischer Landbau« erstmals im Frühjahr 1949. Die Bildungsarbeit mit dem Rest der ehemaligen Jungbauernbewegung bekam nun eine neue Ausrichtung. Statt um politische Kursänderung ging es um den Boden und seine (nachhaltige) Fruchtbarkeit. Da sich Fehler in der Pflege des Humus langfristig für die Bauern und im übertragenen Sinn für das ganze Volk katastrophal auswirken konnten, sollte ihnen die Verantwortung für die Gesundheit ihrer Böden und als Folge davon die Gesundheit von Mensch und Tier verdeutlicht werden. Bereits 1946 wurde die *Verwertungsgenossenschaft Heimat* (später Bio-Gemüse AVG Galmiz) gegründet. Als Publikationsorgan wurde im gleichen Jahr das Periodikum *Vierteljahrschrift für Kultur und Politik* gegründet – ein Forum für den Austausch zu gesellschafts- und agrarpolitischen Themen auf breiter Ebene.

Während Maria Müller sich bevorzugt im Hintergrund hielt, liebte Hans Müller die öffentlichen Auftritte. Er war ein charismatischer Redner und verstand es, das Auditorium zu begeistern und zu überzeugen. Beide verfolgten ein gemeinsames Ziel und profitierten dabei – überwiegend – von den Fähigkeiten und Eigenarten des anderen. Maria Müller studierte die theoretischen Grundlagen und setzte das Gelesene praktisch um; Hans Müller bereitete diese Ergebnisse für ein breites Publikum auf.

Das zeitgenössische Geschlechterbild sah eine weibliche Solokarriere ohnehin noch nicht vor: Eine verheiratete Frau konnte beruflich erfolgreich sein, war jedoch auf die Unterstützung oder zumindest die Toleranz ihres Mannes angewiesen. Auch die Bauernheimatbewegung vermittelte ein traditionelles Bild, wonach Bäuerinnen sich einordnen und die Traditionen in Haus, Familie und Bewegung wahren sollten. Daher ist es nachvollziehbar, dass Maria Müller Frauenarbeit als Dienst an Menschen, Heimat und Herrgott ansah. (Remund Fink 1997, S. 32) Trotzdem sprach sie den Frauen als Mittelpunkt der bäuerlichen Wirtschaft eine wichtige Rolle zu und empfahl dafür eine fundierte Ausbildung. In Vorträgen und Gartenbaukursen sorgte sie über viele Jahre selbst dafür. Sie plädierte zum einen für eine ebenbürtige Partnerschaft, um auch die Arbeitslasten gerechter zu verteilen. In ihren Kursunterlagen zur Staatsbürgerkunde finden sich Forderungen, dass eine Frau in der Ehe möglichst geistig über ihrem Mann stehen solle, da sie die Kraft habe, ihn emporzuziehen. Andernfalls sei das Verhältnis ungünstig. Zum anderen finden sich ebenso »klassische« Beschreibungen von geschlechtsbezogenen Rollenbildern: Der Vater wird als »Beschützer, Ernährer, Führer« bezeichnet, die Mutter hingegen als »Inbegriff der Liebe, Fürsorge, Hingabe, Opferbereitschaft«. Ebenso sprach Maria Müller sich noch 1946 gegen das Wahlrecht für Frauen aus. (Archiv Möschberg, Bd. 33/821) Die Verbindung zu ihrem eigenen Ehemann war – trotz oder gerade wegen des gemeinsamen Weges – nicht nur von produktiver Zusammenarbeit, sondern auch von Einschränkungen und Zurücksetzungen geprägt.

Maria Müller-Bigler erlag mit 75 Jahren einer längeren Krankheit: Am 1. Oktober 1969 verstarb sie in der Klinik Siloah im Schweizer Gümlingen. Nach ihrem Tod zeigte sich, dass die wesentlichen Anregungen und konzeptionellen Grundlagen zum organisch-biologischen Landbau von ihr stammten. Hans Müller entfaltete zwar noch viele Jahre eine große Aktivität und veranstaltete breitenwirksame Kurse zum biologischen Landbau. Diesen fehlte allerdings das innovative Element. (Gespräch mit Werner Scheidegger)

Ausgewählte Werke

Müller, Maria (2014 (1959)): Was die Bauernfamilie von der neuzeitlichen Ernährung wissen müsste. 6. Auflage Grosshöchstetten: Separatdruck von Aufsätzen aus der Vierteljahresschrift für Kultur und Politik.

Müller, Maria (1992 (1968)): Praktische Anleitung zum organisch-biologischen Gartenbau. 15. Auflage Grosshöchstetten: Bauern-Heimatschule Möschberg.

Müller, Maria (1955/1969): Wie entsteht fruchtbare Erde? An den Volkshochschultagen auf dem Möschberg gehaltene Vorträge von Frau Dr. Müller. Separatdruck aus der Vierteljahrsschrift für Kultur und Politik.

Zahlreiche weitere Artikel zu Ernährung, Bodenfruchtbarkeit und sozialen Fragen in: Vierteljahrsschrift für Kultur und Politik (zwischen 1950 und – posthum – 1976).

Quellen

Archiv Möschberg:

3. Bauernheimatbewegung / Jungbauern / Bio-Forum: 8. Maria Müller und Bäuerinnen- resp. Hausmutterschule (1932–1968) – Band Nr. 31 bis Nr. 45.

Gespräch mit Werner Scheidegger am 13. Dezember 2004 auf dem Möschberg (Ira Spieker).

Gespräch mit Rosemarie Zurflüh am 15. Dezember 2004 in Burgdorf (Schweiz) (Ira Spieker).

Literatur

Bach, Diana/Scheidegger, Werner (2020): Die weiblichen Wurzeln des Bio-Landbaus. Ein Leben für das Gleichgewicht zwischen Mensch und Natur, Mann und Frau. Maria Müller-Bigler (1894–1969). Pionierin des organisch-biologischen Landbaus und der ganzheitlichen Frauenbildung. Mit Beiträgen von Christine Bühler und Veronika Bennholt-Thomsen. Meilen: Bioforum Schweiz.

Bross-Burkhardt, Brunhilde (2011): Der private biologische Gartenbau in Süddeutschland seit 1945 – Die Rolle der Pioniere und Veränderungen im Wissenstransfer. Langenburg.

Remund Fink, Ursula (1997): Die Aktivitäten der Maria Müller, Frau von Nationalrat Hans Müller. Unveröff. Lizentiatsarbeit Zürich.

Simon, Bernhard (1990): Vorwärts zur Natur. Geschichte und Gegenwart des organisch-biologischen Landbaus nach Müller-Rusch. Unveröff. Diplomarbeit Witzenhausen.

Spieker, Ira/Schmitt, Mathilde/Inhetveen, Heide (2005): »To Gabrielle who is no more«. Paar-(re)konstruktionen im Ökologischen Landbau. In: Ariadne 48, S. 26–33.

Vogt, Gunter (2000): Entstehung und Entwicklung des ökologischen Landbaus im deutschsprachigen Raum. Bad Dürkheim (Ökologische Konzepte 99), S. 219–222.

»Zwischen Zorn und Zärtlichkeit. Die Geschichte des Biolandbaus in der Schweiz, Teil 1«. Film von Benno Hungerbühler und Thomas Alföldi (2012).

Ilsabe Mutzenbecher (1912–1993)

Gartenbaumeisterin, Expertin für biologisch-dynamische Getreidezüchtung

»Die Lebenskraft einer Ähre ist aber wohl abhängig von einer gewissen inneren Spannkraft, von der Stärke der polaren Kräfte, die sie in sich zu einem gesunden Ganzen vereinigen kann.«

Ilsabe Mutzenbecher wuchs in Hamburg als Älteste von drei Schwestern auf. Sie verlor mit sechs Jahren den Vater, einen Juristen. Ihr Lebensweg war in den ersten Jahrzehnten von vielen Ortswechseln geprägt. Nach dem Besuch einer Frauenschule in Miesbach, Oberbayern, wo großer Wert auf eine professionell-wissenschaftliche Ausbildung und eine mögliche Berufstätigkeit der Schülerinnen gelegt wurde und Ilsabe über ihre Gartenbaulehrerin in Kontakt mit dem biologisch-dynamischen Land- und Gartenbau kam, absolvierte sie eine Ausbildung zur Gärtnerin in Hamburg und Magdeburg. Im Anschluss daran sammelte sie erste Arbeitserfahrungen auf einem Hof in Holland, wo ihre ehemalige Gartenbaulehrerin inzwischen eingeheiratet hatte. Anschließend nahm sie eine Stelle beim Fürsten Schönburg in Sachsen an, wo sie ihre Ausbildung mit der Meisterprüfung in Dresden abschloss.

Ilsabe Mutzenbecher im Schmidt-Roggen

Sie war zunächst Beraterin für biologisch-dynamischen Gemüsebau in der Gegend von Hühnerwasser (tschech. Kuřívody) in Böhmen und begann dann 1943 als Gärtnerin auf dem Gutshof Hessel in Thüringen für den Ingenieur und Gutsbesitzer Martin Schmidt (1892–1964) zu arbeiten. Finanziell abgesichert durch die Patente seines Vaters, engagierte sich dieser früh für die Entwicklung der biologisch-dynamischen Landwirtschaft, sowohl als Besitzer eines eigenen Gutshofs (zunächst in Schleswig-Holstein, dann in Thüringen), als auch durch Spenden zum Ausbau von *Gut Marienhöhe* zu einem biologisch-dynamischen Mustergut in Bad Saarow (Brandenburg). Insbesondere sein Schwiegervater Georg Michaelis (1857–1936), ehemaliger Reichskanzler und frühes NSDAP-Mitglied, setzte sich dafür ein. Welche Haltung Ilsabe Mutzenbecher zur Annäherung biologisch-dynamischer Kreise an NS-Funktionäre hatte, konnte nicht geklärt werden.

Als Teilnehmer an Rudolf Steiners *Landwirtschaftlichem Kursus* in Koberwitz 1924 und als Vorstandsmitglied des *Versuchsringes anthroposophischer Landwirte* fühlte sich Martin Schmidt dazu berufen, an der Regeneration bestehender Getreidearten mitzuwirken. In Ilsabe Mutzenbecher fand er die geeignete Mitarbeiterin. Zunächst auf dem Gutshof Hessel in Thüringen, ab 1947 dann am Schienerberg am Bodensee, unterstützte sie ihn bis zu seinem Tod 1964 mit ihrem professionellen gärtnerischen Können, ihren Kenntnissen der biologisch-dynamischen Methoden und ihrem großen Interesse an den philosophischen Grundlagen ihrer gemeinsamen Forschungen. Der »Schmidt-Roggen«, heute eine in biologisch-dynamischen, aber auch anderen ökologischen Landbaukreisen angesehene und gern angebaute Sorte, ist ohne die Arbeit von Ilsabe Mutzenbecher nicht denkbar. Die sogenannte »Ährenbeet-Methode« hätte sich als anerkanntes Züchtungskonzept kaum durchgesetzt, wenn nicht Ilsabe Mutzenbecher Jahr für Jahr die beetweise gebündelten Pflanzen auf dem Dachboden aufbewahrt und dann für die Getreidekörner in einem aufwändigen Verfahren zusammen mit Martin Schmidt diese spezielle Aussaatmethode entwickelt hätte. In ihrem Nachlass auf Hof Grub im Chiemgau finden sich detailreiche, sorgfältig geführte Ährenbeet- und Stammbaum-Bonituren, Reihungen der Ährengüte, eine Kategorisierung in 24 Roggen-Ähren-Formen, die in Bezug gesetzt wurden zu Aussaatterminen, Bodenarten, Jahreswitterungsverläufen und Hinweisen in Rudolf Steiners *Landwirtschaftlichem Kursus*. Für systematische schriftliche Auf- und Ausarbeitungen nahm sich Ilsabe Mutzenbecher kaum die Zeit, ebenso wenig für Veröffentlichungen.

Nach dem Tod von Martin Schmidt begann sie neben Roggen und Weizen auch mit den Wildgräsern Mäusegerste, Ägilops und Riccione (Bromus villosus) zu arbeiten, die sie von *Brunhild Erika Windeck* (1898–1979), einer ebenfalls biologisch-dynamisch arbeitenden Pflanzenveredlerin, erhalten hatte. 1969 nahm sie ein Angebot der Familien Ackermann und Stickforth an, ihre Arbeit auf dem seit 1933 biologisch-dynamisch bewirtschafteten Hof Kasten im Chiemgau fortzusetzen. 1970 kam der benachbarte Hof Grub als ihre Wirkstätte dazu, wo sie Martin Schmidts Sohn Georg Wilhelm (1921–2005) unterstützte, der die Züchtungsarbeit seines Vaters fortführte und weiterentwickelte. 1979 folgte ihm auf Hof Grub Eckart Irion (* 1951) nach, der fortan ebenfalls eng mit Frau Mutzenbecher, seiner »Meisterin« in der biologisch-dynamischen Züchtung, wie er zu sagen pflegt, kooperierte. International stand Ilsabe in den 1980er-Jahren im Austausch mit Jan Diek van Mansvelt (* 1943), damals Lehrstuhlinhaber für Biologischen Landbau an der Universität Wageningen in den Niederlanden.

Mit 77 Jahren zog sich Ilsabe Mutzenbecher aus der Pflanzenzüchtungsarbeit zurück und wählte ein Altenheim in Ahrensburg in der Nähe von Hamburg als Ruhesitz. Dort verstarb sie am 20. Mai 1993, dem Himmelfahrtstag, im Alter von 81 Jahren.

Quellen

Gespräch mit Manfred Klett am 25. März 2003 in Dornach (Heide Inhetveen, Mathilde Schmitt).

Gespräche und Korrespondenz mit Eckart Irion, 2003 und 2020 (Mathilde Schmitt).

Mutzenbecher, Ilsabe (1992): Vorbemerkungen zu: Graphische Darstellung und Beurteilung der ganzen Pflanzen, U-B 1950/51 (Abschrift aus einem Steno-Block und Bemerkungen von I. Mutzenbecher 12.02.1992) sowie weitere Unterlagen. Hof Grub, Unterreit im Chiemgau.

Literatur

Bracker, Hans-Jürgen (o. J.): Georg Michaelis. [biographien.kulturimpuls.org/detail.php?&id=468]

Decken, Andreas van der (o. J.): Martin Schmidt. [biographien.kulturimpuls.org/detail.php?&id=637]

Irion, Eckart (1995): Ilsabe Mutzenbecher. Nachruf. In: Anthroposophie, Michaeli, S. 244–245.

Mos, Uwe (2006): Die Wildgrasveredelung. Rudolf Steiners Impuls in der Pflanzenzucht. Dornach: Verlag am Goetheanum, S. 40–47.

N. N. (2011): Allein ist es nur ein Rackern – Gemeinschaft gibt Kraft. Lilly Ackermann und 85 Jahre biodynamisches Leben. In: Demeter Journal 9, S. 8–11. [https://issuu.com/demeter.de/docs/dem00121_journal_9_s_bildkorrektur/9]

Wistinghausen, Almar von (1982): Erinnerungen an den Anfang der Biologisch-Dynamischen Wirtschaftsweise. Darmstadt: Lebendige Erde.

Gertrud Neuenschwander (1907–2002)

Gärtnerin, Floristin, Gartenbaulehrerin, Bau- und Finanzexpertin

Gertrud Neuenschwander wurde 1907 im schweizerischen Oberdiessbach bei Thun im Kanton Bern in eine Kaufmannsfamilie geboren. Sie wuchs mit drei Brüdern und sechs Schwestern auf. Nach der Schule ging sie zunächst in die Westschweiz und anschließend nach England, um Französisch und Englisch zu lernen. Obwohl sie Kunst und Musik liebte, entschloss sie sich nach ihrer Rückkehr in die Schweiz zu einer Gärtnerinnenlehre – ein für Frauen damals noch ungewöhnlicher Schritt. Das sechsmonatige Praktikum absolvierte sie in der Gärtnerei Liebi in Thun. Hier hörte sie von *Hedwig Müller* (1895–1983), die zusammen mit *Ruth Pfisterer* (1912–2001) die biologisch-dynamische *Gartenbauschule Hünibach* einrichtete und eine weitere Gärtnerin suchte. Gertrud Neuenschwander ließ sich 1936 zunächst für ein Jahr auf diesen für sie neuen Schwerpunkt in ihrem Arbeitsfeld ein. Sie begeisterte sich für den biologisch ausgerichteten Gartenbau und war fortan die dritte wichtige Stütze in Hünibach.

Da wie Gertrud auch die beiden anderen Frauen künstlerisch und musikalisch interessiert und gebildet waren, beschlossen sie, dies in das Schulkonzept einfließen zu lassen. Die Auszubildenden sollten nicht nur für den Beruf der Gärtnerin qualifiziert, sondern auch in ihren sozialen und künstlerischen Neigungen gefördert und auf die Gestaltung eines »guten Lebens« vorbereitet werden. Mit ihrer Ausstrahlung und ihrem Selbstbewusstsein verstand es Gertrud Neuenschwander sehr gut, die Schülerinnen für die verschiedenen Bereiche zu begeistern.

Ein weiteres Talent Gertruds sollte sich als wesentlich für die Entwicklung der Gärtnerinnenschule herausstellen: ihr praktischer Sinn für Bau- und Finanzangelegenheiten. Sie war die verantwortliche Ansprechperson für Bauunternehmer und Handwerker beim Umbau der 1943 erworbenen Wirtschaftsgebäude der Schule. Unter ihrer Regie entstanden die Pläne für Arbeits- und Schulräume, Werkstatt, Gewächshaus und die Zimmer für Schülerinnen und Angestellte. Die Finanzierung erfolgte maßgeblich durch das geerbte Vermögen von ihr und Ruth Pfisterer. Durch eine genaue Buchhaltung verstand sie es, das knappe Budget der Schule bestmöglich einzusetzen. Auch bei später notwendig werdenden Um- und Erweiterungsbauten brachte sie ihre Erfahrungen ein.

Hedwig Müller, Gertrud Neuenschwander und Ruth Pfisterer um 1939

Eine schöne Gestaltung der Räume war allen drei Gründerinnen ein Anliegen. Den Schülerinnen wurde im Unterricht vermittelt, mit den Blumen aus dem eigenen Garten kreativ umzugehen. Auch einzelne Originalwerke von Schweizer Künstler*innen konnten erworben und ausgestellt werden. Weiterhin organisierte Gertrud Neuenschwander immer wieder Fahrten zu Kunstausstellungen, um die Sehgewohnheiten der jungen Frauen zu schulen.

Bis in ihre 80er-Jahre hinein wirkte sie in der Gestaltung und Verwaltung der Schule mit. 1984 konnte die Gartenbauschule in eine Stiftung umgewandelt werden. 2002 ist Gertrud Neuenschwander mit 95 Jahren gestorben.

Quellen

Egli-Gerber, Renata (2009): Hedwig Müller (1895–1983) – Gründerin der Gärtnerinnenschule Chartreuse und ihre Zeit. Vortrag anlässlich des 75-Jahr-Jubiläums, gehalten am 19. März 2009. [https://gartenbauschule-huenibach.ch/Uber-uns/Geschichte]

Gosteli-Stiftung. Archiv zur Geschichte der schweizerischen Frauenbewegung, Worblaufen: Findmittel des Bestandes Nr. 168, Gärtnerinnenschule Hünibach.

Knoery, Suzanne (o. J.): Gertrud Neuenschwander – Eine Pionierin im biologisch-dynamischen Landbau. [https://gartenbauschule-huenibach.ch/images/content/Ueberuns/gsh_gertrud-neuenschwander.pdf]

Müller, Hedwig/Neuenschwander, Gertrud/Pfisterer, Ruth (o. J.): Brief der Gartenbauschule an die Eltern junger Töchter. [https://gartenbauschule-huenibach.ch/Uber-uns/Geschichte]

Ingeborg (Burgl) Obermaier (1940–1999)

Textildesignerin, Leiterin der Auskunftsstelle für die Jugend der biologisch-dynamischen Bewegung

Ingeborg von Grasern wurde am 8. Juli 1940 in eine aus Österreich stammende Militäradelsfamilie geboren, die nach dem Ende der k. u. k. Monarchie im böhmischen Reichenberg (tschech. Liberec) eine Kolbenfabrik betrieb. Mit ihrer Mutter, ihrem jüngeren Bruder und ihren Großmüttern floh sie gegen Ende des Zweiten Weltkriegs Richtung Westen. Ihr Vater, ein an der ETH Zürich promovierter Ingenieur, hatte die Firma bis zum Kriegsende geführt und war vermutlich bei dem Versuch, nach Österreich zu gelangen, erschossen worden. Ingeborg war vier Jahre, als sie ihn zum letzten Mal sah.

Die durch den Zweiten Weltkrieg erfolgten Gebietsveränderungen, Bevölkerungsverschiebungen und Enteignungen hatten die Familie mittellos gemacht. Schließlich organisierte der Großvater väterlicherseits einen Neustart für die Familie in Weyer an der Enns in Oberösterreich. Ingeborg, die sich selbst Burgl nannte, besuchte ein katholisches Internat in Gmunden am Traunsee und anschließend eine Textilfachschule in Salzburg, wo sie mit ihrer Großmutter zusammenlebte. Nach ihrem Abschluss als Textilfachfrau zogen die beiden Frauen nach Wien, wo Burgl eine Anstellung als Designerin in einer Stofffabrik fand.

In einem Wiener Kaffeehaus lernte sie den Studenten Julius F. Obermaier (* 1936) kennen, der – in Rom geboren und in München aufgewachsen – nun an der *Universität für Bodenkultur* (BOKU) studierte und in diesem Café mit Freunden regelmäßig eine heitere »Bauernsprechstunde« abhielt. Durch ihn und seine weltoffene Art öffneten sich auch für Ingeborg neue Horizonte. In dieser Lebensphase dürfte ihr Interesse an der biologisch-dynamischen Wirtschaftsweise geweckt worden sein.

1965, zwei Jahre nach ihrer Heirat, zog das Ehepaar mit der kleinen Tochter Julia in das damalige Vereinigte Königreich Libyen, wo Julius im Rahmen der internationalen Zusammenarbeit an landwirtschaftlichen Projekten mitarbeitete und seine Doktorarbeit schrieb. 1966 wurde Sohn Sebastian geboren. Ingeborg kümmerte sich um die Familie und genoss das Leben am Mittelmeer. Als 1969 die Arabische Republik Libyen unter Muammar al-Gaddafi ausgerufen wurde, änderte die rigide Politik des neuen Oberhauptes die Lebensverhältnisse erheblich. Ausländer wurden des Landes verwiesen.

Familie Obermaier zog auf die Insel Malta, wo Julius als »Entwicklungshelfer im Range eines Staatssekretärs« eine Government-Farm leitete.

1972 ging die Familie nach Ruanda in Ostafrika, wo Dr. Julius Obermaier ein auf ökologischen Landbau setzendes Entwicklungshilfeprojekt aufbaute. Die Zeit in Nyabisindu, viereinhalb Auto-Stunden von der Hauptstadt Kigali entfernt, war herausfordernd. Burgl begann den Gartenbau unter tropischen Bedingungen zu studieren; einerseits um die Nahrungsmittelversorgung für die Familie zu verbessern, andererseits um als Vorbild für die Hausangestellten, Projektmitarbeiter*innen und Nachbarn zu wirken. Hierbei versuchte sie, das Wissen und die Praxis der lokalen Gärtner*innen mit den Methoden der biologisch-dynamischen Wirtschaftsweise zu verknüpfen.

Neue Herausforderungen stellten sich ein, als die Familie 1975 nach Kirchberg an der Jagst in Deutschland übersiedelte. Julius Obermaier war aus der staatlichen Entwicklungshilfe ausgestiegen und hatte die Leitung der *Bauernschule Hohenlohe-Weckelweiler*, einer Heimvolkshochschule für biologischen Landbau, übernommen. Dem alternativen Zeitgeist der 1970er-Jahre folgend nahm Burgl das auf der Textilfachschule erlernte Weben wieder auf und bestellte zudem einen großen Gemüsegarten. 1978 übernahm Julius Obermaier die Geschäftsführung des *Forschungsrings für biologisch-dynamische Wirtschaftsweise e. V.* in Darmstadt. Die Familie zog in die nahegelegene Stadt Griesheim und Burgl legte erneut einen großen Garten an, der biologisch-dynamisch bewirtschaftet wurde.

Als die Kinder älter waren, ließ sich Ingeborg Obermaier am Seminar für Waldorfpädagogik in Mannheim zur Lehrerin für Waldorfschulen ausbilden. Doch noch vor Antritt einer ersten Stelle als Lehrkraft erreichte sie der Vorschlag von Dr. Eckard von Wistinghausen (* 1937), Leiter des Instituts für biologisch-dynamische Forschung, sich künftig um die vielen Anfragen nach Arbeits-, Ausbildungs- und Praktikumsplätzen im biologisch-dynamischen Land- und Gartenbau »zu kümmern«.

So baute sie ab 1981 – zunächst skeptisch, dann wohlwollend vom Arbeitsamt begleitet – die *Auskunfts- und Beratungsstelle für die Jugend* im *Institut für biologisch-dynamische Forschung* in Darmstadt auf. Sie stellte im Laufe der Jahre eine detaillierte Adressdatei mit ca. 1.700 biologisch-dynamischen Land- und Gartenbaubetrieben in über 40 Ländern zusammen und vermittelte weltweit Arbeits-, Lehr- und Praktikumsstellen. Durchschnittlich 300 Anfragen von zumeist jungen Menschen erreichten sie monatlich, für die sie möglichst passende Lösungen zu finden versuchte. Auch für die Sorgen und Nöte der Betriebsleiter*innen fühlte sie sich zuständig und bemühte sich immer wieder, die Interessen beider Seiten in Einklang zu bringen. Mit Empathie, Toleranz und Lebenserfahrung half sie oft bei weichenstellenden Entscheidungen, sei es auf beruflichem Weg oder in privater Hinsicht. Auch manche Partnerschaft kam durch ihre Vermittlung zustande.

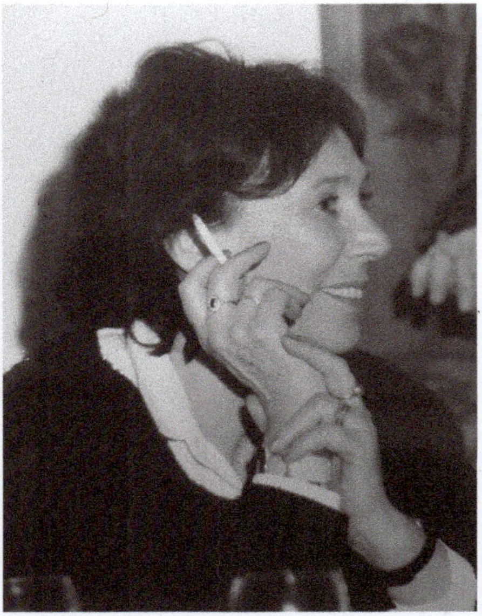

Burgl Obermaier um 1996

Um die Möglichkeiten der biologisch-dynamischen Aus- und Weiterbildung in einem großen Kreis bekannt zu machen, berichtete sie in den Zeitschriften *Lebendige Erde* und *Ökologie & Landbau* über ihre Arbeit. Ihre Freizeit verbrachte Burgl mit der Familie, Freunden und Freundinnen in ihrem blühenden Garten oder in der freien Natur – sei es im Odenwald, dem Maghreb, in den Alpen oder in der Provence. Gerne besuchte sie auch kulturelle Veranstaltungen.

Im Februar 1999 wurde bei Burgl Obermaier eine unheilbare Krankheit diagnostiziert. Sie starb am 13. August des gleichen Jahres in Lampertheim im Kreise der Familie ihrer Tochter. Sie wurde 59 Jahre alt.

Ausgewählte Werke

Ledebur, Jan von/Obermaier, Ingeborg (1992): Stipendien für Aus- und Weiterbildung. In: Lebendige Erde 43(2), S. 116.

Obermaier, Ingeborg (1988): Sonderkonto: Stipendien. In: Lebendige Erde 39(5), S. 325–326.

Obermaier, Ingeborg (1989): Beratung für ältere Menschen? In: Lebendige Erde 40(1), S. 40–41.

Obermaier, Ingeborg (1991): 10 Jahre »Auskunfts- und Beratungsstelle für die Jugend«. In: Lebendige Erde 42(2), S. 98–101.

Obermaier, Ingeborg (1994): Die Landwirtschaft hat auch soziale Aufgaben. In: Ökologie & Landbau 89, S. 38–39.

Obermaier, Ingeborg (1996): Landwirt – doch ein Beruf mit Zukunft? Beobachtungen aus der Auskunftsstelle. In: Lebendige Erde 47 (1), S. 78–80.

Reents, Hans-Jürgen/Obermaier, Ingeborg (1998): Ausbildungsmöglichkeiten im ökologischen Land- und Gartenbau. In: Ökologie & Landbau 106, S. 18–19.

Reents, Hans-Jürgen/Obermaier, Ingeborg/Elers, Barbara/Stich, Dieter/Meyer, Peter (1998): Qualifizierung im ökologischen Landbau. Bonn: Bundesanstalt für Landwirtschaft und Ernährung.

Quellen

Korrespondenz mit Julius F. Obermaier und Sebastian E. Obermaier, 2020 (Mathilde Schmitt).

Literatur

Koepf, Herbert H./Plato, Bodo von (2001): Die biologisch-dynamische Wirtschaftsweise im 20. Jahrhundert. Dornach: Verlag am Goetheanum.

Wistinghausen, Eckard von/Reents, Hans-Jürgen (1999): Nachruf Ingeborg Obermaier. In: Lebendige Erde 50(6), S. 46.

Innes Hope Pearse (1889–1978)

Ärztin, Gesundheitsaktivistin, Mitgründerin des Peckham Experiments und der Soil Association, Autorin

Als Expertin für Gesundheit, Ernährung und Familie wurde Innes Pearse zu einer der einflussreichsten Personen in der ökologischen Bewegung Englands. Die Tochter von Catherine Beardsley Pearse, geb. Morley, und dem Exportkaufmann George Edgar Hope Pearse wuchs in Purley in der Grafschaft Surrey auf und besuchte eine renommierte Internatsschule für Mädchen im Londoner Süden. Nach ihrem Studium an der Londoner *School of Medicine for Women* und einem LMSSA-Abschluss im Jahr 1916, einer Art Lizentiat in Medizin und Chirurgie, erhielt sie eine Anstellung am Königlichen Hospital für Frauen und Kinder in Bristol. Zurück in London wurde sie 1918 – als erste Frau – Ärztin im Operationdienst (House Surgeon) am Großen Nordklinikum London und ein Jahr später Klinikärztin im Bereitschaftsdienst (House Physician).

1920 trat sie die Stelle der Assistenzärztin in der Anatomie des Lehrkrankenhauses St. Thomas in London an. Sieben Jahre lang arbeitete sie parallel dazu als Ärztin im Zentrum für Kinderfürsorge von Alice Model, einer jüdischen Sozialarbeiterin und Gründerin vieler Wohltätigkeitsorganisationen. Ab 1921 forschte sie zusammen mit dem Arzt und Chemiker Dr. George Scott Williamson (1884–1953), ihrem späteren Ehemann, zu Krankheiten der Schilddrüse am Royal Free (Hospital), dem großen Lehrkrankenhaus in London-Hampstead.

Durch ihre Arbeit in der Kinderfürsorge lernte Innes Pearse eine Gruppe kennen, die Frauen aus der Arbeiterklasse Zugang zur Familienplanung ermöglichen wollte. Daraus entstand ihr Interesse an einer öffentlichen Gesundheitsvorsorge und schließlich die Idee zum *Peckham Experiment*. Im April des Jahres 1926 gründete sie mit George Williamson und anderen Mitstreiter*innen in einem Haus an der Queen's Road im Süden Londons den *Family Health Club* zur Förderung der körperlichen und geistigen Gesundheit von Familien aus der Arbeiterklasse und der unteren Mittelschicht. Die Club-Mitglieder zahlten einen geringen Mitgliedsbeitrag. Sie konnten die Freizeitaktivitäten der Einrichtung nutzen und die ärztlichen Dienste in Anspruch nehmen, mussten sich aber zu einem Gesundheitscheck und zur Beratung verpflichten. Der *Family Health Club* hatte großen Zulauf.

Als 1929 die Weltwirtschaftskrise begann, musste der Club schließen. Die Sammlung von Spenden für eine Neueröffnung wurde festgesetzt und im Mai 1935 konnte das *Pioneer Health Centre* als Nachfolgeprojekt des *Family Health Club* eröffnet werden, das sich zu einem der »zeitgenössisch meistdiskutierten sozialmedizinischen Reform- und Forschungsprojekte Großbritanniens« (Kuchenbuch 2013, S. 366) entwickelte. Es befand sich in einem modernistischen Gebäude in der St. Mary's Road im Arbeiterviertel Peckham und beherbergte ein Schwimmbad und einen Gymnastikraum, eine Kinderkrippe und eine Bücherei, darüber hinaus Räumlichkeiten zum Spielen und Tanzen sowie eine Cafeteria. Der britische Architekt und Bauingenieur Owen Williams, bekannt für seine Bauten aus Betonfertigteilen, hatte es errichtet und für bis zu 2.000 Personen ausgelegt. Das *Pioneer Health Centre* war zugleich soziale Einrichtung und Forschungsexperiment. Nur Familien erhielten Zutritt. Sie mussten sich bereit erklären, sich jährlich auf ihren Gesundheitszustand untersuchen und beraten zu lassen. Weitere medizinische Beratung konnte beansprucht werden. Von Kursangeboten wurde abgesehen. Die Grundannahme war, dass Individuen eigenverantwortlich für ihre Befindlichkeit sorgten, sofern entsprechende Möglichkeiten und das erforderliche Wissen vorhanden seien, um das eigene Umfeld zu gestalten. Das *Peckham Experiment* bot solche Voraussetzungen. Nun konnte beobachtet werden, wie sich die Familien dazu verhalten. Dies war die Kernfrage des *Peckham Experiments*, das schnell sehr bekannt wurde und 1939 auch Königinwitwe Mary zu einem Besuch des Zentrums veranlasste.

Dieses und ähnliche zeitgenössische sozialpolitische Experimente entsprangen der »Sorge um die sozialmedizinischen Folgen gesellschaftlicher Entfremdung auf die komplexe Wirklichkeit eines Stadtviertels«. (Kuchenbuch 2013, S. 387) Der Historiker Kuchenbuch weist darauf hin, dass dem Konzept eine radikal »evolutionsbiologische« Weltsicht inhärent sei und die Fixierung auf die Kernfamilie als zentrale Kategorie »eine Naturalisierung der Geschlechterverhältnisse mit sich brachte.« (ebd., S. 375 f.)

Innes Pearse war durch ihre Forschungen auf den engen Zusammenhang zwischen Gesundheit und Ernährung aufmerksam geworden. Sie suchte Kontakt zu Sir Robert McCarrison (1878–1960), der, 1935 aus Indien zurückgekehrt, als Pionier der Ernährungsforschung galt. Dort hatte er durch aufsehenerregende Versuche mit Ratten nachgewiesen, dass Fehlernährung zu Krankheiten und körperlicher Schwäche führen kann. Daher forderte er, im Gesundheitswesen den Fokus nicht nur auf die Heilung von Krankheiten, sondern auch auf die Pflege der Gesundheit zu richten, dass also Ernährungsforschung, Landwirtschaft und Medizin zusammenarbeiten müssten. Dieser ganzheitliche Ansatz entsprach dem Denken von Innes Pearse. Dementsprechend entschloss sie sich 1935, die Oakly Farm, einen etwa 50 Hektar großen Hof im ländlichen Bromley im Südosten von London, zu pachten und nun auch die Familien im *Pioneer Health Centre* Peckham mit ökologisch angebauten Lebensmitteln zu versorgen.

Während des Zweiten Weltkriegs wurde das Peckham-Zentrum geschlossen. Innes Pearse entwickelte Pläne zur Errichtung von Heimstätten für Familien, deren Männer Kriegsdienst leisteten. Einige Peckham-Familien versuchten sich im gemeinschaftlichen Wirtschaften auf der Oakley Farm, bis das Gelände von der Royal Air Force beschlagnahmt wurde.

Im März 1946 konnte das Zentrum wieder eröffnet werden. Durch Publikationen und einen Filmbeitrag wurde das Experiment in den Folgejahren sehr bekannt. Überhaupt hatte das Kriegsende die Ökobewegung in England neu aufleben lassen. Auch Innes Pearse und George Williamson beteiligten sich mit *Lady Eve Balfour, Maye Bruce,* Robert Mc Carrison und vielen anderen Männern und Frauen 1946 an der Gründung der *Soil Association,* der ersten Stiftung für ökologischen Landbau in Großbritannien. Sie blieben dort über viele Jahre aktiv.

Das Jahr 1950 wurde zu einem Wendepunkt in der beruflichen und in der persönlichen Biografie von Innes Pearse: Das *Pioneer Health Centre* wurde geschlossen, das Peckham Experiment beendet, gescheitert »an den gewandelten Rahmenbedingungen des britischen Nachkriegswohlfahrtsstaats«. (Kuchenbuch 2013, S. 387) Mary Langman, langjährige Sekretärin des Peckham Experiments und ebenfalls Gründungsmitglied der *Soil Association*, übernahm 1950 die Oakley Farm. Nach langen Jahren der Zusammenarbeit heirateten am 20. Februar 1950 Innes Pearse und George Williamson in Bromley, beide in ihren Sechzigern. Sie kauften eine jahrhundertealte Mühle mit Wohnhaus, Scheune, Kuh- und Schweineställen: das Mill House auf dem Argos Hill in der Gemeinde Rotherfield in East-Sussex.

Nach dem Tod von George Williamson drei Jahre nach der Hochzeit blieb Innes Pearse dort wohnen und widmete sich dem Schreiben. Sie arbeitete das Buch *Science, Synthesis and Sanity* aus, das ihr gemeinsam entwickeltes Konzept zum Peckham Experiment erläuterte, und ließ es 1965 unter ihrer beiden Namen erscheinen. Sie hielt weiterhin Vorträge über die Zusammenhänge von Gesundheit, Ernährung und Landwirtschaft und veröffentlichte neben Büchern zahlreiche Artikel in regionalen Zeitungen. Am 25. Dezember 1978 starb »Dr.« Innes Scott Williamson, geborene Pearse, »a remarkable and fascinating person, remembered with great affection«. [http://www.argoshillwindmill.org.uk/estate.html] Das *Peckham Experiment* ist nach wie vor Thema für die Forschung (Kuchenbuch 2013) und wird es sicherlich aufgrund des umfangreichen Nachlasses in der digitalen Wellcome Library noch längere Zeit bleiben. [http://wellcomelibrary.org/collections/archive-guides/]

Ausgewählte Werke

Crocker, Lucy H./Pearse, Innes Hope (1943): The Peckham Experiment. Allen & Unwin.

Pearse, Innes Hope/Williamson, G. Scott (1931): The Case for Action. London: Faber & Faber.

Pearse, Innes Hope (1979): The quality of life: The Peckham approach to human ethology. Edinburgh: Scottish Academic Press.

Williamson, George Scott/Pearse, Innes Hope (1965): Science, Synthesis and Sanity. An Inquiry into the Nature of Living. London: Collins.

Quellen

Argus Hill Windmill Trust (o. J.): The Argus Hill Estate [http://www.argoshillwindmill.org.uk/estate.html]

Innes Hope Pearse. [https://en.wikipedia.org/wiki/Innes_Hope_Pearse]

Nachlass zum Pioneer Health Centre Peckham mit vielen Dokumenten zu Innes Hope Pearse und ihrem Ehemann George Scott Williamson. [https://archiveshub.jisc.ac.uk/search/archives/01effb99-f35c-3a33-8c31-bab9e7f7543c]

Literatur

Balfour, Lady Eve (1943): The Living Soil: Evidence of the Importance to Human Health of Soil Vitality, with Special Reference to National Planning. London: Faber & Faber.

Brander, Michael (2003): Eve Balfour. Founder of the Soil Association & The Voice of the Organic Movement. Haddington: The Gleneil Press.

Conford, Philip (1999): The Origins of the Organic Movement. Edinburgh: Floris Books.

Kuchenbuch, David (2013): Selbstverantwortung als Experiment. Das Londoner »Pioneer Health Centre« (1926–1950). In: Zeithistorische Forschungen/Studies in Contemporary History, Online-Ausgabe 10(3) S. 366–369. DOI: https://doi.org/10.14765/zzf.dok-1510. [https://zeithistorische-forschungen.de/3-2013/4569]

Lapage, G. (1948): Biologists in Search of Material. In: Nature 161(336). [https://www.nature.com/articles/161336a0]

Marna Pease (1867–1947)

Gärtnerin, Gutsbesitzerin, Mäzenin, Autorin und Übersetzerin

Marna Pease gehört zu den Schlüsselfiguren der biodynamischen Bewegung in England. Ihr *Old Mill House* in der Ortschaft Bray-on-Thames (Gemeinde Maidenhead, Berkshire) wurde zu einem Begegnungs-, Diskussions- und Vermittlungszentrum für viele Menschen, die neue Land- und Gartenbaumethoden erarbeiten und anwenden wollten.

Marna Pease und ihre Schwester Eleanor Merry (1873–1956) wuchsen in einem sehr liberalen Elternhaus auf. Zunächst an theosophischen Schriften interessiert, wurden die zwei Schwestern bereits in den frühen 1920er-Jahren Anhängerinnen der Anthroposophie Rudolf Steiners. Mit dem schottischen Unternehmer Daniel Dunlop (1868–1935) organisierten sie die anthroposophischen Sommerschulen von Penmaenmawr (1923) und Torquay (1924). Sie begleiteten Steiner bei seinem letzten Englandbesuch im Sommer 1924 auch an mystische Orte wie Tintagel Castle.

Als leidenschaftliche Obst- und Kräutergärtnerinnen wurden die beiden Schwestern 1929 bzw. 1931 Mitglieder des *Experimental Circle of Anthroposophic Farmers and Gardeners*. Marna Pease erhielt früh den Steinerschen *Landwirtschaftlichen Kursus* und wurde zudem Schriftführerin der 1929 gegründeten *Anthroposophical Agricultural Foundation* (AAF) und Mitherausgeberin des AAF-Rundbriefs. Sie hat viele der englischsprachigen Exemplare des *Landwirtschaftlichen Kursus* mit der Schreibmaschine abgeschrieben, bis schließlich 1938 die erste gedruckte Auflage erschien. »She was the secretary and the driving force of the Anthroposophical Agriculture Foundation (AAF)«, resümiert der Historiker John Paul (2019, S. 143).

Als Anfang der 1930er-Jahre Emigrant*innen aus Deutschland nach England kamen, wurden sie von Marna Paese und Eleanor Merry tatkräftig unterstützt. 1934 wurde das Büro der AAF auf Marnas Landsitz verlegt. 1936 wurde dort ein Forschungslabor für *Lili Kolisko* eingerichtet, wo sie bis 1940 ihre Untersuchungen fortführen konnte. Marna und Eleanor setzten sich dafür ein, dass Karl Alexander Mirbt (1902–1975), der sich später Carl Alexander Mier nannte, als Berater, Geschäftsstellenleiter und Herausgeber der *Notes and Correspondence on Anthroposophical Agricultural Methods* für die AAF tätig sein konnte. Mit seiner Unterstützung übersetzte Marna Pease Steiners *Neun Vorträge über Bienen* (*Nine Lectures on Bees,* 1933) sowie die Publikation *Der Mond und das Pflanzenwachstum* von Lili Kolisko ins Englische (*The Moon and the Growth of Plants*, 1936). Insbesondere mit den Koliskos scheint der Kontakt der Schwestern sehr eng gewesen zu sein.

Nach dem Ende des Zweiten Weltkriegs 1945 beendete Marna Pease mit nun 78 Jahren ihr Engagement in der AAF. 1947, nur zwei Jahre später, starb sie.

Ausgewählte Werke

Pease, Marna (1911): Poems. London: Elkin Mathews.

Pease, Marna/Steiner, Rudolf (1925): Music in the Light of Anthroposophy. London: Anthroposophical Publishing Company.

Pease, Marna (1930): Zur Bienenzucht. In: Demeter 5(10), S. 207–208.

Literatur

Baker, C. Alma (1940): The Labouring Earth. London: Heath Cranton.

Conford, Philip (1999): The Origins of the Organic Movement. Edinburgh: Floris Books, S. 76–78.

Koepf, Herbert H./Plato, Bodo von (2001): Die biologisch-dynamische Wirtschaftsweise im 20. Jahrhundert. Dornach: Verlag am Goetheanum.

Paull, John (2012): Tintagel: In the Footsteps of Rudolf Steiner. In: Journal of Bio-Dynamics Tasmania 107 (Spring), S. 11–15.

Paull, John (2019): The Pioneers of Biodynamics in Great Britain: From Anthroposophic Farming to Organic Agriculture (1924–1940). In: Journal of Environment Protection and Sustainable Development 5(1), S. 138–145.

Hilde Pfeiffer (1914–2007)

Gärtnerin, ländliche Hauswirtschafterin, Beraterin für die biologisch-dynamische Wirtschaftsweise

Aufgewachsen in den Großstädten Leipzig und Dresden als Tochter eines Richters kam Hilde Pfeiffer erstmals in Kontakt mit der Landwirtschaft in den Ferien auf dem Rittergut ihres Onkels in der Lausitz. Sie entschied sich nach ihrem Schulabschluss, eine Hauswirtschafts- und Gärtnerinnenausbildung zu absolvieren. Das zweite Lehrjahr führte sie 1935 auf das Gut Heynitz bei Meißen in Sachsen, wo sie zusammen mit anderen jungen Leuten die biologisch-dynamische Landwirtschaft und die Anthroposophie kennenlernte. »Es wirkte auf sie wie eine Stätte der Menschenbegegnung und ein Ort, wo Aufgaben, die vom Schicksal bestimmt sind, ergriffen und weitergetragen werden konnten.« (Wistinghausen 1982, S. 85 f.)

Ihr »Schicksal« brachte Hilde Pfeiffer in Kontakt mit Männern, die nach dem Verbot der Anthroposophischen Gesellschaft 1935 dennoch versuchten, der biologisch-dynamischen Landwirtschaft im Rahmen des erstarkenden Nationalsozialismus einen einflussreichen Platz zu verschaffen. Mit unterschiedlichen kollaborativen Strategien und auch Distanzierungen ist es ihnen bis 1941 gelungen. Danach wurde der *Reichsverband für Biologisch-Dynamische Wirtschaftsweise* verboten. (Vogt 2000, S. 135)

Benno von Heynitz hatte das Familiengut in Sachsen innerhalb kurzer Zeit zu einem Zentrum der biologisch-dynamischen Landwirtschaft entwickelt, nachdem er und seine Frau Eleonore durch die befreundete Monica Freifrau von Miltitz (1885–1972) in Kontakt mit der Anthroposophie gekommen waren und er sich einige umgestellte Güter in Brandenburg und Schlesien angeschaut hatte. (Thiele 2020, S. 114 f.) Als Experte für die Umstellung großer Güter und als Vorsitzender nahm er eine wichtige Rolle im Rahmen des Sächsischen Versuchsringes ein. Neben Anbauexperimenten mit dieser neuen Wirtschaftsweise war ihm auch die Ausbildung junger Menschen ein großes Anliegen. Hilde Pfeiffer dürfte 1935 eine der vier angebotenen Lehrstellen besetzt haben. »Sehr wesentlich für unsere Arbeit war die Tatsache, daß wir auf diese Weise Nachwuchs heranbildeten, der imstande war, später verantwortlich die Beratungstätigkeit zu übernehmen.« (Heynitz 2019, S. 158)

Eine der nächsten Aufgaben Pfeiffers war, den Garten des heilpädagogischen Instituts im schlesischen Pilgramshain unter Leitung von Immanuel

Voegele (1897–1959) zu bewirtschaften. Dort hatte der jüdische Arzt Karl König (1902–1966) zusammen mit seiner Frau Tilla Maasberg (1902–1983) von 1928 bis 1936 das Heil- und Erziehungsinstitut Schloss Pilgramshain aufgebaut, wo zunächst etwa 50 »milieugeschädigte und schwer erziehbare Kinder und Jugendliche« und später »auch immer mehr körperlich behinderte Kinder« bis 1940 betreut wurden. (Gorkiewicz 2012, S. 20) Als Kurt Theodor Willmann (1902–2003), der die örtliche Auskunftsstelle für die biologisch-dynamische Wirtschaftsweise leitete, zum Kriegsdienst einberufen wurde, übernahm Hilde Pfeiffer auch seine Aufgaben. 1940 wurde die Heilanstalt auf politische Anordnung hin geschlossen; ein Teil der Kinder konnte weiterhin betreut werden. Ob Hilde Pfeiffer die NS-Aktion gegen Geheimlehren im Juni auf Pilgramshain miterlebte, ist nicht bekannt. Im Anschluss daran soll sie auf einem nicht näher benannten 100 Hektar großen Hof gearbeitet haben, wo sie die biologisch-dynamische Wirtschaftsweise einführte und weiterhin Auskünfte und Beratungen gab, bis sie 1945 Richtung Westen floh.

Einen neuen Wirkungsort fand sie auf dem Talhof bei Heidenheim an der Brenz, wo sie von 1947 bis 1988 für den großen Gutsgarten und die Präparateherstellung verantwortlich war. Auf diesem Hof, der seit 1929 biologisch-dynamisch bewirtschaftet wurde und heute als drittältester Demeterhof weltweit gilt, arbeitete sie zunächst wieder mit Immanuel Voegele, ab 1952 mit Friedrich (1927–2016) und Hannerose Sattler (1926–2009) zusammen. Das »Dreigestirn Sattler, Sattler, Pfeiffer« (Pezold et al. 2019, S. 64) wurde für viele Jahrzehnte eine tragende Säule für die Weiterentwicklungen des biologisch-dynamischen Land- und Gartenbaus in der Bundesrepublik Deutschland und die Ausbildung junger Menschen in diesen Wirtschaftsbereichen.

Über 33 Jahre arbeitete Hilde Pfeiffer zusätzlich im *Forschungsring für biologisch-dynamische Wirtschaftsweise* in Darmstadt sowie im *Vertreterkreis für die Landwirtschaft* am Goetheanum in Dornach in der Schweiz mit. Während dieser Zeit betreute sie auf der Ostalb auch die Arbeitsgruppe für biologisch-dynamisch arbeitende Kleingärtner*innen, bei denen sowohl ihr Erfahrungswissen als auch die von ihr hergestellten Präparate sehr gefragt waren. Überzeugt betonte sie:

> »Allein im praktischen Tun, im regelmäßigen Umgang mit den Präparaten führen unvoreingenommene Beobachtungen zu ganz neuen Erfahrungen und Erkenntnissen, die dann Vertrauen geben und zu der inneren Sicherheit führen, damit ein ganz zentrales Wirken im Arbeitsablauf und Hofgeschehen zu haben.« (Pfeiffer 1982a, S. 41)

Hilde Pfeiffer

Den Forschungsergebnissen *Maria Thuns* folgend betonte sie außerdem die Bedeutung kosmischer Rhythmen beim gärtnerischen Arbeiten und forderte dazu auf, sich selbst zu schulen: »Dabei geht es ganz sicher nicht darum, damit nun fertige Rezepte anwenden zu können, sondern alle diese Hinweise als Aufforderung für sich selbst zu nehmen, selber stärker beobachtend in die einzelnen Prozesse und Zusammenhänge einzudringen und sinnvoll in die ganze Arbeit einzugliedern.« (ebd., S. 42) Neben den positiven Auswirkungen auf die eigene Gartenarbeit war sie überzeugt, dass auch die nachhaltige Entwicklung der Umwelt insgesamt beeinflusst werden könne: »Im Umgang mit den Präparaten wurde uns die Möglichkeit und die Aufgabe gegeben, den Alterungsprozess der Erde noch so lange aufhalten zu können, als Menschen auf der Erde eine menschengerechte Nahrung brauchen, um ihre geistige Aufgabe ergreifen und durchführen zu können.« (Pfeiffer 1982b, S. 85)

1989 wechselte das Arbeitsteam auf dem Talhof. Hilde Pfeiffer übersiedelte in die Lebens- und Arbeitsgemeinschaft Lautenbach nördlich vom Bodensee, bevor sie im Cusanus-Haus auf den Filderhöhen nahe bei Stuttgart ihren Alterswohnsitz bezog. Dort ist sie 2007 gestorben.

Ausgewählte Werke

Pfeiffer, Hilde (1961): Einsaat von Menggetreide in Beerenobstkulturen. In: Lebendige Erde 12(3), S. 131–132.

Pfeiffer, Hilde (1961): Kräuteranbau im bäuerlichen Betrieb. In: Lebendige Erde 12(4), S. 157–161.

Pfeiffer, Hilde (1968): Erfahrungen mit einer Gutsgärtnerei unter rauhen Alb-Bedingungen. Lebendige Erde 19(3), S. 100–107.

Pfeiffer, Hilde (1974): Der Zuckerhut. In: Lebendige Erde 25(5), S. 38–39.

Pfeiffer, Hilde (1982a): Langfristige Beobachtungen über Präparatewirken im Jahreslauf I. In: Lebendige Erde 33(2), S. 41–45.

Pfeiffer, Hilde (1982b): Langfristige Beobachtungen über Präparatewirken im Jahreslauf II. In: Lebendige Erde 33(3), S. 81–85.

Pfeiffer, Hilde (1986): Kräuteranbau im Hausgarten. In: Lebendige Erde 37(6), S. 48–49.

Quellen

Gespräch mit Herbert H. Koepf am 5. März 2003 in Stuttgart (Mathilde Schmitt, Ira Spieker).

N. N. (1994): Hilde Pfeiffer zum Geburtstag. In: Lebendige Erde 45(4), S. 280.

[http://genwiki.genealogy.net/Pilgramshain_(Kreis_Schweidnitz)]

Literatur

Gorkiewicz, Carmen (2012): Historische Betrachtung des Down-Syndroms anhand dreier ausgewählter Werke, in Bezugnahme zum jeweiligen Menschenbild. Pädagogische Diplomarbeit der Universität Wien. [https://core.ac.uk/download/pdf/11599507.pdf]

Heynitz, Benno von (2019): Die biologisch-dynamische Wirtschaftsweise im Lande Sachsen 1930–1945. Sein Leben als Landwirt. Dürnau.

Koepf, Herbert H./Plato, Bodo von (2001): Die biologisch-dynamische Wirtschaftsweise im 20. Jahrhundert. Dornach: Verlag am Goetheanum.

Pezold, Anna/Birken, Tobias/Georgi, Matthias (2019): Die Talhof-Chronik. Heidenheim: Amthor.

Thiele, Martin (2020): »Demeter« in Sachsen. Zur Geschichte und Entwicklung biologisch-dynamischer Betriebe 1929 bis 1945. In: Ira Spieker/Heide Inhetveen (Hg.): BodenKulturen. Interdisziplinäre Perspektiven. Leipzig: Leipziger Universitätsverlag, S. 109–126.

Vogt, Gunter (2000): Entstehung und Entwicklung des ökologischen Landbaus im deutschsprachigen Raum. Bad Dürkheim: Stiftung Ökologie & Landbau.

Wistinghausen, Almar von (1982): Erinnerungen an den Anfang der Biologisch-Dynamischen Wirtschaftsweise. Darmstadt: Lebendige Erde.

Ruth Pfisterer (1912–2001)

Gärtnerin, Gartenbaulehrerin

Ruth Pfisterer wurde 1912 als dritte Tochter einer Arztfamilie in Hombrechtikon (Kanton St. Gallen) in der Schweiz geboren. Musikalisch und künstlerisch begabt, erhielt sie vielfältige Anregungen im Haus ihrer Eltern, in dem viele Künstler und Künstlerinnen ein- und ausgingen. Nach ihrer Gärtnerinnenausbildung ging sie nach Deutschland zur Weiterbildung an eine Gartenbaulehranstalt in Berlin. Abgeschreckt vom aufkommenden Nationalsozialismus blieb sie nur kurze Zeit vor Ort. Ungewöhnlich und mutig für eine junge Frau dieser Zeit beschloss sie, auf Wanderschaft zu gehen und dabei England, Schweden und Marokko zu erkunden. 1935 zurück in der Schweiz, lernte sie *Hedwig Müller* (1895–1983) kennen, die nach der Pacht des Wirtschaftsgebäudes von Gut Chartreuse in Hünibach am Thuner See Frauen suchte, die mit ihr eine Gartenbauschule für Frauen mit Fokus auf der biologisch-dynamischen Wirtschaftsweise aufbauten. Schon seit längerem überzeugt von deren positiven Auswirkungen schloss sich Ruth dem Vorhaben von Hedwig Müller an. 1936 konnte noch *Gertrud Neuenschwander* (1907–2002) dazu gewonnen werden.

Ruth Pfisterer übernahm den theoretischen und praktischen Unterricht in den botanischen Fächern. In späteren Jahren hatte sie Kontakt zu *Maria Thun* (1922–2012), die an der Hünibacher Schule Vorträge hielt. Sie berücksichtigte nun Planetenkonstellationen bei der Saat, Pflege und Ernte der Pflanzen, führte nach Thuns Vorgaben Versuche zu systematischen Vergleichen verschiedener Blumen und Gemüse durch und experimentierte mit dem Anbau von Mischkulturen.

Ruth Pfisterer, die selbst Flöte, Geige und Klavier spielte, liebte Musik und Kunst. Sie bemühte sich, auch diese Leidenschaft an die Schülerinnen weiterzugeben und gestaltete mit ihnen gemeinsam die regelmäßigen Feste im Jahreskreis.

> »Das weihnachtliche Krippenspiel, von den Schülerinnen aufgeführt, wird den Freunden der Schule und den Nachbarn jedes Jahr zum schönen Erlebnis. Die Hausmusik wird mit viel Liebe und großem Verständnis gepflegt. So werden vorhandene künstlerische Anlagen und Talente der Schülerinnen aufgespürt, hervorgelockt und können sich entfalten«,

schrieben die drei Gründerinnen der Gärtnerinnenschule in Hünibach in einem Brief an die Eltern potenzieller Schülerinnen.

Ruth Pfisterer beim Unterrichten um 1957

Als die drei Frauen 1943 den Entschluss fassten, die sich wiederholenden Pachtkonflikte durch den Kauf der Wirtschaftsgebäude der Chartreuse zu beenden, und dafür eine juristische Gemeinschaft bildeten, brachte Ruth Pfisterer ihr gesamtes Vermögen in das Unternehmen ein. Mit insgesamt 210.000 Franken konnten nun neben dem Erwerb des Gutes auch Gebäude umgebaut und erweitert werden. Während Gertrud Neuenschwander die Verantwortung für alle Bauangelegenheiten übernahm, vertrat Ruth die Schule bei den Zivilschutzübungen der Gemeinde.

Wie ihre Kollegin Gertrud war Ruth bis in die 1980er-Jahre hinein an der Schule in vielen Bereichen tätig. 1984, ein Jahr nach Hedwig Müllers Tod, konnten die beiden Frauen erreichen, dass die Gartenbauschule in eine Stiftung umgewandelt wurde. Den Entwicklungen der Zeit folgend ist sie in den 1990er-Jahren auch für Männer geöffnet worden. 2001 starb Ruth Pfisterer im Alter von 89 Jahren.

Quellen

Egli-Gerber, Renata (2009): Hedwig Müller (1895–1983) – Gründerin der Gärtnerinnenschule Chartreuse und ihre Zeit. Vortrag anlässlich des 75-Jahr-Jubiläums, gehalten am 19. März 2009. [https://gartenbauschule-huenibach.ch/images/content/Ueberuns/gsh_hedwig-mueller.pdf]

Gosteli-Stiftung. Archiv zur Geschichte der schweizerischen Frauenbewegung, Worblaufen: Findmittel des Bestandes Nr. 168, Gärtnerinnenschule Hünibach.

Knoery, Suzanne (o. J.): Ruth Pfisterer – Eine Pionierin im biologisch-dynamischen Landbau. [https://gartenbauschule-huenibach.ch/images/content/Ueberuns/gsh_ruth-pfisterer.pdf]

Dr. Mabel Mary Cheveley Rayner (ca. 1890 – 1948)

Botanikerin, Pflanzenphysiologin, Mykorrhiza-Expertin, Autorin, wissenschaftliche Beirätin der Soil Association

»... how delicate is the mechanism by which the balance of power is maintained among members of the soil population.«

Als Mabel Rayner am 17. Dezember 1948 unerwartet verstarb, bezeichnete sie der Wurzelpathologe Stephen Denis Garrett (1906–1989) in seinem Nachruf in der Zeitschrift *Nature* als »die führende britische Autorität« für mycotrophe, also in Symbiose mit Wurzelpilzen lebenden Pflanzen. (Garrett 1949, S. 275) Er würdigte sie als Wissenschaftlerin und inspirierende Kollegin und betonte die jahrzehntelange produktive Zusammenarbeit mit ihrem Ehemann Dr. William Neilson-Jones. Auch der Nachruf von Dr. Ida Levisohn in *Mother Earth* ist eine Laudatio der herausragenden Botanikerin. Und dennoch bleibt unser Wissen über Mabel Rayner als Person sehr bruchstückhaft. Nicht einmal ihr genaues Geburtsjahr ist bekannt.

Mabel Mary Cheveley Rayner wurde um 1890 in England geboren. Sie studierte an der *London University* Biologie und schloss 1908 mit einem *Bachelor with Honours* ab, ein Abschluss, der schon die Forschungsambitionen der Kandidatin ahnen lässt. 1908 wurde sie Leiterin des Fachbereichs Botanik an dem forschungsintensiven *Universitäts-College Reading*, einer Außenstelle der Universität Oxford, und gehörte bis 1918 dessen Lehrkörper an. 1910 begann sie ihre wissenschaftliche Karriere mit den Studien zur Ökologie der Besenheide (Calluna vulgaris) aus der Familie der Heidekrautgewächse (Ericaceen) in den Kalkhügeln von Wiltshire und Berkshire.

Von Beginn an arbeitete sie mit William Neilson-Jones zusammen, der ihre Leidenschaft für Wurzel-Pilz-Symbiosen teilte. 1912 heirateten sie. Für ihre erste große Forschungsarbeit *Obligate Symbiosis in Calluna vulgaris*, die das Zusammenleben zwischen der Besenheide als Wirtspflanze und dem Wurzelpilz Phoma radicis callunae untersuchte, verlieh ihr die Universität von London 1915 den Doktortitel. (Rayner 1915) Weitere wissenschaftliche Beiträge zur symbiotischen Beziehung von Wurzelpilzen und Heidekrautgewächsen als Wirtspflanze folgten, darunter auch zu Themen wie der Stickstoffbindung durch Ericaceen. (Rayner 1922) Diskussionen auf einer Tagung der *British Association for the Advancement of Science* im August 1926 in

Oxford veranlassten sie, nun auch die große Gruppe der sog. ektophytischen Mycorrhiza-Pilze zu untersuchen, die in Symbiose mit einem Baum, aber außerhalb seiner Wurzeln leben. 1927 erschien ihre Monografie über *Mycorrhiza*, die auch nach Jahrzehnten noch als unentbehrliches Nachschlagewerk gewürdigt wurde. (Garrett 1949) Eine Zusammenarbeit mit dem Botaniker Frederick Keeble, der soeben eine renommierte Professur an der Universität Oxford gegen eine Position in der Chemischen Industrie getauscht hatte und über Düngung arbeitete, scheint auch Rayners Forschungsinteressen beeinflusst zu haben.

Die Bedeutung der Mycorrhiza für die Fruchtbarkeit von Wald- und Ackerböden und gesundes Pflanzenwachstum wurde zu einem Schwerpunkt ihrer Arbeit. (Rayner 1933; 1934) Die 1919 gegründete *Forestry Commission* beauftragte sie mit Forschungsprojekten zur Rolle von Pilzen in der Forstwirtschaft. Von jener nicht-ministeriellen Behörde zum Schutz und zur Inwertsetzung der Wälder Großbritanniens wurden ihr eine Baumschule im Wareham Forest, einer Landschaft mit Heideland, und Koniferenanpflanzungen in der südenglischen Grafschaft Dorset sowie Mittel für eine Forschungsassistentin zur Verfügung gestellt. Von nun an pendelte Mabel Rayner zwischen ihrer Feldforschung in den Wäldern von Wareham Forest und ihrem Pilcher Labor im Bedford College der University of London, das nach den Vorkämpfer*innen für Frauen-Bildung und -Wahlrecht Sophia und Giles Theodore Pilcher benannt war. Doch ihre Forschung blieb nicht auf England beschränkt.

Mabel Rayner hatte den empirischen Wert internationaler Umfragen erkannt und mit ihrer Assistentin Dr. Ida Levisohn Fragebögen an die Forstdepartments im ganzen Britischen Empire versandt. Der Rücklauf war ausgezeichnet, und so gewann sie einen umfassenden Überblick über den Anbau von Koniferen auch in Ländern wie Nordrhodesien (heute: Sambia), Tanganyika (heute: Demokratische Republik Kongo) oder Nyasaland (heute: Malawi). Umgekehrt zogen ihre Versuchsflächen und das Bedford-Labor viele Gäste aus dem In- und Ausland an: »Scientists from many countries have come to study the dramatic results achieved on the poor Wareham heathland […] showing how a singularly barren soil can be turned into fertile humus, bearing magnificent forest trees for an indefinite period.« (Levisohn 1949, S. 2)

Mabel Rayner ging davon aus, dass der Boden ein lebendiger Organismus sei und Bodenfruchtbarkeit und Pflanzenernährung vom ökologischen Gleichgewicht innerhalb dieses Organismus abhänge. So beendete sie ihr Buch *Trees and Toadstools* mit den Sätzen:

> »It is helpful and not too far-fetched to think of the soil as itself an organism – a social organism like a human society, for example – the manifold vital activities of which are carried on by its numerous living inhabitants. Disturbance of anyone of these activities may affect others and thus lead to loss of equilibrium and the appearance of symptoms of disorder, with eventually perhaps an increasing degree of biological inertia of one kind or another, a condition just the reverse of the vital acitivity characteristic of a living and fertile soil.« (Rayner 1945)

Rayner wies darauf hin, dass maximale Pilzaktivitäten und damit die Bodenfruchtbarkeit nicht nur vom Kompost abhinge, sondern auch von den Anbaumethoden. Auf vielen Forschungsreisen wendete sie ihren Ansatz und die von ihr entwickelten Methoden auch auf den tropischen und subtropischen Pflanzenbau an. Eine Reihe von Artikeln zu ihren Ergebnissen wurden 1944 zusammen mit Aufsätzen zu anderen Themen von ihr und ihrem Ehemann Neilson-Jones durch den renommierten Londoner Verlag Faber & Faber in einer Monografie *Problems in Tree Nutrition* veröffentlicht. Mabel Rayners Interpretationen ihrer Versuchsergebnisse und die daraus gezogenen Folgerungen scheinen immer wieder wissenschaftliche Kontroversen in der Fachwelt hervorgerufen zu haben. Ein zentrales Thema war dabei die Frage, ob die Wurzel-Pilz-Symbiose für die jeweiligen Wirtspflanzen eher Nutzen oder Schaden bringe und wie ausgewogen diese »Partnerschaften« seien. Mabel Rayner beklagte solche Auseinandersetzungen, stand aber entschieden zu ihren Positionen. (Garrett 1949, S. 276)

Ihre zahlreichen Bücher und Artikel waren nicht nur wissenschaftlich interessante, sondern stets auch vergnügliche Lektüren, »a pleasure to read«, wie Garrett im Nachruf 1949 schrieb. Rayner vermochte wissenschaftliches und anschauliches Schreiben so versiert zu verbinden, dass Fachleute, Studierende und Laien sich gleichermaßen informiert und inspiriert fühlten. Als der Botaniker Frederick Keeble (1870–1952) 1931 sein *Lehrbuch zur Praktischen Pflanzenphysiologie* herausbrachte, war Mabel Rayner Co-Autorin, vermutlich auch aus didaktisch-stilistischen Gründen.

Als 1946 die Gründung der *Soil Association* den Auftakt zur Organisation der ökologischen Bewegung in England gab, war *Lady Eve Balfour* durch das Buch *An Agricultural Testament* von Sir Albert Howard (1940) längst auf Mabel Rayner aufmerksam geworden. Howard war bei einer kurzen Reise zu seinem Indore-Projekt in Indien, das er mit seiner Frau *Gabrielle Howard* aufgebaut hatte, auf die »stimulierende Wirkung von Humus auf die Entwicklung der

Mycorrhiza« (Howard 1948, S. 66) in Teepflanzungen aufmerksam geworden. Er übergab die aus Indien mitgebrachten Proben an Mabel Rayner und Ida Levisohn, die seine Beobachtungen experimentell bestätigten: Es war der mit Howards Komposttechnik angereicherte Humus, der zu dem überraschend guten Zustand der Teepflanzen geführt hatte. Er bewirkte eine endotrophe Mycorrhiza-Infektion des Rindengewebes der jungen Wurzeln und führte zu einer erheblichen Verbesserung von Ertrag, Qualität und Widerstandsfähigkeit der Teepflanzen, anders als die Verwendung von Kunstdünger:

> »Das Wohlbefinden der Teepflanzen hängt nicht von der billigsten Stickstoffform, sondern vom Humus und den Folgen der Mycorrhiza-Symbiose ab. Wir haben es beim Tee offensichtlich mit einer Waldpflanze zu tun, die am besten auf lebendem Humus und nicht auf dem toten Nebenprodukt einer Fabrik gedeiht.« (Howard 1948, S. 67 f.)

Untersuchungen, die Rayner und Levisohn 1938 an weiteren Proben vornahmen, ergaben Wurzel-Pilz-Symbiosen auch bei anderen Kulturpflanzen. Howard nennt hier neben Kautschuk, Kaffee, Kakao, Baumwolle, Leguminosenbäumen auch Bananen, Erdbeeren, Zwiebeln usw. (ebd., S. 166) Howard folgerte, dass Gesundheit bzw. Krankheit von Kulturpflanzen vornehmlich vom Humusgehalt des Bodens und der Art seiner Bewirtschaftung abhängig sei.

Eve Balfour ging in ihrem Klassiker *The Living Soil* ausführlich auf Albert Howards Befunde und die Mycorrhiza-Thesen von Mabel Rayner (1941) ein und verwies dabei auf ihren Plan, die Wirkung von Humus auf die Qualität des Bodens, der Pflanzen und der Gesundheit von Mensch und Tier in einem wissenschaftlich begleiteten Langzeitversuch zu untersuchen. Was lag näher als Mabel Rayner für das sog. *Haughley Experiment* zu gewinnen? In der *Soil Association* wurde Rayners Mitarbeit entscheidend, waren es doch ihre Forschungen, die das Hauptargument der neuen Öko-Bewegung gegen die Chemische Landwirtschaft lieferten: Im kompostangereicherten Humus werde die Mikrobiologie des Bodens wesentlich stärker, effektvoller und auf andere Weise angeregt als durch Zugaben anorganischer Düngemittel.

Umso größer war der Verlust, als Mabel Rayner schon drei Jahre später verstarb und vorerst keine weiteren Untersuchungen gemacht wurden, die die entscheidenden Argumente für eine humusbasierte ökologische Landwirtschaft liefern konnten. Es blieb die Hoffnung auf Resultate des *Haughley Experiments*, dessen Kosten jedoch immer schwerer auf der neuen

Organisation lasteten und schließlich zu seiner Beendigung führten. (Gill 2010, S. 117)

Auch wenn Mabel Rayner in den letzten Jahren unter einer chronischen Erkrankung litt, kam ihr Tod am 17. Dezember 1949 sehr überraschend. (Garrett 1949) Sie war wenige Stunden vorher von ihren Versuchsflächen in der Heidelandschaft von Wareham zurückgekehrt, auf ihrem Schreibtisch harrten Briefe aus aller Welt ihrer Antwort, und der kontroverse Diskurs über die Vor- und Nachteile der Pilz-Wurzel-Symbiose für die Wirtspflanze war noch nicht entschieden. Kämpferisch war sie für ihre wissenschaftlichen Überzeugungen eingetreten, bereit, ihre Forschungsergebnisse mit allen Kolleg*innen wie Praktiker*innen zu teilen. Durch ihre Untersuchungen zur Rolle der Mycorrhiza in der Bodenökologie und für die Pflanzenernährung wurde Mabel Mary Cheveley Rayner zu einer Pionierin der ökologischen Land- und Forstwirtschaft in einem Bereich, der bis heute von großer Aktualität ist.

Ausgewählte Werke

Keeble, Frederick/Rayner, M. C. (1931): Practical Plant Physiology. London: Bell.

Rayner, M. C. (1915): Obligate symbiosis in Calluna vulgaris. Annals of Botany 29, S. 97–153.

Rayner, M. Cheveley (1922): Nitrogen Fixation in Ericaceae. In: Botanical Gazette 73(3), S. 226–235.

Rayner, Mabel Mary Cheveley (1927): Mycorrhiza: an Account of Non-Pathogenic Infection by Fungi in Vascular Plants and Bryophytes . London: Wheldon & Wesley. (New Phytologist Reprint 15)

Rayner, M. C. (1933): Mycorrhiza in the Genus Citrus. St. Albans: Fisher, Knight & Co.

Rayner, M. C. (1934): Mycorrhiza in Relation to Forestry. I: Researches on the genus pinus, with an Account of Experimental Work in a Selected Area. In: Forestry: An International Journal of Forest Research 8(2), S. 96–125. [https://doi.org/10.1093/oxfordjournals.forestry.a063404]

Rayner, M. C. (1936): The Mycorrhizal Habit in Relation to Forestry: Organic Composts and the Growth of Young Trees. In: Forestry: An International Journal of Forest Research 10(1), S. 1–22. [https://doi.org/10.1093/oxfordjournals.forestry.a062606]

Rayner, M. C. (1945): Trees and Toadstools. London: Faber & Faber. [http://journeytoforever.org/farm_library/rayner/rayner1.html]

Rayner, M. C./Levisohn, Ida (1941): The Mycorrhizal Habit in Relation to Forestry. IV: Studies in Mycorrhizal Response in Pinus and other Conifers. In: Forestry: An International Journal of Forest Research 15(1), S. 1–36. [https://doi.org/10.1093/forestry/15.1.1]

Rayner, Mabel Mary Cheveley/Neilson-Jones, William (1920): A Text Book of Plant Biology. London: Faber & Faber. Neuauflage 2017.

Rayner, Mabel Mary Cheveley/Neilson-Jones, William (1944): Problems in Tree Nutrition. London: Faber & Faber.

Quellen

Levisohn, Ida (1949): The Late Dr. M. C. Rayner. In: Mother Earth, Spring, S. 2.

Mabel Rayner. [https://en.wikipedia.org/wiki/Mabel_Rayner]

N. N. (o. J.): Rayner, M. C. (c. 1894–1948). In: Dictionary of Women Worldwide: 25,000 Women Through the Ages. [https://www.encyclopedia.com/women/dictionaries-thesauruses-pictures-and-press-releases/rayner-mc-c-1894-1948]

Literatur

Balfour, Lady Eve (1943): The Living Soil: Evidence of the Importance to Human Health of Soil Vitality, with Special Reference to National Planning. London: Faber & Faber. Neuauflage 2006. [http://biologia.ucr.ac.cr/profesores/Garcia Jaime/SUELO/THE LIVING SOIL–LIBRO-COMPLETO.pdf]

Bonfante, Paola (2018): The Future has Roots in the Past: the Ideas and Scientists that Shaped Mycorrhizal Research. In: New Phytologist 220(4), Special Issue: Cross-Scale Integration of Mycorrhizal Function, S. 982–995. [https://nph.onlinelibrary.wiley.com/toc/14698137/2018/220/4] [https://doi.org/10.1111/nph.15397]

Conford, Philip (1999): The Origins of the Organic Movement. Edinburgh: Floris.

Garrett, Stephen Denis (1949): Dr. M. C. Rayner. In: Nature 163, 19. Februar, S. 275–276. [https://doi.org/10.1038/163275b0]

Gill, Erin (2010): Lady Eve Balfour and the British Organic Food and Farming Movement. PhD Thesis Aberystwyth University. [http://ladyevebalfour.org/down/Lady-Eve-Balfour-by-Erin-Gill.pdf]

Howard, Albert (1948): Mein landwirtschaftliches Testament. Berlin-Charlottenburg/Frankfurt/Main: Siebeneicher. (Englische Auflage: An Agricultural Testament 1940, London: Oxford University Press).

Sheldrake, Merlin (2020): Entangled Life: How fungi make our Worlds, change our Minds, and shape our Futures. New York City: Penguin Random House.

Erika Riese (1893–1959)

Gärtnerin, Gartenbaulehrerin, Getreidezüchterin, Leiterin einer Auskunftsstelle für biologisch-dynamischen Garten- und Landbau, Autorin

»… das innere Wesen der Pflanze zu begreifen: Worauf will sie selbst hinaus, was liegt ihr, wie kann man sie zu sich selbst hin und auf diesem Weg über sich selbst hinausführen?«

Erika Riese wurde am 20. Juni 1893 in Würzburg geboren und wuchs in Berlin auf. Schon als Kind zum »Gärteln« hingezogen, absolvierte sie 1914 bis 1916 eine Lehre in der Krankenhausgärtnerei in Berlin-Lichterfelde. Als Gehilfin arbeitete sie auf Schloss Owanta in der kleinen litauischen Stadt Alanta und in den beiden Folgejahren an der Landesbaumschule zu Gotha. Danach ging sie an die Landfrauenhochschule Amalienruh bei Meiningen, die seit 1916 dem Reifensteiner Verband angehörte und die praktische Ausbildung auf einem dazugehörenden Mustergutshof anbot. Damit hatte Erika Riese die zweijährige Gehilfinnenzeit – Voraussetzung für die Aufnahme an die *Höhere Gärtnerlehranstalt Berlin-Dahlem* – abgeleistet und wurde dort zur Meisterausbildung zugelassen. Arbeitsstellen in der gärtnerischen Siedlung in Lebus an der Oder und in Hochbuch (Lindau) folgten, bis sie schließlich Anfang der 1920er-Jahre als Gartenbaulehrerin an den ebenfalls dem Reifensteiner Verband angeschlossenen Frauenschulen Gaienhofen am Untersee und Groß-Sachsenheim in Württemberg unterrichtete.

1925 trat Erika Riese in die *Freie Anthroposophische Gesellschaft* ein. Im Herbst des gleichen Jahres ging sie nach Dornach (Schweiz) und wurde die erste Mitarbeiterin von Ehrenfried Pfeiffer, der gerade ein Forschungsteam für das 1921 am Goetheanum gegründete *naturwissenschaftliche Forschungslaboratorium* zusammenstellte. Neben der Pflege des großen Gartens begann Erika Riese gemeinsam mit anderen Frauen wie *Martha Künzel, Brunhild Erika Windeck* und *Marie Wundt* mit der mühseligen Züchtungsarbeit an Wildgräsern, die Rudolf Steiner angeregt hatte: Auf die Frage von Landwirten, was gegen die Degeneration von Getreide getan werden könne, hatte er empfohlen, auf Wildgräser zurückzugreifen und diese durch Veredelungszüchtung und scharfe Auslese in Kulturpflanzen umzuwandeln. Erika Riese und ihre Kolleginnen beschafften als Ausgangsarten Hafergras, Mäusegerste, Quecke, Bergroggen und verschiedene Einkornarten. Ob die in den 1930er-Jahren begonnenen Züchtungsversuche von Wildkartoffeln wissenschaftlichen Interessen oder vielleicht auch der notwendigen Selbstversorgung geschuldet waren, bleibt unklar. Zwölf Jahre forschte das Team um Erika Riese, ohne dass ihnen »ein durchschlagender Erfolg beschieden« war. (Mos 2006, S. 113) Riese hat die Dornacher Veredlungszüchtungsversuche von 1928 bis 1940 sorgfältig und genau, wie es ihre Art war, dokumentiert und auf der landwirtschaftlichen Tagung 1941 am Goetheanum vorgestellt. Angefangen von Bodenpflege, Saatgutbädern und Präparateanwendungen ging sie auf Vorfruchtkulturen, Randpflanzen und den Umgang mit Schädlingen ebenso ausführlich ein wie auf die Einzelgeschichten der Züchtungspflanzen. (Mos 2006, S. 109–171)

Erika Riese

Bedingt durch ihre unterschiedlichen Ausbildungen und Zugänge zur Anthroposophie war das Arbeitsverhältnis von Riese und Pfeiffer von Anfang an hierarchisch angelegt. »Riese leistete die Vorarbeit, und Pfeiffer war der Sprecher dieser Arbeit«. (Pfeiffer 1959, S. 149) Auch Erika Riese schien diese Rollen fraglos akzeptiert zu haben, wie einer Äußerung bei der landwirtschaftlichen Tagung 1941 entnommen werden kann: »In den Jahren 1928 und 1929 wurde im Dornacher Versuchsgarten unter der Leitung von Herrn Dr. Pfeiffer eine Arbeit in Angriff genommen, die bis heute fortgesetzt und ausgebaut worden ist. Es handelt sich um pflanzenzüchterische Versuche, im wesentlichen um Getreidezüchtung.« (Mos 2002, S. 15) Bei alledem konnte sie sich der Wertschätzung des sechs Jahre jüngeren Pfeiffers sicher sein. Neben ihrem Zeichentalent hob er, wie auch bei *Erica Sabarth,* ihre Eigenschaft hervor, »eine Idee auszuführen, d. h. sie umzusetzen, egal, wie neu, scheinbar abwegig oder ungewöhnlich sie auch sei – sofern sie zu einem Versuch dienen konnte, wurde sie ausgeführt.« (zit. nach Meyer 1999, S. 128) Er war sich anscheinend des treibenden Moments bewusst, den Erika Riese in ihre Arbeitsbeziehung und die Entwicklung des biologisch-dynamischen Land- und Gartenbaus einbrachte und mit ihrer Exaktheit und Gewissenhaftigkeit unterstützte.

Neben der Getreideveredelung arbeitete Riese auch an der von Steiner grob skizzierten Herstellung biologisch-dynamischer Präparate und vitalisierenden Zubereitungen für Boden und Pflanzen, den »Kompost-« bzw. »Spritzpräparaten«. Die von ihr hergestellten Präparate galten als die besten und wirksamsten und wurden nicht nur von Ehrenfried Pfeiffer gerne für experimentelle Arbeiten verwendet. Jahrzehntelang war Erika Riese mit ihrem reichhaltigen botanischen Wissen die Leiterin sowohl des Versuchsgartens am Goetheanum als auch der Dornacher *Auskunftsstelle für biologisch-dynamische Wirtschaftsweise.* Die von ihr mit Pfeiffer und Eckstein betreuten landwirtschaftlichen Betriebe lagen in der Schweiz, in Italien, Südbaden, dem Elsass und weiteren Gebieten Frankreichs. Immer wieder gab sie Kurse zum biologisch-dynamischen Land- und Gartenbau. Als talentierte Zeichnerin fertigte sie Pflanzenzeichnungen und Unterrichtsmaterialien für ihre Kurse selbst an.

Gerne gab sie ihr Wissen auch in Artikeln für die *Mitteilungen des Landwirtschaftlichen Versuchsrings der Anthroposophischen Gesellschaft* weiter, »ein schönes Blättchen«, das nur gelegentlich erschien, wie sie in einem Brief an *Laurentia Dombrowski*, eine Ordensschwester der Abtei Fulda, 1954 vermerkte. Die Nachfolgeschrift *Beiträge*, die 14-täglich erschien, hielt sie für »etwas ärmlich« und »primitiv«, daher war sie deutlich weniger motiviert, dafür zu schreiben. Öffentliche Bekanntheit erreichte Erika Riese als Pfeiffers Co-Autorin des 1940 erschienenen Buches *Der erfreuliche Pflanzgarten. Kurz gefasste Anleitung für die Selbstversorgung mit Gemüse.* Auf über 100 Seiten sind allgemeine Betrachtungen und Einzelheiten zur »konzentrierten Gemüseerzeugung im kleinsten Raum« sowie Kräuteranbau im Bauern- und Hausgarten aus biologisch-dynamischer Sicht dargelegt. Großer Wert wurde auf die Düngung gelegt. Im Schlusskapitel *An die Hausfrau* wurde auf die schonende Verarbeitung der Gemüse in der Küche hingewiesen. Es ist sicherlich auch der nur leicht angedeuteten Nähe zu biologisch-dynamischen Konzepten zu verdanken, dass dieses Buch derart große Verbreitung fand und 1994 in der elften überarbeiteten und erweiterten Auflage (73. bis 76. Tausend) erschienen ist. Wie Briefwechseln entnommen werden kann, schien Erika Riese sowohl beim Schreiben als auch gegenüber dem Verlag federführend gewesen zu sein. Interessant ist dabei zu beobachten, dass sich Pfeiffer und Riese auch nach Jahrzehnten enger Zusammenarbeit in ihrer Korrespondenz einerseits siezten und andererseits ein sehr vertrautes Verhältnis hatten. Es zeigt sich etwa in den Anreden »Liebe Riesendame« und »Lieber Pfeiffer«, die sich durch alle Briefe ziehen, und in Anmerkungen wie »dass ich oft und intensiv an Sie denke« oder »mit den herzlichsten Grüßen stets Ihr Ehrenfried Pfeiffer«.

Erika Rieses Arbeitspensum war enorm und ihre Tatkraft schier unerschöpflich. Sie »[…] war entweder direkt im Garten bei ihren Pflanzen, pflegend und selektierend, oder in ihrem winzigen Arbeitsraum zählend, messend, wiegend, notierend tätig. In diesem Arbeitsraum, ›ihrem Reich‹, spielte sich alles ab: Es war Büro, Umkleide, Waschraum, Besprechungszimmer, Labor in einem.« So beschreibt Christoph Göbel, ihr Nachfolger in der Auskunftsstelle in Dornach, Rieses Arbeits- und Forschungssituation in seinem biografischen Porträt vom Jahre 2003. Entsprechend groß war der Zeitdruck, unter dem sie stand. Entschuldigungen für verspätete Antworten auf Anfragen oder abruptes Beenden von Briefen waren nicht selten: »Es kommt wer und will was von mir.« (Brief an Laurentia Dombrowski vom 5. August 1954) »Ich schreibe fürchterlich schnell, ›exgüsi‹ die resultierende Schrift! Herzliche Grüße, dieweil ich tatsächlich in Eile bin.« (Brief an Laurentia Dombrowski vom 4. Juni 1957).

Aller Zeitnot zum Trotz nutzte sie keinerlei technische Unterstützung für das Schreiben ihrer vielen Briefe:

> »Es war etwas Charakteristisches, dass sie diese umfangreiche Korrespondenz handschriftlich führte und nicht zu bewegen war, eine Schreibmaschine dazwischenzuschalten. Sie musste mit ihrer Hand ganz nahe sein dem, was sie tat. Die Hand war ihr bevorzugtes Organ. Deshalb war auch ihr tiefstes Anliegen der Versuchsgarten in Dornach. Dort hat sie ja auch viel körperlich gearbeitet, um eben durch das Graben, durch das In-die-Hand-nehmen von Pflanzen einen direkten Kontakt mit den Pflanzen und dem Boden durch den Handgriff zu haben.« (Günther Wachsmuth 1959, S. 96)

Es ist daher gut nachzuvollziehen, wenn Max Karl Schwarz sie in seinem Nachruf als »Pflanzenamme« bezeichnete, die eine besondere Verbindung mit den Pflanzen hatte. (1959, S. 97)

Im Vergleich zu ihren rührigen Lehr- und Wanderjahren war Erika Riese in ihrer Schweizer Zeit eher sesshaft. In ihrem Briefwechsel mit Laurentia Dombrowski vom Juli 1953 bis Mai 1958 erwähnt sie nur einen Erholungsurlaub nach schwerer Grippe im Schweizer Chateau St. Barthélemy, eine Fahrt nach Loheland zu einer landwirtschaftlichen Tagung im Jahr 1950 und eine 18-tägige berufliche Reise nach England und Schottland mit Vorträgen und Fachaussprachen 1954. Es ist zu vermuten, dass sie in den 1940er-Jahren auch ihren Mentor und ehemaligen Kollegen Ehrenfried Pfeiffer auf der *Threefold Farm* in Spring Valley (NY) in Amerika besuchte.

Jederzeit war Erika Riese mit der weiten Welt vernetzt. (Schmitt 2006) Sie berichtete von den Begegnungen anlässlich der vielen Tagungen und Kurse, die am Goetheanum stattfanden. Als Expertin für biologischen Land- und Gartenbau führte sie eine ausgedehnte Fachkorrespondenz mit Menschen aus anderen Erdteilen. Gewandt in der englischen Sprache, wurde sie auch mit englischer Korrespondenz anderer Kollegen beauftragt. Als 1937 helle Aufregung wegen des angeblichen Plagiats von *Maye Bruce*, Erfinderin des Kompostbeschleunigers »Quick return«, herrschte, formulierte Erika Riese die Protestbriefe an die »Dame aus England«, die dann von Dr. Günther Wachsmuth als Leiter der Naturwissenschaftlichen Sektion unterschrieben und versandt wurden.

Sie arbeitete unermüdlich bis zu ihrem Lebensende und achtete nicht auf Warnzeichen. »Schon seit einiger Zeit war es ersehbar, dass sie nur noch aus der Hingabe zu dem Werke Rudolf Steiners die Kraft zur Weiterarbeit schöpfte; aber anmerken liess sie es sich nie, dass ihr die Arbeit zu schwer wurde.« (Garbari 1959, S. 148) Sowohl am Schreibtisch und im Labor wie auch im Garten machte sie immer weiter. »Und als man ihr wegen ihrer Krankheit in letzter Zeit warnend sagte: dieses Graben dürfe sie nicht mehr so tun, antwortete sie: wenn ich das lasse, das wäre mein Tod. Und sie hat tatsächlich im Versuchsgarten geschafft, bis sie eben ins Spital musste.« (Wachsmuth 1959, S. 96)

Erika Riese, die »als Botanikerin und Gärtnerin geboren« war, wie Ehrenfried Pfeiffer in seinem Nachruf formulierte, starb kurz vor ihrem 66. Geburtstag am 2. Juni 1959 in Basel.

Ausgewählte Werke

Pfeiffer, Ehrenfried/Riese, Erika (1940): Der erfreuliche Pflanzgarten. Basel: Zbinden und Hügin. 11., überarbeitete und erweiterte Auflage 1994. Dornach: Philosophisch-Anthroposophischer Verlag am Goetheanum.

Riese, Erika (1955): Landbau und Ernährung. In: Anna Ljungquist (Hg.): Zur Qualität der Ernährung. Dornach: Rudolf-Gering-Verlag, S. 176–178.

Literatur

Allgemeine Anthroposophische Gesellschaft (Hg.) (1959): Kremationsfeier für Erika Riese, Freitag den 5. Juni 1959: Ansprache von Herrn Dr. G. Wachsmuth (S. 95–96), Herrn Dr. Poppelbaum (S. 96–97), Herrn M. K. Schwarz (S. 97). In: Was in der Anthroposophischen Gesellschaft vorgeht. Nachrichten für deren Mitglieder, Dornach (Schweiz) 36(24).

Denkschrift zum 100jährigen Bestehen der Höheren Gärtnerlehranstalt Berlin-Dahlem, Frankfurt/Oder 1924 (*Universitätsbibliothek der TU Berlin, Sondersammlung Gartenbaubücherei, Sign. 8Af2659) Teil I.5: Biographien in den Festschriften der Gärtnerlehranstalt Wildpark – Dahlem, Verzeichnis der ehemaligen Hörer und Hospitanten-nach Jahrgängen geordnet – 1824–1924 (hier 1918), Auszug aus dem Anhang S. 2–222, S. 178. [http://gartentexte-digital.ub.tu-berlin.de/gaertnerbiographien/gaertnerbiographien.pdf]

Garbari, Mario (1959): Erika Riese zum Gedächtnis. In: Allgemeine Anthroposophische Gesellschaft (Hg.): Was in der Anthroposophischen Gesellschaft vorgeht. Nachrichten für deren Mitglieder, Dornach (Schweiz) 36(37), S. 134.

Göbel, Christoph (2003): Riese, Erika. In: Bodo von Plato (Hg.): Anthroposophie im 20. Jahrhundert. Ein Kulturimpuls in biografischen Porträts. Dornach: Verlag am Goetheanum, S. 656–657. [Siehe biographien.kulturimpuls.org/detail.php?&id=566]

Koepf, Herbert H./Plato, Bodo von (2001): Die biologisch-dynamische Wirtschaftsweise im 20. Jahrhundert. Dornach: Verlag am Goetheanum.

Pfeiffer, Ehrenfried (1959): Erika Riese zum Gedenken. In: Allgemeine Anthroposophische Gesellschaft (Hg.): Was in der Anthroposophischen Gesellschaft vorgeht. Nachrichten für deren Mitglieder, Dornach (Schweiz) 36(37), S. 149–150.

Schmitt, Mathilde (2006): Fertile Minds and Friendly Pens: Early Women Pioneers in West-Europe. In: Georgina Holt/Matthew Reed (Hg.): A Post-organic Future? Assessing and Understanding the Role of the Global Organic Movement. Wallingford: CABI, S. 56–69.

Schwarz, Max K. (1959): Erika Riese †. In: Lebendige Erde 10(4), S. 184.

Erika/Erica Sabarth (1897–1981)

Naturwissenschaftlerin, Expertin für Kristallisationsmethoden, Labormitarbeiterin von Ehrenfried Pfeiffer

Im Jahr 1931 verheiratete sich der biologisch-dynamische Forscher Dr. Ehrenfried Pfeiffer (1899–1961) mit Adelheid Freiin von Ketelhodt. Doch die Frau, die häufiger an seiner Seite Erwähnung findet, ist Erika Sabarth – oder auch Erica Sabarth, wie sie in ihrer zweiten Lebenshälfte im englischsprachigen Raum als seine Co-Autorin in Erscheinung trat. Über viele Jahrzehnte war sie seine Labormitarbeiterin, nahm an seinen mannigfaltigen landwirtschaftlichen und medizinischen Forschungen teil und reiste mit ihm an seine vielfältigen Wirkungsstätten in Europa und Amerika.

Erika Sabarth wurde am 20. März 1897 in Halle geboren und studierte Naturwissenschaften. Eine Ehe war von kurzer Dauer, Schwermut und Depression begleiteten die junge Frau, bis sie 1925 bei Freund*innen auf die Eurythmie aufmerksam wurde. Über Stuttgart kam sie schließlich nach Dornach und Arlesheim in der Schweiz. Tief beeindruckt von Vorträgen von Ehrenfried Pfeiffer, bot sie ihm ihre Hilfe beim Aufbau des von ihm geplanten Forschungslaboratoriums der Naturwissenschaftlichen Sektion der *Freien Hochschule für Geisteswissenschaft* am Goetheanum in Dornach an. Jahre intensiver Zusammenarbeit begannen. Das Ziel, eine Darstellungsweise für die »Bildekräfte des Lebendigen« zu finden, verband Pfeiffer und Sabarth ebenso wie die Überzeugung, dass diese Forschungsarbeit einem »sakramentalen Vorgang« nahekomme und zu einer moralischen Entwicklung der Forschenden führe. Ehrenfried Pfeiffer war über die Begabung seiner Mitarbeiterin als Experimentatorin begeistert. Als er sie fragte, welches Mineralsalz wohl am geeignetsten sei, eine empfindliche Kristallisation hervorzurufen, habe sie spontan und »intuitiv« aus einer Reihe von Salzen das Kupferchlorid ausgewählt. (Selawry 1987, S. 62) Fortan studierte Erika Sabarth die formenden Einwirkungen pflanzlicher, tierischer und menschlicher Substanzen auf das Kupferchlorid und erarbeitete dabei spezifische Vorgehensweisen und Möglichkeiten dieser bildschaffenden Methode. (Selawry 1957, S. XI) Die Vitalität von Nahrungsmitteln sollte mit den durch die Kristallisationsmethode erzeugten Bildern ebenso sichtbar werden wie die Verfügbarkeit lebensnotwendiger Stoffe in Kompost und Boden oder auch Krankheitsprozesse im menschlichen Körper.

Anfang der 1930er-Jahre folgte Erika Sabarth Ehrenfried Pfeiffer auf das Gut *Loverendale* in den Niederlanden, wo sie unter anderem in ein Projekt zu vergleichenden Fütterungsmethoden eingebunden wurde. Hierbei zeigte sich, dass bei Hühnern eine Fütterung mit biologisch-dynamisch angebautem Weizen bessere Legeleistung und stabilere Gesundheit erbrachte als bei durchweg mit mineralisch gedüngten Weizen gefütterten Hühnern.

Nach ausgedehnten Studienreisen zog Ehrenfried Pfeiffer mit seiner Familie 1940 in die USA – und mit ihm Erika Sabarth. Sie bauten gemeinsam ein Labor am *Hahnemann Medical College* in Philadelphia auf. Als Pfeiffers erstes Landwirtschaftsprojekt scheiterte und er jahrelang krank war, arbeitete Erika – nun schrieb sie sich Erica – in New York für einen anthroposophischen Arzt und versorgte ihren rekonvaleszenten Arbeitsgefährten für seine spirituelle Arbeit mit Büchern und weiteren Materialien. 1948 bot Charlotte Parker, Mäzenin und eine der Gründerinnen der anthroposophischen Threefold Group, Ehrenfried Pfeiffer an, auf ihrer *Threefold Farm* in Spring Valley (NY) ein biochemisches Forschungsinstitut aufzubauen. Wieder war es Erica Sabarth, die zusammen mit Dikkie Vibber und anderen die Arbeit im neuen Labor aufnahm.

Die rege Zusammenarbeit der Gruppe fand nicht nur im experimentellen Bereich statt. Hatte sich Erica schon in ihrer Jugend für östliche Philosophien interessiert, so befasste sie sich jetzt mit Pfeiffer und den anderen regelmäßig mit anthroposophischen Themen, insbesondere mit den Vorträgen, die Rudolf Steiner zu Christian Rosenkreutz im September 1911 in Neuchâtel gehalten hatte. »Für die Aufgaben im Laboratorium und das Aussuchen von Materialien war Erica Sabarth ständig zur Hand«, berichtete der Arzt und Psychiater Dr. Paul W. Scharff im Rahmen seiner späteren Trauerrede. Und er verschwieg nicht, dass Ericas Neigung, »Dinge für sich zu behalten«, d. h. nur mit Pfeiffer selbst zu teilen, für die Mitarbeiterinnen nicht immer leicht war. In diesem Kontext ist Pfeiffers Würdigung, ja, Verteidigung seiner Zusammenarbeit mit Erica Sabarth zu verstehen:

> »Es war ein entscheidender Faktor in unserer Zusammenarbeit, der von vielen, auch recht engen anderen Mitarbeitern übersehen, mißverstanden, falsch beurteilt worden ist. Nur dieses Zusammenklingen von Denken, Vernunft, Phantasie oder Imagination (wenn der Ausdruck hier erlaubt ist), zusammen mit unbedingter Treue und Hingabe beim Weiterverfolgen der Idee aufgrund von experimentellen Versuchen hatte uns zu erfolgreichen Ergebnissen geführt. Eine beidseitige Hingabe an die Arbeit, ungestört von Kritik und Zweifeln anderer – einfach

> das Vertrauen in die Richtigkeit unserer Zielvorstellung, und die Ausdauer, sie aufzuzeigen, empirisch, mit vernünftigen Ergebnissen: Aus dieser Zusammenarbeit erwuchs das Labor, das zur großen Liebe meines Lebens wurde, die ich nie im Stich ließ oder aufgab.« (Pfeiffer in Meyer 1999, S. 128)

Während Pfeiffers längeren Absenzen durch Krankheit oder Reisen führte Erica Sabarth die begonnenen Forschungsarbeiten fort. Selbst über seinen Tod im November 1961 hinaus setzte sie, die wusste, worauf es ihm ankam, die gemeinsam entwickelten Ideen und Projekte noch viele weitere Jahre um. Das Ehepaar Paul und Ann Scharff, das in der Nachbarschaft der *Threefold Farm* die *Fellowship Community* für die Pflege älterer Menschen aufgebaut hatte, stellte Erica Sabarth von 1961 bis 1974 Räumlichkeiten für Kristallisations- und Chromatografiekammern zur Verfügung, sodass sie ihre Experimente weiterführen konnte. »Then, Erika Sabarth who was one of Pfeiffer's main coworkers for decades, came and lived at the Fellowship and helped keep the lab going on a modest scale. It was not as a commercial entity anymore, it was just to do research, experiments and so on.« (Mac Mead 2018)

Erica Sabarth blieb weiterhin die Ansprechperson sowohl für Versuchsanordnungen im Labor als auch für biodynamische Anbaufragen. Bei ihr konnte weiterhin die fachgerechte Herstellung von biologisch-dynamischen Präparaten erlernt werden. Außerdem sorgte sie dafür, dass der »Pfeiffer Wheat«, den Ehrenfried Pfeiffer aus Europa in die USA gebracht hatte, weiter angebaut und fortentwickelt wurde und nach ihrem Tod schließlich auf »Forschungsreise« ging, wie in einem Blog der *Biodynamics* zu lesen ist:

> »[...] in the 1970s his colleague Erika Sabarth passed the Pfeiffer Wheat to Paul Scharff and Mac Mead of the Fellowship Community. Mac grew Pfeiffer Wheat at the Fellowship from 1976 until 1995 (working with Erika Sabarth until her death in 1981). In 1994, Walter Goldstein of the Mandaamin Institute in Wisconsin received the wheat from Paul Scharff. He continued to select it for the tougher winter conditions of Wisconsin and for practical production. Today [2018], four farms in Wisconsin have grown or are growing Pfeiffer Wheat and working to establish markets for its flour.« (https://www.biodynamics.com/blog/pfeiffer-wheat)

In zahlreichen Artikeln im *Biodynamics Journal* und Vorträgen gab Erica Sabarth, nun schon bejahrt, ihr umfangreiches Wissen zu den biodynamischen Präparaten und ihre naturwissenschaftlichen Kenntnisse, etwa über die Wirkungen von Spurenelementen, weiter. Nie stellte Erica Sabarth sich als Leiterin des Forschungsinstituts heraus, sondern sprach lieber vom »Laborteam«. In diesen Jahren »fiel auch manches von der Isolation ab, die dieses so ganz auf eine Aufgabe gerichtete Leben im sozialen Zusammenhang gekennzeichnet hatte.« (Koepf o. J.)

Ab 1975 unterstützte sie bei ihren Experimenten der damals 24-jährige Mac Mead, heute Programmdirektor des *Pfeiffer Center* in Spring Valley. »She taught me experimental garden work, soil testing, and we worked together to continue breeding what is now called the Pfeiffer wheat. This included the physical practical work but also the meditative work that supports it.« Er betreute Erica Sabarth bis zu ihrem Tod in der Fellowship Community am 25. Juli 1981. Mit der schönsten und körnerreichsten Ähre des geernteten Pfeiffer-Weizens verabschiedete sich der junge Mann von der sterbenden Meisterin der Kristallisationsforschung, von der Paul Scharff in seiner Trauerrede sagte:

> »Man darf sich Erica Sabarth vorstellen, wie sie über 50 Jahre lang, bis in die letzten Lebensmonate mit der Methode gearbeitet hat, in ruhiger Hingabe, mit dem Feuer einer gezügelten Begeisterung und dem Gefühl, dass dieses Bemühen in die Zukunft führt.«

Ausgewählte Werke

Pfeiffer, Ehrenfried/Sabarth, Erica (1932): Vergleichender Fütterungsversuch mit Hühnern. In: Demeter 7(11), S. 198–200.

Pfeiffer, Ehrenfried/Sabarth, Erica (1933): Steigerung des Humusgehaltes durch die biologisch-dynamische Wirtschaftsweise. In: Demeter 8(4), S. 66–69.

Pfeiffer, Ehrenfried/Sabarth, Erica (1934): Vergleichender Fütterungsversuch an Hühnern, Teil II. In: Demeter 9(1), S. 9–11.

Pfeiffer, Ehrenfried/Künzel, Martha/Sabarth, Erica (1935): Versuche zur Demonstration der Wirkung der Präparate 500 und 501, sowie 502–507. In: Demeter 10(7), S. 113–118.

Sabarth, Erica (1953): Color Symptoms in Plant Deficiency Diseases. In: Biodynamics Journal 30, S. 15–24.

Sabarth, Erica (1953): Plant Symbiosis. In: Biodynamics Journal 32, S. 7–17.

Sabarth, Erica (1955): More about Trace Elements. In: Biodynamics Journal 38, S. 11–19.

Sabarth, Erica (1962): Chromatograms of Soils, B. D. Preparations and their Source Materials. In: Biodynamics Journal 62, S. 9–14.

Sabarth, Erica (1968): Plant Relationships as Made Visible by Chromatography (Black& White Insert). In: Biodynamics Journal 85, S. 12–17.

Sabarth, Erica (1970): Plant Symbiosis. In: Biodynamics Journal 93, S. 13–19.

Sabarth, Erica (1970): The Forming of Soils and Their Testing. Some Aspects of the Subject. In: Biodynamics Journal 96, S. 25–36.

Sabarth, Erica/Williams, Henry M. (1974): Dedication. In: Pfeiffer, Ehrenfried: Sensitive Crystallization Processes. A Demonstration of Formative Forces in the Blood. Hudson (NY): Anthroposophic Press.

Sabarth, Erica/Scharff, Paul W. (1982): The Plant and pH. In: Mercury, Journal of the Anthroposophical Therapy and Hygiene Association 6, S. 3–8.

Quellen

Korrespondenz mit Mac Mead und Eric Silber, 2021 (Mathilde Schmitt).

Adams, David (o. J.): The Beginnings of Biodynamic Agriculture at Threefold Farm in Spring Valley, New York (and in the U.S.). [https://www.biodynamics.com/system/files/pdf/BeginningsOfBD%40ThreefoldFarm.pdf]

Fellowship of Preparation Makers (2018): Interview with Mac Mead. [https://www.biodynamics.com/content/fellowship-preparation-makers]

Koepf, Herbert H./Scharff, Paul (o. J.): Erica Sabarth. 20.3.1897–25.7.1981. Nichtveröff. Nachruf. Archiv des Pfeiffer Center in Spring Valley, New York.

Lübke, Siegfried (o. J.): Ein Besuch im Labor Dr. Pfeiffers. Manuskript.

Scharff, Paul W. (o. J.): Agriculture Course – Lecture 1. [https://www.paulwscharffarchive.com/agriculture-course-lecture-1/]

Literatur

Heinze, Hans (1959): Aus den Anfangsjahren des Forschungslaboratoriums am Goetheanum. Persönliche Erinnerungen. In: Forschungsring für Biologisch-Dynamische Wirtschaftsweise (Hg.): Aus der Bildekräfte-Forschung. Festschrift zum 60. Geburtstag von Ehrenfried Pfeiffer. Darmstadt: Lebendige Erde.

Koepf, Herbert H./Plato, Bodo von (2001): Die biologisch-dynamische Wirtschaftsweise im 20. Jahrhundert. Dornach: Verlag am Goetheanum.

Meyer, Thomas (Hg.) (1999): Ein Leben für den Geist. Ehrenfried Pfeiffer. Basel: Perseus.

Parker, Charlotte E. (1979): A Short History of the Threefold Group Spring Valley, N. Y. from 1922–1972. In: Newsletter of the Anthroposophical Society in America (Spring 1979), S. 20–23.

Paull, John (2011): The Secrets of Koberwitz: The Diffusion of Rudolf Steiner's Agriculture Course and the Founding of Biodynamic Agriculture. In: Journal of Social Research and Policy 2(1), S. 19–29.

Selawry, Alla (1987): Ehrenfried Pfeiffer. Pionier spiritueller Forschung und Praxis. Dornach: Verlag am Goetheanum.

Voitl, Helmut/Guggenberger, Elisabeth (1986): Der Chroma-Boden-Test. Wien: Orac.

Willy Schilthuis (1920–2002)

Diplomgärtnerin, Gartenbaulehrerin, Schulgründerin, Schriftführerin, Übersetzerin

Wilhelmine Schilthuis wurde am 25. Juni 1920 als ältestes von fünf Geschwistern in Den Haag in den Niederlanden geboren. Bedingt durch die beruflichen Einsätze des Vaters, der als Ingenieur Polder trockenlegte und Deiche absicherte, wuchs sie an verschiedenen Orten Hollands auf. Sie besuchte eine Höhere Töchterschule und wurde anschließend, da sie selbst noch nicht genau wusste, was sie werden wollte, von ihren Eltern 1938 für ein Jahr an die Gartenbauschule *Sparsholt College* im Süden Englands geschickt. Willy, wie sie allseits genannt wurde, sollte ihr Englisch verbessern und zudem herausfinden, ob sich ihre Liebe zum Gärtnern als tragfähig für eine Ausbildung erwiese. Nach sechs Monaten war sie überzeugt, dass sie mit Gartenarbeit fortfahren wollte.

Zurück in den Niederlanden besuchte sie von 1939 bis 1940 das *Huis te Lande*, eine Gartenbauschule für Mädchen in Rijswijk, und schloss mit dem Gartenbau-Diplom ab. Die Direktorin dieser Schule, Henny Erna Casparé, lud Willy ein, an den Treffen der biologisch-dynamischen Vereinigung teilzunehmen. Dort lernte sie neben anderen Landbewirtschafter*innen auch die elf Jahre ältere *Mieneke de Boer* (1909–1982) kennen, mit der sie später zusammenarbeiten sollte. Zunächst fand sie eine bezahlte Arbeit bei Djoeke van de Vemde, die den Gemüsegarten eines Kinderheims in Schoorl betrieb.

Im Zweiten Weltkrieg wurden die Niederlande von 1940 bis 1945 von der deutschen Wehrmacht besetzt. Die Reaktionen der Bevölkerung reichten von massivem Widerstand bis hin zu Kollaboration. Auch die anthroposophische Gesellschaft spaltete sich in zwei Gruppierungen. Welche Haltung Willy Schilthuis gegenüber dem Nationalsozialismus einnahm, konnte nicht geklärt werden. Vom Internierungs- und Konzentrationslager in den Dünen von Schoorl hatte sie sicherlich gewusst.

Nach dem Krieg, von 1946 bis 1947, arbeitete sie auf dem kleinen biologisch-dynamischen Bauernhof Sloterland von Hans Wolterbeek in Badhoevedorp. Er hatte erreicht, als erster biologisch-dynamischer Versuchsbetrieb der staatlichen Gartenbauberatung anerkannt zu werden. Der Überzeugung folgend, dass biodynamische Landwirtschaft keine Methode sei, sondern einen mentalen Wechsel nötig mache, setzten sich Willy und Hans gemeinsam in einer Studiengruppe mit anderen Praktiker*innen mit der anthroposophischen Lehre auseinander.

Um dieses Wissen auch weiterzugeben, baute Willy Schilthuis ab September 1947 zusammen mit Klaas (1911–2002) und Mieneke de Boer auf deren Gärtnerhof, dem Teylingerhof in Warmond, eine Ausbildungsstätte für die biologisch-dynamische Wirtschaftsweise mit angeschlossenem Internat auf. Die erste Klasse der Schule bestand aus neun Auszubildenden, vier Jungen und fünf Mädchen. Bereits 1948 konnte die Anlage erweitert werden. Das in der Nachbarschaft lebende Ehepaar Menten stellte einen Seitenflügel ihres Gutes Hagheweijde sowie die Orangerie mit Gewächshäusern, Nebengebäuden und Gartenland zu einem geringen Mietpreis zur Verfügung. Hier sollte nach der Renovierung fortan die erste Klasse untergebracht werden.

Willy Schilthuis mit einer Sämaschine um 1950

Nach und nach wurde der *Warmonderhof* zum Zentrum der biodynamischen Landwirtschaft in den Niederlanden. Viele Expert*innen aus dem In- und Ausland besuchten diese außergewöhnliche Schule. Vom 25. bis 29. Juni 1953 fand eine internationale biologisch-dynamische Sommerkonferenz statt. Die Schüler und Schülerinnen waren etwas früher in die Ferien geschickt worden, um etwa 40 Gäste aus Deutschland, England, Dänemark, Schweden, der Schweiz und den Niederlanden in Teylingerhof und Hagheweijde unterbringen zu können.

Die 1950er-Jahre brachten aber auch Finanzierungsengpässe. Um staatliche Unterstützung erhalten zu können, mussten alle Lehr- und Leitungskräfte Weiterbildungsmaßnahmen vorweisen können. Willy Schilthuis begann, neben Gartenbau auch Bauwesen, Instandhaltung und Englisch zu studieren, um das Lehrzertifikat für die Sekundarstufe zu erwerben. 1960 wurde dem *Warmonderhof* schließlich der Sekundarschulstatus verliehen. Als in den folgenden Jahrzehnten auch Flächen und Gebäude benachbarter Höfe hinzugewonnen werden konnten, wurde die Schule wiederum erweitert und die Zahl der Auszubildenden wuchs von 40 auf über 200. Parallel dazu wurde die Schule zu einem Zentrum für Tagungen, Seminare und Schulungen zur biologisch-dynamischen Wirtschaftsweise in den Niederlanden ausgebaut.

Willy Schilthuis mit zwei Auszubildenden um 1953

1963 hatten Klaas und Mieneke de Boer einen schweren Verkehrsunfall. Willy Schilthuis fühlte sich verpflichtet, eigene Pläne zurückzustellen, und übernahm vorübergehend alleine die Leitung der Schule. 1965 ergab sich dann auch für sie, die »Gärtnerin aus Berufung« (Ellen Winkel), die Chance, einen lange gehegten Traum zu verwirklichen: Mit finanzieller Unterstützung ihrer Mutter erwarb sie einen Gartenbaubetrieb in Nieuwe Wetering, 25 Kilometer von Den Haag entfernt, und gründete ein eigenes Unternehmen. Der Absatz ihrer Erzeugnisse lief gut an. Von hier aus belieferte sie Verbraucher*innen in Den Haag, Amsterdam, Rotterdam und Haarlem. Und Auszubildende des

Warmonderhofes konnten fortan auch in Willy Schilthuis' Betrieb *De Vier Jaargetijden* ihre Praktika verrichten. Neben den Grundlagen des Gärtnerns vermittelte Willy, dass sich biodynamischer Anbau und ein mit moderner Technik ausgestatteter, profitabler Betrieb nicht ausschließen. Technischen Entwicklungen gegenüber sehr aufgeschlossen, schaffte sie sich früher als andere Berufskolleg*innen eine Pflanzmaschine an.

Auch die Öffentlichkeitsarbeit war Willy Schilthuis immer wichtig. Bereits ab 1960 übernahm sie das Amt der Schriftführerin der *Vereniging voor Biologisch-Dynamische Landbouw* in den Niederlanden. 23 Jahre lang war sie für Kommunikation und Korrespondenzen der Vereinigung zuständig – in den Jahren 1987 und 1988 hatte sie zusätzlich den Vorsitz inne – und verantwortlich für deren Mitteilungsblatt *Vruchtbare Aarde*. Sie schrieb viele Artikel und übersetzte unter anderem den *Dornacher Landwirtschaftlichen Rundbrief* ins Niederländische zur weiteren Verbreitung.

Den großen Fundus an Wissen und Erfahrung, den sie jahrzehntelang in Vorträgen und Kursen vermittelt hatte, formulierte sie erst spät für eine Veröffentlichung: 1994 erschien ihr Buch über die biodynamische Landwirtschaft sowohl in niederländischer als auch in englischer Sprache.

2002 starb Willy Schilthuis im Alter von 81 Jahren in Driebergen (NL).

Ausgewählte Werke

Schilthuis, Willy (1994): Biodynamic Agriculture. Edinburgh: Floris Books.

Schilthuis, Willy (1994): Biologisch-dynamische Landbouw voor nu en later. Zeist.

Schilthuis, Willy (2003): Mieneke de Boer und Klaas de Boer. In: Plato, Bodo von (Hg.): Anthroposophie im 20. Jahrhundert. Ein Kulturimpuls in biografischen Porträts. Dornach: Verlag am Goetheanum, S. 100–102.

Quellen

Gespräch mit Nikolai Fuchs, 2003 in Dornach (Heide Inhetveen, Mathilde Schmitt).

[https://de.wikipedia.org/wiki/Schoorl]

Literatur

Guépin, Wilfriede (2002): Klaas de Boer und Willy Schilthuis. Zwei Pioniere des Biologisch-Dynamischen in Holland. In: Lebendige Erde 53(4), S. 49.

Guépin, Wilfriede (2002): Wilhelmine Schilthuis. [biographien.kulturimpuls.org/detail.php?&id=1393]

Winkel, Ellen (2012): De Aarde zal weer vruchtbaar zijn. Verhalen van Landbouwpioniers. Utrecht: AnkhHermes.

Margareth Sekera (1921–1985)

Diplom-Landwirtin, Bodenkundlerin, Beraterin

»Immer mit der Natur und nie gegen sie!«

Margareth Grohsl wurde am 1. Mai 1921 in Wien geboren. Ihr Vater Alexander Alois Grohsl, von Beruf Technischer Zeichner und nebenbei ein begeisterter Fotograf, starb bereits vor ihrem zweiten Geburtstag. Ihre Mutter Maria Anna Grohsl (geb. Kahl) heiratete nicht wieder, sondern zog die Tochter alleine groß. Neben ihrer Arbeit in einem Lebensmittelgeschäft besorgte sie die Wäsche in der Nachbarschaft. So konnte sie ihrem Kind die höhere Schulbildung und schließlich sogar ein Studium ermöglichen: Margareth Grohsl erhielt am 4. März 1940 ihr Reifezeugnis. Von April bis August schloss sich ein Einsatz im Reichsarbeitsdienst (RAD) an – eine seit September 1939 auch für junge Österreicherinnen verpflichtende sechsmonatige Maßnahme, nachdem am 13. März 1938 die Machtübernahme der NS-Diktatur in Österreich stattgefunden hatte. Der RAD war ein Disziplinierungsinstrument im Sinne des nationalsozialistischen Erziehungsideals. Der Einsatz von jungen Frauen fand zunächst fast ausschließlich in der Landwirtschaft statt. Margareth Grohsl absolvierte ihren Dienst bei einem Bauern mit Viehwirtschaft in Imst (Tirol). Welch ein Wechsel der Lebensumstände, denn aufgewachsen war sie in einem mehrstöckigen Mietshaus im neunten Wiener Bezirk – ohne Freiflächen oder Grünanlagen in der näheren Umgebung.

Am 5. September 1940 immatrikulierte sich Margareth Grohsl an der 1872 gegründeten Hochschule für Bodenkultur (BOKU) in Wien für ein landwirtschaftliches Studium; Frauen waren an dieser Einrichtung erst seit 1919 zugelassen. Was ihren Studienwunsch beeinflusste, ist nicht bekannt. Sie schloss ihr Studium im Juli 1943 als Diplom-Landwirtin (Universität für Bodenkultur Wien, Universitätsarchiv) ab; der Titel »Ingenieur« für die Absolventen war 1917 eingeführt worden. Ihre Urkunde erhielt sie am 22. Februar 1944. Studienbegleitend hatte sie als wissenschaftliche Hilfskraft gearbeitet: von April bis Dezember 1941 in einer Anstellung im Forschungsdienst der *Reichsarbeitsgemeinschaft der Landbauwissenschaft* sowie anschließend von Januar bis September 1942 an der Hochschule für Bodenkultur in Wien am *Institut für Landwirtschaftlich-Chemische Technologie* – dem Institut, in dem auch ihr späterer Ehemann Franz Sekera bis 1939 als Hochschulassistent tätig war.

Franz Sekera wurde am 21. Oktober 1899 in Wien als Sohn eines k. u. k. Hofbeamten geboren. Sein Studium der Chemie an der Technischen Hochschule Wien nahm er nach dem Kriegsdienst 1919 auf, mit einem Abschluss als Ingenieur im Juni 1929. Beschäftigungen an der Universität Wien (Physikalisch-Chemische Biologie) sowie in Stockholm sind für 1928/29 belegt sowie von 1929 bis 1932 erneut an der TH Wien. An dieser Einrichtung wurde er 1932 mit einer Arbeit zur Beziehung von Pflanzenernährung und dem Wasserhaushalt des Bodens promoviert. Im Anschluss war er an der BOKU als wissenschaftliche Hilfskraft, ab September 1937 als Assistent am *Institut für Landwirtschaftlich-Chemische Technologie* tätig. Seine Arbeits- und Forschungsinteressen richteten sich auf die Erforschung von Bodenstrukturen, Düngung und Wasserhaushalt sowie deren praktische Anwendungen. Im Jahr 1938 ernannte ihn der Obmann des Forschungsdienstes der *Reichsarbeitsgemeinschaft der Landbauwissenschaft* als Beauftragten des Forschungsdienstes für Österreich (Salzburger Volksblatt 1938). In diesem Jahr habilitierte sich Franz Sekera; ab 1939 leitete er das neu eingerichtete *Institut für Bodenbiologie und Pflanzenernährung*; 1942 wurde er zum ordentlichen Professor ernannt. Bereits ein Jahr später wirkte er führend im »Bodengesundheitsdienst« des Reichsnährstands mit. Zudem wurde der mittlerweile zum Standardwerk avancierte Band *Gesunder und kranker Boden* publiziert, der die gemeinsame Arbeitsbiografie des späteren Paares spiegelt. Denn im selben Jahr, am 21. Juli 1943, fand auch die Hochzeit von Franz und Margareth Sekera statt. Für den deutlich älteren Witwer war es die zweite Heirat, seine erste Frau war nach nur anderthalbjähriger Ehe verstorben. In den ersten zwei Jahren nach der Eheschließung von Margareth und Franz Sekera kamen ihre beiden Söhne zur Welt.

Nach dem Ende des Zweiten Weltkriegs begann für die Familie eine schwierige Zeit, da die berufliche Biografie von Franz Sekera eng mit dem politischen System des Nationalsozialismus verbunden gewesen war. Die BOKU bildete eine der beiden österreichischen Hochschulen mit dem höchsten Organisationsgrad in der NSDAP: 1939 waren 70 Prozent aller Studierenden in der Partei oder NS-Teilorganisationen verankert. Das traf auch auf die Wissenschaftler*innen zu. Nach der nationalsozialistischen Machtübernahme kam es zu einem beispiellosen Machtverlust und der Amtsenthebung von Professoren zugunsten der Dozentenschaft. Franz Sekera, der bisherige »Zellenleiter der NSDAP«, wurde aufgrund einer Verfügung der Bezirksleitung des nationalsozialistischen Beamtenbundes im März 1938 zum kommissarischen Leiter der BOKU ernannt (Der Bauernbündler 1938) und prägte die Geschicke der Hochschule sowie einzelner Dozenten während der NS-Herrschaft deutlich

(Wiener Kurier 1947, Schott 2012). Detaillierte Angaben fehlen heute, denn belastende Personalakten von Angehörigen der BOKU wurden in den letzten Kriegstagen verbrannt. So existiert auch von Franz Sekera lediglich ein einziges Personalblatt im Universitätsarchiv. Am 18. Februar 1947 musste er sich vor dem Volksgerichthof verantworten und wurde – wegen besonders verwerflicher Handlungen in der Zeit der nationalsozialistischen Gewaltherrschaft – zu zwei Jahren Kerker sowie Vermögensverfall verurteilt. Margareth Sekera war nun mit zwei kleinen Kindern im Alter von anderthalb und zweieinhalb Jahren auf sich allein gestellt.

Franz Sekera und seine Leistungen auf dem Gebiet der Bodenforschung weisen ihn als Pionier des ökologischen Landbaus aus. Zweifellos erwarb er besondere Verdienste mit seinen bodenphysikalischen Forschungskonzepten, die wegweisende Arbeiten zu Bodenstruktur und -fruchtbarkeit hervorbrachten. Die posthumen Würdigungen seiner Person und seiner Leistungen sind ein Beleg dafür. Sie zeigen aber zugleich, dass dunkle Kapitel der NS-Geschichte auch dunkel bleiben sollten: Vielen Zeitgenossen lag nicht an Aufhellung; zu engmaschig waren die jeweiligen (eigenen) Verstrickungen der Kollegen. Zudem wurde mit der Aufarbeitung von NS-Geschichte im deutschsprachigen Raum ausgesprochen spät begonnen. Inwiefern Margareth Sekera politisch aktiv war, ist nicht überliefert. Die herausragende Stellung ihres Mannes legt nahe, dass sie seinen Weg unterstützt und seine Haltung geteilt hat. Und offensichtlich wurde ihr nach 1945 das Diplom aberkannt, denn am 14. Juli 1958 legte Margareth Sekera mit der dritten Staatsprüfung an der Hochschule für Bodenkultur erneut ein Examen ab. In der Folge führte sie den Titel »Diplom-Ingenieur«.

Ab 1949 setzten die Sekeras ihre gemeinsame Arbeit fort und nahmen mit dem *Verband landwirtschaftlicher Gutsbetriebe in Österreich* erneut einen »Bodengesundheitsdienst« auf. Hier stand insbesondere die Beschäftigung mit dem Humusproblem der größeren Ackerbaubetriebe in den österreichischen Trockengebieten im Vordergrund (Böhm 1997, S. 314). In Begleitung eines Landarbeiters wurden Feldbegehungen durchgeführt. Jörg Sekera erinnert sich an die für seine Eltern körperlich anstrengenden Erdbohrungen bzw. Profilgrabungen für die Entnahme der Proben, die im heimischen »Labor« – einer Ecke im Arbeitszimmer – chemisch analysiert und mikroskopiert wurden. Sofern weitere Bestimmungen erforderlich waren, kamen die Proben zur Untersuchung in eine nahegelegene Lebensmittelversuchsanstalt. Auf der Grundlage ihrer Ergebnisse berieten die Sekeras Gutsbesitzer und Gutsbesitzerinnen in Bezug auf Bearbeitung und Düngung des Bodens sowie die Fruchtfolgen. Nach dem frühen Tod ihres Mannes am 12. Mai 1955 übte Margareth Sekera diese selbstständige Beratungstätigkeit drei weitere Jahre alleine aus. Die Bauern und Bäuerinnen blieben ihr als Kundschaft erhalten, ein deutliches Zeichen von Kompetenz und Vertrauen.

Die Berufswege des Paars berührten sich seit 1941 – die Studentin Margareth Grohsl war gerade 20 Jahre alt, Franz Sekera ein beruflich etablierter Wissenschaftler Anfang 40. Beide teilten das grundlegende Interesse für Bodenfruchtbarkeit. Zentral für ihre Arbeit wurde der Begriff »Bodengare«, der den Zustand eines gesunden Bodens mit optimaler Krümelstabilität beschreibt – und zwar über die gesamte Anbausaison hinweg, d. h. ohne Wasserstau durch Verklebungen von Schollen und Bodenverdichtung. Zu Aufbau und Beständigkeit einer solchen Bodenstruktur tragen die (Überlebens-) Bedingungen von Mikroorganismen grundlegend bei. Der schmale Band *Der gesunde und kranke Boden* bildet die wesentlichen Erkenntnisse ab; bodenbiologische Prozesse wurden in ihrer Gesamtheit berücksichtigt. (Böhm 1997, S. 314) Struktur und wesentliche Inhalte des Buches gehen offenbar auf eine Vorlesung von Franz Sekera zurück, wie dem Vorwort der ersten Auflage von 1943 zu entnehmen ist – Literaturangaben fehlen jedoch vollständig. Lediglich auf den Bodenkundler Johannes Görbing (1877–1946) wird in Dankbarkeit verwiesen. Das Eingangskapitel *Die Pflanzenwurzel und ihr Lebensraum* bildet die Kernstruktur des Buches, flankiert von Abhandlungen über die Bodengare, Biologie und Technik der Bodenbearbeitung, dem Thema Düngung sowie der »Wiedergesundung der bäuerlichen Kulturlandschaft«. Die Erhaltung der Bodenfruchtbarkeit wird als oberstes Ziel formuliert – nicht nur in Bezug auf bäuerliches Wirtschaften und Landschaftspflege, sondern in umfassenderer Hinsicht:

> »Der Boden ist nicht bloß der Spender unserer Nahrung, sondern er ist gemeinsam mit der Pflanzendecke auch Klimaregler, indem er die Schwankungen des Großklimas ausgleicht und das Bodenklima schafft, in dem wir und auch die Pflanzen leben. Der Wärme- und der Wasserhaushalt von Boden und bodennaher Luftschicht ist für unser Leben so entscheidend und so weitgehend in unserer Hand, daß wir auch hier die Wissenschaft ansetzen müssen, um planmäßig verwalten zu können, was wir bisher als unabänderlich hingenommen haben.« (Sekera 1943, S. 96)

Spätere Auflagen des Buches haben eine veränderte Struktur, die Informationen bauen in anderer Reihenfolge aufeinander auf. Bereits in der dritten

Auflage von 1951 – das Ehe- und Arbeitspaar Sekera war inzwischen in der praktischen Beratung tätig – hatte sich der Sprachduktus geändert; das Buch war zu einer praktischen Handreichung geworden. Komplexe Wirkungszusammenhänge im Boden werden ebenso wie auch praktische Maßnahmen zur Erhaltung und Verbesserung der Bodengare anschaulich dargestellt. In den folgenden Ausgaben wurde die Publikation dann von Margareth Sekera den jeweiligen veränderten Entwicklungen und Bedürfnissen angepasst und erschien nunmehr unter ihrem Namen. Schaubilder ergänzen den Text, der leicht umformuliert und in einigen Passagen überarbeitet wurde. Abbildungen und Beschreibungen sollen den Bauern und Bäuerinnen helfen, den Boden zu »lesen«. Insbesondere die Folgen von Technisierung und betrieblichen Umstellungen in der zweiten Hälfte des 20. Jahrhunderts – wie das zunehmend viehlose Wirtschaften – bezog Margareth Sekera nun in die Darstellung ein und setzte damit neue Schwerpunkte. Auch neuere Erkenntnisse in der Humuswirtschaft werden – samt ihren Urhebern – benannt.

Margareth Sekera um 1970

Die Anteile von Margareth Sekera an den Verdiensten und Erkenntnissen von Franz Sekera lassen sich nicht bestimmen und – wie bei den meisten Arbeitspaaren – nicht klar trennen. Aber Forschungsleistung und Erkenntnis sind stets das Resultat kollaborativer Prozesse. So soll es auch in diesem Beitrag nicht darum gehen, zu gewichten, sondern dafür zu sensibilisieren, dass Ideen und Veröffentlichungen bei einem derart verbundenen (Arbeits-)Paar oftmals auf gemeinsame Arbeitsleistungen zurückgehen.

Margareth Sekera publizierte ihre grundlegenden Erkenntnisse 1960/1961 zudem in dem praxisnahen Artikel *Verfall und Wiederaufbau der Bodenfruchtbarkeit*, der in dosierten kurzen Teilabschnitten in fünf aufeinanderfolgenden Heften des *Organischen Landbaus* publiziert wurde. Dieses Periodikum war 1958 als internationale Fachzeitschrift für gesunde Landwirtschaft und gesunden Gartenbau gegründet und 1959 mit *Bebauet die Erde* (gegr. 1925) bzw. deren Nachfolgeorganen zusammengelegt worden. Margareth Sekera erläutert Bodenstrukturen und in diesem Zusammenhang die Grundzüge von Wasser- und Luftzirkulation mit ihren Folgen wie Verschlämmung oder Verdichtung für Pflanzen und Mikroorganismen.

»Der Landwirt muß diesem Heer von fleißigen Landarbeitern gute Lebensbedingungen geben, damit sie die ihnen gestellte Aufgabe erfüllen können. Die moderne Technik kann dabei sehr gut eingesetzt werden, sei es in der Bearbeitung, in der Pflege, in der Düngung« (4/1960, S. 67). Wichtig war es Margareth Sekera offenbar zu zeigen, dass der Einsatz von moderner Technik der Bodenpflege nicht diametral gegenübersteht, sondern dass beides sehr wohl miteinander vereinbar ist und sogar sein sollte, um gut und rentabel zu wirtschaften. Hier appelliert die Autorin an eine pragmatische Kosten-Nutzen-Rechnung, die Produktivität des Bodens und Arbeitsaufwand ins Verhältnis setzt.

Maßnahmen, den Boden »gar« zu erhalten, bestehen in einem ausgewogenen Kalkzustand und einer dauerhaften, die Humusbildung befördernden Bodenbedeckung (vorzugsweise durch eine Raps- oder Kleedecke). Die Funktion von Pflanzen als Beschattung und als Mikrobennahrung (Wurzelmasse) definierte Margareth Sekera als wichtigstes bäuerliches »Werkzeug«. In Bezug auf den Pflug hingegen gelte es, sorgsam die Tiefe der Erdbewegung abzuwägen, denn neben der Bodenlockerung sollten bei diesem Arbeitsgang die Wurzel- und Ernterückstände dorthin gelegt werden, wo sie in der nächsten Saison als Organismenfutter gebraucht werden.

Margareth Sekera trat im Oktober 1958 in den höheren Dienst des *Bundesministeriums für Land- und Forstwirtschaft* ein, entweder Ursache oder Folge ihrer dritten Landwirtschaftlichen Staatsprüfung im Juli des betreffenden Jahres. Es ist anzunehmen, dass sie, die seit drei Jahren erneut allein für den Unterhalt der Familie zuständig war, durch diese Anstellung nun erstmals sicheren beruflichen Boden unter den Füßen verspürte. Sie war in der *Landwirtschaftlich-chemischen Bundesversuchsanstalt Bodenkartierung und*

Bodenwirtschaft tätig. Mit dem Jahr ihres Eintritts begann diese neuerrichtete Behörde die systematische, von der Bodenschätzung getrennte Kartierung. Dabei wurden ausschließlich landwirtschaftlich genutzte Flächen im Gelände aufgenommen. Sie setzte damit ihre praktische Beratungstätigkeit und die Beobachtung der Bodenfruchtbarkeit gewissermaßen in einer beschreibenden und anwendungsorientierten, aber auch analytisch-bündelnden Arbeit fort. Im Januar 1972 wurde Margareth Sekera zur Oberrätin befördert. In diesem Jahr musste sie ihre Berufstätigkeit jedoch nach einem Schlaganfall im September auch schon beenden; sie hatte an den Folgen dieser Attacke zu leiden. Am 1. März 1985 verstarb Margareth Sekera im Alter von 63 Jahren. Sie wurde, wie bereits 30 Jahre zuvor ihr Ehemann, auf dem Friedhof Grinzing in Wien beigesetzt.

Knapp 20 Jahre später betonte der Verleger Kurt Lau ihre Bedeutung:

> »Viele ehemals bekannte Reformer und Landbaupioniere waren und sind an unserer Zeitschrift in irgendeiner Form beteiligt, sei es als Gründer, Herausgeber, Chefredakteur oder Autoren (Ewald Könemann, Georg E. Siebeneicher, Oswald Hitschfeld, Leo Fürst, Margareth Sekera und unzählige andere Menschen, die heute leider in Vergessenheit geraten sind). Die jüngere Generation ist da nicht mehr so gut informiert. Wir bemühen uns sehr, den guten Geist dieser Pioniere auch weiterhin durch ›NATÜRLICH GÄRTNERN‹ wehen zu lassen.«

Ausgewählte Werke

Sekera, Franz (1943): Gesunder und kranker Boden. Ein praktischer Wegweiser zur Gesunderhaltung des Ackers. 1. Auflage Wien; 3. Auflage Berlin 1951.

Sekera, Margareth (2012): Gesunder und kranker Boden. Ein praktischer Wegweiser zur Gesunderhaltung des Ackers. 4. und 5. Auflage neubearbeitet und erweitert, Graz 1959 und 1984 sowie 6. Auflage Kevelaer 2012.

Sekera, Margareth (1960–1961): Verfall und Wiederaufbau der Bodenfruchtbarkeit. In: Organischer Landbau, 3(4–6), S. 67–69, 87–89, 105–107 sowie 4(1–2), S. 5–7, 45–48.

Quellen

Amtsblatt zur Wiener Zeitung Nr. 161 vom 13. Juli 1947.

Der Bauernbündler vom 26. März 1938.

Bundesforschungs- und Ausbildungszentrum für Wald, Naturgefahren und Landschaft: Historische Entwicklung der Bodenkartierung in Österreich. [https://bfw.ac.at/rz/bfwcms.web?dok=7245]

Das Kleine Volksblatt, Nr. 42 vom 19. Februar 1947.

Korrespondenz mit Jörg Sekera, 2021 (Ira Spieker).

Lau, Kurt Walter (2001) E-Mail an Peter William Moore (NZ) vom 8. März 2001.

Salzburger Volksblatt, Folge 95 vom 26. April 1938.

Universität für Bodenkultur Wien, Universitätsarchiv: Personalblatt Franz Sekera sowie Auskunft vom 21. Februar 2020.

Völkischer Beobachter, Nr. 56 vom 25. Februar 1944.

Wiener Kurier vom 19. Februar 1947.

Wiener Zeitung, Nr. 42 vom 19. Februar 1947.

Literatur

Böhm, Wolfgang (1997): Sekera, Franz. In: Biographisches Handbuch zur Geschichte des Pflanzenbaus. München: K. G. Saur, S. 313–315.

Ebner, Paulus (2002): Politik und Hochschule. Die Hochschule für Bodenkultur 1914–1945. Wien: Deuticke.

Ehrendorfer, Kurt (2010): »Sekera, Franz«. In: Neue Deutsche Biographie 24, S. 209–210. [https://www.deutsche-biographie.de/sfz121058.html#ndbcontent]

Franz, Herbert (1956): Prof. Dr. Ing. Sekera †. In: Mitteilungen der Österreichischen Bodenkundlichen Gesellschaft 2, S. 3.

Schaumann, Wolfgang/Siebeneicher, Georg E./Lünzer, Immo (2002): Geschichte des ökologischen Landbaus. Bad Dürkheim: Stiftung Ökologie & Landbau.

Schott, Martin (2012): Blut und Boden[kultur]. In: zeitgenossin 12 [https://www.oeh.univie.ac.at/zeitgenossin/blut-und-bodenkultur]

Dr. Alla Sergejewna Selawry (1913–1992)

Ärztin, Bildekräfteforscherin, Autorin

»Ihre ganze Schaffenskraft fußt in der Verbindung des Künstlerischen mit der Wissenschaft und Religion.«
(Conrad Schachenmann)

»Lebenslauf.
1913, am 23. August wurde ich in Moskau geboren. 1917 zogen wir nach Stawropol im Kaukasus, 1920 nach Baku, wo ich Privatunterricht bekam. 1922 verliessen wir Russland und reisten nach Berlin. 1923 kamen wir nach Freiburg i./Br., wo ich die höhere Mädchenschule besuchte. 1926, im Januar, siedelten wir nach Stuttgart, wo ich in die Waldorfschule ging und wo ich 1933 das Abitur machte. Im Mai 1933 ging ich nach Freiburg i. Br., um Medizin zu studieren. Dort blieb ich bis Juli 1934 und machte im April 1924 [sic] mein Vorphysikum. Seit November 1934 bis zum Ende des Studiums war ich in Tübingen. Im Juni 1935 habe ich das Physikum gemacht. Von September–November 1938 mache ich das Staatsexamen.«

Der Lebenslauf, den Alla Selawry ihrer Doktorarbeit *Augenkrankheiten und Jahreszeiten* (Doktorurkunde vom 18.11.1938) anfügte, klingt schlicht und »normal« und kann leicht darüber hinwegtäuschen, welch dramatisch-bewegtes Schicksal hinter der Verfasserin schon zum Zeitpunkt ihrer Promotion am 18. November 1938 lag: einerseits die Erfahrung der Flucht und Emigration aus dem Bürgerkriegs-Russland, andererseits ein unbeirrbar eingehaltener Bildungsweg einer jungen Frau.

Alla Selawry war das erste Kind einer russischen Intellektuellenfamilie, der Vater Advokat, die Mutter Ärztin. Allas frühe esoterische Erlebnisse, auf die ihr Biograf Conrad Schachenmann hinweist, lassen vermuten, dass ihre Eltern Kontakt zu der in Russland durch die Übersetzung der Steinerschen Werke anwachsenden anthroposophischen Bewegung hatten. 1917, im Jahr der Februar- bzw. Oktoberrevolution, des Endes der Zarenherrschaft und des Sieges der Bolschewiken, flüchteten die Eltern mit der vierjährigen Alla zunächst auf den großelterlichen Landsitz Stawropol im Nordkaukasus und drei Jahre später nach Baku am Westufer des Kaspischen Meeres, das soeben von der Roten Armee wieder für Sowjetrussland zurückerobert worden war. Über 2.300 Kilometer hatte die inzwischen siebenjährige Alla bis zu diesem Zeitpunkt zurückgelegt, liebte die Natur und Heiligenlegenden und sprach mit Elementarwesen.

Als im Dezember 1922 die Sowjetunion gegründet wurde, war Alla mit ihren Eltern über Konstantinopel, Paris und London nach Berlin emigriert, eine Reise über weitere 6.500 Kilometer. In Berlin hatten sich Anfang der 1920er-Jahre 600.000 Emigrant*innen aus dem sowjetischen Russland zusammengefunden und im vornehmen Charlottenburg (»Charlottengrad«) russisches Kulturleben entfaltet. (Schenkman 2014) Auch der bekannte Philosoph Andrej Belyj (1880–1934) war Ende 1922 nach Berlin gekommen. Zusammen mit seiner Frau Assja Turgenieff (1890–1966) hatte er von 1912 bis 1916 in Dornach gelebt, war Schüler von Rudolf Steiner und Mitglied der anthroposophischen Gesellschaft geworden. Assja Turgenieff blieb in Dornach. Etwa die Hälfte der Emigrantenszene ließ sich in Berlin nieder. Unter ihnen befand sich auch Allas Vater, während sie selbst und ihre Mutter 1923 nach Freiburg zogen. Alla besuchte dort die Höhere Mädchenschule am Holzmarkt. 1924 kam ihr Bruder Oleg (1924–1999) zur Welt, der Arzt wurde und Alla lebenslang verbunden blieb. 1926 zog Familie Selawry erneut um, und zwar nach Stuttgart, dem deutschen Zentrum der anthroposophischen Bewegung. Alla besuchte die wenige Jahre zuvor gegründete Waldorfschule bis zum Abitur im Februar 1933. Im Sommer nahm sie das Medizinstudium in Freiburg auf, absolvierte rasch das kleine Latinum und das Vorphysikum und wechselte zum Jahresende nach Tübingen, wo sie ihr Medizinstudium mit Staats- und Doktorexamen Ende 1938 abschloss.

In ihrem für die Dissertation verfassten Lebenslauf verschweigt Alla wohlweislich, dass »seit dem ersten Semester die Jungmedizinerkurse Dr. Steiners richtungsweisend« waren, die sie von Dr. Ita Wegman erhielt. (Selawry 1987, S. 9) Ferienkurse und ein Praktikum bei der *Weleda* AG führten sie in Naturvorgänge ein, die in den Naturwissenschaften keinen Raum fanden. »Jahrelange Pflanzenbetrachtung und Malen ließ einen Formsinn entwickeln.« (Selawry 1987, S. 9) Bei Aufenthalten in Dornach trat sie mit der russischen Glaskünstlerin und Eurythmistin Assja Turgenieff, die die Glasfenster des zweiten Goetheanums gestaltet hatte, in künstlerischen Austausch, besuchte Theateraufführungen und übte sich in Eurythmie.

Im Frühjahr 1939 erfuhr die soeben promovierte Alla Selawry, dass der Bildekräfteforscher Ehrenfried Pfeiffer einen Arzt suchte, der sich in die Kristallisationsmethode einzuarbeiten bereit war. Zusammen mit *Erika Sabarth* hatte Pfeiffer ab 1925 die Kristallisationsmethode mit Kupferchlorid entwickelt. Auf der Grundlage von Untersuchungsergebnissen schlug er vor, die Blutkristallisation als diagnostische Methode bei Tumorerkrankungen zu nutzen. Dieser Ansatz brachte ihm einen längeren Forschungsaufenthalt am *Hahnemann Medical College* in Philadelphia und im Juni 1939 einen Ehrendoktortitel der Medizin ein. Nach einigem Zögern – »doch zieht mich Laborarbeit nicht an« – reiste Alla Selawry im Frühjahr 1939 nach Dornach, wo Pfeiffer gerade weilte. Von seiner Einführung in die Kristallisationsmethode war sie enttäuscht: »Er selbst muß zur Blinddarmoperation ins Krankenhaus. So verbringe ich gegen zwei Wochen ohne jegliche Anleitung beim Zeichnen von Kristallformen.« (Selawry 1987, S. 67)

Alla Antonia Selawry

Mit einigen Hinweisen zu seinen Versuchen und ihrer Auswertung entließ Pfeiffer seine Schülerin; die angekündigte Fortsetzung der Unterweisungen wurde durch den Ausbruch des Zweiten Weltkriegs und Pfeiffers Aufenthalt in den USA verhindert. Doch Alla hatte Feuer gefangen. Sie begann ein Intensivstudium von Pflanzen- und Organ-Kristallisationen am Forschungslabor der Weleda in Schwäbisch Gmünd und errichtete eine eigene »Kristallisationszelle«. In ihren klinischen Assistenzjahren 1939 bis 1942 in Salzburg,

Dresden und Berlin studierte sie die Blutkristallisationen kranker Menschen. Während ihres Berliner Aufenthalts kam die junge Ärztin vermutlich auch mit dem Projekt einer *Goethe-Hochschule für Forschung und Bildung aus bäuerlicher Lebensordnung* in Berührung, das Dr. Erhard Bartsch 1941 dem NS-Regime angetragen hatte, denn ihr Name steht in der Liste von Dozenten und Dozentinnen, die ihre Bereitschaft zur Mitarbeit an dieser geplanten Einrichtung erklärt hatten.

In den Kriegsjahren arbeitete Alla Selawry in Landpraxen, wo sie ihrem Biografen Schachenmann zufolge auch russische Zwangsarbeiterinnen ärztlich betreute. Nach 1945 baute sie eine eigene Praxis und ein Kristallisationslabor in Stuttgart am Sonnenberg auf. Eine Eheschließung wurde zu einem kurzen Intermezzo im Lebenslauf. Ihre Leidenschaft galt der Heilkunst und der Fortentwicklung der Kristallisationsmethode, die Pfeiffer selbst – durch Krankheit und Schicksalsschläge behindert – nicht mehr leisten konnte. Sie blieb ihm bis zu seinem frühen Tod am 30. November 1961 fachlich und menschlich eng verbunden, empfing ihn zwischen 1955 und 1958 regelmäßig zu Arbeitswochen in ihrer Forschungsstätte, besuchte ihn auf seiner Farm Spring Valley, sprach ihm Mut zu, als er in Dornach keine Resonanz für seine Anliegen fand, gratulierte ihm zur Professur *Integrated Organic Science* in Rutherford, New Jersey, überarbeitete und redigierte zusammen mit Herbert Koepf Pfeiffers »Vorkonzept« des 1957 im Gustav Fischer Verlag in Stuttgart erscheinenden Kompostbuches.

Pfeiffer, der eine wissenschaftliche Anerkennung der Kristallisationsmethode anstrebte, spornte Selawry zu immer neuen Veröffentlichungen ihrer Forschungsergebnisse in Fachzeitschriften an und formulierte in seinen Briefen Begeisterung, als ihm Alla die ersten Artikel zur Kupferchlorid-Blut-Kristallisationsdiagnostik in medizinischen Zeitschriften vorlegte. 1951 gründete Alla Selawry mit befreundeten Kollegen einen *Verein zur Förderung der Blutkristallisationsforschung*. Der Plan, eine eigene Forschungsstätte einzurichten, konnte durch die Unterstützung des Industriellen William Lichtenfels im Juni 1954 realisiert werden. Dieser war auch bereit, die Herausgabe eines Grundlagenwerkes zur Kristallisationsmethode zu finanzieren, das Alla und ihr Bruder Oleg, inzwischen auch Arzt und Bildekräfteforscher, geplant hatten.

Im Februar 1955 organisierte Alla Selawry eine Kristallisationstagung am Sonnenberger Forschungslabor, an der etwa 50 Personen aus Deutschland, der Schweiz, England und Finnland teilnahmen. Ehrenfried Pfeiffer schilderte in seinem Festvortrag die Entwicklung der Bildekräfteforschung bis hin zur Modifikation seiner eigenen Technik durch Hans Krüger (Weleda) und die

Geschwister Selawry. Deren Leistung sei es insbesondere gewesen, die Resultate ihrer Forschung »mit den Methoden der materialistischen Wissenschaft, d. h. physikalisch-chemischen, statistischen Methoden« (Selawry 1987, S. 85) nun auch der wissenschaftlichen Öffentlichkeit vorzulegen. Pfeiffers Kollegin Erika Sabarth erlernte die *Selawry-Methode* bei einem Gastaufenthalt am Stuttgarter Labor, um sie in Pfeiffers Labor in Spring Valley anzuwenden.

Hohe akademische Weihen für die Kristallisationsforschung: ein DFG-Forschungsprojekt

Eine Publikation von Alla Selawry hatte Ende 1954 das Interesse von Alfred Neuhaus (1903–1975) gefunden, dem neuen Ordinarius für Mineralogie und Direktor des Mineralogisch-Petrologischen Instituts und Museums an der Universität Bonn. Kristallzüchtung und -wachstum zählten zu seinen Forschungsschwerpunkten und anthroposophisches Denken waren ihm seit seiner Jugend vertraut. Er bot Alla eine fachkritische Durchsicht des Buchmanuskripts *Die Kupferchlorid-Kristallisationen in Naturwissenschaft und Medizin* an. Mitte Dezember 1954 fand eine Fachtagung an seinem Bonner Institut statt, bei der er und die beiden Selawrys über die historische Entwicklung der Methode, ihre Grundlagen und Wirkungen auf pflanzliche und tierische Substanzen berichteten und ihre Anwendung als medizinische Richtungsdiagnostik in Aussicht stellten.

Zwischen der leidenschaftlichen Forscherin, umfassend gebildet und weltgewandt, und Alfred Neuhaus, dem »letzten Universalmineralogen Deutschlands«, entfaltete sich in den nächsten Jahren ein enger fachlicher und geistig-spiritueller Dialog. »Dieser Austausch, der bis zum Hinscheiden Neuhaus 1973 [sic] währt, fördert alle meine künftigen Arbeiten über Metalle und Kristallisationen«, schrieb Alla Selawry (1987, S. 91) und führte beispielhaft ihre Arbeiten zu *Zinn und Zinntherapie* bzw. *Silber und Silbertherapie* an.

Der Befürwortung von Neuhaus war es sicherlich auch zu verdanken, dass die *Deutsche Forschungsgemeinschaft* ihr und dem Hohenheimer Agrarwissenschaftler Herbert Koepf ein Projekt zur Grundlagenforschung keimender Samen mithilfe der Kristallisationsmethode bewilligte, das von 1957 bis 1961 an der Landwirtschaftlichen Hochschule Hohenheim durchgeführt wurde.

Pfeiffers Therapeutin

Ehrenfried Pfeiffer weilte in den Jahren 1955 bis 1958 regelmäßig in Europa, da er inzwischen als Fachmann für die industrielle Kompostverwertung gefragt war. Bei seinen Besuchen auf dem Sonnenberg waren neben der Kristallisations- und Bildekräfteforschung auch die Beziehungen von Planeten, Metallen und Organen sowie Möglichkeiten von Substanzverwandlungen zu vertiefende Arbeitsthemen. Doch es ging auch um »rein menschliche Belange wie Gesundheitsfragen, Mysterienstätten und Menschenbeziehungen.« (Selawry 1987, S. 99)

Pfeiffer plagten verschiedene Erkrankungen, für die ihm Alla, die spirituelle Ärztin, Heilimpulse aus ihrem fachlichen wie persönlichen Erfahrungshorizont gab: Anfertigen eines ausführlichen Lebensbildes, nach Jahrsiebten geordnet, ein Therapieplan über Kupfer und Antimon, Verminderung seiner Betriebsamkeiten, Hingabe an die Schönheiten der Natur und der Musik, Betrachtungen ihrer Farbskizzen der Dornacher Glasfenster, Rosenkreuz-Imagination, Meditation. Alla Selawry machte in diesen Jahren viele Reisen zu mystischen Orten, wie im Sommer 1955 mit dem Experten für Gralsliteratur Dr. Konrad Sandkühler zu Stätten der Katharer, auf den Montségur und in die Pyrenäen oder im Frühjahr 1956 nach Griechenland und Israel. Ausführlich berichtete sie Pfeiffer und ließ ihn auch an ihren Reflexionen zu einem inneren Schulungsweg teilhaben, »Erinnerungen zu wecken an die Realität der Mysterien; mich darbieten alle dem, was dort eingeschrieben ist – in die Linien der Landschaft, die Musik des Marmors, die Rhythmen der Hymnen.« (Selawry 1987, S. 111)

Alla Selawrys Herzensgebet

In Allas Briefen an Pfeiffer Mitte der 1950er-Jahre finden sich Passagen über ihre persönliche spirituelle Lebensgestaltung. So beschreibt sie ihr Weihnachtserleben 1956:

> »Diese Weihnacht war von Christus-Sonne erfüllt. Russische Hymnen begrüßen in der Christgeburt die ›Sonne der Wahrheit und Güte‹, die warme Hirtenherzen und weise Königshäupter begnadet. – Eine Herzenserkenntnis erschließt unmittelbar diese Erfahrung. […] ›Sonne-Werden‹ ist in aller Bescheidenheit und Konsequenz das zentrale Lebensmotiv.« (Selawry 1987, S. 109)

Selawry hatte sich von Jugend an vom Johanneischen Christentum der Ostkirche und den Anleitungen zur »schmerzlichen Selbsterkenntnis« angesprochen gefühlt. Die *Philokalie*, jene erstmals 1792 in Venedig gedruckte und von Theophan dem Klausner Ende des 19. Jahrhunderts erweiterte russische Sammlung von Weisheiten orthodoxer Kirchen- und Wüstenväter waren ihr nicht nur bekannt und wohl vertraut; vielmehr hatte sie selbst Auszüge aus diesem Werk und anderen Schriften aus dem Russischen übersetzt, eingeleitet und methodisch zusammengestellt. Mit dem 1970 erschienenen, 255 Seiten umfassenden Sammelband wollte seine Autorin »dem deutschen Leser den Zugang zu dem inneren Herzensgebet erschließen, das zu eigener Geisterfahrung führt.« (Selawry 1970, S. 10)

Das ist ihr gelungen: Nach einer frühen und wenig beachteten *Kleinen Philokalie* von 1957 in deutscher Sprache leitete Alla Selawrys *Immerwährendes Herzensgebet* eine Serie von Neuerscheinungen ein, u. a. das erstmals 1974 erschienene und 2020 in der 20. Auflage publizierte *Aufrichtige Erzählungen eines russischen Pilgers.* Selawry zeigte Pfeiffer bereits 1956 Auszüge aus der *Philokalie* und anderen Schriften, die sie für ihre Patient*innen angefertigt hatte und 1964 auch veröffentlichte. Nimmt man mit *Johannes von Kronstadt. Starez Rußlands* ein weiteres ihrer Werke hinzu, so kann die Autorin auch als Wegbereiterin deutscher Literatur zur russischen Frömmigkeit gesehen werden. Bis an ihr Lebensende blieb sie Ärztin, Forscherin und spirituelle Lehrerin. Zwei Dokumente spiegeln den weiten Horizont ihrer Persönlichkeit wider: 1987 erschien ihre Biografie zu ihrem Geistesgefährten Ehrenfried Pfeiffer, im Juni 1989 brachte der Baseler Verlag Die Pforte ihr *Lyrisches Tagebuch* heraus, das – wie sie einleitend schreibt – »Naturerleben, Seelenstimmungen, Menschenbegegnungen und Geistesstreben […] in lyrischer Form meditativ verdichtet.« (Selawry 1989)

Am 27. Juli 1992 verstarb Alla Selawry im Alter von 79 Jahren in Stuttgart.

Ausgewählte Werke

Selawry, Alla (1938): Augenkrankheiten und Jahreszeiten (ms. Diss rer. med. Universität Tübingen; Doktorurkunde vom 18.11.1938. UAT 132/51-1938,90).

Selawry, Alla (1961): Neue Einblicke in die Samenkeimung. Studien an Keimungsstadien von Bohne und Hafer im Kristallisationstest. Dornach: Philosophisch-Anthroposophischer Verlag am Goetheanum. Schriftenreihe der Naturwissenschaftlichen Sektion am Goetheanum 3.

Selawry, Alla (1963): Zinn und Zinn-Therapie. Stuttgart: Haug.

Selawry, Alla (1966): Silber und Silber-Therapie. Stuttgart: Haug.

Selawry, Alla (1975): Samenkeimung und Metallpotenzen im Kristallisationstest. Darmstadt: Research Foundation f. Biodynamic farming.

Selawry, Alla (1985): Metall-Funktionstypen in Psychologie und Medizin. Heidelberg: Haug. Reprint 2017, Berlin: Salumed.

Selawry, Alla (1964): Herzensgebet. Ein Weg geistiger Erfahrung. Nach »Philokaleia« (Berg Athos) und »Was ist das Jesus-Gebet« (Walaam, Finnland). Ulm: Arkana.

Selawry, Alla (Hg.) (1970): Das immerwährende Herzensgebet: Ein Weg geistiger Erfahrung. Russische Originaltexte, zusammengestellt und übersetzt von Alla Selawry. München: Otto Wilhelm Barth Verlag. [http://bibliothek.orthpedia.de/pdf/buecher/Das_immerwaehrende_Herzensgebet_ocr.PDF]

Selawry, Alla (1987): Ehrenfried Pfeiffer. Pionier spiritueller Forschung und Praxis. Begegnungen und Briefwechsel. Ein Beitrag zu seiner Biographie. Dornach: Philosophisch-Anthroposophischer Verlag am Goetheanum.

Selawry, Alla (1989): Johannes von Kronstadt. Starez Rußlands. 2. Auflage Basel: Die Pforte.

Selawry, Alla (1989): Lyrisches Tagebuch. Licht der Natur, Seelenwege, Begegnungen, Geistgeleit. Basel: Die Pforte.

Selawry, Alla/Selawry, Oleg (1957): Die Kupferchlorid-Kristallisation in Naturwissenschaft und Medizin. Stuttgart: Gustav Fischer.

Quellen

Universitätsarchiv Tübingen zu Alla Selawry:

- Studierendenakte (UAT 364/26142): Übersichten über die besuchten Lehrveranstaltungen, Aufnahmegesuch, Lebenslauf, Ahnennachweis, Anmeldung zur Aufnahme.
- Promotionsvorgang (UAT 125/241): Zulassungsgesuch, Gutachten zur Dissertation.
- Doktorurkunde (UAT 132/51-1938,90) vom 18.11.1938.

Literatur

Jungclaussen, Emmanuel (Hg.) (1974): Aufrichtige Erzählungen eines russischen Pilgers. Die vollständige Ausgabe. Freiburg im Breisgau: Herder.

Koepf, Herbert/Plato, Bodo von (2001): Die biologisch-dynamische Wirtschaftsweise im 20. Jahrhundert. Dornach: Verlag am Goetheanum.

Schachenmann, Conrad (o. J.): Selawry, Alla. Ärztin, Forscherin. Forschungsstelle Kulturimpuls. [biographien.kulturimpuls.org/detail.php?&id=601]

Schenkman, Jan (2014): Charlottengrad: Russische Blütezeit in Berlin. [https://de.rbth.com/lifestyle/2014/02/02/charlottengrad russische bluetezeit in berlin 27851]

Schlögel, Karl (Hg.) (1995): Russische Emigration in Deutschland 1918 bis 1941. Leben im europäischen Bürgerkrieg. Berlin: Akademie Verlag. [https://doi.org/10.1515/9783050071473]

Joanna Maria Tak van Poortvliet (1871–1936)

Musikerin, Musikkritikerin, Publizistin, Kunstsammlerin, Gutsbesitzerin, Mäzenin

Joanna Maria Tak van Poortvliet wurde 1871 als ältestes von vier Kindern einer sehr wohlhabenden Familie in Den Haag geboren. Die Mutter stammte aus einer bekannten Rotterdamer Familie, der Vater aus Brabant-Zeeland war Aufsichtsratsvorsitzender der niederländischen Dampfschifffahrtsgesellschaft Zeeland und Politiker. Nach privatem Unterricht und einem Musikstudium schrieb sie, die sich selbst Marie Tak van Poortvliet nannte, vorübergehend Musikkritiken für eine niederländische Zeitung.

1905 lernte sie die Malerin Jacoba van Heemskerck (1876–1923) kennen, der sie im Garten ihres Hauses *Loverendale* in Domburg ein Atelier einrichtete. Gemeinsam verbrachten sie dort fortan die Sommermonate. Marie unterstützte ihre Freundin durch den Ankauf ihrer Bilder und baute darüber hinaus eine große Sammlung von Exponaten moderner Künstler*innen auf, die 1920 bereits 150 Werke enthielt. Mit Herwarth Walden, dem Begründer und Redakteur der Zeitschrift *Der Sturm* und Betreiber der Sturm-Galerie in Berlin, einem künstlerischen Zentrum expressionistischer Künstler*innen, pflegte Marie einen regen Austausch. In ihrer publizistischen Arbeit konzentrierte sie sich auf moderne Malerei, Musik und Anthroposophie.

Zunächst der Theosophie verbunden, wurden Marie Tak van Poortvliet und Jacoba van Heemskerck Anhängerinnen der Anthroposophie, die seit 1912 organisatorische Gestalt annahm. Gemeinsam mit dem Medizinstudenten Willem Zeylmans van Emmichoven (1893–1961), der – unterstützt von Marie – seine Doktorarbeit über die Wirkung von Farben auf Emotionen verfasst und posthum Jacoba van Heemskerck gewidmet hatte, spielte sie eine Schlüsselrolle beim Aufbau der *Anthroposophischen Vereeniging* in den Niederlanden, der *Zeitschrift für soziale Dreigliederung* (DIS) und der ersten holländischen Klinik für anthroposophische Heilkunde.

Marie Tak van Poortvliets Persönlichkeit war geprägt von ihrem klaren, nüchternen Verstand und einem starken Verantwortungsgefühl für die Entwicklung und Verbreitung der Anthroposophie in den Niederlanden. Als sie durch einen Vortrag Dr. Ehrenfried Pfeiffers (1899–1961) in Dornach vom *Landwirtschaftlichen Kursus* in Koberwitz und den daraus abgeleiteten Ansätzen zur Entwicklung einer alternativen Landwirtschaft gehört hatte, begründete sie zusammen mit ihm und Willem Zeylmans van Emmichoven am 8. September 1926 die *Aktiengesellschaft Loverendale*. Damit wollte sie in den Niederlanden den Aufbau des ersten biologisch-dynamischen landwirtschaftlichen Betriebs *N. V. Cultuurmaatschappij Loverendale*, der Kulturgesellschaft Loverendale und der Schutzmarke *Demeter* vorantreiben. Es sollte »ihr Vermächtnis für eine bessere Welt, zum Glück der Menschheit« (Ellen Winkel) werden. Marie Tak van Poortvliet besaß 30 Aktien über 1000 Gulden; Ehrenfried Pfeiffer, dem die Funktion des Direktors zukam, und Willem Zeylmans, Aufsichtsratsmitglied, zeichneten jeweils fünf Anteile.

Ab 1927 wurden Versuchsflächen für Experimente zur Kompostbereitung und zur Verwendung von biologisch-dynamischen Präparaten angelegt. 1929 wurde in einer Scheune neben der Villa ein Laboratorium eingerichtet, um Versuche zur Bodenverbesserung fachkundig zu begleiten. Als 1934 *Martha Künzel* (1900–1957) nach Loverendale kam, erweiterte sie das Forschungsprogramm um die Wildgrasveredelung zur Entwicklung neuer Nahrungspflanzen und Versuche zur Wirkung von Saatbädern auf das Wachstum und die Qualität von Gemüse und Kräutern.

Joanna Maria
Tak van Poortvliet

1928 hatte Marie Tak van Poortvliet das Kapital von 40.000 auf eine Million Gulden erhöht, indem sie die für den *Cultuurmaatschappij* bestimmten landwirtschaftlichen Betriebe einbrachte und notwendige Investitionen finanzierte. Nach De Pannehoeve folgte 1929 Gartenland an der Lepelstraat in der Nähe von Hof Ter Linde, 1930 Ter Linde selbst, 1931 Nieuwerkerke in Arnemuiden und 1932 der Hof ter Mee neben Ter Linde. Insgesamt umfasste Loverendale nun eine Fläche von etwa 50 Hektar.

Die Mäzenin Tak van Poortvliet

Trotz dieser großzügigen Förderung waren die Anfangsjahre in Loverendale von vielen Fehlschlägen und falschen Entscheidungen begleitet, wie Marie Tak van Poortvliet in ihren Aufzeichnungen festhielt. Marie, die an einer erfolgreichen Entwicklung der biologisch-dynamischen Wirtschaftsweise sehr interessiert war, half in den 1920er-Jahren auch praktisch vor Ort mit, rührte die Präparate, bevor sie auf den Feldern versprüht wurden, und betreute ihre Bienenstöcke. Mit Sorge beobachtete sie, wie sich das Unkraut ausbreitete, hatte Bedenken, ob die von Ehrenfried Pfeiffer eingesetzten Unternehmensleiter aus Deutschland und Schweden geeignet waren, um in einem niederländischen Gartenbau- und Landwirtschaftsbetrieb die richtigen Entscheidungen und gegenüber den Mitarbeiter*innen den richtigen Ton zu treffen. Doch sie vertraute darauf, dass sich die biodynamische Landwirtschaft langfristig auf ihrem Ackerland erfolgreich entwickeln würde.

1930 siedelte sie nach Dornach in die Schweiz über, blieb aber weiterhin Loverendale eng verbunden und brachte auch den Rest ihres verbliebenen Vermögens ein. In einem Brief an ihre Großnichte erklärte sie, warum sie ihren Besitz nicht ihrer Familie vererben würde: »Mein Leben ist allmählich zum alleinigen Zweck geworden, die Arbeit zu fördern, die Doktor Rudolf Steiner in die Welt gebracht hat. Ich habe dafür ein Opfer gebracht, indem ich alles gegeben habe, was ich dafür hatte«, schrieb sie. »Durch die Verteilung meiner Besitztümer auf diese Weise hoffe ich, zum Glück der Menschheit beizutragen.« Wertgeschätzt wurde diese selbstlose Haltung nicht immer, wie Ellen Winkel in ihren biografischen Darstellungen ausführt. Bei einem Besuch in Ter Linde soll Marie an einer Exkursion teilgenommen und gehört haben, wie die Geschichte über die Gründung von Loverendale erzählt wurde. Ihr Name sei dabei nicht erwähnt worden.

1936 starb Marie Tak van Poortvliet mit 65 Jahren verarmt in Dornach. Stiftung und *Cultuurmaatschappij Loverendale,* ihr »Vermächtnis für eine bessere Welt«, tragen noch heute in vielfältiger Weise »zum Glück der Menschheit« bei. In den Niederlanden werden etwa 70.000 Hektar von 2000 Betrieben ökologisch, davon 230 biodynamisch bewirtschaftet. Auf diesen Farmen werden 4 Millionen Legehennen, jeweils etwa 100.000 Schweine und Ziegen, 38.000 Milchkühe und 15.000 Schafe gehalten. Der biologisch-dynamische Land- und Gartenbau auf Loverendale wurde inzwischen ergänzt durch einen Naturkostladen, den Online-Marktplatz *Lekkerder bij de Boer*, ein Bauernhofcafé und Angebote für Urlaub auf dem Bauernhof.

Ausgewählte Werke

Tak van Poortvliet, Johanna Maria (1916): Tentoonstelling ‚Der Sturm I'. In: De Toekomst 51.

Tak van Poortvliet, Johanna Maria (1920): Wat is vrije geesteswetenschap (anthroposophie)? In: DIS 3.

Tak van Poortvliet, Johanna Maria (1921): Graphische Kunst te Domburg. In: Op te Hoogte.

Tak van Poortvliet, Johanna Maria (1924): Jacoba van Heemskerck. In: Sturm Bilderbuch VII, Berlin.

Literatur

B. V. Cultuur Maatschappij Loverendale (o. J.): Loverendale ter Linde. [https://loverendaleterlinde.nl/]

Koepf, Herbert H./Plato, Bodo von (2001): Die biologisch-dynamische Wirtschaftsweise im 20. Jahrhundert. Dornach: Verlag am Goetheanum.

Lekkerder bij de Boer (o. J.): Biologisch dynamische Boerderijwinkel Loverendale ter Linde. [https://www.lekkerder.nl/listing/biologisch-dynamische-boerderijwinkel-loverendale-ter-linde/]

Paaschen-Louwerse, Jacqueline van (2003): Tak van Poortvliet, Joanna Maria. In: Bodo von Plato (Hg.): Anthroposophie im 20. Jahrhundert. Ein Kulturimpuls in biografischen Porträts. Dornach: Verlag am Goetheanum, S. 821–823. [biographien.kulturimpuls.org/detail.php?&id=687]

R. J. (1936): Johanna Maria Tak van Poortvliet †. In: Was in der Anthroposophischen Gesellschaft vorgeht 13(33). S. 131.

Winkel, Ellen (2012): De Aarde zal weer vruchtbaar zijn. Verhalen van Landbouwpioniers. Utrecht: AnkhHermes.

Zeeuws Archief (2009): Memoires toegeschreven aan Marie Tak van Poortvliet (1871–1936) betreffende de N. V. Cultuur Maatschappij Loverendale te Domburg. [http://files.archieven.nl/239/f/255/462.pdf]

Maria Thun (1922–2012)

Gärtnerin, Bäuerin, Pflanzenexpertin, Konstellationsforscherin, Autorin, Kursleiterin, Verlegerin

Wer leidenschaftlich gärtnert, hat davon gehört oder verwendet ihn, den gelben Kalender *Aussaattage*, 1963 zum ersten Mal von Maria Thun herausgegeben und noch heute posthum jährlich in hoher Auflage und vielen Ländern erscheinend. Wer war die Autorin, gleichermaßen berühmt, verehrt oder auch belächelt?

Maria Jung wurde am 24. April 1922 in eine fromme Bauersfamilie in Goßfelden (Lahntal/Hessen) geboren, bekannt für seine Buntsandsteinbrüche, Märchenerzählerinnen oder Künstlerresiduen wie die des Ehepaars Otto und Hanna Ubbelohde. Marias Großvater war der »Säer« des Dorfes, der für alle Bauern das Adventsgetreide ausbrachte. Das Amt ging auf Marias Vater Hermann Jung über, bis die Modernisierung der Landwirtschaft der Adventssaat ein Ende setzte. Vater Hermann war noch mit 90 Jahren begeisterter Landwirt, mit dem sich Maria Thun gerne fachlich austauschte. Seine erste Frau, mit der er drei Kinder hatte, starb bereits 1917. Maria und ihre ältere Schwester Elisabeth stammten aus seiner zweiten Ehe mit Christine Kraft (1888–1970). Der kleine Bauernhof warf nicht viel ab, für die beiden jüngsten Töchter blieb am Familientisch oft nur wenig übrig. Mithelfen in der Landwirtschaft war für die Kinder selbstverständlich. Von ihrem achten Lebensjahr an war Maria für die Gänse verantwortlich. Sie beobachtete, wie die Gänse jede Ähre auf den abgeernteten Getreidefeldern aufspürten und die Körner herauskauten. »Damals habe ich gelernt, wie man Ähren ohne Dreschmaschine ausdrischt.« (Aussaattage 2001, S. 48) In der »hungrigen Zeit« nach dem Zweiten Weltkrieg ging sie wieder Ährenlesen und löste dann selbst die Körner aus den Ähren, wie sie es bei den Gänsen beobachtet hatte.

Bildungshunger

In dem streng evangelischen Elternhaus stand der wissensdurstigen Maria nur eine Bibel als Lektüre zur Verfügung, die sie mehrmals las. Nach dem Besuch der Volksschule – höhere Schulbildung war für ein Mädchen in diesen Verhältnissen nicht denkbar – musste sie das von den Nationalsozialisten 1938 eingeführte Pflichtjahr absolvieren und konnte dann als Vorbereitung auf eine ersehnte Lehrerinnenausbildung eine der BDM-Haushaltungsschulen besuchen. In Abendkursen ließ sie sich zur Schwesternhelferin ausbilden. Sie arbeitete als Köchin in der Landesheil- und Pflegeanstalt Marburg, die 1941 am nationalsozialistischen Euthanasieprogramm beteiligt war.

Die Schwestern Elisabeth und Maria Jung in Marburger Tracht um 1940

In einer Buchhandlung lernte Maria Jung Anfang der 1940er-Jahre den Anthroposophen und Künstler Walter Thun (1912–1985) aus Erfurt kennen. Während seines Kriegsdienstes zog sie zu seiner Familie nach Erfurt. Es war Walters Bruder, der sie in die Gedankenwelt der Anthroposophie einführte. In Erfurt, berühmt für seinen Garten- und Samenbau, kam die 20-jährige in Kontakt mit Fachleuten des großen Samenbauunternehmens I. C. Schmidt, die die »Nichtdüngungstheorie« ihres Vaters für den Samenbau voll bestätigten. 1943 – Maria war nun 21 Jahre alt – heiratete das junge Paar während Walters Fronturlaub. Im Januar 1945 kam Tochter Christina zur Welt. Als im Februar und März die Bombenalarme immer häufiger und die Lebensmittelzuteilungen immer geringer wurden, flüchtete Maria Thun mit Säugling und Schwiegervater aus Erfurt nach Marburg. Walter Thun – bei Kriegsende in Italien stationiert – kehrte zurück und fand in Marburg Arbeit als Handwerker und Künstler. Ein kleiner Garten diente der Selbstversorgung der jungen

Familie. Sie wurden Mitglied der dortigen Christengemeinschaft und der neu gebildeten *Anthroposophischen Gesellschaft*, wo sie in Lesekreisen Bücher von Rudolf Steiner studierten, vor allem seinen *Landwirtschaftlichen Kursus*. 1948 wurde Sohn Matthias geboren.

Astronomie für den Garten- und Landbau

Ob es nun ein Vortrag von Günther Wachsmuth in Dornach über einen möglichen Zusammenhang zwischen den sogenannten ätherischen Bildekräften und dem Gang des Mondes durch die zwölf Tierkreisbilder war, der Maria Thun zu ihren lebenslangen Forschungen inspirierte, oder aber die Begegnung mit Franz Rulni, dem Leiter der biologisch-dynamischen Auskunftsstelle für Süd-Hannover und Ost-Westfalen, der ab 1948 jährlich seinen *Kalender mit günstigen Saatterminen* herausgab, sei dahingestellt. (Bross-Burkhardt 2011; Thun/Plato 2012) Maria Thun begann 1952 mit eigenen Aussaatversuchen auf kleinen Flächen in Marburg mit guten Bodenqualitäten, auf dem Versuchsgut Rauischholzhausen der Universität Gießen mit 80er-Böden und in Gisselberg mit 65er-Böden. Sie experimentierte zunächst mit Radieschen, die als Testpflanzen gut handhabbar und leicht über Samen reproduzierbar sind. Sie begann damit, Radieschen an verschiedenen Tagen auszusäen und beim Aufwachsen systematisch und genau zu beobachten.

Die offensichtlichen Unterschiede der Blattformen konnten zunächst weder sie noch Franz Rulni deuten, doch Maria Thun war motiviert, im nächsten Frühjahr weitere Anbauversuche anzulegen. Durch Saatzeitvergleiche, lange Serien von Stundenaussaaten und jahrzehntelange Überprüfungen fand sie Hinweise darauf, dass sich die Mondstellung im Tierkreis auf das Wachstum von Pflanzen auswirkte. Sie unterschied vier verschiedene pflanzliche Wachstumstypen, die sie als Wurzel-, Blüten-, Blatt- und Frucht-/Samentypus bezeichnete und dem Gang des Mondes durch die zwölf Tierkreisbilder im Laufe eines Monats, mit zwei bis drei Tagen Verweilzeit in jedem Bild, zuordnete.

Aus diesen von ihr beobachteten Wirkungen des Mondlaufs leitete Maria Thun ihre Empfehlungen für den Anbau von Gemüse und Obst sowie für die Imkerei ab. Später bezog sie auch Auswirkungen besonderer Planetenkonstellationen (Oppositionen, Konjunktionen, Mondknoten, Finsternisse) mit ein. Nach neun Versuchsjahren berichtete sie über ihre Versuchsergebnisse in der Zeitschrift *Lebendige Erde* und veröffentlichte ab 1963 jährlich ihre Empfehlungen in Form des Saatkalenders: *Aussaattage – aus der Konstellationsforschung. Erarbeitet und zusammengestellt von Maria Thun und Matthias K. Thun.*

Von Rauischholzhausen über Gisselberg nach Dexbach

Marias Schwester Elisabeth hatte mittlerweile in einen Bauernhof in Dexbach, nicht weit vom Herkunftsort Goßfelden, eingeheiratet. Sie wies das Ehepaar Thun 1970 auf einen freigewordenen Bauernhof in ihrer unmittelbaren Nachbarschaft hin. Obwohl das Grundgestein Grauwacke und Schiefer nur noch 12 Bodenpunkte erreichte, schien das Land für Maria Thuns Versuchspläne ideal. Vor allem standen nun etwa fünf Hektar für die ersehnte *Versuchsstation für Konstellationsforschung im Pflanzenbau* zur Verfügung.

Maria Thun am Versuchsfeld

1975 übersiedelte Familie Thun endgültig nach Dexbach, baute den ehemaligen Kuhstall zur Wirtschaftsküche um, in der pflanzliche Produkte aus der Forschungsarbeit weiterverarbeitet wurden. Eine Backstube mit Holzbackofen wurde eingebaut und das Obergeschoss der Scheune zum Besuchs- und Vortragssaal ausgebaut.

Zur Thun'schen Versuchsstation gehörten mehrere Felder. Auf dem Brühlacker wurden Kohlrabi, Salat, Sellerie, Lauch, Steckzwiebeln, Bohnen, Spinat, Feldsalat, Radieschen und Gurken angebaut. Dort liefen auch Versuche mit Kartoffeln, Möhren, roter Beete, Buchweizen, Phacelia und Winterkohl. Auf dem Hassenrother Versuchsfeld wurden Versuche mit Wein, Himbeere, Brombeere, Johannisbeere durchgeführt, 30 Weizensorten verglichen und eine Kräuteranlage mit 20 Arten für Spritzversuche eingerichtet. Auf dem Feideracker wurden Roggen und Weizen aus Konstellations- und Präparateversuchen nachgebaut sowie Spritzversuche an Getreiden mit Kräutertees und Präparaten neu eingerichtet und eine Brache mit Lupinen angelegt. (Aussaattage 1997, S. 11) Die Versuchsarrangements setzten sich in den Baulichkeiten fort: »Eine Unmenge an Proben, Körnern, Ähren, Möhren, Ölfläschchen, Kartoffelsäcke […] lagert an mehreren Stellen im Ort. Die Scheune hinterm Haus ist prallvoll, ebenso das Gebäude, in dem die Räume für Back- und Milchversuche sind.« (Olbrich-Majer 2001)

Helfende Hände, Zusammenarbeit und Besucherströme

»Seit Wochen sind wir mithilfe unserer fünf Studenten an der Ernte«, schreibt Maria Thun in den *Aussaattagen* von 1997. »Wir«, das war in erster Linie das Thun'sche Familienunternehmen: Maria mit Sohn Matthias und dessen Frau Anna Thun, die den Verlag leitete und lange Zeit zusammen mit Maria Thuns Schwester Elisabeth Heiner für den Versand zuständig war. Walter Thun war Mitte der 1980er-Jahre tödlich verunglückt. Tochter Christina, inzwischen verheiratete Schmidt-Rüdt, firmierte zusammen mit ihrer Mutter und ihrem Bruder als Mitherausgeberin der *Aussaattage*, lebte aber mit großer Familie in Stuttgart. Einer ihrer Söhne, der Chemiker Dr. Nicolai Schmidt-Rüdt, führte ab 1998 in einem hofeigenen Labor die Analysen der Versuchsernten durch. Das eigentliche »Arbeitspaar« waren Maria und Matthias Kaspar Thun. Viele Fotos und Texte in den *Aussaattagen* dokumentieren diese Zusammenarbeit. Matthias Thun leitete Praktikant*innen, Lehrlinge und Saisonkräfte bei den Versuchen zur Düngung, zur Wirksamkeit der biologisch-dynamischen Präparate und den gärtnerisch-praktischen Arbeiten in den Ährenbeeten und im Glashaus an. Mit Kolleginnen und Kollegen war Maria Thun dicht vernetzt.

> »Erika Windeck machte in späteren Jahren Tierkreisversuche mit Mäusegerste und Roggentrespe. Sie brachte manches gute Ergebnis nach Dexbach. Ähnliche Darstellungen könnte man über die Zusammenarbeit mit Theodor Schwenck, Agnes Fyfe, Suso Vetter, Rudolf Hauschka, Udo Renzenbrinck, Walter Bühler, Wilhelm Pelikan und anderen Forschern bringen, mit denen an auftretenden Problemen gemeinsam gearbeitet wurde.« (Aussaattage 1997, S. 41)

In den frühen *Aussaattagen* wird über die Zusammenarbeit mit Dr. Hans Heinze (1899–1997) berichtet, der statistische Auswertungen zu ihren Versuchen durchführte. Maria Thun erwähnt ihren regelmäßigen Erfahrungsaustausch mit Martin Schmidt und anderen Kollegen, die auch Versuche mit Kräftewirkungen des Tierkreises anlegten. »Ein langer, fruchtbarer Arbeitskontakt« bestand seit April 1967 mit dem Bodenanalytiker Dr. Fritz Balzer (1940–2006), der sich von Maria Thun in den Pflanzenbau einarbeiten ließ und nach seinem Chemiestudium jahrelang Boden- und Pflanzenuntersuchungen für die Thun'sche Versuchsstation durchführte. (Aussaattage 2007, S. 44 f.) Es ist anzunehmen, dass eine Anregung zur Doktorarbeit seiner späteren Frau *Ursula Graf* auch aus diesen Kontakten mit Maria Thun resultierte.

Maria Thun verstand es in unnachahmlicher Weise, Menschen für kosmische Rhythmen und ihre Berücksichtigung in Land- und Gartenbau zu begeistern, miteinander zu vernetzen und oft auch in ihre eigenen Versuchsanstellungen einzubinden. So etwa die Leiterinnen der Gärtnerinnenschule in Hünibach in der Schweiz, *Hedwig Müller*, *Gertrud Neuenschwander* und *Ruth Pfisterer*, die sie mit ergänzenden Versuchen zu systematischen Vergleichen bei Anbau, Pflege und Ernte von Blumen und Gemüsen unterstützten.

Von Kuhfladen- und vegetabilen Präparaten

Unter Maria Thuns Experimenten erregte ihr (Kuh-)Fladenpräparat, das sie ab 1958 entwickelte, eine nachhaltige Aufmerksamkeit. Es besteht aus Kuhmist, der mit biologisch-dynamischen Kompostpräparaten, zerriebenen Eierschalen und Basalt-Sand versetzt wird. Mehrere Monate vererdet und dynamisiert, entwickelt sich das eigentliche humusartige Fladenpräparat. Es soll die Tätigkeit der Bodenorganismen anregen, die Humifizierung von Böden fördern und angeblich sogar gegen Schwermetalle und die abtötenden Wirkungen atomarer Stoffe und Kräfte wirken. (Fink 2006) Nach dem Reaktorunfall von Tschernobyl 1986 stieg das Interesse daher sprunghaft an; Maria Thun gab Kurse zur Herstellung des Präparates, das noch heute in biologisch-dynamischen Betrieben produziert und angewendet wird.

Immer an Fragen der Praxis orientiert, experimentierte Maria Thun mit den biologisch-dynamischen Präparaten und Teeauszügen aus den Präparatepflanzen. Ein besonderes Anliegen wurde ihr die Herstellung von vegetabilen Präparaten. Einerseits hielt sie – entsprechend der Steinerschen Philosophie – Tiere im landwirtschaftlichen Kreislauf für unerlässlich. Andererseits entsprach es ihrer Doktrin und Lebenserfahrung, dass Menschen möglichst auf die jeweils verfügbaren Mittel zurückgreifen sollten. Daher forschte Maria Thun nun zu Substituten von tierischen Elementen.

Maria Thuns *Aussaattage* auf internationaler Bühne

Als bleibenden Eindruck aus ihrer Kindheit erwähnt Marias Enkelin Titia Thun die Scharen von Menschen aus dem In- und Ausland, die auf dem Hof mitarbeiteten oder die Thun'schen Versuche kennenlernen wollten. Weit über die biologisch-dynamischen Kreise hinaus war Maria Thun inzwischen im Gartenbau wie in der Landwirtschaft durch ihre Schrift *Aussaattage* bekannt. Die gelbe Broschüre mit dem typischen Schriftzug und wechselnden Aquarellen von Walter Thun auf dem Cover entwickelte sich zum Bestseller. Sie fand im Zuge des wachsenden Interesses an ökologischen Wirtschaftsweisen weltweite Verbreitung. Auf etwa 60 Seiten war vielfältiger Inhalt geboten: für jeden Tag des Jahres siderische Mondkonstellationen, Planetenkonstellationen, Elementewirkungen, Fruchtorganimpulse durch Mond oder Planeten und Wetterprognosen. Für die Monate gab es Betrachtungen mit detaillierten Angaben zur Behandlung von Pflanzen, zu Ernte, Verarbeitung und Lagerung. Um die Komplexität der Angaben nachvollziehbar zu machen, war eine mehr oder weniger gleichbleibende astronomische und astrologische Einführung vorgeschaltet. Jedes Bändchen enthielt spezielle Ergebnisse zu den Versuchen mit Gemüse- und Getreidepflanzen und zu Kompostvergleichen, allgemeine Informationen über die biologisch-dynamische Wirtschaftsweise und die Vermarktungsorganisation Demeter, Nachrufe auf vertraute Personen, Werbung für neue Literatur aus dem eigenen Thun-Verlag, viele Fotos und Bildbetrachtungen – insgesamt ein Tag für Tag interessant aufgemachtes und zu Anwendungen motivierendes Kompendium.

Maria Thuns Projekt *Aussaattage* war nicht nur als Arbeits- und Denkhilfe für einen alternativen Garten- und Landbau gedacht. Durch die Broschüre sollte auch der Aufbau ökologischer Initiativen unterstützt werden. Auf regelmäßigen Vortragsreisen im In- und Ausland besuchte Maria Thun Unternehmen und Einrichtungen, die mit ihrem Saatkalender arbeiteten. Überall wollte sie als Botschafterin für eine alternative Landwirtschaft und eine gesunde Ernährung wirken, ob in Europa, Russland, Indien, Neuseeland oder Brasilien. Eine besondere Freundschaft verband Maria Thun mit Dr. Ibrahim Abouleish (1937–2017), Gründer der SEKEM-Farm in Ägypten und Träger des Alternativen Nobelpreises 2003. Die ins Arabische übersetzten *Aussaattage* waren auf SEKEM eine wichtige Grundlage für Säen, Pflegearbeit, Präparateanwendung und Ernte. Bei mehrfachen Besuchen motivierte Maria Thun die EBDA (*Egyptian Biodynamic Association*), die Wirksamkeit der Präparatebehandlungen und der Ausrichtung landwirtschaftlicher Arbeiten an ihrem Saat-Kalender experimentell zu untersuchen. Die Ergebnisse sollen Bauern und Agraringenieure motiviert haben, auf biologisch-dynamischen Anbau umzusteigen. (Coiplet 2004)

Entwicklungsprozesse befördern und gestalten

Maria Thun wollte eine bessere Welt mitgestalten. Ob es kleine Anliegen von Studierenden waren, wie der Wunsch nach einem Praktikumsplatz auf der Versuchsstation zur Vorbereitung einer Diplomarbeit, oder die Umstellung eines ägyptischen Unternehmens auf biologisch-dynamischen Landbau – Maria Thun war ideenreich, wenn es darum ging, positive Entwicklungen anzuregen und zu gestalten. Aufmerksam-beobachtend entging es ihr zum Beispiel nicht, dass landwirtschaftliche Tagungen kaum von Frauen besucht wurden. Daher organisierte sie schon in den 1980er-Jahren eine jährlich stattfindende internationale Bäuerinnen-Tagung, die dem Austausch von Frauen aus biologisch-dynamischen Betrieben diente. Diese soll wie eine »Emanzipationsschule« für Bäuerinnen gewirkt haben.

Eine selbstbewusste und selbstwirksame Forscherin

Pflanzenbau gilt seit 150 Jahren als wissenschaftliche Disziplin, die eine lange akademische Ausbildung verlangt. Es erforderte großen Mut und Selbstbewusstsein, als Autodidaktin mit kühnen Konzepten über die Wirksamkeit kosmischer Kräfte an die Öffentlichkeit zu treten. Bestätigung ihrer Beobachtungen und Empfehlungen erfuhr Maria Thun von Menschen der Praxis, Bauern und Gärtnerinnen, Gästen auf ihren Versuchsfeldern oder in Vorträgen. Manche Wissenschaftler bestätigten Teile ihrer Entdeckungen, andere kamen zu widersprüchlichen Ergebnissen. Von einer Lagerbildung in Befürworter und Skeptiker innerhalb der biologisch-dynamischen Bewegung spricht Olbrich-Majer (2001).

Maria Thun nahm diese Beurteilungen gelassen hin und ging unbeirrt ihren Weg. »Ich arbeite nicht für die Wissenschaft, sondern für die Fragen, die sich aus dem Landwirtschaftlichen Kurs Rudolf Steiners ergeben oder aus den eigenen Versuchen oder durch Bauern und Gärtner an uns gestellt werden.« (Olbrich-Majer 2001) Traf eine Vorhersage nicht ein, ließ sie sich nicht verunsichern, sondern suchte nach möglichen Ursachen, die sie wiederum zu neuen Versuchen anregen konnten.

»... so lange wie möglich mitmachen«

In ihren letzten Lebensjahren wurde Maria Thun immer bewusster, wie viel sie noch voranbringen wollte. Doch ihre körperlichen und geistigen Kräfte wurden schwächer. Resolut wie sie war, wehrte sie sich gegen externe Pflegekräfte. So begleitete Matthias Thun seine kranke Mutter bis zu ihrem Tod am 9. Februar 2012 in Biedenkopf.

Im Juni 2020 starb auch Matthias Kaspar Thun, der den größten Teil seines Lebens in den Dienst der Visionen seiner Mutter gestellt und auch nach ihrem Tod die Broschüre *Aussaattage* weitergeführt hatte. Titia und Friedrich Thun setzen derzeit die Projekte ihrer Großmutter und ihres Vaters fort. »Ihre Arbeit ist zeitlos und wird nie an Gültigkeit verlieren.« (Aussaattage 2021, S. 8)

Ausgewählte Werke

Thun, Maria/Thun, Matthias K. (1963 bis 2021): Aussaattage. Biedenkopf/Lahn: M. Thun Verlag.

Thun, Maria (1966) Über Saatzeiten. In: Lebendige Erde 17(3), S. 128–129.

Thun, Maria (1977): Das Hornmistpräparat 500. In: Lebendige Erde 28(6), S. 215–219.

Thun, Maria (1980): Der Garten als Organismus. In: Lebendige Erde 31(2), S. 9–10.

Thun, Maria (1994): Erfahrungen für den Garten. Stuttgart: Franckh-Kosmos Verlags-GmbH & Co. 2. Auflage 2003.

Thun, Maria (1999): Bäume, Hölzer und Planeten. Das etwas »andere« Bäumebuch. Biedenkopf/Lahn: M. Thun Verlag.

Thun, Maria (2001): Kosmische Wirkungen: Nutze ich den Vollmond oder den Tierkreis? In: Lebendige Erde 52(2), S. 68.

Thun, Maria (2003): Erfahrungen für den Garten. Stuttgart: Franckh-Kosmos Verlags-GmbH & Co.

Thun, Maria (2004): Mein Jahr im Garten. 100 wertvolle Tipps. Stuttgart: Franckh-Kosmos Verlags-GmbH & Co.

Thun, Maria/Heinze, Hans (1967): Zusammenhänge zwischen Mond-Tierkreiskonstellationen und dem Pflanzenbau. In: Elemente der Naturwissenschaft 6, S. 19–23.

Thun, Maria/Heinze, Hans (1979): Mondrhythmen im siderischen Umlauf und Pflanzenwachstum. Darmstadt: Forschungsring für biologisch-dynamische Wirtschaftsweise.

Quellen

Gespräche und Korrespondenz mit Titia und Friedrich Thun, 2021 (Heide Inhetveen).

Gespräche und Korrespondenz mit Anja und Hans-Joachim Heiner, 2021 (Heide Inhetveen).

Thun, Maria (1987): Präparateanwendungen und Pflegemaßnahmen für Ölfrüchte. Leben für die Erde, Folge 12. Frau Dr. h.c. Maria Thun referierte im Juli 1987 für Bauern bei der Landwirtschaftlichen Tagung in Farrach, Österreich über Historisches Videomaterial im Jänner 2012 veröffentlicht von Ing. Friedel Hans. [https://www.youtube.com/watch?v=JKzHiMOoqbc]

Literatur

Bross-Burkhardt, Brunhilde (2011): Saatkalender und Mondkalender – kritisch betrachtet. [https://terrabc.org/cms/uploads/2019/02/Mondkalender_und_Aussaattage_kritisch_betrachtet.pdf]

Coiplet, Silvain (2004): Erste Erfolge der landwirtschaftlichen Forschung bei Sekem. [https://www.dreigliederung.de/news/04050100]

Fink, Margit (2006): Eine Begegnung der anderen Art – FAL-Wissenschaftler prüfen Päparate und Methoden biologisch-dynamischer Landwirtschaft. [https://idw-online.de/de/news17031]

Koepf, Herbert H./Plato, Bodo von (2001): Die biologisch-dynamische Wirtschaftsweise im 20. Jahrhundert. Dornach: Verlag am Goetheanum.

Naumann, Anna (1995): Goßfelden – Grenzgang 1995. Chronik der Haus- und Familiennamen. Haus-Nr. 1–107. Hg. vom Grenzgangverein Goßfelden e. V.

Olbrich-Majer, Michael (2001): Portrait. Der Kosmos steckt voller Überraschungen. Maria Thun geht seit bald 50 Jahren der Wirkung auf Pflanzen nach. In: Lebendige Erde 52(1). [https://www.lebendigeerde.de/fileadmin/alte_hefte/Ausgaben/portrait_2001-01.html]

Spieß, Hartmut (1994): Chronobiologische Untersuchungen mit besonderer Berücksichtigung lunarer Rhythmen im biologisch-dynamischen Pflanzenbau. Darmstadt: Verlag Lebendige Erde.

Thun, Matthias Kaspar/Plato, Bodo von (2012): Ein Leben für die Pflanzen und Sternenwelt. Zum Leben und Werk von Maria Thun 24. April 1922–9. Februar 2012. [https://www.triarticulation.fr/AtelierTrad/MThSternK.pdf]

Thun, Matthias K./Thun, Titia/Thun Friedrich K. W. (2021) Maria Thun. Aussaattage. Biedenkopf: Aussaattage-Verlag Thun & Thun OHG.

Weirauch, Wolfgang (2008): Ein Leben für die Lebenskräfte der Erde. Interview mit Maria Thun. In: Flensburger Hefte 102, S. 44–76.

Helga Wagner (1924 – 2021)

Gartenbau-Ingenieurin, Kompost- und Bodenexpertin, Beraterin, Publizistin und Vortragende

Helga Wagner wuchs im industriell geprägten Kleinmünchen, einem Stadtteil von Linz, auf, wo ihr Großvater eine Fabrik für Ketten und Hebezeug besaß. Ihre Mutter betrieb auf dem dazu gehörenden Acker- und Gartenland eine Obst- und Gemüsegärtnerei. Nach dem Besuch des Realgymnasiums, das sie mit der Matura abschloss, besuchte sie die Landfrauenschule in Miesbach/Oberbayern, wo bereits ihre Mutter eine Ausbildung absolviert hatte. In Zusammenarbeit mit den landwirtschaftlichen Institutionen und Verbänden wurde in dieser Schule auf eine professionell-wissenschaftliche Ausbildung und eine mögliche Berufstätigkeit der überwiegend wohlhabenden bürgerlichen Mädchen großer Wert gelegt.

Für Helga Wagner folgte eine landwirtschaftlich-gärtnerische Lehrzeit zunächst in Süddeutschland, dann im oberösterreichischen Salzkammergut und schließlich im Landwirtschafts- und Gärtnereibetrieb der Siedlung Loheland bei Fulda. In dieser von der Lebensreform inspirierten Frauenschule für Körperkultur, Handwerk und Landbau lernte Helga Wagner die biologisch-dynamische Wirtschaftsweise kennen. Neben den besonderen Maßnahmen zur Düngung und zur Schädlingsbekämpfung beeindruckten sie zwei Bücher, deren Inhalte wegweisend für ihr berufliches Wirken werden sollten: *Gesunde und kranke Landschaft* von Ehrenfried Pfeiffer (1899–1961) und *Im Zeitalter des Lebendigen* von Alwin Seifert (1890–1972).

Unter den schwierigen Bedingungen der Nachkriegszeit begann sie 1946 eine Ausbildung an der *Höheren Bundeslehr- und Versuchsanstalt für Wein-, Obst- und Gartenbau* in Klosterneuburg, Niederösterreich. Mit einzelnen Lehrkräften war – neben den offiziellen Lehrinhalten – auch ein Austausch über Besonderheiten des biologisch-dynamischen Land- und Gartenbaus möglich. Helga Wagner vertiefte ihr Wissen anschließend in der Schweiz, wo sie drei Jahre in einem Betrieb mit den Schwerpunkten Baumschule und Gartengestaltung arbeitete, Vorträge am *Anthroposophischen Zentrum Goetheanum* in Dornach hörte und in Stuttgart einen biologisch-dynamischen Winterkurs besuchte.

Im Herbst 1951 bot sich Helga Wagner die Gelegenheit, im Gartenamt ihrer Heimatstadt Linz eine Anstellung zu erhalten, die sich zu ihrer Lebensstellung entwickeln sollte. 39 Jahre lang wirkte sie mit steigender Verantwortung für die Planung, Neuanlage und Pflege der öffentlichen Grünflächen und die 260 Bediensteten. Mit ihrem Vorgesetzten, dem Gartenamtsdirektor Rudolf Hirschmann (1902–1987), war sie sich darin einig, dass die 350 Hektar biologisch bewirtschaftet werden sollten. Eine enorme Herausforderung angesichts der ehrgeizigen Stadtentwicklungsprojekte: Umwandlung des Donauufers in den Donaupark, Begrünung der neuen Stadtautobahn, Erweiterung des Botanischen Gartens, Schaffung vielgestaltiger Parkanlagen für die neue Universität und ausgedehnter Grünflächen für zwei Badeseen, um nur einige ihrer herausragenden Aufgaben zu nennen.

Zur Düngung all dieser Flächen entwickelte sie zusammen mit engagierten Mitarbeiter*innen eine großdimensionierte Abfall-Kompostierung unter Verwendung von Gesteinsmehl, die weithin Aufsehen erregte und Linz zu einem »Wallfahrtsort« für an der biologischen Kompostierung Interessierte werden ließ. Neben dem wirtschaftlichen Erfolg erhielt Helga Wagner zahlreiche Auszeichnungen. Und es gelang ihr, viele amtliche Stellen für dieses einzigartige Verfahren zu interessieren.

Helga Wagner

1969 kam sie anlässlich eines Vortrags von Alwin Seifert in Linz in Kontakt mit der Arbeitsgruppe der organisch-biologisch wirtschaftenden Bauern, wo ihr Beitritt und Engagement sehr willkommen geheißen wurde. Nach und nach organisierte sie in diesem Rahmen Kurse, Seminare, Vorträge, Hofbegehungen und -beratungen. Sie kümmerte sich um die Direktvermarktung organisch-biologischer Produkte auf zwei Linzer Großmärkten und setzte sich für die Einführung des Gütesiegels ORBI, organisch-biologisch kontrolliert nach Dr. Hans Müller (1891–1988) für Produkte aus biologischem Anbau ein. Die von ihr und der ORBI-Arbeitsgruppe entwickelten Richtlinien dienten Ende der 1980er-Jahre dem Österreichischen Lebensmittelbuch »Codex Alimentarius Austriacus« als Grundlage für die Charakterisierung der Produkte aus biologischem Anbau. 1980 gründete Helga Wagner zusammen mit der Arbeitsgruppe das Mitteilungsblatt der Förderungsgemeinschaft für gesundes Bauerntum *Der bäuerliche Pionier*, das mittlerweile im 40. Jahrgang erscheint.

In der Aus- und Weiterbildung der Bauern und Bäuerinnen war es ihr immer ein Anliegen, Menschen eine Vorstellung davon zu vermitteln, wie aus unterschiedlichen organischen Substanzen im Kompost neue Erde entsteht und wie Bodenfruchtbarkeit und pflanzliches, tierisches und menschliches Leben zusammenhängen. Über Produktions- und Wirtschaftsfragen hinaus wollte und will sie noch heute Allgemeinwissen und Wertvorstellungen, Denken in großen Zeiträumen und geschlossenen Kreisläufen sowie Verantwortung gegenüber Natur und Umwelt vermitteln. Zeugnis davon legen die von ihr zusammengestellten Kursunterlagen für den *Zertifikatslehrgang Bodenpraktiker Ackerbau* ab, den die *Förderungsgemeinschaft für gesundes Bauerntum in Österreich* seit drei Jahrzehnten anbietet. Eine weitere Möglichkeit der Weiterbildung in dieser Hinsicht bieten die *Schlägler Bio-Gespräche*, die Helga Wagner 2009 im Alter von 85 Jahren mitbegründete. Wer hier teilnimmt, hat die Gelegenheit, mit Expert*innen ausführlich über praktische und theoretische Fragen des biologischen Land- und Gartenbaus zu diskutieren.

Basierend auf ihren eigenen gruppen-, verbands- und länderübergreifenden Erfahrungen hat es Helga Wagner verstanden, geschickt zwischen den verschiedenen Bioverbänden Österreichs zu vermitteln. Sie erreichte außerdem die zunehmende Anerkennung des Biolandbaus seitens der Vertreter*innen der österreichischen Agrarpolitik und -verwaltung: 1989 wurde im Bundesministerium eine Abteilung für biologischen Landbau eingerichtet und in der Folge die Umstellung auf biologische Landwirtschaft finanziell gefördert. 2005 erfolgte die Gründung des Dachverbandes *Bio Austria*.

Über all die Jahre war Helga Wagner eine viel gefragte Referentin, die es verstand, mit ihrem Wissen und Erfahrungsschatz die Zuhörer*innen zu begeistern und sie von der Notwendigkeit der Bodenpflege zu überzeugen. Bis ins hohe Alter hat sie einen eigenen Obst- und Gemüsegarten bewirtschaftet und ihr Wissen kontinuierlich erweitert. Noch 2020 erschien das Buch *Auf der Suche nach neuen Wegen*, in dem sie ausgewählte Schlüsseltexte zur Bodenforschung von Dr. Hans Peter Rusch (1906–1977), dem Arzt, Mikrobiologen und Vordenker der Ökologischen Landwirtschaft, aufgearbeitet hat.

Am 29. Juni 2021 ist sie nach einem Sturz in ihrem Haus in Leonding gestorben. Bereits 2017 wurde Helga Wagner, der Pionierin der Abfall-Kompostierung, für ihr Lebenswerk der *KompOskar* vom Kompost & Biogas Verband Österreich verliehen.

Ausgewählte Werke

Friedel, Hans (2012): Biologisch Dynamischer Gartenbau. Leben für die Erde. Tips für Biogärtner mit Ing. Helga Wagner und Reinhart Ziller. [https://www.youtube.com/watch?-v=r1 × 681ozhZs]

Wagner, Helga (2001): Eine Tat von bahnbrechender Bedeutung. Das Ehepaar Hans und Maria Müller. In: Kultur und Politik, Zeitschrift des Bioforum Schweiz 6, S. 7.

Wagner, Helga (2016): Ausbildung Bodenpraktiker. Bildungswerkstatt Mold, Bioforschung Austria. [https://www.youtube.com/watch?v=DUKg5AyRzhg]

Rusch, Hans Peter (2020): Auf der Suche nach neuen Wegen auf dem Feld der Bodenforschung, aufgearbeitet von Helga Wagner. Kevelaer: Organischer Landbau Verlag.

Herausgeberin der Zeitschrift DER BÄUERLICHE PIONIER, Mitteilungsblatt der Förderungsgemeinschaft für gesundes Bauerntum in Österreich von 1980 bis 2010.

Quellen

Gespräche und Korrespondenzen mit Helga Wagner, 2020 (Mathilde Schmitt).

Holler, Doris (2017): KompOskar für den besten Kompost. [https://www.oekonews.at/?mdoc_id=1115366]

Prinz, Franz (2019): 95. Geburtstag Frau Ing. Helga Wagner. [https://www.orbi.or.at/o/index.php/2019/09/24/95-geburtstag-frau-ing-helga-wagner/]

Rieger, Gebhard (2014): Wir gratulieren Frau Ing. Helga Wagner zu ihrem 90. Geburtstag. [https://www.orbi.or.at/o/index.php/2014/06/14/wir-gratulieren-frau-ing-helga-wagner-zu-ihrem-90-geburtstag/]

Literatur

Jurtschitsch, Aurelia (2010): Bio-Pioniere in Österreich. Vierundvierzig Leben im Dienste des biologischen Landbaus. Wien/Köln/Weimar: Böhlau, S. 65–71.

Brunhild Erika Windeck (1898–1979)

Gärtnerin, Gutssekretärin, Pflanzenveredlerin

Brunhild Erika Windeck machte es sich zur Lebensaufgabe, Wildgräser in Pflege zu nehmen und zu Nahrungspflanzen zu entwickeln. Sie konzentrierte sich auf Hafergras, Mäusegerste und Roggentrespe, arbeitete aber auch mit Aegilops und Einkorn, Vorfahren des Weizens. Ihr war es wichtig, die Pflanzen jeden Tag in Augenschein zu nehmen und ihre Aufmerksamkeit auch auf einzelne Pflanzen zu richten. Ihre Beobachtungsgabe und Begriffsbildung schulte sie über die alltägliche Pflege von Boden und Pflanzen hinaus durch Meditation und eine intensive Auseinandersetzung mit einschlägigen Schriften wie Rudolf Steiners *Landwirtschaftlichem Kursus*.

Am 24. November 1898 in Augsburg geboren, wuchs Brunhild Erika Windeck mit drei Schwestern dort und in Holzhausen am Ammersee auf, wo die Eltern einen großen Gemüse- und Obstgarten bewirtschafteten. Dorthin kehrte sie später immer wieder zurück. Sie machte eine Ausbildung zur Gutssekretärin an einer der Reifensteiner wirtschaftlichen Frauenschulen und arbeitete ab 1920 als »ländliche Hausbeamtin« d. h. als Leiterin des hauswirtschaftlichen Bereichs eines landwirtschaftlichen Großbetriebs. Eine zweite, gärtnerische Ausbildung schloss sie 1929 mit der Gehilfenprüfung ab. Drei Jahre später trat Brunhild Erika Windeck eine Stelle auf dem Klostergut Marienstein bei Göttingen an. Dort gab ihr der Leiter Ernst Stegemann (1882–1943) den Auftrag, die »Kulturpflanzenarbeit« zu übernehmen.

> »Wenn man den Weg zurückverfolgt, den die Arbeit an den Wildpflanzen nach den Angaben Dr. Steiners an Stegemann genommen hat, so ist er gepflastert von Versäumnissen. Das ist kein mittelalterliches Katzenkopfpflaster, sondern wie ein Weg über das steinerne Meer im Odenwald. […] Als ich 1932 als Gutsgärtnerin nach Marienstein kam, prägte noch das Frühlingshafte der neuen Bewegung das ganze Leben dort. Aber von der Arbeit an den neuen Kulturpflanzen sah ich im ersten Jahr gar nichts. Erst 1933 durfte ich mir nach der Beschreibung Stegemanns das für das Hafergras ausgesparte Stück im Weizenacker suchen. Das Hafergras war aufgeschosst, vor der Reife; aber es war ein kümmerlicher Eindruck. […] eines Morgens beim Frühstück sagte er [Stegemann]: ›Sie sollten doch die Arbeit an den Kulturpflanzen übernehmen.‹ Ich fiel

> aus allen Wolken. ›Aber ich, Herr Stegemann!‹ ›Ja, warum denn nicht?‹ So habe ich mich langsam mit dem Gedanken vertraut gemacht.« (Mos 2006, S. 21 und 23)

In einem von Uwe Mos 2006 veröffentlichten Manuskript beschreibt Brunhild Erika Windeck die großen Anfangsschwierigkeiten bei den Kulturpflanzenarbeiten in Marienstein: fehlendes Saatgut, fehlende Kenntnisse über Saatzucht, fehlende Mitarbeiter*innen, fehlende Zeit:

> »Ganz selten kam von Herrn Stegemann ein Wort wie: ›Man muss die Pflanzen immer im Bewusstsein haben. Man muss immer wieder zu ihnen gehen.‹ Ja, du liebe Güte, ich war heilfroh, wenn ich abends vor dem Dunkelwerden eine Zeit für meine Beete fand.« (Mos 2006, S. 24)

In den folgenden Jahren bemühte sich Frau Windeck, solche Probleme durch Kontakte zu Fachkolleg*innen zu bewältigen. Sie stand in regem Austausch mit den Landwirten Immanuel Voegele (1897–1959) und Kurt Theodor Willmann (1902–2003) in Pilgramshain (Schlesien), Dr. Ehrenfried Pfeiffer (1899–1961), *Erika Riese* (1893–1959) und *Marie Wundt* (1892–1972) in Dornach in der Schweiz, dem Diplom-Landwirt und Arzt Adalbert Graf von Keyserlingk (1905–1993), dem Diplom-Landwirt Georg Merckens (1926–1998), der Gärtnerin *Ilsabe Mutzenbecher* (1912–1993) und dem Ingenieur Martin Schmidt (1892–1964) in Süddeutschland. Um Getreide- und Wildgrassamen durch verschiedene Klima- und Bodenbedingungen zu Veränderungen anzuregen und Mutationen hervorzurufen, tauschte das Kollektiv von Züchterinnen und Züchtern Samen untereinander aus. Und obwohl Brunhild Erika Windeck sich immer wieder um die Pflege ihrer Mutter kümmerte, nahm sie auch weite Reisen im Dienste der Pflanzenveredelung auf sich. So führte sie etwa um 1934 zusammen mit Marie Wundt im Garten am Goetheanum in Dornach eine Bestandsaufnahme und Inventarisierung der dortigen Wildgräsersamen durch.

Wo sie in der Zeit des Nationalsozialismus arbeitete, konnten wir nur punktuell ausfindig machen. Im Dezember 1936 berichtete sie über Anbauversuche in Bad Saarow in Brandenburg. Sie übernahm dann den Versuchsgarten in Pilgramshain in Schlesien und unterstützte Immanuel Voegele bei seiner Arbeit an der Mutation »Rom«, wie ein Beleg vom Juni 1940 zeigt. Sowohl das Gut Marienhöhe in Bad Saarow als auch Gut Pilgramshain galten als Musterbetriebe für die biologisch-dynamische Wirtschaftsweise und wurden von NS-Größen wohlwollend betrachtet und besucht. 1941, nach dem Schottlandflug von Rudolf Hess und der anschließenden NS-Aktion gegen Geheimlehren und Geheimwissenschaften, wurde auch Brunhild Erika Windeck aus Pilgramshain von der Gestapo vertrieben. Sie flüchtete ins »mütterliche Holzhausen« am Ammersee. Hafergras, Mäusegerste, Aegilops und vieles andere brachte sie dorthin mit. »Frühjahr und Herbst fuhr ich frech für kurze Zeit nach Pilgramshain, damit der Versuchsgarten in Schuss blieb.« (Mos 2006, S. 24 f.)

Auf der Rückreise fuhr sie über Marienstein bei Göttingen, wo sie eine sehr desolate Situation vorfand: »Schikane von den Machthabern, Leutemangel, keine Beamten, Herrn Stegemanns Gesundheit stark angegriffen, alles im Verfall.« (Mos 2006, S. 24 f.) Windecks Bericht zeigt, dass es ihr selbst in den Kriegswirren gelang, Körner und Pflanzen ihrer Getreide- und Gräserzüchtungen an ihre jeweiligen Wohnorte mitzunehmen und weiter zu bearbeiten. Nach dem Zweiten Weltkrieg diente ihr der elterliche Gemüse- und Obstgarten am Ammersee als Refugium für ihre Saaten, aber auch zur Selbstversorgung. Ab 1960 baute sie dort zusammen mit der Ärztin Johanna Paede (1914–2004) eine Arbeitsgemeinschaft für biologisch-dynamische Wirtschaftsweise auf und sorgte für die Verbreitung der damit verknüpften Erkenntnisse und Ideen.

Brunhild Erika Windeck bei der Versuchsarbeit

Als Anfang Oktober 1946 in Stuttgart die erste konstituierende Sitzung des *Forschungsrings für biologisch-dynamische Wirtschaftsweise* stattfand, nahm Brunhild Erika Windeck als einzige Frau neben sieben Männern teil. Vier Jahre später, am 19. November 1950, wurde sie – wiederum als einzige Frau unter sieben Männern – Gründungsmitglied des *Instituts für biologisch-dynamische Forschung* in Darmstadt. Neben ihren Pflanzenveredelungsarbeiten kümmerte sie sich dort um die Herstellung von Präparaten und machte auf die Sonderstellung von Phosphor und damit des Baldrianpräparates aufmerksam.

Die Ergebnisse ihrer Forschungs- und Züchtungsarbeit zu veröffentlichen war ihr weniger wichtig. Nur einige kurze Artikel finden sich in der *Lebendigen Erde*. Doch soll sie eine Menge loser Blätter mit akribischen Versuchsdokumentationen und Bonituren zur Mäusegerstenzucht hinterlassen haben.

Obwohl Brunhild Erika Windeck mit vielen Gleichgesinnten intensive Kontakte pflegte, galt sie als eigenständige und selbstbewusste Persönlichkeit, die in ihrer Forschung ihrer eigenen Richtschnur folgte, ohne die Herangehensweisen anderer Kolleg*innen zu kritisieren. Sie sei der festen Überzeugung gewesen, dass jeder Mensch seine eigenen Möglichkeiten entwickle, sich den »Pflanzenwesen« zu nähern. Am 7. Juni 1979 starb sie in einem Alten- und Pflegeheim in Beddelhausen im Siegerland.

Ausgewählte Werke

Windeck, Brunhild Erika (1955): Hagelschlag und heilende Kräfte. In: Lebendige Erde 6(1–2), S. 34–36.

Windeck, Brunhild Erika (1960): Nachruf Frau Gertrude Stegemann † 06. Juli 1960. In: Lebendige Erde 11(5), S. 237–238.

Windeck, Brunhild Erika (1966): Fäkalien-Beseitigung. In: Lebendige Erde 17(3), S. 126–128.

Windeck, Brunhild Erika (1970): Über meine Arbeit bei Ernst Stegemann. Unveröffentlichtes Manuskript, Verein für Pflanzenzucht, Hof Grub e. V. Unterreit im Chiemgau, Abdruck in Mos 2006, S. 21–26.

Quellen

Gespräch mit Eckart Irion am 19.02.2003 auf Hof Grub im Chiemgau und weiterführende Korrespondenz, 2020 (Mathilde Schmitt).

Gespräch mit Manfred Klett am 25.03.2003 in Dornach (Heide Inhetveen, Mathilde Schmitt).

Korrespondenz mit Brigitte von Wistinghausen, 2020 (Mathilde Schmitt).

Literatur

Breda, Erhard (2002): Rückblick auf Entstehung und Geschichte des Instituts. In: Institut für Biologisch-Dynamische Forschung e. V. (Hg.): 50 Jahre Institut für Biologisch-Dynamische Forschung. Band 16. Darmstadt, S. 3–10.

Göbel, Christoph (2003): Windeck, Brunhild Erika. [biographien.kulturimpuls.org/detail.php?&id=1349] Siehe auch: Plato, Bodo von (Hg.): Anthroposophie im 20. Jahrhundert. Ein Kulturimpuls in biografischen Porträts. Dornach: Verlag am Goetheanum, S. 928.

Keyserlingk, Adalbert Graf von (1993): Erinnerungen an frühe Forschungsarbeiten. Dürnau: Verlag der Kooperative Dürnau.

Koepf, Herbert H./Plato, Bodo von (2001): Die biologisch-dynamische Wirtschaftsweise im 20. Jahrhundert. Dornach: Verlag am Goetheanum.

Merckens, Georg (1979): Brunhild Erika Windeck. In: Lebendige Erde 30(4), S. 154–155.

Mos, Uwe (unter Mitarbeit von Bertold Heyden) (2006): Die Wildgrasveredlung. Rudolf Steiners Impuls in der Pflanzenzucht. Dornach: Verlag am Goetheanum.

Wistinghausen, Almar von (1982): Erinnerungen an den Anfang der Biologisch-Dynamischen Wirtschaftsweise. Darmstadt: Lebendige Erde.

Brigitte von Wistinghausen (* 1939)

Landwirtschaftlich-technische Assistentin, Pflanzenzüchterin, Gemüsesamenvermehrerin, Autorin, Lehrerin und Vortragende

1939 kurz vor dem Zweiten Weltkrieg in Wuppertal in eine schlesische Familie geboren, war die Kindheit von Brigitte durch viele Ortswechsel geprägt. Wann immer die Möglichkeit bestand, schickten ihre Eltern sie in Waldorfschulen. Nach dem Schulbesuch ließ sie sich an der *Landwirtschaftlichen Hochschule Stuttgart-Hohenheim* zur landwirtschaftlich-technischen Assistentin ausbilden und lernte dabei die Techniken der Pflanzenzüchtung kennen. Nach ihrer Heirat mit dem Diplom-Landwirt Eckard von Wistinghausen (* 1937), einem der Söhne des Pioniers der biologisch-dynamischen Landwirtschaft Almar von Wistinghausen, übernahm sie mit ihrem Mann einen Bauernhof im Elsass. Nach einem schweren Unfall war Eckard von Wistinghausen die Betriebsleitung nicht mehr möglich und das Paar gab den Betrieb auf.

Eine neue Aufgabe fanden sie anschließend am Bodensee in der Roggenzüchtung bei Martin Schmidt (1892–1964), dem einstigen Vorstandsmitglied im *Versuchsring anthroposophischer Landwirte*, in den 1930er-Jahren Mitbegründer der *Gartenbau- und Siedlungsschule Worpswede* und nun profiliert als Roggenzüchter und Erfinder der »Ährenbeetmethode«. Durch ihn und seine Mitarbeiterin Ilsabe Mutzenbecher lernten sie, sinnliche Phänomene, etwa die Art und Weise, wie dicht oder locker sich eine Getreideähre entwickelt hatte, als Ausdruck der sogenannten Bildekräfte der Pflanzen wahrzunehmen. Die Zusammenarbeit mit Martin Schmidt beeinflusste nicht nur ihren Umgang mit Pflanzen, sondern langfristig auch ihre praktischen und wissenschaftlichen Fragestellungen. Nach seinem Tod zogen sie zunächst nach Stuttgart-Hohenheim, wo Eckard von Wistinghausen in der Bodenkunde promovierte, und anschließend nach Darmstadt, wo er am *Institut für biologisch-dynamische Forschung* arbeitete.

Brigitte von Wistinghausen hatte in diesen Jahren vier Kinder geboren und aufgezogen und die Familie versorgt. Ihr dafür angelegter großer Gemüsegarten wurde nun auch ihr »Labor«, in dem sie Experimente zur Saatgutgewinnung durchführte. Ihre ersten Studienobjekte waren Kopfsalat und Spinat, die sie blühen und zur Samenreife kommen ließ. Jede Veränderung der Pflanzen wurde sehr genau beobachtet und detailliert dokumentiert. Durch den intensiven Austausch mit anderen Fachleuten des Gemüsesamenbaus lernte sie rasch unterschiedliches Saatgut und dessen Nachbauverhalten kennen. Nicht immer glückten Versuche. Insbesondere ein Umzug der Familie Mitte der 1980er-Jahre auf das Hofgut Rengoldshausen bei Überlingen am Bodensee brachte aufgrund der verschiedenen Klima- und Bodenbedingungen viele Herausforderungen mit sich. Doch bot sich hier auch die Chance, Versuchsflächen für Gemüsesamenbau zunächst innerhalb der Feldstücke des Hofgutes, dann ab 2000 auf dem dazugewonnenen Ralzhof anzulegen und einen eigenen Betriebszweig aufzubauen.

Brigitte von Wistinghausen begutachtet Salatkulturen, 2003

Die Teilnehmer und Teilnehmerinnen des neu eingeführten *Landwirtschaftlichen Grundjahres* des *Vereins zur Förderung der Jugend durch die Landwirtschaft* arbeiteten mit und lernten von Brigitte alle Feinheiten der Gemüsesaatgutgewinnung. Gleichzeitig wurden sie zur genauen Beobachtung jeder einzelnen Pflanze, den »Pflanzenindividuen«, angeleitet. Auch Demeter-Gartenbaulehrlinge und Teilnehmer*innen anthroposophischer Jugendseminare, die zur Weiterbildung auf den Hof kamen, profitierten von ihrem profunden Wissen und lernten viel über Pflanzengestalten und deren Wandlungen.

Um das Pflanzenwachstum in Abhängigkeit von kosmischen Rhythmen studieren zu können, erwarb sich Brigitte von Wistinghausen im Selbststudium grundlegende Kenntnisse der Astronomie und wurde bald auf diesem Gebiet zu einer gefragten Referentin und Kursleiterin. Auch auf der jährlich stattfindenden *Landwirtschaftlichen Tagung* am Goetheanum in Dornach in der Schweiz hielt sie regelmäßig Vorträge.

Seit 1994, der Gründung des *Initiativkreises für Gemüsesaatgut* aus biologisch-dynamischem Anbau, später erweitert zur *Kultursaat e. V.* und dann zur *Bingenheimer Saatgut* AG entwickelt, engagierte sich Brigitte von Wistinghausen bis zum Jahr 2010 im Vorstand des Vereins. Etwa ein Fünftel der über 100 Mitglieder sind züchterisch tätig; viele neue Gemüsesorten konnten beim Bundessortenamt inzwischen angemeldet und anerkannt werden, beispielsweise auch die aus Brigitte von Wistinghausens Züchtungsarbeit 1992 hervorgegangene Spinatsorte Verdil. Die Rechte an anerkannten Sorten gehen in den Besitz des Vereins über.

Brigitte von Wistinghausen ist bei allen Erfolgen ihrer Arbeit bescheiden geblieben: »Ich selber sehe mich als eine von Vielen, die sich bemühen, das, was sie beseelt, umzusetzen und für andere verfügbar zu machen.« (Brief vom 20.01.2003) Sie übergab 2007 die Leitung des Gemüsesamenbaus auf dem Ralzhof an Vera Becher. Drei Jahre später kam mit Iris Attrot ein weiterer Schwerpunkt des biologisch-dynamischen Samenbaus hinzu, nämlich die Züchtung und Vermehrung von Gewächshauskulturen. (siehe https://soundcloud.com/user-224686535)

Ausgewählte Werke

Arncken, Christine/Kunz, Peter/Wistinghausen, Brigitte von (2002): Samenbau. In: Leitfaden zur biologisch-dynamischen Landwirtschaft, hg. vom Forschungsinstitut für biologischen Landbau. Frick. Kapitel 7.3, S. 1–33.

Wistinghausen, Brigitte von (1979): Ein Garten für die Kinder. In: Lebendige Erde 30(2), S. 9–10.

Wistinghausen, Brigitte von (1994): Rückblick auf die Landwirtschaftliche Tagung vom 2. bis 6. Februar 1994. In: Lebendige Erde 45(4), S. 296–298.

Wistinghausen, Brigitte von (1995): Initiativkreis Gemüsesaatgut. In: Lebendige Erde 46(2), S. 153–154.

Wistinghausen, Brigitte von (1999): Samen – Keime für die Zukunft. In: Lebendige Erde 50(1), S. 6.

Quellen

Gespräche und Korrespondenz mit Brigitte von Wistinghausen, 2003 und 2020 (Heide Inhetveen, Mathilde Schmitt, Ira Spieker).

Literatur

Bingenheimer Saatgut AG (2017): Pflanzenzüchtung und Saatgutvermehrung mit Tradition – Vera Becher und Iris Attrot vom Ralshof. [https://soundcloud.com/user-224686535]

Marie Wundt-von Grunelius (1892–1972)

Gärtnerin, Wildgrasexpertin, Getreideforscherin, Autorin

Am 21. Oktober 1892 wurde Marie Helene Emma als drittes der sechs Kinder von Virginie Emma Grunelius, geborene Freiin von Türckheim, und Moritz Eduard Grunelius auf Schloss Kolbsheim im Elsass geboren. Familie Grunelius bildete den elsässischen Zweig einer wohlhabenden Bankiers- und Industriellendynastie und brachte es aufgrund günstiger Rahmenbedingungen im Elsass, das 1871 dem Deutschen Reich angegliedert wurde, mit unternehmerischem Geschick und verwandtschaftlicher Vernetzung zu Wohlstand und gesellschaftlichem Ansehen. 1874 konnte Moritz Grunelius das Schlossgut Kolbsheim erwerben; 1908 wurde die Familie in den Adelsstand erhoben. Marie wurde zusammen mit ihren älteren Geschwistern Marie Amélie (1888–1959) und Carl Alexander (1890–1977) und ihren jüngeren Geschwistern Elisabeth (1895–1989) und Helene (1897–1936) sowie Andreas Nikolaus (1900–1978) privat unterrichtet. Lebensleitende anthroposophische Impulse und soziale Orientierungen gingen von ihrer Hauslehrerin Julia Charlotte Mellinger, Theosophin und seit 1905 Schülerin von Rudolf Steiner, aus.

Auf dem Weg zur Gärtnerin

Mit 14 Jahren wurde Marie standesgemäß auf das Großherzogliche Viktoria-Pensionat in Karlsruhe geschickt, lernte Latein und studierte 1910/11 Nationalökonomie in Genf. Als Schwester Amélie 1911 heiratete, Bruder Alexander zum Studium in Straßburg war und Lehrerin Mellinger nach Frankfurt ziehen wollte, wurde Marie zurück ins Kolbsheimer Schloss gerufen. Wie ihre jüngeren Schwestern sollte auch sie einen Beruf erlernen. Neigung und Notwendigkeit sprachen für den neuen Frauenberuf einer Gärtnerin, zumal er seit kurzem auch für Absolventinnen von Mittelschulen geöffnet war. Im Jahr 1914 schrieb sich Marie an der Rheinischen Obst- und Gartenbauschule für Frauen in Bonn/Bad Godesberg ein. Dort hatte schon Schwester Elisabeth eine Höhere Mädchenschule und anschließend das Comenius-Kindergärtnerinnenseminar besucht und mit der staatlichen Abschlussprüfung beendet. Drei Jahre später kam Marie von Grunelius aus Bonn zurück und übernahm – nun professionell qualifiziert – mit 25 Jahren die Leitung der elterlichen Schlossgärtnerei in Kolbsheim.

Als nach dem Ersten Weltkrieg die elsässischen Gebiete wieder Frankreich angegliedert wurden, kam es zu heftigen Turbulenzen in der Familie Grunelius. Während Vater Moritz – politisch wenig interessiert – Allianzen mit der französischen wie mit der deutschen Seite pflegte, engagierten sich Maries jüngste Geschwister Helene und Andreas, die seit 1919 Medizin bzw. Jura an der Universität Straßburg studierten, nicht nur in sozialistischen Studentengruppen, sondern auch für ein selbstständiges Elsass (»le complot neutraliste«). Vater Moritz geriet in den Verdacht antifranzösischer Propaganda, weil Jean Longuet, Enkel von Karl Marx und Sozialist, sich kurzzeitig auf Schloss Kolbsheim aufgehalten hatte. Nur die Aussage seines Schwagers Adrien de Turckheim, der ihn als unpolitischen und »idealistischen Tolstoianer« darstellte, der durch seine Tochter Helene manipuliert worden sei, bewahrte Moritz von Grunelius vor einer Haft. Helene verließ daraufhin im August 1919 die Universität Straßburg und setzte ihr Medizinstudium in der Schweiz und in Deutschland fort. Die Verbindung zu Dornach und der anthroposophischen Bewegung, die Elisabeth und ihre Hauslehrerin Julia Mellinger schon früher geknüpft hatten, wurde nun zur geistigen Grundlage für die Ärztin Helene und ihren Bruder Andreas – und bald auch für Marie.

In anthroposophischen Kreisen

Im Jahr 1920 verstarb Maries Vater. Ihr ältester Bruder Alexander übernahm den Besitz im nun französischen Kolbsheim und setzte die Familien- und Hauspolitik seines Vaters fort. Marie heiratete in diesem Jahr den Ingenieur und Erfinder Wolo Wundt (1891–1983) und zog mit ihm 1921 in die Schweiz, vermutlich nach Dornach, denn beide nahmen sofort intensiv an der Entwicklung der anthroposophischen Bewegung teil. Laut ihrer Kulturimpuls-Biografin Elke von Laue wurde Marie 1924 als Mitglied in der Freien Anthroposophischen Gesellschaft, in der Jugendsektion am Goetheanum und in der 1923/24 gegründeten Freien Hochschule für Geisteswissenschaften aufgenommen. Steiner übergab dem Ehepaar eine persönliche Meditation, was in diesen Kreisen einer besonderen Auszeichnung gleichkam.

Über die Jahre von 1921 bis 1928 berichten die Unterlagen im Rudolf Steiner Archiv wenig. Immerhin wurde aktenkundig, dass Wolo und Marie Wundt bereits im Juni 1926 das Exemplar Nr. 34 des *Landwirtschaftlichen Kursus* erhielten und ihre Verschwiegenheitserklärung abgaben. Diese relativ frühe Übergabe – nur wenige Tage nach *Lili Kolisko* (Nr. 17) – deutet darauf hin, dass das Ehepaar Wundt in diesen Jahren zu den wichtigen Persönlichkeiten in Dornach gehörte.

Als Marie Wundt 1928 mit ihren Pionierarbeiten zur Wildgrasveredelung begann, waren ihr Ehemann Wolo und sein Künstlerkollege Paul Schatz (1898–1979) gerade mit einer aufsehenerregenden Uhr an die Öffentlichkeit getreten. 1928/29 ließen sie die »Zweischleifenuhr« patentieren, für welche sie Rudolf Steiners Überlegungen zur Lemniskate als einer Linie, die dem täglichen Gang des menschlichen Lebens entspräche, aufgriffen. Ein anderes von Wundt konstruiertes Gerät ermöglichte es, neben der Uhrzeit diverse Sternenkonstellationen abzulesen; in seiner Weiterentwicklung zum »Astrostat« wurde es von Wolo und Marie Wundt regelmäßig zur Anregung von Mutationen der Getreidesamen eingesetzt. Ein drittes Konstruktionsprojekt war die »Eudoxos-Getreidemühle« aus den 1930er-Jahren. Durch eine kleine Neigung der Rotationsachse der Läufersteine wurden die Getreidekörner langsam gewalzt und zerrieben. Das auf diese Weise gewonnene Mehl sollte sich durch besondere Vitalkraft auszeichnen. Da bei Maries Wildgraszüchtungen große Mengen Körner anfielen, die zu Mehl und Brot verarbeitet wurden, ist naheliegend, dass Marie Wundt die Konstruktion einer verbesserten Getreidemühle angeregt und die Mahl- und Backversuche begleitet hat. (Bosshardt 2017)

Moderner Astrostat (Relux-Forschung, Frickingen)

Wildgrasveredelung

Marie Wundts erstes Halbjahr im Forschungslaboratorium der Naturwissenschaftlichen Sektion am Goetheanum in Dornach begann 1928. Bis zu ihrer Kündigung 1934 und auch danach widmete sie sich der Veredelung von Wildgräsern. Sie folgte dabei der Anregung Steiners, zur Regeneration der alten Kultursorten wieder auf Wildgräser wie Mäusegerste, Hafergras, Quecke oder Einkorn zurückzugehen, diese zu Veränderungen »zu bewegen« und unter solchen Modifikationen stabile Formen zu finden. Statt der üblichen Kreuzungszüchtung sollte Veredelung mit scharfer Auslese betrieben werden. Die damals praktizierten Verfahren, durch radioaktive oder Röntgenstrahlen sprunghafte und erbliche Variationen herbeizuführen, wurden vehement abgelehnt. Den Ausgangspunkt der Veredelungszüchtung formulierte Maries Kollegin *Erika Riese* im Jahr 1941:

> »Man bemüht sich, das innere Wesen der Pflanze zu begreifen: Worauf will sie selbst hinaus, was liegt in ihr, wie kann man sie zu sich selbst hin und auf diesem Wege über sich selbst hinausführen?« (Mos 2006, S. 130)

Wildgräser waren Riese zufolge zunächst mit geeigneten Mitteln »labil, beweglich, veränderungsfähig« (Mos 2006, S. 168) zu machen. Zeigte die Pflanze Veränderungen, die in die erwünschte Richtung deuteten, so mussten diese in einem zweiten Schritt auch bei Folgesaaten erhalten bleiben. Als ein Mittel schlug Rudolf Steiner außer der Anwendung der biodynamischen Präparate eine Pflanzenmeditation vor, für die er dem Fragesteller Ernst Stegemann im Herbst 1924 in Dornach eine »Formel« gab. Sie wurde durch *Johanna von Keyserlingk* überliefert und von ihrem Sohn publiziert. (Keyserlingk 1993, S. 21) Sie muss auch Marie Wundt relativ frühzeitig bekannt gewesen sein, da sie diese bei ihrer meditativen Behandlung der Wildgräser angewandt hat.

Angesichts der eher pauschalen Hinweise Steiners zur Wildgrasveredelung scheint das Laboratorium im Goetheanum nur zögerlich an die Umsetzung gegangen zu sein. Erst ab 1928 begann man in Dornach und an anderen Orten, sich dieser Aufgabe zu widmen. Neben Ernst Stegemann, Immanuel Voegele, Hugo Erbe, Martin Schmidt und Adalbert von Keyserlingk waren es viele Frauen, die sich der aufwendigen und mühsamen Arbeit der Wildgrasveredelung widmeten: *Erika Riese, Brunhild Erika Windeck, Ilsabe Mutzenbecher*, Dr. Elisabeth Vreede, *Martha Künzel*, Friedel Rhien, Eva Schwarz, Frau von Volkmann – und Marie Wundt.

Im Wundtschen Garten

Marie Wundts Veredelungsberichte aus der ersten Hälfte der 1930er-Jahre vermitteln einen anschaulichen Eindruck der höchst aufwendigen Züchtungsarbeit, die – laut den Aufzeichnungen ihrer Kollegin Erika Riese (*Dornacher Veredelungsberichte 1928–1940* in Mos 2006, S. 109–171) – an zwei Orten stattfanden: im Dornacher Versuchsgarten und im Garten der Familie Wundt.

Marie Wundt begann ihre Versuche zur Wildgrasveredelung im Herbst 1928 mit einer Aussaat des Einkorns »Rom« (Triticum spelta, Spelzweizen) aus einer Spende des Botanischen Gartens in Rom. (Mos 2005, S. 33) Mit unterschiedlichen Pflegemaßnahmen versuchte sie, die Wildgräser zu Variabilität anzuregen. Waren die Gräser herangewachsen, bestand eine erste Selektion in der Bündelung und Markierung gut ausgebildeter sogenannter »Elite-Pflanzen«. Die Ähren der anderen Pflanzen wurden zu Mehl vermahlen. Nach vierzehntägiger Nachreife eines Bündels erfolgte eine zweite Selektion. Die zur Nachzucht ausgewählten Pflanzen wurden vermessen und die Daten dokumentiert, ihre Ähren abgeschnitten, etikettiert und gesammelt. Auch jetzt galt: »Alles minderwertige kommt sofort in eine andere Kiste zur Mehlbereitung.« (Wundt/Windeck 1934b) Von den Ähren wurden jeweils zehn gute Exemplare gewogen, entspelzt, die Samen gezählt, gewogen und das Tausendkorngewicht festgehalten. Um Körner für eine neue Aussaat zu erhalten, prüfte die Forscherin die entspelzten Körner der übrigen »Elite-Ähren« mit einer Pinzette und etikettierte die »gesündesten, schönsten Körner«, die dann im September ausgesät und Ende Oktober verpflanzt wurden. Bei Bedarf wurde zu Silvester oder im Frühjahr noch einmal nachgesät.

Später legte Marie Wundt auch Versuchsbeete mit den Einkornformen »Jena«, »Vesuv«, »Cluy«, »Rom« und »Lemberg« an. In ihren Berichten von 1934 sind auch Veredelungsversuche mit den Wildgräsern Mäusegerste und Hafergras, teils eigene Funde oder bei Italienreisen erworbene Exemplare, ausführlich beschrieben. Des Weiteren liegen Berichte, Fotografien und Zeichnungen über ihre Versuche mit Erbsen, Stangenbohnen, Hafergras, Caladium (Elefantenohr), Einkorn »Rom« und der Steintäler Kartoffel aus den Vogesen bis 1931 vor.

Pflanzen über sich selbst hinausführen

Marie Wundts Berichte lassen erahnen, wie kraft- und zeitaufwendig die Veredelungsversuche waren, wieviel Geduld, Genauigkeit und Fingerspitzengefühl aufgebracht werden mussten. Hinzu kamen weitere gezielte Bemühungen, die Pflanze zu den erwünschten Formveränderungen und Mutationen zu veranlassen, wie die Wahl bestimmter kosmischer Konstellationen für Aussaat und Pflege, meditative Anregungen von Pflanzen und Samen sowie die Bestrahlung der Körner im Astrostat mit kleinen, Planetenlicht reflektierenden Blei-, Eisen- und Goldspiegeln. Große Hoffnung auf Mutationen verband die Dornacher Forscher*innengruppe mit einem Klima- und Bodenwechsel der Pflanzen. Daher wurden Samen aus vielen Orten zusammengetragen und dann wieder an Forschungsgruppen in Nah und Fern zu weiterem Anbau ausgegeben. Beispielsweise wurden Samen des Einkorns »Rom« neben dem Dornacher Versuchsgelände auch im Wundtschen Garten, von Immanuel Voegele in Pilgramshain in Schlesien, von Martha Künzel im holländischen Loverendale und von Brunhild Windeck auf Gut Marienstein bei Göttingen angebaut. Mutierte Absaaten aus Loverendale wurden dann wiederum in Dornach weitergeführt. (Mos 2006, S. 33 f., 146–151)

Marie Wundts *Bericht über Ernte und Auswertung der Getreidezuchten* vom August 1934 ist zu entnehmen, dass sie in diesem Jahr nicht nur Mitarbeiter*innen in ihr Veredelungskonzept einführen sollte, sondern auch beauftragt wurde, Berg- und Waldstaudenroggen, Quecke und chilenische Kartoffeln aus dem Sortiment der Erfurter Gärtnerei Haage & Schmidt zu bearbeiten. Ihr Fazit am Ende des Berichtes lässt erahnen, dass sie sich überfordert fühlte. Denn sie schlägt vor, die Veredelungsversuche neu zu organisieren. Entweder müsse die Zahl der von einer Person zu bearbeitenden Varietäten erheblich verringert werden oder aber die Vorgänge des Züchtens und des Vermehrens werden getrennt, denn: »Zur ersten [Zucht] gehört ein ganzer Mensch; zum zweiten [Vermehren] genügt ein allgemein gut geleiteter landwirtschaftlicher Betrieb.« (Wundt 1934a)

Brüche

Als Marie Wundt im März 1934 ihre Vorschläge mit Ehrenfried Pfeiffer und Erika Riese besprach, waren bereits dunkle Wolken über dem Dornacher Forschungshorizont aufgezogen. Ohne Hintergründe und beteiligte Personen zu nennen, spricht Marie in ihren Aufzeichnungen von einer schwierigen Stimmung im Labor: »Mai 1934 erlebe ich im Labor Verleumdungen und das unmittelbare Erfassen, wie ›Böses‹ entsteht.« (Wundt 1971, fol. 19) Einerseits betont Marie Wundt die vielen Anregungen, die sie durch Ehrenfried Pfeiffer erfuhr, die Dynamik, die er in die Forschungsgruppe brachte, den internationalen Ruf, zu dem er das Dornacher Forschungszentrum brachte:

»Die 6 Jahre meiner Mitarbeit im Chem.-Biol. Labor am Goetheanum unter der [eingefügt:] genialen Leitung von E. Pfeiffer waren für mich ungemein anregend [...] In der Meinungsverschiedenheit der Mitarbeit und mit dem dynamischen Charakter des Leiters ging es oft sehr bewegt her. Aber es wurde viel gute Arbeit geleistet. Aus aller Welt kamen Praktikanten, die besonders die Kupferchlorid-Kristallisationsmethode kennen lernen wollten. Ein stets wachsender Strom markanter Persönlichkeiten aus allen Weltteilen besuchte uns und mußte in verschiedenen Sprachen [geführt und] über die Arbeitsergebnisse unterrichtet werden.« (Wundt 1971, fol. 21)

Sie berichtet des Weiteren von interessanten Ausflügen mit Ehrenfried Pfeiffer, *Marie Tak van Poortvliet* und Erika Riese oder von Pfeiffers Hochzeit 1931 mit »dem klaren heiteren Menschen Adelheid, Freiin von Ketelhodt.«

Andererseits entstanden Spannungen, die Marie in ihrem Aufsatz *Aus meinem Leben* auf ihre zunehmende Eigenständigkeit in der Arbeit und der Planung des Gartens zurückführt: »Meine wachsende Selbständigkeit mußte zum Bruch führen. Der Leiter konnte damals noch niemand neben sich [durchgestrichen: dulden] verkraften, der sich ihm nicht völlig unterordnete.« (Wundt 1971, fol. 21) Sie bezeichnet die Situation als »Beginn höchsten Lebenskampfes«, bei dem sie ihre Kollegin Brunhild Erika Windeck unterstützt habe. Worin dieser »Lebenskampf« im Einzelnen bestand, geht aus diesem Bericht nicht hervor.

Am 27. Juni 1934 legte Marie Wundt ihre Arbeit im Labor nieder. Sie erhielt ihre Kündigung von Pfeiffer zum 1. Oktober, verlängerte ihre Arbeit nach Rücksprache mit Dr. Guenther Wachsmuth, dem Vorsitzenden der Naturwissenschaftlichen Sektion, bis zum 1. November 1934, »um E. Riese bei ihrer Rückkehr aus Amerika sachgemäß die Kasse und alle Papiere übergeben zu können.« (Wundt 1971, fol. 20) Die Berichte zur Wildgräserveredelung 1934, die Marie Wundt zusammen mit Brunhild Erika Windeck verfasste, beenden ihre Mitarbeit in der Arbeitsgemeinschaft, nicht aber in der anthroposophischen Bewegung. So ließ sich Marie auf der Landwirtschaftlichen Tagung in Dornach 1935 von Ernst Stegemann, dem Protagonisten der Wildgrasveredelung, ausführlich über dessen Gespräch mit Rudolf Steiner im Mai 1922 zur meditativen Anregung von Pflanzen berichten.

1934/35 wurde eine Wendezeit, nicht nur für Marie Wundt, sondern auch für das Dornacher Laboratorium: Ehrenfried Pfeiffer und Erika Riese reisten zum ersten Mal für längere Zeit nach Amerika, *Erika Sabarth* verbrachte mehrere Monate im holländischen Loverendale, der Heilmittelforscher Otto Emanuel Eckstein wechselte vom Goetheanum zur Weleda AG in Arlesheim. Eugen und Lilly Kolisko, ausgeschlossen aus der Anthroposophischen Gesellschaft, verließen Dornach und emigrierten schließlich nach England.

Als Marie Wundt im Sommer 1935 von Dr. Eckstein den Vorschlag erhielt, auch zur Weleda AG in Arlesheim zu wechseln und dort den Heilpflanzengarten zu betreuen, vergewisserte sich die noch immer leidenschaftliche Gärtnerin Marie zuerst, dass diese Gartenanlagen noch ausbaufähig seien. Dann sagte sie zu.

Chefgärtnerin bei Weleda in Arlesheim

> »Am 2. Sept. 1935 begann ich meine 15jährige Tätigkeit im Dienste der Weleda A. G. Diese Jahre waren außerordentlich fruchtbar.« (Wundt 1971, fol. 21)

Von Marie Wundts Arbeit in den Arlesheimer Weleda-Gärten wissen wir wenig. Vermutlich arbeitete sie sich erst hier in den Anbau von Kräutern ein, deren Charakteristika und Verwendung sie in ihrer Publikation 1955 ausführlich beschrieb. Zudem nahm sie an Arbeitskreisen am Goetheanum teil und arbeitete im Archiv. So teilte sie Dr. Wachsmuth am 11. Januar 1939 mit, sie habe ihre Winterstudien im Archiv wieder aufgenommen, von drei bis fünf Uhr nachmittags. »Dies für den Fall Sie Wünsche haben bezüglich landwirtschaftlich interessanten Stellen aus Dr. Steiners Vorträgen«. (Wundt 1971, fol. 24) Für die Versuchsring-Tagung 1939 erhielt Ehepaar Wundt Freikarten wie alle prominenten Persönlichkeiten der Bewegung. (unveröff. Verzeichnis Archiv am Goetheanum) Daher war Marie Wundt auch weiterhin über die Ereignisse am Goetheanum gut informiert. So berichtet sie im Jahr 1938 über die Dornacher Kontakte zu Mutter und Sohn Rascher und im Jahr 1939 über die Verleihung eines Ehrendoktorhutes der Medizin an Ehrenfried Pfeiffer an der Universität Philadelphia sowie über die erfolglosen Bemühungen von Guenther Wachsmuth, Dr. Pfeiffer für den Nobelpreis nominieren zu lassen.

Aufmerksam verfolgte Marie Wundt auch die Entwicklungen in Nazi-Deutschland. Sie schreibt im Kriegsjahr 1940: »In Deutschland siegt Hittler (sic). Vom Ausland aus gesehen sieht man den unerbittlichen [Zer] fall im Namen des Siegesrausches und hört von Greueln, denen man noch keinen Glauben zu schenken vermag.« (Wundt 1971, fol. 25) Große Sorge galt ihrer eigenen Familie. Ihre Schwester Elisabeth von Grunelius, Begründerin der Waldorfkindergärten, war nach dem Verbot der Stuttgarter Einrichtung durch die Nationalsozialisten nach Amerika emigriert. Ihre Schwester Helene, anthroposophische Ärztin, war 1936 in Arlesheim verstorben. Maries Mutter, ihr Bruder Alexander, seine Frau und ihre sechs Kinder wurden zunächst aus dem (nun französischen) Elsass ins Innere Frankreichs evakuiert und blieben nach der Besetzung Frankreichs durch deutsche Truppen jahrelang verschollen.

Auch in der Schweiz bekam Marie die Einengung der öffentlichen Verhältnisse zu spüren. Pfeiffer, der für sich in Dornach keine Arbeitsmöglichkeiten mehr sah, nahm das Angebot eines Ölindustriellen in Amerika an und übersiedelte mit Frau und Kindern nach Pennsylvania. Nach seinem Weggang übernahm *Dr. Frieda Bessenich* die Leitung des Biologisch-Chemischen Labors am Goetheanum. *Katharine Castelliz* arbeitete in den unteren Laborräumen und *Erika Riese* verwaltete neben ihren vielfältigen Forschungs- und Züchtungsarbeiten die Auskunftsstelle. Dies alles wusste Marie Wundt, da auch in dieser Zeit »regelmäßige wöchentliche Abendarbeit aller dieser Menschen zusammen mit Mitarbeitern der Weleda stattfanden«, an denen sie teilnahm. (Wundt 1971, fol. 25)

In den Nachkriegsjahren beklagte sie die zunehmend rigide Leitung der naturwissenschaftlichen Sektion ebenso wie fehlende Meinungsfreiheit und wachsende Konflikte, die nicht angesprochen würden. Nach einem Zusammenstoß mit dem Leiter Dr. Wachsmuth beschloss sie, den *Naturwissenschaftlichen Arbeitskreis* zu verlassen und in einem anderen Arbeitskreis mitzuwirken.

Am 6. Dezember 1949 erhielten Marie und Wolo Wundt die ersehnte Schweizer Staatsbürgerschaft und wurden Bürger*innen der kleinen Gemeinde Günstadt im Kanton Solothurn. Offenbar handelte es sich um eine Zweitwohnung, denn Marie arbeitete weiterhin im Heilkräutergarten in Arlesheim, machte Führungen, hielt Vorträge und verfasste pflanzenkundliche Artikel. Die körperlichen Anstrengungen der Gartenarbeit, vielleicht auch die seelisch-geistigen Herausforderungen ihrer Dornacher Zeit zeitigten gesundheitliche Folgen wie Rückenschmerzen und Herz-Kreislauf-Beschwerden. 1951 beendete die Chefgärtnerin der Arlesheimer Weleda AG ihre Berufsarbeit.

Ein Leben für die Wildgrasveredelung

Der Wildgrasveredelung blieb Marie Wundt bis an ihr Lebensende treu. Auch nachdem sie das Dornacher Versuchslabor verlassen hatte, setzte sie die Züchtungsversuche fort und blieb in fachlichem Austausch mit befreundeten Züchtern und Züchterinnen. Dies zeigt ein Brief der 75-Jährigen vom 13. Februar 1967 an die 20 Jahre jüngere Gärtnerin Ilsabe Mutzenbecher, die sie vermutlich auf der Landwirtschaftstagung am Goetheanum kennengelernt hatte. Darin korrigiert Marie ein von ihr bei der Begegnung aus dem Gedächtnis gesprochenes Zitat Rudolf Steiners zu den »Kolisko-Versuchen« (sic), nennt den entsprechenden Literaturhinweis und beschließt ihren Brief »Mit guten Wünschen für Ihre Arbeit und Ihr Wohlergehen und hoffentlich auf ein Wiedersehen«. Marie Wundt-von Grunelius hinterließ umfangreiche Dokumentationen zu ihren pflanzenzüchterischen Arbeiten. Sie nimmt in der Gruppe der Dornacher Forscherinnen einen prominenten Platz ein. Sie war mutig und aufrecht; sie scheute sich nicht, Konflikte anzusprechen und Orte zu verlassen, an denen sie ihre Arbeit nicht hinreichend respektiert sah. Am 30. November 1972 verstarb Marie Wundt-von Grunelius im Alter von 80 Jahren in Dornach.

Ausgewählte Werke

Wundt, Marie (1955): Ernährung und Gewürzpflanzen. In: Anna Ljungquist (Hg.): Zur Qualität der Ernährung. Rezepte für die vegetarische Küche. Dornach: Rudolf Geering-Verlag, S. 178–186. 2. Auflage 1962, 3. Auflage 1972.

Wundt, Marie (1965): Liste der in Dornach angebauten Gräser. In: Uwe Mos (Hg.) (2006): Die Wildgrasveredelung. Rudolf Steiners Impuls in der Pflanzenzucht. Dornach: Verlag am Goetheanum, S. 33.

Wundt, Marie (1965): Grundlage Dr. Steiners für die Pflanzenzüchtung. Aus meinem Gespräch mit Herrn Stegemann in Dornach am 26. Januar 1935. In: ebd., S. 28.

Quellen

Archiv am Goetheanum:

- Wundt, Wolo und Marie: Schreiben an die Naturwiss. Sektion am Goetheanum vom 10.(15.?) Juni 1926 (»Verschwiegenheitserklärung«).
- Wundt, Marie: Meditative Pflanzenversuche. Dornach im Oktober 1931.
- Wundt, Marie (1934a): Bericht über Ernte und Auswertung der Getreidezuchten im Sommer 1934. Dornach, August 1934.
- Wundt, Marie/Windeck, E. (1934b): Einkorn-Bericht vom Sommer-Halbjahr 1934 in Dornach.
- Wundt, Marie/Windeck, E. (1934c): Mäusegerste-Bericht vom Sommer-Halbjahr 1934 in Dornach.
- Wundt, M./Windeck, E. (1934d): Hafergras-Bericht vom Sommer-Halbjahr 1934 in Dornach.
- Wundt, Marie: Brief an Dr. Wachsmuth vom 11. Januar 1939.

Ita Wegman Archiv, Arlesheim: Nachlass Marie Wundt-von Grunelius. Aus meinem Leben (Fassung 1971) und Briefe.

Privat-Archiv Hof Grub: Wundt, Marie: Brief an Frl. Mutzenbecher vom 13. Februar 1967.

Literatur

Bosshardt, Claudia (2017): Rhythmisches Malen. In: Beiträge – Magazin zur Förderung der biologisch-dynamischen Landwirtschaft, Demeter 65(3), S. 14.

Elisabeth von Grunelius. [https://de.wikipedia.org/wiki/Elisabeth_von_Grunelius]

Grunelius, Johann C. (o. J.): Andreas von Grunelius. [http://biographien.kulturimpuls.org/detail.php?&id=286]

Grunelius, Victoria Maria (o. J.): Elisabeth von Grunelius. [https://biographien.kulturimpuls.org/detail.php?&id=1406]

Laue, Elke E. von (2003): Marie Wundt-von Grunelius. In: Bodo von Plato (Hg.): Anthroposophie im 20. Jahrhudert. Ein Kulturimpuls in biografischen Porträts. Dornach: Verlag am Goetheanum, S. 944 f. [biographien.kulturimpuls.org/detail.php?&id=1324]

Mos, Uwe (2006): Die Wildgrasveredelung. Rudolf Steiners Impuls in der Pflanzenzucht. Dornach: Verlag am Goetheanum, S. 26–34.

Pohl, Jan (o. J.): Julia Mellinger. [https://biographien.kulturimpuls.org/detail.php?&id=461]

Riese, Erika (1941): Dornacher Veredelungsberichte 1928–1940. Eine Darstellung zur Pflanzenzucht. Überarbeitet von Uwe Mos. In: Mos, Uwe (2006): Die Wildgrasveredelung. Rudolf Steiners Impuls in der Pflanzenzucht. Dornach: Verlag am Goetheanum, S. 109–172.

Selg, Peter (o. J.): Helene von Grunelius. [https://biographien.kulturimpuls.org/detail.php?&id=287]

Vetter, Heide (2015): Das Astrostat – zur Erinnerung an dessen Geschichte, aus »historischem Gewissen« niedergeschrieben. Übertragen von Carsten Tiede und überarbeitet vom Archivverlag Agraffe. [http://www.agraffenverlag.ch/archivalie-des-monats/am-juli-2015/]

Luise Wurzer (1905–1992)

Bäuerin, Lehrfrau für ländliche Hauswirtschaft, landwirtschaftliche Betriebsleiterin und Hofeigentümerin

1905 geboren, wuchs Luise zusammen mit ihren beiden Schwestern Maria und Hemma als dritte und jüngste Tochter auf dem Wurzerhof in der Nähe von St. Veit an der Glan in Kärnten, Österreich, in einer sehr fortschrittsorientierten Umgebung auf. Den Hof hatten die Eltern Wolfgang Wurzer (1873–1956) und Hemma, geb. Eisner (1875–1949), im Jahr 1912 zusätzlich zum Heimathof Hübl, im Gurktal auf 1000 Meter Höhe gelegen, erworben. Im Grundbuch wurde der Hof auf beider Namen eingetragen. Zentralheizung und Wasserklosett im neu renovierten Wohnhaus waren ebenso selbstverständlich wie der Einsatz synthetisch hergestellter Mineraldünger auf den Feldern, der Aufbau einer Herdbuch-Milchkuhherde und einer Traber-Zucht. In der Nähe einer Stadt wohnend, erhofften sich Wurzers, an den gesellschaftlichen und wirtschaftlichen Entwicklungen leichter teilhaben und den Töchtern eine bessere Schulbildung ermöglichen zu können.

Nach Volks-, Bürger- und »Nähschule« ging Luise, von ihrer zwei Jahre älteren Schwester Hemma »überredet«, zur Weiterbildung mit ihr nach Stuttgart in eine private Haushaltungsschule, das Hroswitha-Heim. Danach besuchten beide ein Pensionat für Fabrikanten- und Rittergutsbesitzer-Töchter in Weimar, wo die Schwestern, die Laute und Zither spielen und gut singen konnten, sich damit schnell zu integrieren wussten.

Zurück auf dem Hof in Kärnten, drängte es sie bald wieder »in die Welt hinaus«. 1924 konnten sie an einer vierzehntägigen Studienreise nach Italien teilnehmen, 1925 reisten sie wiederum gemeinsam erneut nach Deutschland und besuchten ehemalige Mitschülerinnen. Ihr Interesse an den Ideen der Anthroposophie, die sie durch ihre Gesangslehrerin in Weimar kennengelernt hatten, führte sie 1926 in die Schweiz, wo sie in dem heilpädagogischen Heim Sonnenhof in Arlesheim vielfältige Praxiserfahrungen sammelten.

Dort lernten Luise und Hemma Wurzer auch Gräfin Berta Polzer-Hoditz (1879–1945) vom Schlossgut Tannbach in Oberösterreich kennen, die fortan als ihre Mentorin wirkte. Sie stellte den Kontakt zum Versuchsring anthroposophischer Landwirte her und ermöglichte die Teilnahme der beiden Schwestern an der landwirtschaftlichen Tagung 1927 in Dornach. In Folge erhielten sie eine Nachschrift von Rudolf Steiners *Landwirtschaftlichem Kursus* ausgehändigt. Begeistert von den neuen Ideen der biologisch-dynamischen Wirtschaftsweise kehrten sie nach Kärnten zurück und überredeten ihre Eltern, einige der vorgeschlagenen Maßnahmen noch im gleichen Jahr auf dem Wurzerhof auszuprobieren.

> »Diese wenigen Versuche, die wir mit der gütigen Mithilfe von Frau Gräfin Polzer und Herrn Ernst Jacoby machen konnten, und unsere große Freudigkeit zur anthroposophischen Arbeit als Landwirte, haben genügt, unseren Vater, der in seinem Beruf anerkannt tüchtig ist, von der Bedeutung derselben zu überzeugen, so daß er erklärt hat, von den seit einigen Jahren üblichen Kunstdüngergaben auf Wiesen und Feldern abzusehen.« (Wurzer/Wurzer 1928, S. 6)

Immer wieder kamen Mitglieder des Versuchsrings anthroposophischer Landwirte zur Beratung auf den Hof. Während Mutter Hemma die beiden Töchter »mit Überschau, Tatkraft und Können« unterstützte, war ihr Vater von diesen Innovationen weniger überzeugt. Zudem brachte ihm die neue Wirtschaftsweise seitens seiner Freunde und Berufskollegen eher Spott denn Anerkennung ein. Er zog sich daher auf den Stammhof Hübl in Straßburg im Gurktal zurück. Die Mutter blieb in Scheifling und führte zusammen mit den beiden Töchtern den Wurzerhof, sodass »wir zu dritt mit guten Mitarbeitern die neue Aufgabe bewältigten und unsere Methode Beachtung fand«, wie Luise Wurzer (o. J., S. 8) es formulierte.

Ab 1930 liefen die Lebenswege der beiden Schwestern auseinander. Hemma ging mit Dr. Erhard Bartsch (1895–1960), der als Geschäftsführer die biologisch-dynamische Wirtschaftsweise auf Gut Marienhöhe nahe Bad Saarow in Brandenburg einführte und erprobte, nach Deutschland und war fortan dort für Haus und Garten, die vielen Gäste und Besuchsgruppen verantwortlich. 1933 heirateten sie. Zwischen den beiden Höfen entwickelte sich ein reger Austausch, sowohl was Erfahrungen als auch Auszubildende anbelangte. Luise fuhr zwei- bis dreimal im Jahr nach Bad Saarow. Hemma, Erhard und ihre drei Kinder verbrachten öfters ihre Ferien auf dem Wurzerhof in Kärnten.

Mutter Hemma und Luise Wurzer führten den 64 Hektar großen landwirtschaftlichen Betrieb mit Hilfskräften weiter und bildeten hauswirtschaftliche Lehrlinge aus. Am 26. Mai 1935 wurde die *Arbeitsgemeinschaft für biologisch-dynamische Wirtschaftsweise in Gartenbau und Landwirtschaft* mit Sitz in Scheifling auf dem Wurzerhof gegründet. Sie zählte 25 Gründungsmitglieder aus Klagenfurt und Umgebung, Villach, Feldkirchen, Oberkärnten und der Steiermark. Luise wurde »Obmännin« und Leiterin der Auskunftsstelle. Zu ihren Aufgaben gehörte die Betreuung der 14 Gartenbau- und Landwirtschaftsbetriebe in Kärnten und der Steiermark. Für ihren eigenen Hof dokumentierten Mutter und Tochter die angewandten biologisch-dynamischen Maßnahmen, die Erträge und die Milchleistungen der Kühe und führten Hofbesichtigungen und Tagungen durch.

Luise Wurzer mit dem preisgekrönten Stier Sedan um 1949

> »Obwohl alle Männer eingezogen wurden und Mutter und ich nur mit zwei braven Lehrtöchtern und polnischen Zwangsarbeitern den Hof führen mussten, war eine volle Ablieferungsleistung in Milch, Getreide, Kartoffeln all die Kriegsjahre möglich. Nach dem Krieg haben wir mit aus der Wehrmacht entlassenen Volksdeutschen, zum Teil Arm- und Beinamputierten, die Arbeit weitergeführt. Viele Komposthaufen entstanden aus Teichschlamm und Laub und Mist. Reges kulturelles Leben setzte wieder ein. Die Siebenbürger Sachsen wurden zu wertvollen Helfern – Burschen und Mädchen.« (Wurzer, o. J., S. 13)

Mutter und Tochter brachten den Wurzerhof über schwierige Zeiten. Darüber hinaus unterstützte Luise ihre Schwester Hemma in der Betriebsführung auf

Gut Marienhöhe und wirkte als Botin zwischen Hemma und ihrem Ehemann Erhard Bartsch, als er 1941 im Kontext der NS-Aktion gegen Geheimlehren und sogenannte Geheimwissenschaften für einige Monate inhaftiert wurde. Über viele Jahre haben Mutter Hemma und Luise junge Menschen am Wurzerhof ausgebildet, waren sie ihnen Lehrfrau und Vorbild. Als Erhard Bartsch 1950 nach dem Tod seiner Schwiegermutter Hemma Wurzer auf den Hof kam – die drei Bartsch-Kinder Jürgen, Friederike und Johanna waren bereits 1948 von Marienhöhe in der sowjetisch besetzten Zone nach Kärnten übersiedelt –, konnten auch Lehrlinge in der Landwirtschaft aufgenommen werden. Selbst im damaligen Sprachgebrauch »schwierige Halbstarke« wurden von der Landwirtschaftskammer gerne zur Ausbildung auf den Wurzerhof geschickt.

Luise Wurzer und Joachim Bauck bei einem »Spezialtransport« um 1961/62

Neben der fachpädagogischen wurde die heilpädagogische Arbeit am Hof ausgebaut, nachdem Dr. Karl König (1902–1966), der Begründer der Camphill-Bewegung, im Mai 1960 zu Besuch gewesen war und ein reger Austausch über die Formen sozialer Wohngemeinschaften und die Arbeit von betreuten Mitgliedern in der Landwirtschaft einsetzte. Auch nach dem Tod von Erhard Bartsch im September 1960 führten die Frauen am Hof diese neue Ausrichtung fort und entwickelten den Wurzerhof zur ersten sozialtherapeutischen Einrichtung Österreichs. Johanna (* 1941), die jüngste Bartsch-Tochter, konzentrierte sich auf den Bereich der therapeutischen Arbeit. Luise Wurzer hatte die Außenwirtschaft im Blick.

> »Der Garten wurde viel vergrößert, sodass das ganze Jahr eigenes Gemüse für 45–50 Personen erzeugt wird. Eine Tischlerin machte in beengtem Rahmen Vogelnist- und Futterkästen. Die auf 100 angewachsene Schafherde gab die Wolle für die Webstühle und eine Holzwerkstatt macht jetzt mit dem Meister den Abschluss zur vielseitigen Anlerne der Mädchen und Burschen.« (Wurzer, o. J., S. 16)

1964 heiratete Johanna Bartsch den Landwirt Raimund Remer (* 1938), der weitere neue Ausrichtungen des Betriebes vorantrieb: die Haflingerzucht und den Waldbau. Durch ihn wurde der Austausch mit den »norddeutschen Bauernfreunden« auf dem seit 1932 biologisch-dynamisch bewirtschafteten Bauckhof in der Lüneburger Heide intensiviert. Pionierleistungen blieben auch unter der Betriebsleitung von Johanna Bartsch und ihrem Ehemann selbstverständlich: 1981 wurden eine große Biomasseheizung installiert und eine Pflanzenkläranlage angelegt. Würdigungen folgten später: Das Land Kärnten verlieh dem Wurzerhof im Jahr 2000 den Umweltschutzpreis und 2003 Johanna Bartsch für ihre jahrzehntelange gemeinnützige Arbeit einen Sonderpreis im Rahmen von EVA, einer jährlich stattfindenden Kärntner Initiative, die Frauen ehrt, welche Herausragendes für ihre Mitmenschen und die Zivilgemeinschaft geleistet haben.

Luise Wurzer hatte bis zu ihrem Tod am 29. August 1992 auf dem Hof mitgewirkt; insbesondere begleitete sie viele der betreuten Jugendlichen zu Terminen bei Ärzten und Behörden. Die letzten Jahre verbrachte sie im Rollstuhl. Eine körperliche Mithilfe war dadurch nicht mehr möglich, aber geistig und emotional nahm sie bis zuletzt am Geschehen auf dem Wurzerhof teil.

Ausgewählte Werke

Wurzer, Hemma/Wurzer, Luise (1927): Einfluss der Gestirnskonstellationen. In: Mitteilungen des landwirtschaftlichen Versuchsringes der Anthroposophischen Gesellschaft 1(20), S. 12.

Wurzer, Hemma/Wurzer,Luise (1928): Erstjährige Versuche mit biologischer Düngung. In: Mitteilungen des landwirtschaftlichen Versuchsringes der Anthroposophischen Gesellschaft 2(13), S. 5–6.

Wurzer, Hemma/Wurzer, Luise (1929): Bericht aus Scheifling, Veit a. d. Glan. In: Interner Rundbrief des landwirtschaftlichen Versuchsringes der Anthroposophischen Gesellschaft 3, S. 1–2.

Wurzer, Luise (1935): Pflegliche Behandlung des Saatgutes im alten Brauchtum der österreichischen Alpengebiete. In: Demeter: Monatsschrift für biologisch-dynamische Wirtschaftsweise 10(12), S. 211–212.

Wurzer, Luise (o. J.): Kindheits- und Lebenserinnerungen. Scheifling: Unveröffentlichtes Manuskript.

Quellen

Persönliche Mitteilungen von Johanna Bartsch und Rudolf Keiblinger-Bartsch, 2020 (Mathilde Schmitt).

Persönliche Mitteilungen von Jürgen Bartsch, 2020 (Mathilde Schmitt).

Literatur

Böhm, Reinhard (1998): 1927 – Wurzerhof – 1997: Nachbild eines bemerkenswerten Festes aus »Seelenpflege in Heilpädagogik und Sozialtherapie«. In: Lebendige Erde 49(2), S. 143–149.

Jurtschitsch, Aurelia (2010): Bio-Pioniere in Österreich. Vierundvierzig Leben im Dienste des biologischen Landbaus. Wien/Köln/Weimar: Böhlau. [https://www.vandenhoeck-ruprecht-verlage.com/downloads/productPreviewFiles/LP_978-3-205-78515-6.pdf]

Lebensgemeinschaft Wurzerhof (Hg.) (2010): Festschrift 50 Jahre Sozialtherapie in Österreich. St. Veit an der Glan.

Sattler, Friedrich (1993): Gedenken an Luise Wurzer. In: Lebendige Erde 48(1), S. 41.

Für weitere Informationen siehe auch die Kurzbiografie von *Hemma Bartsch*, geborene Wurzer.

Marie Zeidler (1895–1985)

Gärtnerin, Gartenmeisterin, Ausbilderin

Marie Zeidler wuchs gemeinsam mit drei Schwestern und einem Bruder in einem schlesischen Forsthaus auf; sie wurde am 7. März 1895 als drittes Kind des Oberförsters Rudolf Zeidler und seiner Frau in Liebichau (poln. Lubiechów), Kreis Sprottau (poln. Szprotawa), geboren. Als sie drei Jahre alt war, zog die Familie wegen einer Versetzung des Vaters in ein größeres Dorf um. Offenbar hat Marie als Kind sehr um dessen Anerkennung gerungen. Oberförster Zeidler war ihrem Empfinden nach »nicht sehr glücklich über den reichen Töchtersegen, dazu kam noch mein ständiges Kranksein. Er hatte mit mir nicht viel im Sinn.« (Lebenserinnerungen 1980, S. I/2) Eine starke Opposition der Jugendlichen war die Folge, bis sich das Verhältnis zu ihrem Vater schließlich verbesserte. In ihren Lebenserinnerungen beschreibt sich Marie Zeidler als schwaches Kind, das erst mit drei Jahren das Laufen erlernte. Zwei Jahre später wurde eine Rückgratverkrümmung diagnostiziert. Die verordneten Therapien reichten von einem »Geradehalter« über die Eigenmobilisation bis hin zu einem angepassten Gipsbett, in dem sie bis zu ihrem 16. Lebensjahr schlafen musste. Die Försterkinder besuchten drei Jahre lang die Dorfschule, daran schloss sich für die Mädchen die Ausbildung an der Höheren Töchterschule in Sprottau an. Der lange Fußweg zur Schule von einer Stunde trug schließlich zur Kräftigung und Stärkung der Gesundheit bei.

Auf der Suche

Nach dem Schulabschluss wurde Marie Zeidler ein halbes Jahr zeitgemäß im Schneidern und Nähen unterrichtet; daran schloss sich ein einjähriger Aufenthalt in einem Mädchenpensionat an einer Haushaltungsschule in Görlitz an. Mit 18 Jahren kam sie dann als sogenannte Haustochter auf ein Gut. Marie arbeitete dort bei einem älteren Ehepaar, die Kinder waren bereits aus dem Haus. Man gab Gesellschaften, musizierte und spielte gemeinsam. »Das war die schönste Zeit meines Lebens«. (ALS, Bestand S-4/30, S. II/1) Das Ehepaar Thomas lud offenbar auch zu spiritistischen Sitzungen ein – die Neugier der jungen Frau war geweckt. Marie Zeidler sollte in der Folge jahrelang auf Sinnsuche sein; ihr Wunsch nach weltanschaulicher Orientierung ließ sie die unterschiedlichsten spirituellen und ideologischen Strömungen entdecken und erkunden.

Nach drei Jahren – das ältere Ehepaar verkaufte das Gut – musste Marie schweren Herzens gehen. Die Frage einer Freundin, ob sie denn nichts lernen wolle, brachte die nunmehr 22-Jährige dazu, eine Lehre als Gärtnerin zu beginnen. Die Berndtsche Baumschule in Zirlau (poln. Ciernie) bei Freiburg in Schlesien (poln. Świebodzice), in die sie am 1. Oktober 1917 eintrat, war die größte ihrer Art im Ostteil des Landes. In den Wirren des Ersten Weltkriegs wurde der Auszubildenden offenbar wenig Anleitung, dafür viel Verantwortung zuteil, zugleich erhielt sie jedoch sehr fachkundige Unterstützung von einem russischen Kriegsgefangenen. Nach der Lehrzeit folgte eine Anstellung in Erfurt, ebenfalls in einer großen Gärtnerei: Zwei Gärtnerinnen und 15 Gärtner waren hier beschäftigt. Marie Zeidler genoss fortan die Arbeit mit Blumen, zudem hatte sie Gesellschaft und Anregung. Man ging zusammen ins Theater und in die Oper – sie liebte insbesondere Wagner. Nach zwei Jahren musste sie die Gärtnerei jedoch verlassen: Bei den Stellenbesetzungen wurden nun die Kriegsheimkehrer bevorzugt. Marie wechselte zu einem Gut in Hessen. Zu diesem Zeitpunkt haderte sie mit ihrer Arbeit: »Ich war mit meinem Beruf nicht recht froh, ich wollte ihn aufgeben. Aber alle Versuche, anderes zu beginnen, mißlangen.« (ebd.) Schließlich nahm Marie Zeidler das Angebot des Diakonissen-Mutterhauses Lutherstift in Frankfurt/Oder an: Am 1. Februar 1926 trat sie ihre Stellung an und blieb zwölf Jahre dort – eine anfangs offenbar erfüllende Zeit. Lediglich mit dem Pfarrer sei sie schlecht zurechtgekommen und ihm sicherlich »kein angenehmer Zeitgenosse« gewesen, sei sie doch an »allen religiösen Strömungen« interessiert gewesen. Tatsächlich war Marie Zeidler bereits in ihrer Erfurter Zeit mit dem 1906 im nahen Jena gegründeten Monisten-Bund (einem freidenkerischen Verband, dessen ganzheitliche Naturphilosophie seinem Anspruch nach auf wissenschaftlichen Prämissen beruhen sollte) in Kontakt gekommen und hatte Vorträge besucht. »Aber ich war in meiner eigenen Meinung auch schwankend.« (ebd.)

In ihrer Frankfurter Zeit wiederum orientierte sie sich an »Dinter-Anhängern«: Der Schriftsteller Artur Dinter (1876–1948) begründete im Jahr 1927 die *Geistchristliche Religionsgemeinschaft*; er vertrat offen antisemitische und völkische Positionen. Marie Zeidler, Anhängerin einer unkritisch-mythologischen Germanenverehrung, fand im Nationalsozialismus verwandte Ideale und Ideen, wenngleich ihr das praktizierte Geistesleben zu flach und uninspiriert schien. Schließlich wurde sie Mitglied des *Deutschbundes*, eines ihrer Wahrnehmung nach kleinen edlen ideellen Bundes. Tatsächlich bildete dieser Bund bereits während der Weimarer Republik eine der stärksten Organisationen der völkischen Bewegung, ebenfalls mit klarer antisemitischer und rassistischer Ausrichtung. Der Mitgliederkreis rekrutierte sich unter anderem aus der protestantisch-konservativen gesellschaftlichen Elite. Marie Zeidler zauderte erneut: »Es waren schöne Jahre mit Eifer und Begeisterung. Aber nichts fesselte mich ganz. Ich steckte überall die Nase herein.« (ebd., S. II/2) Auch der Herrnhuter Brüdergemeinde trat sie kurzzeitig näher. In dieser unkritischen und schwankenden Haltung spiegelt sich ein großes Bedürfnis nach spiritueller Orientierung und Verankerung und offenbar auch eine Überforderung angesichts des zeitgenössischen »Weltanschauungspotpourris« mit seinen ideologischen Fundamenten.

Im Jahr 1937 kündigte Marie Zeidler schließlich in Frankfurt/Oder. Sie wollte fortan gerne mit Kindern arbeiten, aber ihre Pläne und Hoffnungen ließen sich nicht umsetzen – eine persönlich schwierige Zeit, die für sie, mittlerweile 42 Jahre alt, von Ratlosigkeit und Verzweiflung geprägt war. Einige Monate im Forsthaus bei der mittlerweile verwitweten Mutter folgten. Als eine ihrer Schwestern samt Familie ebenfalls dort Unterschlupf suchen musste, nahm Marie Zeidler eine Stelle in Dortmund an – offenbar als »Siedlungsberaterin«. Ob sie an eine Organisation wie das Reichsheimstättenamt der Deutschen Arbeitsfront (DAF) angebunden war, ist nicht bekannt. Diese Behörde war für Wohnungsbau und den Neubau von Siedlungen auf dem Land zuständig. Neben der Beseitigung der Wohnungsnot sollten mit diesen Maßnahmen auch grundlegende Werte der nationalsozialistischen Ideologie vermittelt werden. Marie Zeidler quittierte den Dienst bereits nach sechs Wochen – ihr Lebenslauf (ein korrigiertes Entwurfsschreiben) bietet zwei Erklärungsansätze für diesen Schritt. In der ersten Fassung erklärt sie, dass sie mit ihren »Reformbestrebungen nicht ins alte Kunstdung und Gift bejahende Lehrsystem zurückfinden konnte und wollte«; in der korrigierten Fassung betont sie, dass »ich meiner Überzeugung zur Reform treu bleiben wollte und mich vorher nicht genügend informiert hatte«. (ALS, Bestand S-Gar/2) Schließlich las sie, dass Loheland eine Gärtnerin suchte und meldete sich: Am 1. Februar 1939 nahm Marie Zeidler ihre Tätigkeit auf – und sollte sie schließlich fast 40 Jahre lang ausüben.

Gärtnerin in Loheland

Im Jahr 1919 hatten Louise Langgaard (1883–1974) und Hedwig von Rohden (1890–1987) die Schule und Siedlung Loheland in der hessischen Rhön gegründet, auf einem bis dato unbesiedelten Areal von 33 Hektar Größe. Dieser Einrichtung lag ein ganzheitliches Bildungskonzept zugrunde, das – neben der Ausbildung in Gymnastik und Tanz – auch die Ausübung unterschiedlicher (Kunst-)Handwerkszweige sowie Landwirtschaft und Gartenbau einbezog. (Christinck/Spieker 2011; 2012) Die Flächen wurden bereits seit 1928 vollständig nach biologisch-dynamischen Grundlagen bewirtschaftet; die Umstellung hatten die Gärtnerin *Marie Lohrmann* und der Landwirt Karl Jung ab 1927 betrieben. Diese junge Gärtnerin legte in den Folgejahren eigene Versuchsreihen an, deren Ergebnisse sie publizierte, und wirkte 1931 bei einer Tagung des *Versuchsrings anthroposophischer Landwirte in Deutschland* mit. (ALS, Bestand S-Gar/1) Marie Lohrmann verließ Loheland 1934; ihre Nachfolgerin war Jutta von Somnitz. Fünf Jahre danach kam nun Marie Zeidler nach Loheland, und bereits nach einem weiteren Jahr, am 16. Januar 1940, meldete sie sich bei der Landesbauernschaft Kurhessen in Kassel zur Gartenmeisterprüfung an. (ALS, Bestand S-Gar/2) Die Vorbereitungskurse konnte sie nicht besuchen, sondern bereitete sich »privatim« in Loheland auf das Examen vor. Das Hausarbeitsthema wurde ihr am 1. Februar gestellt, Abgabetermin war der 15. April. »Fräulein Marie Zeidler« hatte die folgenden Fragen zu beantworten:

> »Eine Gärtnerin übernimmt die Stellung von einem N. S. V. Müttererholungsheim mit der Aufgabe, einen Gemüsegarten anzulegen und zu bearbeiten. Das Heim ist das ganze Jahr hindurch in Betrieb. Zu verpflegen sind täglich 150 Personen einschließlich Personal.
>
> Wie groß muß die Freilandgemüseanbaufläche gewählt werden, welche Gemüsearten und Sorten, Saatgut und Düngermengen sind an Hand eines Bestellungsplanes anzugeben?
>
> Welche Glasflächen einschließlich Frühbeetfenster werden für den Gemüsebau sowie Jungpflanzenanzucht benötigt?«

Auf 24 Seiten nebst drei Seiten Anhang löste die Gärtnerin ihre Aufgabe. Diesen praxisbezogenen Ansatz konnte Marie Zeidler im eigenen Arbeitsalltag gut umsetzen. Denn schließlich waren in Loheland viele Menschen zu versorgen, und gerade in Kriegszeiten mussten für alle Bewohner*innen der Siedlung, darunter auch evakuierte Kinder, Nahrungsmittel beschafft oder eingetauscht werden. Und in den 1950er-Jahren wurde vom Paritätischen Wohlfahrtsverband tatsächlich die Bitte an Loheland herangetragen, unter dem Dach des Müttergenesungswerks monatlich Gruppen von Frauen aufzunehmen: Das »Wiesenhaus« entstand, in dessen Souterrain eine Großküche eingerichtet wurde (Hertling 1984, S. 54) und das heute noch als Tagungsstätte fungiert.

Gerade zum Dienstbeginn von Marie Zeidler waren die Arbeitsbedingungen herausfordernd: Am 1. September 1939 initiierte das Deutsche Reich mit seinem Angriff auf Polen den Zweiten Weltkrieg. Der Loheländer Landwirt Karl Jung wurde offenbar sofort eingezogen. Zwar konnte ein anderer Landwirt für Loheland gewonnen werden, aber auch dieser musste bereits im Herbst 1940 einrücken. Nun blieb die Stelle unbesetzt, und schließlich hieß es: »Zeidlerin, würden Sie sich getrauen, die Landwirtschaft mit zu übernehmen?« (ALS, Bestand S-4/30, S. III, 1) Nach kurzer Bedenkzeit nahm die »Zeidlerin« die Herausforderung an, jedoch ohne die Verantwortung für den Stall. Diese Arbeiten wurden einem polnischen Kriegsgefangenen übertragen, der ausgebildeter »Schweizer« war, also über spezielle Fachkenntnisse in der Tierpflege und im Molkereiwesen verfügte. Auch in Landwirtschaft und Gärtnerei waren – kriegsbedingt – zwei weitere (polnische bzw. russische) Zwangsarbeiter eingesetzt. Weiterhin mussten nun alle, auch die Lehrerinnen, mithelfen, und eine »geflohene Landwirts-Witwe übernahm ein wenig die Verantwortung« über den Garten. Als Meisterin, die sie inzwischen war, konnte Marie Zeidler zusätzlich drei Lehrlinge einstellen: »zwei Jungens u. ein Mädchen«. Gegen Kriegsende kamen drei französische Kriegsgefangene hinzu, deren Arbeitsplatz in den Fuldaer Gummiwerken im September 1944 bombardiert worden war und die nun Arbeit, Unterkunft und Essen benötigten. Mit ihrer Tätigkeit in der Landwirtschaft war die Zeidlerin im Rückblick offenbar leidlich zufrieden: »Natürlich war ich kein besonders guter Landwirt, wie konnte das auch sein. Aber es lief alles rund.« (ebd., S. III/2) Allein die Tatsache, dass sie viereinhalb Jahre alleine für Garten und Landwirtschaft zuständig war, zeigt ihre erfolgreiche Betriebsleitung. Marie Zeidler beschreibt die Arbeit als »anstrengend, oft erdrückend«, urteilt aber dennoch, dass sie gerne an diese – trotz allem – schöne Zeit zurückdenke.

Das Kriegsende brachte nicht nur Freude über den endlich erlangten Frieden. Für viele Menschen brach eine Welt zusammen: Sie hatten nahe Angehörige und ihr Hab und Gut, vielleicht auch ihre Heimat verloren und zugleich ihren Glauben an den Sieg der nationalsozialistischen Ideologie und der Vormachtstellung des deutschen Volkes. Schließlich war der weitaus größte Teil der deutschen Bevölkerung dem »Führer« ebenso überzeugt wie begeistert gefolgt – oder hatte sich stillschweigend arrangiert und damit das Regime akzeptiert. Nun setzte ein langsamer Prozess des Erkennens und Umorientierens ein. Auch Marie Zeidler verabschiedete sich von Idealen, die sie in Bezug auf die germanische Mythologie und »Überlegenheit« gehegt hatte. Sie selbst war einige Jahre überzeugte Nationalsozialistin gewesen, erkannte aber im Rückblick, ihren eigenen Aussagen zufolge, den Irrweg. Die Nachkriegsjahre waren zunächst vom Wiederaufbau geprägt, d.h. der Organisation des alltäglichen Lebens mit knappen Ressourcen. Weltanschauliche Fragen wurden aus pragmatischen Gründen, aber auch aus der bitteren Erkenntnis des eigenen Fehlverhaltens, zunächst hintangestellt. Seit Anfang der 1950er-Jahre beschäftigte sich Marie Zeidler dann mit Fragen der Anthroposophie – wie es ihre Kolleginnen und Nachbarinnen in der Siedlung Loheland längst taten. Als gestandene Frau von 50 Jahren schien sie nun die für sie passenden geistig-spirituellen Anregungen gefunden zu haben; zumindest hatte ihre Suche ein Ende.

Marie Zeidler (unten) um 1960

Nach dem Krieg kümmerte sich Marie Zeidler ausschließlich um den Garten, der vollständig in Handarbeit, also ohne Maschinen, bewirtschaftet wurde. Das war aufgrund der Größe auch ohne weiteres möglich. Der eigentliche Nutzgarten hatte eine Fläche von etwa einem Hektar, mit einem Warmhaus (ab 1979 auch einem Kalthaus) und vielen Frühbeeten. Hinzu kamen etliche Vorgärten. Stauden und Rosenbeete wurden gepflegt, Blumen und auch Ziersträucher selbst gezogen: Die Pflanzen schmückten zahlreiche Blumenkästen, deren Anzahl auf mehr als 40 anwuchs; Schnittblumen schmückten die Innenräume. Auch der siedlungseigene Friedhof wurde betreut. Der Verkauf von Pflanzen brachte zudem etwas Geld ein. Tatsächlich konnte der Eigenbedarf der Siedlung fast vollständig gedeckt werden; Zukäufe waren nur in begrenztem Umfang notwendig. »Großflächig und weiträumig war meine Gärtnerei und ich war glücklich darin.« (ebd., S. IV/2)

Marie Zeidler besaß eine natürliche Autorität und konnte gut mit Menschen umgehen. Sie verstand es, gerade auch jungen Menschen, beispielsweise Zivildienstleistenden in den 1970er-Jahren, die Grundlagen des Gärtnerns wie sorgfältiges und pünktliches Arbeiten und gleichermaßen praktisches wie auch soziales Wissen zu vermitteln. »Sie war nicht sehr groß gebaut, eine kleine Person von der Statur her, aber da war eben sehr viel drin.« (Gespräch mit Dr. Wedis Neindorf) »Die Zeidlerin war unglaublich!« (Gespräch mit Annelie Hof) – so wird ihr Engagement zusammengefasst. Junge Menschen wussten ihre Direktheit zu schätzen (»Das war ein kleiner Napoleon!«, Gespräch mit Carsten Thiede), weil sie im Gegenzug auch deren suchende und fragende Haltung verstand und sie in Gesprächen ernst nahm. Marie Zeidler wird als sehr gerecht und beliebt beschrieben. Davon zeugt auch ein Fotoalbum, das »Unserer lieben Zeidlerin zum Andenken an ihre Gärtnerjungens von Loheland« gewidmet ist und aus der Zeit um 1980 stammt: Aufnahmen von jungen arbeitenden und feiernden Menschen, von Tieren und Bauten in Loheland wurden der langgedienten Gärtnerin offenbar als Erinnerungsgabe überreicht. (ALS, Bestand FB-A/717) Als Ausbilderin gab sie wichtige Impulse und Erfahrungen aus ihrer Arbeit weiter (Christinck 2009, S. 12); sie vermittelte ihr implizites Wissen durch Anschauung und Anleitung zum Mittun sowie durch Ermunterungen zum eigenen Ausprobieren. »Also der Impetus war immer der, so mit den Pflanzen zu leben und zu arbeiten, dass das Beste dabei herauskommt, für den Boden, die Pflanzen, die Tiere und den Menschen. Das war schon deutlich zu spüren«. (Gespräch mit Carsten Thiede)

Anders als in der Umstellungszeit unter Maria Lohrmann führte Marie Zeidler keine dokumentierten Versuchsreihen durch. Sie selbst begann nach dem Ende des Zweiten Weltkriegs, sich intensiver mit biologisch-dynamischen Grundlagen zu befassen. Ein größerer Bestand an Arbeitstagebüchern (ab dem 1. April 1934) gibt Auskunft über die geleisteten Arbeitsstunden, Tätigkeiten und die beteiligten Personen. Darüber hinaus sind Lieferbestätigungen und verarbeitete Präparate verzeichnet. (ALS, Bestand HB-1/19) Marie Zeidler verwendete unter anderem das Präparat Humofix der Abtei Fulda und bestellte Heilkräuter bei einem biodynamischen Heilkräuteranbau in Aufhausen. Ihr Artikel über die Vorbereitung von Saatgut mit Präparaten von 1954 endet mit dem Hinweis, dass sie ihre Saaten »seit Jahren« mit zunehmender Sicherheit auf solche Weise zubereite. Dabei orientierte sie sich an den Hinweisen und Erkenntnissen von *Martha Künzel*. Ihr Bericht ist als praktische Handhabung angelegt und vermittelt reichhaltiges gärtnerisches Fach- und Erfahrungswissen, kombiniert mit praktischem Alltagswissen.

Im Alter von 75 Jahren fand Marie Zeidler schließlich einen Nachfolger, aber nach zwei Jahren stieg sie erneut ein, da »junge Männer« um Lehrstellen anfragten und lediglich die Zeidlerin als Meisterin über eine Ausbildungsberechtigung verfügte. Loheland und seine Gärtnerin beförderten dadurch auch die biodynamische Arbeit auf anderen Höfen oder in Schulen, wo die jungen Absolvent*innen im Anschluss tätig waren. Drei Jahre später wurde dann jedoch ein Gartenbaumeister gefunden. Marie Zeidler, inzwischen 80 Jahre alt, löste sich von ihrem Garten und von Loheland – ein schwerer Schritt, wie sie beschrieb, den sie mit rationalen Argumenten erträglicher machen wollte: »Man muß der Jugend Platz machen.« (ALS, Bestand S-4/30, S. IV/2) Ihre restlichen Lebensjahre verbrachte sie im Altenwerk Schloss Hamborn in Westfalen, wo sie sich offenbar sehr wohl fühlte. Marie Zeidler starb am 21. Februar 1995, zwei Wochen vor ihrem 100. Geburtstag.

Vierzehn Tage vor Vollendung ihres hundertsten Lebensjahres ist unsere ehemalige Gärtnerin

Marie Zeidler

* 7. 3. 1895 † 21. 2. 1995

im Altenwerk Schloß Hamborn friedlich eingeschlafen.
Nach einem arbeitsreichen Leben im Dienst an der Erde konnte sie sich die letzten Jahre in Ruhe und in liebevoller Pflege auf ihren Erdenabschied vorbereiten.

In Dankbarkeit für alle Mitarbeiter von Loheland

Antje Harcken Gabriele Fritsch

Loheland-Stiftung · 36093 Künzell

Die Aussegnungsfeier findet am Freitagvormittag, dem 24. Februar 1995, in Schloß Hamborn statt. Urnenbeisetzung zu einem späteren Termin auf dem Loheland-Waldfriedhof.

Ausgewählte Werke

Zeidler, Maria (1954): Über das Handhaben der Saatbäder in einer Gärtnerei. Aus einem Brief an die Schriftleitung. In: Lebendige Erde 11/12, S. 281–282.

Quellen

Archiv Loheland-Stiftung:

Marie Zeidler (1985): Lebenserinnerungen, S-4/30.

Konvolut zur Gartenbautagung 22.–29. November 1931 in Loheland, S-Gar/1.

Mappe Marie Zeidler mit Meisterarbeit, Vorträgen und Anbauplänen, S-Gar/2.

Gartentagebücher, HB-1/19.

Album »Unserer lieben Zeidlerin ...«, FB-A/717.

Gespräch mit Annelie Hof am 4. September 2004 in Loheland (Ira Spieker).

Gespräch mit Carsten Thiede am 3. November 2004 in Gichenbach (Anja Christinck).

Gespräch mit Margarethe Voegele am 4. September 2004 in Loheland (Mathilde Schmitt).

Gespräch mit Dr. Wedis Neindorf am 4. September 2004 in Loheland (Mathilde Schmitt).

Literatur

Christinck, Anja (2009): [Hintergrund:] 90 Jahre Loheland, 80 Jahre biologisch-dynamischer Garten- und Landbau. Künzell: Loheland-Stiftung, S. 9–13.

Christinck, Anja/Spieker, Ira (2011): Auf eigenen Wegen. Loheland als Bildungs-, Lebens- und Arbeitsstätte für Frauen. In: Meike S. Baader/Susanne Rappe-Weber (Hg.): Historische Jugendforschung. Jahrbuch des Archivs der deutschen Jugendbewegung, NF 7, S. 169–182.

Christinck, Anja/Spieker, Ira (2012): Gemeinschaft gründen – Individualität entwickeln. Überlegungen zur Wirkung und Aneignung von Räumen am Beispiel Loheland. In: Ariadne 53, S. 22–29.

Hertling, Elisabeth (1984): Das Entstehen und Werden der Schulsiedlung Loheland. Schlüchtern: Selbstverlag.

Herzlichen Dank

Sie glich einer Expedition mit offenem Ende und unklarem Ausgang, unsere lange Reise durch die Frauengeschichte des ökologischen Landbaus. Nachdem der Weg zunächst eben und gerade schien und wir zügig vorankamen, stießen wir bald auf unwegsames Gelände und Barrieren, erlebten Verzögerungen persönlicher und institutioneller Art und sogar pandemiebedingt. Dass wir schließlich doch ans Ziel gelangten und einen „Reisebericht" vorlegen können, verdanken wir vor allem den vielen Menschen, die wir bei unseren Recherchen unterwegs trafen und die unseren Weg begleiteten. Sie halfen nicht nur mit Rat und Tat, sondern ermutigten und ermunterten uns immer wieder.

Wir danken von Herzen allen unseren Unterstützern und Unterstützerinnen in Archiven, Bibliotheken, Ämtern, Stadt und Land und auf den Höfen, die wir im Folgenden – hoffentlich immer richtig – namentlich benannt haben.

Horst Adler (Ascher Heimatverband Tirschenreuth), Dr. Erna Aescht, P. Dr. Marcel Albert OSB (Archiv der Benediktinerabtei Gerleve), Eva-Maria Amthor, angelas e. V., Archiv Möschberg, Janet Barker, Péter Barna (Ita Wegman Institut Arlesheim), Johanna Bartsch, Dr. Jürgen Bartsch, Eberhard Bauer (Institut für Grenzgebiete der Psychologie & Psychohygiene e. V. Freiburg), Vera Becher (Hofgut Rengoldshausen Samenbau), Peta Berry (Soil Association), Bioterra Zürich, Martina Böhm (Landesarchiv Baden-Württemberg, Hauptstaatsarchiv Stuttgart), Ines Bömer-Schulte, P. Dr. Franziskus Büll OSB (Abtei Münsterschwarzach), Dr. Margreet van der Burg (Universität Wageningen), CGI Forschungsplattform Center Interdisziplinäre Geschlechterforschung der Universität Innsbruck, Trevor Chalkley (Albert Howard Society Shropshire), Dr. Anja Christinck (seed4change), Dietmar Cramer (HeidelbergCement AG Heidelberg), Andrew Davenport (Chipping Campden History Society), Lioba Denis-Sturm (Forschungsring e. V. Biodynamik und Nachhaltigkeit), P. Bartholomäus Denz OSB (Archiv der Benediktinerabtei Gerleve), Dr. Artur Dirmeier (Marktarchiv Regenstauf), Prof. Dr. Christoph Dittscheid, Alexander Dogan, Dr. Roland K. Eberwein (Landesmuseum Kärnten), Nina Eichberg (DLG-Verlag), Philipp Eller, Ina Farwick (Reifensteiner Verband e. V. Hildesheim), Dr. Heidi Flückiger, Jan Folte, Dr. Ines Fritz (Universität für Bodenkultur, Wien), Nikolai Fuchs, Tarik Gaafar (Universitätsarchiv der Universität für Bodenkultur, Wien), Silvana Gabrielli (Rudolf Steiner Archiv Dornach), Dr. Matthias Georgi (Neumann & Kamp Historische Projekte GbR, München), Dorothee Glashoff, Cornelia Göldner (Leibniz-Institut für Länderkunde Leipzig), Gosteli-Stiftung – Archiv zur Geschichte der schweizerischen Frauenbewegung Worblaufen, Dr. Ursula Graf (Forschungsinstitut für Vitalqualität Wetzikon), Barbara Günther (Archiv der deutschen Frauenbewegung Kassel), Karin Haensel, Rüdiger Haensel, Regina Hafen (Standesamt Billigheim), Dr. Christiane Haid (Verlag am Goetheanum, Dornach), Kristin Hartisch (Bundesarchiv invenio), Willi Hartl (BioForschung Austria), Hartmut Heilmann (Bauernschule Hohenlohe e. V. Kirchberg an der Jagst), Anja und Hans-Joachim Heiner, Anne Herfurth (Bundesarchiv-Lastenausgleichsarchiv Bayreuth), Anita Herzog (Einwohnergemeinde Dornach/Schweiz), Barbara Heydenreich (Netzwerk Blühende Landschaften), Annelie Hof, Klaus Hoffmann (Vereinigung Sudetendeutscher Familienforscher), Werner Hofstetter, Thomas Huber, Eckart Irion, Carol Jackson (Chipping Campden History Society), Rosemarie Kappenthuler, Susanne Karim Abadi, Rudolf Keiblinger-Bartsch, Dagi Kieffer, Dr. Manfred Klett, Haijo Knijpenga, Familie Knoflach, Petr Kolář (Staatliches Gebietsarchiv Pilsen), Dr. Mathias Kunz (Stadtarchiv Rottweil), Prof. Dr. Edith Lammerts van Bueren, Beate Lerch (Universitätsbibliothek Regensburg), Gabriele und Hinnerk Lenz, Michael Lieb (Medienholding Süd GmbH Stuttgart), Uta Lübke, Angelika Lübke-Hildebrandt, Agathe Lukassek (Hildegardis-Verein e. V. Bonn), Michael Maly, Charlotte Matthaei, Mac Mead (Pfeiffer Center, Spring Valley, New York), Dr. Peter Moser (Archiv für Agrargeschichte, Bern), Dr. Wedis Neindorf, Alexander Neunhäuserer, Prof. Ruth C. Newberry (Department of Animal and Aquacultural Sciences at the Norwegian University of Life Sciences, Oslo/Ås), Felix Nieriker (Forum för Antroposofi, Schweden), Heidrun Nikolaus-Böhnlein (Weleda AG Schwäbisch Gmünd), Familie Obermaier, Michael Olbrich-Majer (Forschungsring e. V. Biodynamik und Nachhaltigkeit), Dr. John Paull (University of Tasmania, Australia), Jana Pažoutová (Staatliches Gebietsarchiv Litomerice), Dr. Frank Präger (Stadtarchiv Neumarkt i. d. OPf.), Michal Radl (Staatliches Kreisarchiv Ceska Lipa), Martina Rantasa (Stadtarchiv Mosbach), Dr. Joachim Raupp, Fa. Relux, Julia A. Riesner, Dr. Susanne Rieß-Stumm (Universitätsarchiv Tübingen), Antonín Rimek (Staatliches Gebietsarchiv Litomerice), Ingrid Rönz, Dr. Mirjam Sachse (Archiv der deutschen Frauenbewegung Kassel), Ingrid Sauer (Bayerisches

Hauptstaatsarchiv), Andre Scharf (Archiv der Gedenkstätte Dachau), Werner Scheidegger, Uwe Schellinger (Institut für Grenzgebiete der Psychologie & Psychohygiene e.V. Freiburg), Dr. Claudia Scherr (Verein für Krebsforschung Arlesheim), Lisa Schraut (Bundesarchiv, Abt. Militärarchiv Freiburg), Pfr. O. Schüle (Evangelische Kirchengemeinde Billigheim), Dr. Jörg Sekera, Prof. Dr. Peter Selg (Ita Wegman Institut Arlesheim), Marianna Serena (Gartenbauschule Hünibach), Eric Silber (Threefold Educational Foundation and School), Dr. Monika Sobotik (Pflanzensoziologisches Institut Bad Goisern), Steve Solomon (Soil & Health Library), Rüdiger Spiegel, Sarah Stein (Archiv der Loheland-Stiftung), Brigitte Stucki, Regina Thies (Stadtarchiv Bad Rappenau), Titia und Johannes Thun (Thun-Verlag Biedenkopf), Katja Töpfer, Soili Turunen, Andreas Viertl, Francisca van Vloten (MTVP Museum Domburg, Niederlande), Margarethe Voegele, Dr. Gunter Vogt, Helga Wagner, Miriam Wahl (Forschungsstelle Kulturimpuls Dornbach), Judith Weckenmann (Stadtarchiv Rottweil), Sr. Christa Weinrich OSB (Abtei Fulda), Uwe Werner, Dr. Regina Wick (Archiv der Universität Hohenheim), Magdalena Wieser (Oberösterreichische Landes-Kultur, Linz), Pete Williams (Soil Association), Ellen Winkel, Brigitte von Wistinghausen, Torsten Zarwel (Bundesarchiv Abteilung Bereitstellung, Berlin), Dr. Uli Zerger (Stiftung Ökologie & Landbau), Rosemarie Zurflüh, Ruth Zwickel (Stadt Sinsheim).

Ganz besonderer Dank geht an die Pionierinnen, mit denen wir uns persönlich austauschen durften, an all diejenigen, die uns über das Crowdfunding aktiv unterstützten, an Maike Hofma und Clemens Herrmann vom oekom verlag und an unsere unentbehrliche Lektorin Katrin Mai.

Literatur

Auderset, Juri/Moser, Peter (2018): Die Agrarfrage in der Industriegesellschaft. Wissenskulturen, Machtverhältnisse und natürliche Ressourcen in der agrarisch-industriellen Wissensgesellschaft (1850–1950). Wien/Köln/Weimar: Böhlau.

Balfour, Eve B. (1933): What is All This About Tithe? Suffolk Tithepayers Association.

Balfour, Eve B. (1943): The Living Soil. London: Faber & Faber.

Böhm, Wolfgang (1997): Biographisches Handbuch zur Geschichte des Pflanzenbaus. München: Saur.

Bollenbeck, Georg (2001): Weltanschauungsbedarf und Weltanschauungsangebote um 1900. Zum Verhältnis von Reformoptimismus und Kulturpessimismus. In: Buchholz et al. (Hg.): Lebensreform, Bd. 1, S. 203–207.

Brander, Michael (2003): Eve Balfour: a Biography. Haddington: The Gleneil Press.

Brežan, Uroš (2021): 8. Sitzung der Fachkommission, 20. Mai 2021. Fachkommission für natürliche Ressourcen. EU-Aktionsplan Ökologischer Landbau. [https://webapi2016.cor.europa.eu/v1/documents/COR-2021-01968-00-00-DT-TRA-DE.docx/content]

Bross-Burkhardt, Brunhilde (2011): Der private biologische Gartenbau in Süddeutschland seit 1945 – Die Rolle der Pioniere und Veränderungen im Wissenstransfer. Langenburg: Edition Gärten und Geschichte.

Buchholz, Kai/Latocha, Rita/Peckmann, Hilke/Wolbert, Klaus (Hg.) (2001): Die Lebensreform. Entwürfe zur Neugestaltung von Leben und Kunst um 1900. 2 Bde. Darmstadt: haeusser-media/Verlag Häusser.

Christinck, Anja/Spieker, Ira (2010): Auf eigenen Wegen. Loheland als Bildungs-, Lebens- und Arbeitsstätte für Frauen. In: Meike S. Baader/Susanne Rappe-Weber (Hg.): Historische Jugendforschung. Jahrbuch des Archivs der deutschen Jugendbewegung, NF Bd. 7 (2011), S. 169–182.

Christinck, Anja/Spieker, Ira (2012): Gemeinschaft gründen – Individualität entwickeln. Überlegungen zur Wirkung und Aneignung von Räumen am Beispiel Loheland. In: Ariadne 53, S. 22–29.

Conford, Philip (1999): The Origins of the Organic Movement. Edinburgh: Floris Books. 2. Auflage 2001.

Costas, Ilse (2000): Professionalisierungsprozesse akademischer Berufe und Geschlecht – ein internationaler Vergleich. In: Elisabeth Dickmann/Eva Schöck-Quinteros (Hg.): Barrieren und Karrieren: die Anfänge des Frauenstudiums in Deutschland. Berlin: Trafo Verlag Weist, S. 13–32.

Deimann, Götz (Hg.) (1987): Die anthroposophischen Zeitschriften von 1903 bis 1985. Stuttgart: Freies Geistesleben.

Douglas, Mary (1991): Wie Institutionen denken. Frankfurt/Main: Suhrkamp.

Dyhrenfurth, Gertrud (1916): Ergebnisse einer Untersuchung über die Arbeits- und Lebensverhältnisse der Frauen in der Landwirtschaft. 1. Teil. Jena: Gustav Fischer.

Etzkowitz, Henry/Kemelgor, Carol/Uzzi, Brian (2000): Athena Unbound. The Advancement of Women in Science and Technology. Cambridge: Cambridge University Press.

Fischer, Gudrun (Hg.) (2009): Darwins Schwestern. Porträts von Naturforscherinnen und Biologinnen. Berlin: Orlanda.

Fischer, Iris/Köhn, Eckhardt (2004): Lichtbildwerkstatt Loheland. Fotografien 1919–1939. Fulda: Michael Imhof Verlag.

Fleck, Ludwik (1994): Entstehung und Entwicklung einer wissenschaftlichen Tatsache. Einführung in die Lehre vom Denkstil und Denkkollektiv. 3. Auflage Frankfurt/Main: Suhrkamp.

Fölsing, Ulla (1999): Geniale Beziehungen. Berühmte Paare in der Wissenschaft. München: Beck.

Fox Keller, Evelyn (1984): Barbara McClintock. Die Entdeckerin der springenden Gene. Basel: Birkhäuser.

Francé-Harrar, Annie (1950): Die letzte Chance. Für eine Zukunft ohne Not. München: Bayerischer Landwirtschaftsverlag.

Gesell, Silvio (1916): Die natürliche Wirtschaftsordnung durch Freiland und Freigeld. 2. Auflage Berlin.

Gesing, Friederike/Knecht, Michi/Flitner, Michael/Amelang, Katrin (Hg.) (2019): NaturenKulturen. Denkräume und Werkzeuge für neue politische Ökologien. Bielefeld: transcript.

Gill, Erin (2010): Lady Eve Balfour and the British Organic Food and Farming Movement. PhD Thesis Aberystwyth University. [http://ladyevebalfour.org/down/Lady-Eve-Balfour-by-Erin-Gill.pdf]

Graf, Friedrich Wilhelm (2000): Alter Geist und neuer Mensch. Religiöse Zukunftserwartungen um 1900. In: Ute Frevert (Hg.): Das Neue Jahrhundert. Europäische Zeitdiagnosen und Zukunftsentwürfe um 1900. Göttingen: Vandenhoeck & Ruprecht, S. 185–228.

Grasseni, Cristina (2004): Skilled Vision. An Apprenticeship in Breeding Aesthetics. In: Social Anthropology 12, S. 41–55.

Grossenbacher, Veronika (2019): Frauen bewegen Landwirtschaft. Veränderte Rollenbilder von Frauen in landwirtschaftlichen Familienbetrieben resümiert. In: Agrarbündnis e. V. (Hg.): Der Kritische Agrarbericht 2019. Konstanz, S. 310–314.

Haraway, Donna (2008): When Species Meet. Minneapolis/London: University of Minnesota Press.

Haraway, Donna (2016): Staying with the trouble. Making Kin in the Chthulucene. Experimental Futures. Durham/London: Duke University Press.

Harding, Sandra (1994): Das Geschlecht des Wissens. Frankfurt/Main/New York: Campus.

Hill, Catherine (2010): Why so Few – Women in Science, Technology, Engineering and Mathematics. Washington: AAUW.

Hofstetter, Mina (1942): Neues Bauerntum – Altes Bauernwissen. Naturgesetzlicher Landbau. Erlebtes und Erfahrungen. Ebmatingen.

Husemann, Gisbert (1978): Lili Kolisko. Werk und Wesen. 1889–1976. In: Beiträge zu einer Erweiterung der Heilkunst nach geisteswissenschaftlichen Erkenntnissen 2, S. 37–54.

Ingold, Tim (2013): Anthropology Beyond Humanity. In: Suomen Antropologi: Journal of the Finnish Anthropological Society 38(3), S. 5–23.

Ingold, Tim (2018): Five Questions of Skills. In: Cultural Geographies 25(1), S. 159–163.

Inhetveen, Heide (2005): Ökologischer Landbau. In: Stephan Beetz/Kai Brauer/Claudia Neu (Hg.): Handwörterbuch zur Ländlichen Gesellschaft. Leverkusen: Verlag für Sozialwissenschaften, S. 184–193.

Inhetveen, Heide/Kaak, Heinrich (2013): Ich ergreife mit vielen Vergnügen die Feder. Die landwirtschaftlichen Briefe der Henriette Charlotte von Itzenplitz an Albrecht Daniel Thaer um 1800. Kunersdorf: Findling.

Inhetveen, Heide/Schmitt, Mathilde (Hg.) (2000): Pionierinnen des Landbaus. Uetersen: Heydorn.

Klemm, Volker (1992): Agrarwissenschaften in Deutschland. Geschichte – Tradition von den Anfängen bis 1945. St. Katharinen: Scripta Mercaturae.

Knorr-Cetina, Karin (1991): Die Fabrikation von Erkenntnis. Frankfurt/Main: Suhrkamp.

Koch, Gertraud/Warneken, Bernd Jürgen (2012): Wissensarbeit und Arbeitswissen. Zur Ethnografie des kognitiven Kapitalismus. Eine Einleitung. In: Dies. (Hg.): Wissensarbeit und Arbeitswissen. Frankfurt/Main u. a.: Campus, S. 11–25.

Koepf, Herbert H./Plato, Bodo von (2001): Die biologisch-dynamische Wirtschaftsweise im 20. Jahrhundert. Die Entwicklungsgeschichte der biologisch-dynamischen Landwirtschaft. Dornach: Verlag am Goetheanum.

Kolisko, Eugen/Kolisko, Lili (1953): Landwirtschaft der Zukunft. Schaffhausen: Meier & Cie.

Krabbe, Wolfgang R. (2001): Die Gleichschaltung der Lebensreformbewegung im Dritten Reich. In: Buchholz et al. (Hg.): Lebensreform, Bd. 1, S. 541–543.

Kugler, Walter (2001): Theosophie und Anthroposophie. »Ein starkes Agens«. In: Buchholz et al. (Hg.): Lebensreform, Bd. 2, S. 113–115.

Langman, Mary (1989): The Organic Movement. A Short History of the Soil Association. In: The Living Earth, January/March, S. 16–19.

Latour, Bruno (1996): Der Berliner Schlüssel. Erkundungen eines Liebhabers der Wissenschaften. Berlin: Akademie Verlag.

Latour, Bruno (2000): Die Hoffnung der Pandora. Untersuchungen zur Wirklichkeit der Wissenschaft. Frankfurt/Main: Suhrkamp. [Engl. 1999].

Lerner, Gerda (1975): Die Entstehung des feministischen Bewußtseins. Vom Mittelalter bis zur Ersten Frauenbewegung. Frankfurt/Main//New York: Campus.

Lerner, Gerda (2002a): Warum Geschichte uns angeht. In: Dies.: Zukunft braucht Vergangenheit. Warum Geschichte uns angeht. Königstein/Taunus: Ulrike Helmer, S. 281–298.

Lerner, Gerda (2002b): Die Notwendigkeit von Geschichte. In: ebd., S. 167–188.

Linse, Ulrich (2001): Lebensreform und Reformreligionen. In: Buchholz et al. (Hg.): Lebensreform, Bd. 1, S. 193–198.

Meadows, Donella/Meadows, Dennis/Randers, Jørgen/Behrens, William W. III (1972): The Limits to Growth. A Report for the Club of Rome's Project on the Predicament of Mankind. New York: Universe Books.

Moser, Peter (2016): Mina Hofstetter-Lehner (1883–1967). Bäuerin und Forscherin. In: Andrea Kaufmann/Claudia Wirz/Peter Moser (Hg): Drucken, Backen, Forschen. Pionierinnen der modernen Schweiz. Zürich: Verein für wirtschaftshistorische Studien, S. 70–104.

Orland, Barbara/Rössler, Mechtild (1995): Women in Science – Gender and Science. Ansätze feministischer Naturwissenschaftskritik im Überblick.

In: Barbara Orland/Elvira Scheich (Hg.): Das Geschlecht der Natur. Frankfurt/Main: Suhrkamp, S. 13–63.

Paull, John (2013): A history of the organic agriculture movement in Australia. In: B. Mascitelli/A. Lobo (Hg.): Organics in the Global Food Chain. Ballarat: Connor Court Publishing, S. 37–60.

Paull, John (2018): Torquay: In the Footsteps of Rudolf Steiner. In: Journal of Biodynamics Tasmania 125 (March), S. 26–31.

Paull, John (2019): The Pioneers of Biodynamics in Great Britain: From Anthroposophic Farming to Organic Agriculture (1924–1940). In: Journal of Environment Protection and Sustainable Development 5(4), S. 138–145.

Polanyi, Michael (1985): Implizites Wissen. Frankfurt/Main: Suhrkamp. [engl. 1966].

Reed, Matthew (2001): Fight the future! How the Contemporary Campaigns of the UK Organic Movement have arisen from their Composting the Past. In: Sociologia Ruralis 41(1), S. 131–145.

Reichert, Dagmar/Fry, Patricia/Heid, Claudia/Steinemann, Ursina (2000): Wissenschaft als Erfahrungswissen. Wiesbaden: Deutscher Universitätsverlag.

Reumund Fink, Ursula (1997): Die Aktivitäten der Maria Müller, Frau von Nationalrat Hans Müller. Unveröff. Lizenziatsarbeit Zürich.

Rißmann, Michael (2003): Nationalsozialismus, völkische Bewegung und Esoterik. In: Zeitschrift für Genozidforschung 4, S. 58–91.

Rossiter, Margaret W. (1982): Women Scientists in America: Struggles and Strategies to 1940. Baltimore: Johns Hopkins University Press.

Rusch, Hans Peter (2014): Bodenfruchtbarkeit – Eine Studie ökologischen Denkens. Kevelaer: Organischer Landbau Verlag. 8. Auflage.

Schaumann, Wolfgang/Siebeneicher, Georg E./Lünzer, Immo (2002): Geschichte des ökologischen Landbaus. Bad Dürkheim: Stiftung Ökologie und Landbau.

Schlude, Ursula (2008): Agrarexpertin am fürstlichen Hof. Überlegungen zur Sozial- und Geschlechtergeschichte des Agrarwissens in der Frühen Neuzeit. In: Zeitschrift für Agrargeschichte und Agrarsoziologie 56(1), S. 33–48.

Schmitt, Mathilde (1997): Landwirtinnen. Chancen und Risiken von Frauen in einem traditionellen Männerberuf. Opladen: Leske+Budrich.

Schmitt, Mathilde (2006): Fertile Minds and Friendly Pens: Early Women Pioneers in Western Europe. In: Georgina Holt/Matthew Reed (Hg.): A Post-organic Future? Assessing and Understanding the Role of the Global Organic Movement. Wallingford: CABI, S. 56–69.

Schmitt, Mathilde/Inhetveen, Heide/Spieker, Ira (2011): Vom Einzelporträt zur Kollektivbiographie. Frühe Pionierinnen des ökologischen Landbaus. In: Susanne Blumesberger/Ilse Korotin (Hg.): Frauenbiografieforschung. Theoretische Diskurse und methodologische Konzepte. Wien, S. 531–552.

Scott, Joan W. (2010): Gender. Still a useful category of analysis? In: Diogenes 57, S. 7–14.

Sheldrake, Merlin (2020): Verwobenes Leben. Wie Pilze unsere Welt formen und unsere Zukunft beeinflussen. Berlin: Ullstein Buchverlage.

Siebeneicher, Georg E. (1995) Justus von Liebig, Raoul H. Francé, Sir Albert Howard – drei Begründer des biologischen Landbaus. In: Ökologie & Landbau 23(3), S. 6–11.

Spieker, Ira/Schmitt, Mathilde/Inhetveen, Heide (2005): »To Gabrielle who is no more«. Paar(re)konstruktionen im Ökologischen Landbau. In: Ariadne 48, S. 26–33.

Steiner, Rudolf/Steiner von Sivers, Marie (1967): Briefwechsel und Dokumente 1901–1925. Dornach/Schweiz: Verlag der Rudolf Steiner-Nachlassverwaltung.

Steiner, Rudolf (1984): Geisteswissenschaftliche Grundlagen zum Gedeihen der Landwirtschaft. Landwirtschaftlicher Kursus. Dornach/Schweiz: Rudolf Steiner Verlag.

Strohmeier, Renate (1998): Lexikon der Naturwissenschaftlerinnen und naturkundigen Frauen Europas. Thun/Frankfurt/Main: Harri Deutsch.

Treitel, Corinna (2009): Nature and the Nazi Diet. In: Food and Foodways 17, S. 139–158.

Vogt, Gunter (2000): Entstehung und Entwicklung des ökologischen Landbaus im deutschsprachigen Raum. Bad Dürkheim: Stiftung Ökologie & Landbau.

Wachsmuth, Günther (1959): Kremationsfeier für Erika Riese. In: Nachrichten für die Mitglieder der Allgemeinen Anthroposophischen Gesellschaft, 36(24), S. 95–96.

Wedemeyer-Kolwe, Bernd (2017): Aufbruch. Die Lebensreform in Deutschland. Darmstadt: Philipp von Zabern.

Willer, Helga/Schmid, Otto (2016): Geschichte. In: Bernhard Freyer (Hg.): Ökologischer Landbau. Grundlagen, Wissensstand und Herausforderungen. Bern: Haupt, S. 22–43.

Bildnachweise

Balfour, Eve: © Soil Association.
Bartsch, Hemma: © Johanna Bartsch.
Bessenich, Frieda: © Forschungsstelle Kulturimpuls.
de Boer, Mieneke: © Familie de Boer.
Bronsart, Huberta: © Landesarchiv Baden-Württemberg, Hauptstaatsarchiv Stuttgart Q2-13 Bue 5[2]; Q2-13 Bue 5[1].
Bruce, Maye E.: © Dennis Moss.
Dombrowski, Laurentia: © Abtei Fulda.
Engqvist, Magda: © Forum för Antroposofi, Schweden.
Flückiger, Heidi: © Heidi Flückiger.
Francé-Harrar, Annie: © OÖ Landes-Kultur GmbH, Land Oberösterreich.
Fyfe, Agnes: © Verein für Krebsforschung, Arlesheim.
Glashoff, Hella: © Forschungsstelle Kulturimpuls.
Haensel, Ingeborg: © Privatarchiv Familie Haensel.
Harrison, Ruth: © Swedish University of Agricultural Sciences.
Heinze, Elvira: © Forschungsstelle Kulturimpuls.
Hofstetter, Mina: © Archiv für Agrargeschichte/Bioterra.
Howard, Gabrielle Louise Caroline: © Charlotte Matthaei.
Howard, Louise E.: © Charlotte Matthaei.
Keyserlingk, Gräfin Johanna: © Forschungsstelle Kulturimpuls.
Kieffer, Dagi: © Stiftung Ökologie & Landbau.
Kolisko, Lilly: © Forschungsstelle Kulturimpuls; © Rudolf Steiner Archiv, Dornach; © Ita Wegman Archiv, Arlesheim.
Künzel, Martha: © Forschungsstelle Kulturimpuls.
Kutschera, Lore: © Wilfried Hartl, BioForschung Austria.
Lammerts van Bueren, Edith: © Guy Ackermans.
Lohrmann, Marie: © Archiv Loheland-Stiftung.
Lübke, Uta: © Angelika Lübke-Hildenbrandt.
Müller, Hedwig: © Gartenbauschule Hünibach.
Müller, Maria: © Archiv für Agrargeschichte / Bioterra.
Mutzenbecher, Ilsabe: © Eckart Irion.

Neuenschwander, Gertrud: © Gartenbauschule Hünibach, Schweiz.
Obermaier, Ingeborg: © Julia A. Riesner geb. Obermaier und Sebastian E. Obermaier.
Pfeiffer, Hilde: © Sammlung Talhof.
Pfisterer, Ruth: © Gartenbauschule Hünibach, Schweiz.
Riese, Erika: © Forschungsstelle Kulturimpuls.
Schilthuis, Willy: © Familie Schilthuis.
Sekera, Margareth: © Familie Sekera.
Selawry, Alla Antonia: © Forschungsstelle Kulturimpuls.
Tack van Poortvliet, Joanna Maria: © MTVP Museum Domburg, Niederlande; © Forschungsstelle Kulturimpuls.
Thun, Maria: © Privatarchiv Familie Thun.
Wagner, Helga: © Helga Wagner.
Windeck, Brunhild Erika: © Forschungsstelle Kulturimpuls.
Wistinghausen, Brigitte von: © Brigitte von Wistinghausen.
Wundt, Marie: © Fa. Relux, Frickingen.
Wurzer, Luise: © Johanna Bartsch.
Zeidler, Marie: © Archiv Loheland-Stiftung.

Personenregister

Über die Autorinnen

Heide Inhetveen war Professorin für Land- und Agrarsoziologie und Rurale Frauen- und Geschlechterforschung an der Universität Göttingen. Sie ist seit 2005 im Ruhestand und forscht nun auch zur jüdischen Geschichte ihrer Heimatregion. Sie ist Sprecherin der lokalen Initiative Stolpersteine und Vorsitzende einer Bürgerinitiative für Umweltbelange.

Mathilde Schmitt ist Agrar- und Sozialwissenschaftlerin mit den Schwerpunkten Rurale Frauen- & Geschlechterforschung, Gender & Science und Agrar-/Ernährungs-/Umweltsoziologie. Als Gastprofessorin und Wissenschaftlerin arbeitete sie an verschiedenen deutschen, österreichischen und amerikanischen Instituten. Derzeit ist sie selbstständig und als Lehrbeauftragte tätig.

Ira Spieker ist Kulturanthropologin. Sie leitet den Bereich Volkskunde am Institut für Sächsische Geschichte und Volkskunde in Dresden und ist apl. Professorin am Institut für Kunst- und Kulturwissenschaften der Universität Jena. Zu ihren Arbeitsschwerpunkten und Forschungsinteressen zählen unter anderem Ländliche Räume, Natur-Kultur-Kontakte, Gender & Science sowie Transformationsprozesse.

Auf dem Weg zu mehr Verantwortung

Vielen Frauen fehlen berufliche Vorbilder – diese Lücke hilft dieses Buch zu schließen. Es stellt Frauen aus Politik, Start-up-Szene, Beratung, Handwerk, Kultur, Wirtschaft und Wissenschaft vor. Dreizehn beeindruckende Persönlichkeiten erzählen von ihrem Weg zu mehr Verantwortung und davon, wie sie Hindernisse überwinden konnten.

M.-L. Braun

Spitzenkräfte
Porträts von Frauen in Führungspositionen
192 Seiten, Broschur, vierfarbig, mit zahlreichen Abbildungen,
24 Euro
ISBN 978-3-96238-228-5
Auch als E-Book erhältlich

Spannende Geschichten aus der Praxis

Was passiert, wenn nicht finanzieller Erfolg, sondern der Beitrag zum Gemeinwohl zur Orientierung wirtschaftlichen Handelns wird? Eine andere Wirtschaft ist möglich. 24 Beispiele zeigen, wie die Werte der Gemeinwohl-Ökonomie in der Praxis gelebt werden und finanziell zum Erfolgsfaktor werden können.

K. Hoffmann, G. Walchner, L. Dudek (Hrsg.)

24 wahre Geschichten vom Tun und vom Lassen
Gemeinwohl-Ökonomie in der Praxis
256 Seiten, Broschur, 26 Euro
ISBN 978-3-96238-290-2
Auch als E-Book erhältlich

DIE GUTEN SEITEN DER ZUKUNFT oekom